TMS320C674x DSP 应用开发

汪安民　周　慧　蔡湘平　编著

北京航空航天大学出版社

内容简介

本书以 TI 公司的浮点 DSP 芯片 C674x 系列为平台,详细介绍了 DSP 的软硬件系统设计。主要内容包括 DSP 的基本原理、DSP 的结构和指令系统、DSP 的仿真软件、DSP 的片内外设、DSP 的软硬件设计以及基于 DSP 的算法实现等。

本书内容全面、实用,讲解通俗易懂,书中的所有软硬件设计略作修改即可在工程中直接应用。本书可以作为高等院校通信工程、电子工程、电气工程以及自动控制等专业高年级本科生和研究生的教材,也可供从事 DSP 应用系统设计开发的技术人员参考。

图书在版编目(CIP)数据

TMS320C674x DSP 应用开发 / 汪安民,周慧,蔡湘平编著. -- 北京:北京航空航天大学出版社,2012.3
ISBN 978 - 7 - 5124 - 0722 - 0

Ⅰ. ①T… Ⅱ. ①汪… ②周… ③蔡… Ⅲ. ①数字信号处理②数字信号-微处理器 Ⅳ. ①TN911.72②TP332

中国版本图书馆 CIP 数据核字(2012)第 024971 号

版权所有,侵权必究。

TMS320C674x DSP 应用开发

汪安民 周 慧 蔡湘平 编著

责任编辑 张 辉 韩英宏 郭凯园

*

北京航空航天大学出版社出版发行

北京市海淀区学院路 37 号(邮编 100191) http://www.buaapress.com.cn
发行部电话:(010)82317024 传真:(010)82328026
读者信箱:emsbook@gmail.com 邮购电话:(010)82316936
涿州市新华印刷有限公司印装 各地书店经销

*

开本:710×1 000 1/16 印张:28.75 字数:641 千字
2012 年 3 月第 1 版 2012 年 3 月第 1 次印刷 印数:4 000 册
ISBN 978 - 7 - 5124 - 0722 - 0 定价:54.00 元

若本书有倒页、脱页、缺页等印装质量问题,请与本社发行部联系调换。联系电话:(010)82317024

前　言

数字信号处理器(DSP)广泛应用于语音、图像以及通信等领域。TI 公司的 C674x 系列 DSP 是一款浮点低功耗 DSP,具有较多外设接口,适用于嵌入式和手持式产品开发。

本书由 7 章组成,内容包括 DSP 的结构、指令系统、仿真系统、软硬件系统和设计、算法设计等。详细的组织和结构为:第 1 章简要介绍 DSP 的基本知识和基本算法。第 2 章介绍 DSP 的 CPU 结构和指令系统。第 3 章介绍仿真器和仿真软件的使用,包括仿真器的安装和调试、CCS 的常规用法以及实时操作系统 DSP/BIOS 的应用。第 4 章介绍软件设计和算法优化,包括汇编和 C 语言的编译、连接、优化和调试。第 5 章介绍 DSP 的硬件系统结构,包括片内存储器、中断、PLL、定时器、EMIFA、EMIFB、DMA、EDMA3、McASP、HPI 以及 EMAC 的原理和操作方法。第 6 章介绍硬件系统开发,包括 DSP 的最小系统实现、音频接口设计、Flash 接口设计、SDRAM 接口设计、I2C 接口设计、Uart 接口设计、SPI 接口设计、BOOT 设计以及 EMAC 接口设计。第 7 章介绍几个常用的 DSP 算法的实现,包括函数运算、滤波器设计、FFT 变换和 Viterbi 译码等。

本书详细叙述了软件和硬件的实现过程,书中的所有程序均在实际中调试通过,并给出了详细的注释。

本书的第 1 章、第 2 章和第 7 章由蔡湘平执笔完成;第 4 章和第 6 章由汪安民执笔完成;第 3 章和第 5 章由周慧执笔完成,全书由汪安民统稿。

本书在编写过程中得到了陈明欣、张松灿等人的指导和帮助;同时得到凡伊、荷塘小蛙、SAN RIVER、AnThony 等人的支持;本书的出版得到北京航空航天大学出版社的支持和帮助；同时本书还参考了 TI 等其他公司的文献资料。在此一并表示衷心的感谢！

本书可供通信、电子以及自动化等领域从事 DSP 芯片开发应用的科技人员和教师参考，也可作为相关专业研究生和高年级本科生的教材。

由于 DSP 技术发展迅猛，加之作者水平有限，书中的不足之处在所难免，敬请读者批评指正。本书作者的电子邮箱是 wam8660@sina.com。

作　者
2011 年 10 月
于十里河

目 录

第 1 章 概 述 …………………………………………………………………… 1
1.1 DSP 概述 …………………………………………………………………… 1
1.1.1 DSP 的发展历程 …………………………………………………… 1
1.1.2 DSP 的特点与分类 ………………………………………………… 3
1.1.3 各公司的 DSP 介绍 ………………………………………………… 6
1.2 TMS320C6000 概述 ………………………………………………………… 13
1.2.1 TMS320C6000 的结构 ……………………………………………… 13
1.2.2 TMS320C6000 的特点 ……………………………………………… 14
1.2.3 TMS320C6000 的应用 ……………………………………………… 15
1.3 DSP 的应用 ………………………………………………………………… 16
1.3.1 DSP 的发展方向 …………………………………………………… 16
1.3.2 DSP 的应用领域 …………………………………………………… 17
1.3.3 DSP 的应用方向 …………………………………………………… 19
第 2 章 结构与指令系统 ………………………………………………………… 22
2.1 C674x 的 CPU 结构 ………………………………………………………… 22
2.1.1 C674x 的 CPU 组成 ………………………………………………… 22
2.1.2 CPU 数据通路 ……………………………………………………… 23
2.2 C674x 的流水线工作方式 ………………………………………………… 25
2.2.1 流水线概述 ………………………………………………………… 26
2.2.2 指令的流水线操作 ………………………………………………… 28
2.3 CPU 控制寄存器 …………………………………………………………… 30
2.3.1 CSR ………………………………………………………………… 30
2.3.2 AMR ………………………………………………………………… 31
2.3.3 PCE1 ………………………………………………………………… 32
2.3.4 GFPGFR ……………………………………………………………… 32

2.3.5　FADCR ………………………………………………………… 33
　　2.3.6　FAUCR ………………………………………………………… 34
　　2.3.7　FMCR ………………………………………………………… 35
　　2.3.8　EFR、ECR ……………………………………………………… 35
　　2.3.9　IERR ………………………………………………………… 35
　　2.3.10　TSR ………………………………………………………… 36
　2.4　汇编指令系统 ……………………………………………………… 37
　　2.4.1　指令和功能单元 ……………………………………………… 38
　　2.4.2　延迟时隙 ……………………………………………………… 39
　　2.4.3　并行操作 ……………………………………………………… 41
　　2.4.4　条件操作 ……………………………………………………… 42
　　2.4.5　汇编伪指令 …………………………………………………… 43
　　2.4.6　例　程 ………………………………………………………… 44
第3章　仿真系统 ………………………………………………………… 46
　3.1　仿真器 ……………………………………………………………… 46
　　3.1.1　仿真器概述 …………………………………………………… 46
　　3.1.2　仿真器的配置 ………………………………………………… 46
　　3.1.3　仿真器的调试 ………………………………………………… 49
　3.2　CCS ………………………………………………………………… 52
　　3.2.1　CCS的主要特性 ……………………………………………… 53
　　3.2.2　CCS的安装与升级 …………………………………………… 54
　　3.2.3　创建工程 ……………………………………………………… 56
　　3.2.4　工程调试 ……………………………………………………… 59
　　3.2.5　查看功能 ……………………………………………………… 64
　　3.2.6　图形功能 ……………………………………………………… 70
　　3.2.7　数据处理 ……………………………………………………… 75
　　3.2.8　工程设置 ……………………………………………………… 76
　　3.2.9　其他功能 ……………………………………………………… 79
　3.3　DSP/BIOS ………………………………………………………… 81
　　3.3.1　概　述 ………………………………………………………… 82
　　3.3.2　生成程序 ……………………………………………………… 86
　　3.3.3　文　件 ………………………………………………………… 89
　　3.3.4　监　测 ………………………………………………………… 91
　　3.3.5　线　程 ………………………………………………………… 98
　　3.3.6　信号量和邮箱 ………………………………………………… 108
　　3.3.7　时钟和内存管理 ……………………………………………… 110
　　3.3.8　输入输出和管道 ……………………………………………… 114

第 4 章 软件设计和优化 ……………………………………………………… 117
4.1 概 述 …………………………………………………………………… 118
4.1.1 软件开发模块 …………………………………………………… 118
4.1.2 软件设计流程 …………………………………………………… 119
4.2 编译和连接 ……………………………………………………………… 120
4.3 程序设计 ………………………………………………………………… 122
4.3.1 面向 DSP 的程序设计 …………………………………………… 123
4.3.2 数据类型 ………………………………………………………… 126
4.3.3 关键字 …………………………………………………………… 127
4.3.4 嵌入汇编指令 …………………………………………………… 130
4.3.5 实用指令 ………………………………………………………… 131
4.4 运行环境 ………………………………………………………………… 138
4.4.1 存储器模式 ……………………………………………………… 138
4.4.2 混合编程方法 …………………………………………………… 140
4.4.3 内联函数 ………………………………………………………… 143
4.5 程序优化 ………………………………………………………………… 146
4.5.1 编写代码 ………………………………………………………… 147
4.5.2 分析代码 ………………………………………………………… 147
4.5.3 编译代码 ………………………………………………………… 149
4.5.4 优化代码 ………………………………………………………… 150
4.5.5 线性汇编 ………………………………………………………… 156

第 5 章 硬件系统结构 …………………………………………………………… 157
5.1 片内存储器 ……………………………………………………………… 158
5.1.1 片内存储器概述 ………………………………………………… 158
5.1.2 Cache …………………………………………………………… 163
5.1.3 控制寄存器 ……………………………………………………… 166
5.2 中 断 …………………………………………………………………… 167
5.2.1 中断概述 ………………………………………………………… 168
5.2.2 中断寄存器 ……………………………………………………… 170
5.2.3 中断控制器 ……………………………………………………… 174
5.2.4 中断响应过程 …………………………………………………… 176
5.2.5 中断向量程序 …………………………………………………… 176
5.3 PLL ……………………………………………………………………… 179
5.3.1 PLL 设置 ………………………………………………………… 180
5.3.2 PLL 寄存器 ……………………………………………………… 181
5.3.3 PLL 例程 ………………………………………………………… 183
5.4 定时器 …………………………………………………………………… 185

- 5.4.1 定时器概述 …… 186
- 5.4.2 定时器的工作原理 …… 187
- 5.4.3 定时器寄存器 …… 188
- 5.4.4 定时器例程 …… 193

5.5 EMIFA …… 195
- 5.5.1 EMIFA 概述 …… 195
- 5.5.2 EMIFA 寄存器 …… 196
- 5.5.3 EMIFA 和 SDRAM 的连接 …… 202
- 5.5.4 EMIFA 和异步设备的连接 …… 206

5.6 EMIFB …… 207
- 5.6.1 EMIFB 概述 …… 207
- 5.6.2 EMIFB 寄存器 …… 208
- 5.6.3 EMIFB 和 SDRAM 的连接 …… 211

5.7 DMA …… 215
- 5.7.1 DMA 概述 …… 215
- 5.7.2 DMA 寄存器 …… 217
- 5.7.3 DMA 的操作 …… 222

5.8 EDMA3 …… 226
- 5.8.1 EDMA3 概述 …… 227
- 5.8.2 通道控制寄存器 …… 228
- 5.8.3 传输控制寄存器 …… 232
- 5.8.4 参数 RAM …… 234
- 5.8.5 EDMA3 的操作 …… 236
- 5.8.6 QDMA …… 242
- 5.8.7 EDMA3 例程 …… 243

5.9 McASP …… 245
- 5.9.1 McASP 概述 …… 245
- 5.9.2 McASP 寄存器 …… 246
- 5.9.3 McASP 的操作 …… 256

5.10 HPI …… 264
- 5.10.1 HPI 概述 …… 264
- 5.10.2 HPI 寄存器 …… 266
- 5.10.3 HPI 的操作 …… 269

5.11 EMAC …… 272
- 5.11.1 EMAC 概述 …… 273
- 5.11.2 NDK …… 275
- 5.11.3 SOCKET …… 277

5.11.4　EMAC 寄存器 ……………………………………………………… 279
第 6 章　硬件系统开发 ……………………………………………………… 288
　6.1　TMS320C674x 系列引脚说明 …………………………………………… 288
　6.2　最小系统设计 ……………………………………………………………… 293
　　6.2.1　JTAG 接口 …………………………………………………………… 294
　　6.2.2　电源设计 ……………………………………………………………… 296
　　6.2.3　时钟和复位设计 ……………………………………………………… 299
　　6.2.4　其他引脚和测试 ……………………………………………………… 301
　6.3　音频接口设计 ……………………………………………………………… 301
　　6.3.1　TLV320AIC3106 ……………………………………………………… 302
　　6.3.2　硬件设计 ……………………………………………………………… 304
　　6.3.3　软件设计 ……………………………………………………………… 307
　6.4　Flash 接口设计 …………………………………………………………… 316
　　6.4.1　SST39VF6401 ………………………………………………………… 316
　　6.4.2　Flash 的操作 ………………………………………………………… 317
　　6.4.3　硬件设计 ……………………………………………………………… 319
　　6.4.4　软件设计 ……………………………………………………………… 320
　　6.4.5　应用 FlashBurn 擦写 Flash ………………………………………… 322
　6.5　SDRAM 接口设计 ………………………………………………………… 325
　　6.5.1　IS42S32800B ………………………………………………………… 325
　　6.5.2　硬件设计 ……………………………………………………………… 327
　　6.5.3　软件设计 ……………………………………………………………… 327
　6.6　I2C 接口设计 ……………………………………………………………… 332
　　6.6.1　24WC256 ……………………………………………………………… 333
　　6.6.2　C674x 的 I2C 设计 …………………………………………………… 334
　　6.6.3　软件设计 ……………………………………………………………… 336
　6.7　Uart 接口设计 ……………………………………………………………… 341
　　6.7.1　MAX3232 ……………………………………………………………… 341
　　6.7.2　C674x 的 Uart 设计 ………………………………………………… 342
　　6.7.3　软件设计 ……………………………………………………………… 345
　6.8　SPI 接口设计 ……………………………………………………………… 350
　　6.8.1　W25x64 ………………………………………………………………… 351
　　6.8.2　C674x 的 SPI 设计 …………………………………………………… 352
　　6.8.3　软件设计 ……………………………………………………………… 355
　6.9　BOOT 设计 ………………………………………………………………… 361
　　6.9.1　BOOT 过程 …………………………………………………………… 361
　　6.9.2　BOOT 工具 …………………………………………………………… 364

  6.9.3 软件设计 ·· 366
 6.10 EMAC 接口设计 ·· 371
  6.10.1 KSZ8001 ·· 372
  6.10.2 硬件设计 ·· 374
  6.10.3 软件设计 ·· 375

第 7 章 算法设计 ·· 402
 7.1 函数运算 ·· 402
  7.1.1 设计原理 ·· 402
  7.1.2 软件实现 ·· 404
  7.1.3 运行结果 ·· 407
 7.2 IIR 滤波 ·· 408
  7.2.1 设计原理 ·· 408
  7.2.2 软件实现 ·· 411
  7.2.3 运行结果 ·· 416
 7.3 FFT 变换 ·· 417
  7.3.1 设计原理 ·· 417
  7.3.2 软件实现 ·· 420
  7.3.3 运行结果 ·· 426
 7.4 Viterbi 译码 ·· 429
  7.4.1 设计原理 ·· 429
  7.4.2 软件实现 ·· 438

参考文献 ·· 443

第1章 概述

1.1 DSP概述

1.1.1 DSP的发展历程

社会对信息数字化产品的需求推动着全球电子信息产品不断前进。以20世纪70年代末基于晶体管的大型计算机时代为起点,在半导体硅片中植入分立门电路并不断增加数量和规模,数字化的进程由此全面展开。以后伴随着核心半导体技术的发展,数字化进程每10年就会上升到一个新的高度,带动的市场规模则呈指数级跳跃。"技术创新"引领整个基于TTL集成电路的小型机时代;"产品创新"引领整个基于微处理器的个人计算机时代;"应用创新"引领整个基于PC的互联网时代;"需求创新"正在全面引领整个基于移动系统的信息时代。数字产品的发展也从单纯的追求技术发展最终落实到社会需求上,各种应用软件和定制服务是数字产品的发展方向。

随着移动PC时代的技术发展,数字信号处理逐渐向嵌入式和手持式发展,以移动终端为代表的产品将信息数字化深入到社会的每个角落。以数字信号处理器(Digital Signal Processing,DSP)、现场可编程逻辑器件(Field Programmable Gate Array,FPGA)以及专用集成电路(Application Specific Integrated Circuit,ASIC)为核心的数字信号处理技术得到迅猛的发展。DSP作为其中一个技术发展方向,在控制、通信、网络等领域发挥着重要的作用。进入21世纪以来,软件无线电的逐步实现使得DSP技术在该方向上的应用空间扩大;精密控制的市场需求使得DSP技术在该领域的重要性增强;软件的可重置性使得DSP技术在该应用上更加灵活。人工智能、感知系统、数据捕获、信号分离等新技术的应用与发展都与DSP密不可分。从20世纪70年代末世界上第一片单片可编程DSP芯片的诞生,到今天DSP被广泛应用于社会各个领域,DSP对近30年来通信、计算机、控制等领域的技术发展起到十分重要的作用。

在 DSP 出现以前，数字信号处理只能依靠通用的微处理器（MPU）来完成，但 MPU 的处理速度无法满足高速实时的要求。快速傅里叶变换（Fast Fourier Transform，FFT）的算法应用刺激了集成电路技术的硬件发展。一些处理器开发公司开始生产一些专用芯片来应付软件和算法的需求，在这种背景下，第一代具备 DSP 雏形的处理器得到应用。如美国微系统（MicroSystems）公司于 1978 年推出的 S2811，美国 Intel 公司在 1979 年推出的商用可编程芯片 2920，1980 年日本 NEC 公司推出的具有硬件乘法器的芯片 μPD7720，1982 年日本 Hitachi 公司推出采用 CMOS 工艺生产的浮点 DSP 芯片，1983 年日本 Fujitsu 公司推出的浮点芯片 MB8764。虽然这个时代的 DSP 芯片不具备现代 DSP 芯片的硬件结构，但为数字信号处理的发展开拓了道路，促使 DSP 芯片向性能更高的方向发展。1984 年美国 AT&T 公司推出的 DSP32 是这一时代性能最强的 DSP 芯片，也是这一时代结束的标志。

20 世纪 80 年代中后期，仅仅以 FFT 分析信号频谱已经不能满足信息化时代的需求，很多短时、突发信号的检测成为必然的需求。以小波变换为代表的时频分析等一系列新理论的成熟对硬件提出了更高的要求。以 CMOS 工艺为代表的第二代 DSP 芯片，存储容量和运算速度成倍提高，为语音处理、图像硬件处理技术的发展奠定了基础。从这个时代开始，DSP 厂家已经初具产品推广理念，为了降低 DSP 研发工作的难度，推出了性能逐渐改善的仿真软件和编程语言，技术支持也逐渐加强。同时，各个 DSP 厂家也不断进行分组重合，最终发展出以 TI 公司、AD 公司、摩托罗拉公司等为代表的 DSP 厂家。开发效益和公司整合成为第二代 DSP 发展的关键，使得 DSP 终于深入到产品的基本层，为 DSP 研发厂家带来丰厚的利润，从而为研发第三代 DSP 芯片提供了应用需求和经济支撑。1988 年美国 TI 公司推出的 TMS32C33x 是这一时代性能最强的 DSP 芯片，也是这一时代结束的标志。现在很多老产品仍然在使用该芯片。

90 年代移动终端的迅速发展，尤其是对图像技术的需求，使 DSP 芯片向系统集成度更高、速度更快、功耗更低的方向发展。DSP 厂家推出新芯片的速度越来越快，产品性能也越来越强。TI 公司的 C64 系列和 AD 公司的 TigerShark 系列 DSP 成为这个时代的标志产品。这些芯片经过生产商、研发商和产品商，最终都装备到各个电子产品中，深入到千家万户。

21 世纪后，阵列信号处理、分集技术和感知技术的应用对 DSP 性能提出更高的要求。这些技术应用的早期产品都是由几十个到几百个 DSP 芯片协同完成，显然这种产品实用性不强。多核 DSP 的发展成为 DSP 厂家的必由之路。多核 DSP 的研发带来一系列问题，包括功耗、尺寸、仿真和编程方法。即便如此，各个公司仍然不断推出多核 DSP。从最初相对简单的异构双核（一个 DSP 核，一个 ARM 核），然后不断提高异构双核的性能，最后发展技术难度相对更大的同构多核（所有核均为 DSP 核）。双核、4 核、8 核 DSP 先后推出。目前最具代表性的产品为 TI 公司的 TMS320C6678，其片内具有 8 个频率高达 1.2 GHz 的浮点核。

自 1980 年以来，DSP 芯片得到了突飞猛进的发展，DSP 芯片的应用也越来越广泛。从运算速度来看，MAC（一次乘法和一次加法）的开销时间已经从 80 年代初的 400

ns 降低到 1 ns(如 TMS32C40)，处理能力提高了几百倍。DSP 芯片内部关键的乘法器部件从 1980 年占模区的 40 个左右下降到 1 个以下，片内 RAM 的数量增加了几个数量级。从制造工艺来看，1980 年是采用 4μ 的 NMOS 工艺，而现在则普遍采用微米 CMOS 工艺。DSP 芯片的引脚数量也从 1980 年的最多 64 个增加到现在的 800 个以上，引脚数量的增加，意味着结构灵活性的增加。此外，随着 DSP 芯片的发展，DSP 系统的成本、体积、质量和功耗都有很大程度的下降。

1.1.2 DSP 的特点与分类

1. DSP 的特点

数字信号处理器简称为 DSP 芯片，是一种擅长于数字运算的处理器。其内部结构采用程序空间和数据空间分开的哈佛结构，硬件结构采用专门的乘法器，指令运行采用流水线操作，底层编程语言采用自身的 DSP 指令，这些可使 DSP 芯片快速地实现各种数字信号处理算法。

DSP 芯片的哈佛结构不同于传统的冯·诺依曼(von Neuman)结构，如图 1-1 所示。

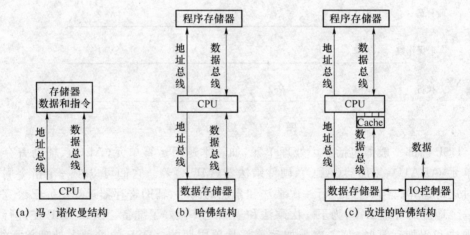

图 1-1 三种不同结构的示意图

冯·诺依曼结构中的程序指令和数据指令共用一个存储空间，采用单一的地址和数据总线。哈佛结构中的程序存储器和数据存储器是两个相互独立的存储器，程序和数据可存储在不同的存储空间中；程序与数据各有自己的地址总线和数据总线。因此，程序存储器和数据存储器能独立编址，独立访问。这样处理器可同时进行数据访问与指令读写，加大了数据吞吐率，加快了处理器的处理速度，从而提高了系统运算速度。但在 DSP 芯片的哈佛结构中，同一条指令可以同时对不同的数据空间进行读操作或写操作，而多条指令不能同时对多个数据空间进行读写，所以在 DSP 指令中不可避免地要使用一些单操作指令(仅仅对一个数据空间操作)。而单操作指令的存在会大大降低哈佛结构的实际效果,因为一条指令如果仅仅只对一个数据空间操作,其他数据空间得不到利用,就不能充分发挥哈佛结构的优点,哈佛结构就失去了其实际价值。为了解决这个问题,DSP 采用了与哈佛结构相配合的流水线操作。

DSP 执行一条指令,需要通过预取指、取指、译码、寻址、取操作数和执行等流水线阶段。在 DSP 中,采用流水线结构,在程序运行过程中这几个阶段是重叠的,即执行完第一条指令第一步后,紧接着执行该指令的第二步,同时执行下一条指令的第一步,使得指令执行加快,从而让大多数指令都可以在单个指令周期完成。在 C5000 和 C6000 系列 DSP 中采用 6 级流水线结构,而在 C2000 系列 DSP 中采用 4 级流水线结构。4 级流水线结构如图 1-2 所示,在执行本条指令的同时,还依次完成了后面 3 条指令的取操作数、译码和取指,把指令周期降到最小值。

DSP 利用这种流水线结构,再加上执行重复操作,就能保证数字信号处理中用得最多的乘法/累加运算可以在单个指令周期内完成。

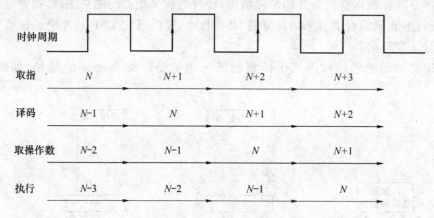

图 1-2 4 级流水线操作

DSP 内部一般都包括多个处理单元,如算术逻辑运算单元(ALU)、辅助寄存器运算单元(ARAU)、累加器(ACC)、硬件乘法器(MUL)等。它们可以在一个指令周期内同时进行运算。例如,当执行一次乘法和累加的同时,辅助寄存器运算单元已经完成了下一个地址的寻址工作,为下一次乘法和累加运算做好了准备。所以 DSP 在进行连续的乘法和累加运算时,每一次乘加运算都是单周期的。DSP 的这种多处理单元结构,特别适用于 FIR 和 IIR 滤波器;此外,许多 DSP 的多处理单元结构还可以将一些特殊的算法,例如 FFT 的码位倒置寻址和取模运算等,在芯片内部用硬件实现,以提高 DSP 对这些算法的运行速度。

为了更好地满足数字信号处理应用的需求,在 DSP 的指令系统中,还设计了一些特殊的指令。例如,TMS320C54x 中的 MACD(乘法、累加和数据移动)指令,该指令执行 LT、DMOV、MPY、APAC 四种功能;还有 FIRS 和 LMS 指令,则专门用于系数对称的 FIR 滤波器和 LMS 算法。

早期的 DSP 指令周期约 400 ns,采用 4 μm 的 NMOS 制造工艺,其运算速度为 5 MIPS(每秒执行五百万条指令)。随着集成电路工艺的发展,DSP 广泛采用了亚微米静态 CMOS 制造工艺,其运行速度越来越快。例如 TMS320C2xx 的运行速度可达 40 MIPS;TMS320C54x 的运行速度可达 100 MIPS 和 160 MIPS;TMS320C55x 的运行速度可达 200 MIPS;TMS320C62x 的运行速度可达 2 400 MIPS;TMS320C67x 的运行能力可达 1 GFLOPS;TMS320C64x 的运行能力可达 8 000 MIPS;TMS320C66x 的运行能力可达 80 GIPS。

早期 DSP 的字长是 8 位,后来逐步提高到 16 位、24 位、32 位和 64 位,为防止运算过程中产生溢出,有的 DSP 的累加器字长是 40 位。此外,浮点 DSP 采用超长指令字 VLIW(Very Long Instruction Word)结构,例如 TMS320C3x、TMS320C67x 和 ADSP21020 等,从而能提供更大的数据动态范围。

DSP 芯片是一种特殊的微处理器,不仅具有高度的可编程性,而且运行速度远远超过一般的微处理器。DSP 芯片也是一种专用的微处理器,具有高性能的运算核心。它能接收如光、声、电等模拟信号,将它们转化成数字信号,并实时地对采样数据进行数字算法处理。这种实时处理能力使 DSP 芯片可以应用于语音信号处理、图像信号处理等对实时性要求较高的领域,例如 DSP 芯片在数字电话、数码设备、无线通信以及网络领域中的应用。DSP 芯片除了具有特殊的内部结构、强大的信息处理能力以及较快的运行速度之外,还具有如下特点:

(1) 内置了一个或多个硬件乘法器和累加器,能实现单指令乘加运算和变址运算,实现了乘法与累加器的并行工作,能在一个指令周期内完成乘法运算并对乘积求和。

(2) 一般配备了可编程定时高速串行接口,多处理器连接接口等,并设置了专门的硬件数据指针的逆序寻址功能,在进行线性变换、数字滤波、卷积运算等数字信号处理时比传统器件要快很多倍。

(3) 内部集成了 MUL(硬件乘法器)、ACC(累加器)、ALU(算术逻辑单元)、ARAU(辅助算术单元)以及 DMA(数据直接存储方式)等,可在同一个周期内并行地执行不同的任务。

(4) 内部集成了多种外设和接口,包括 JTAG 接口、外部主机接口、外部存储器接口、芯片间高速接口、多路 DMA 通道以及可编程锁相环等,大大增强了 DSP 芯片的通用性。

(5) 超长指令字(VLIW)结构使设计简单化,不需要硬件支持动态码排序。DSP 增加了硬件循环控制,当完成循环初始化后,实际运行中循环不再消耗指令周期,从而提高了运行速度。

(6) 有相当完整的 DSP 开发系统和仿真软件可提供给用户一个灵活、方便的开发工具,使用户在开发系统上可以完成对目标板软硬件系统的综合调试,第三方也提供很多 DSP 开发需要的函数库、硬件驱动和片上支持库等软件。

2. DSP 的分类

(1) 按工作时钟和指令类型分类

根据 DSP 芯片的工作时钟和指令类型,DSP 芯片可以分为静态 DSP 芯片和具有一致性的动态 DSP 芯片。如果 DSP 芯片在某时钟频率范围内的任何频率上都能正常工作,除计算速度有变化外,其性能没有下降,则这类 DSP 芯片一般称为静态 DSP 芯片。如日本 OKI 电气公司的 DSP 芯片。如果有两种或两种以上的 DSP 芯片,它们的指令集和相应的引脚结构相互兼容,则这类 DSP 芯片称为具有一致性的 DSP 芯片。如美国 TI 公司的 TMS320C54x。

(2) 按数据格式分类

根据 DSP 芯片工作的数据格式,DSP 芯片可以分为定点 DSP 芯片和浮点 DSP 芯片。数据以定点格式工作的 DSP 芯片称为定点 DSP 芯片。如 TI 公司的 TMS320C1x/C2x、TMS320C2xx/C5x 和 TMS320C54x/C62xx/C64xx 系列,AD 公司的 ADSP21xx 系列,AT&T 公司的 DSP16/16A,Motorola 公司的 MC56000 等。定点 DSP 芯片最主要的优点是体积小、功耗低、价格便宜,但运算精度不太高,一般是 16 位或者 32 位数据,片内数据格式也只有 32 位。由于定点 DSP 芯片的以上特点,所以在数字通信、侦察干扰、家电及便携式小仪表等方面应用比较广泛。

数据以浮点格式工作的称为浮点 DSP 芯片。如 TI 公司的 TMS320C3x/C4x/C8x/C67xx,AD 公司的 ADSP21xx 系列,AT&T 公司的 DSP32/32C,Motorola 公司的 MC96002 等。但不同的浮点 DSP 芯片所采用的浮点格式不完全一样,有些浮点 DSP 芯片采用自定义的浮点格式,如 TMS320C3x。有些浮点 DSP 芯片则采用 IEEE 的标准浮点格式,有利于和其他浮点软件兼容,如 Motorola 公司的 MC96002、FUJITSU 公司的 MB86232 和 ZORAN 公司的 ZR35325 等。浮点 DSP 芯片功耗大、价格高、体积也稍大,但运算精度高,一般是 32 位,片内可达到 40 位。

(3) 按用途分类

根据 DSP 芯片的用途,DSP 芯片可分为通用型 DSP 芯片和专用型 DSP 芯片。通用型 DSP 芯片具有较丰富的硬件接口和很强的可编程性,适合普遍的 DSP 应用,如 TI 公司的 DSP 芯片。专用型 DSP 芯片针对某种应用专门设计,其内部结构规则简单,数据吞吐率高,片内有许多并行工作的运算单元,运算可由硬件直接实现。因此专用型 DSP 芯片更适合特殊的运算,如数字滤波、卷积和傅里叶变换等,如 OEM 生产的 DSP 芯片,Motorola 公司的 DSP56200,Zoran 公司的 ZR34881,Inmos 公司的 IMSA100 等。

1.1.3　各公司的 DSP 介绍

1. TI 公司的 DSP 芯片

美国 TI 公司是 1930 年成立于美国德克萨斯州(Texas)的一家从事石油勘探的公司,1951 年更名为 TI 公司。1982 年 TI 公司的 TMS320 系列 DSP 芯片的第一代处理器 TMS320C10 问世,TI 公司经营重点从此转向电子技术。经过几十年的发展,TI 公司相继开发了 TMS320C2000、TMS320C5000、TMS320C6000 三个系列的 DSP 产品,现今 TI 公司的 TMS320 系列已成为 DSP 市场中的主流产品,约占市场份额的 70%,

是世界最大的DSP芯片供应商。表1-1列出了TI公司TMS320系列DSP处理器各代芯片的名称。图1-3给出了TI公司TMS320系列DSP处理器的发展路线图。

表1-1 TMS320系列DSP处理器各代芯片名称

TMS320C2xx	TMS320C3x	TMS320C54x	TMS320C6x	多核	
				异构	同构
F206	C31x	C54x	C62xx	Omap5910	C647x
C20x	LC31x	LC54x	C67xx	Omap5912	C667x
C24x	C32x	C54xx	C64xx	L137	
F24x	LC32x	LC54xx	DM64x	A138	
C24x	C33x	VC54x			
F28xx	VC33xx	VC54xx			

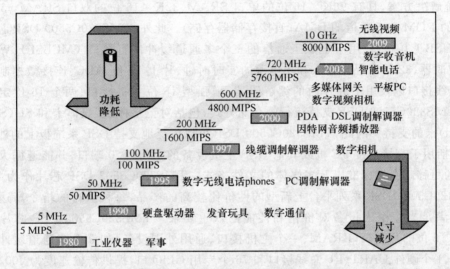

图1-3 TMS320系列DSP的发展路线

（1）TMS320C2000系列

TMS320C2000系列DSP一般应用于控制领域,目前TI公司已经将C2000系列DSP称为MCU,基本上不再划分到DSP范畴。

（2）TMS320C5000系列

TMS320C5000系列是16位定点,速度为40～200 MIPS,可编程、低功耗和高性能的DSP。主要用于有线或无线通信、互联网协议（Internet Protocol,IP）电话、便携式信息系统、手机、助听器等。

目前,TMS320C5000系列主要分为C54和C55两个系列。C54系列基本上处于被取代地位。C54系列中具有代表性的产品包括TMS320C5402,速度为100 MIPS,片内存储空间较小,RAM为16K×16位、ROM为4K×16位。主要用于无线Modem（调制解调器）、新一代PDA（Personal Digital Assistant,个人数字助理）、网络电话和数字电话系统以及消费类电子产品。第二个代表性芯片为TMS320C5420,它拥有两个DSP内核,速度可达到200 MIPS,但应用较少。第三个代表性芯片为TMS320C5416,

它是 TI 公司 0.15 μm 器件中的第一款 DSP 芯片,有 128K×16 位片内 RAM,速度为 160 MIPS,有三个多通道缓冲串行口(MCBSP),能够直接与 T1 或 E1 线路连接,不需要外部逻辑电路,主要用于 VOIP(Voice Over IP)、通信服务器、PBX(专用小型交换机)和计算机电话系统等。目前 C54 系列应用较多的为 C5416。

C55 系列是 TI 公司为满足性能、尺寸、价格和功耗有严格要求的设备而生产的芯片,C55 系列与 C54 系列代码兼容,且每个 MIPS 功耗只有 0.05 mW,是目前市场上的 C54 系列产品功耗的 40%。C55 系列有强大的电源管理功能,能进一步增强省电功能。

C55 系列的代表产品有 TMS320C5509 和 TMS320C5502。TMS320C5509 DSP 芯片主要用于网络媒体娱乐终端、个人医疗、图像识别、保密技术、数码相机以及个人摄像机等设备。TMS320C5509 DSP 芯片是目前集成度较高的通用型 DSP,能提供完备的系统解决方案,具有 96K×16 位的单口 SRAM、32K×16 位的双口 SRAM,32K×16 位的 ROM 和 6 通道的 DMA(直接存储器存储)。此外,TMS320C5509 DSP 芯片还含有 USB 1.0 接口、用于全双工通信的三个多通道缓冲串行接口(MCBSP)、Watchdog 定时器、32 kHz 晶振输入和单电源的实时时钟、片上 10 位 ADC、连接微控制器的 I^2C 总线接口以及用于芯片内的编解码器、增强型 16 位主机接口、两个 16 位定时器等。TMS320C5509 DSP 支持流行的存储方式,包括对记忆棒、多媒体卡和 SD(Secure Digital)卡的支持。因此,TMS320C5509 DSP 可以广泛地支持 DSP 系统板上的外围器件,包括用于直接连接 PC 机或其他 USB 主机设备的 USB 1.0 端口,并能遵循大多数流行的可移动存储标准以及多媒体的文件格式。TMS320C5502 DSP 芯片作为 TI 的 TMS320C5000 DSP 系列平台上新型的性价比较高的产品,每秒执行的指令高达 4 亿条,可满足当今个人设备对价格和性能的双重要求。TMS320C5502 DSP 芯片具有 32K×16 位的片上双口 RAM、一个主机接口、通用外围设备(如 3 个多通道缓冲串行接口)、1 个硬件 UART、I^2C 总线接口和 76 个专用 GPIO 口,提供传输速度为 400 MB/s 的 32 位外部存储接口,并支持低价 SDRAM 外设。

(3) TMS320C6000 系列

TMS320C6000 系列 DSP 是 TI 公司 1997 年 2 月推向市场的高性能 DSP,综合了目前 DSP 性价比高、功耗低等优点。TMS320C6000 系列中又分为定点 DSP 和浮点 DSP 两类。

C6000 系列中最基本的定点 DSP 为 C62 系列。该系列是 TMS320C6000 系列中的 32 位定点 DSP,内部集成了多个功能单元,可同时执行 8 条指令,运算速度为 1 200~2 400 MIPS。其内部集成了 2 个乘法器和 6 个算术运算单元,且它们之间是高度正交的,使得在一个指令周期内最大能支持 8 条 32 位的指令;为充分发挥其内部集成的各执行单元的独立运行能力,TI 公司使用了 VelociTI 超长指令字(VLIW)结构,它在一条指令中组合了几个执行单元,结合其独特的内部结构,可在一个时钟周期内并行执行几个指令;片内集成了 512K 字程序存储器和 512K 字数据存储器,并拥有 32 位的外部存储器界面;内部集成了 4 个 DMA 接口,2 个多通道缓存串口,2 个 32 位计时器。C62 系列适合于无线基站、无线 PDA、组合 Modem、导航定位等需要大运算能力的场合。

第1章 概　述

C6000 系列中最基本的浮点 DSP 为 C67 系列。该系列是 TMS320C6000 系列中的 32 位浮点 DSP，内部同样集成了多个功能单元，可同时执行 8 条指令，其运算速度为 1 GFLOPS。该系列除了具有 TMS320C62xx 系列的特点外，其指令周期为 6 ns，峰值运算能力为 1 336 MIPS，对于单精度运算可达 1 GFLOPS，对于双精度运算可达 250 MFLOPS；硬件支持 IEEE 格式的 32 位单精度与 64 位双精度浮点操作；集成了 32 位×32 位的乘法器，其结果可为 32 位或 64 位；C67 系列的指令集在 C62 系列的指令集基础上增加了浮点执行能力，可以看做 C62 系列指令集的超集。C62 系列指令能在 C67 系列上运行，而无需任何改变。C67 系列芯片适用于基站数字波束形成、图像处理、语音识别、3D 图形等对运算能力和存储量有高要求的场合。

目前，TMS320C6000 系列主要向两个方向发展，一是追求更高的性能，二是在保持高性能的同时向廉价型发展。例如，TI 公司推出的 TMS320C6414、TMS320C6415 和 TMS320C6416 三款新产品的工作频率高达 800 MHz，计算速度接近每秒 64 亿次指令，而功耗仅为现有器件的三分之一。它们既可通过一条单独接入家庭的宽带线路传输大量的个性化数据、视频和语音，也可通过 3G 无线基站向无线手机发送多媒体信息。C64 系列 DSP 不但提高了时钟频率，而且在内部结构上也采用了新的优化，主要表现在以下几个方面：

① 寄存器数比 C62x 多了一倍，由原来的 32 个变成了 64 个；

② 乘法器、累加器、桶式移位器和加法器等特殊硬件运算器的数量比原来增加了 1～3 倍；

③ CPU 通过 L1 Program Cache 和 L1 Data Cache 执行指令并处理数据，通过 L2 Cache 与增强型 DMA 控制器 EDMAC(Enhanced DMA Controller)相连，且能控制外围设备，从而使 Cache 空间增大；

④ 外部总线变成了 64 位，是 C62x 的一倍；

⑤ 数据结构支持 8 位的运算操作，尤其适应于 8 位图像信号的处理；

⑥ 在 C62x 系列 DSP 指令基础上增加了一些新的指令，例如增加了 GF 域的乘法，一次可以实现 4 个 GF 域的乘法，为无线通信的 RS 编译码提供快速实现机制；

⑦ 内部嵌入各种应用软件，包括 Viterbi 译码、RS 译码、回音抵消、图像压缩等。

C6000 系列 DSP 的发展如图 1-4 所示。

(4) 多核系列

TI 公司的多核系列 DSP 主要分为异构多核 DSP 和同构多核 DSP。异构多核一般都具有 DSP 核和 ARM 核，同构多核一般都是多个 DSP 核。

OMAP(Open Multimedia Applications Platform)系列是异构多核的代表芯片，是 TI 公司推出的专门为支持第三代(3G)无线终端应用而设计的应用处理器体系结构。该处理器集成了 TI 公司的 DSP 处理器核心以及 ARM 公司的 RISC 架构处理器，成为一款高度整合的 SOC。OMAP 处理器平台提供了语音、数据和多媒体所需的带宽和功能，可以极低的功耗为高端 3G 无线设备提供极佳的性能。OMAP 嵌入式处理器系列包括应用处理器及集成的基带应用处理器，目前已广泛应用于实时的多媒体数据处理、语音识别系统、互联网通信、无线通信、PDA、Web 记事本和医疗器械等领域。

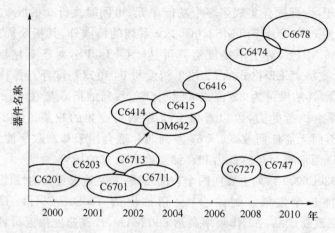

图 1-4　C6000 系列 DSP 的发展

OMAP5910 是 OMAP 系列的早期成员,它采用 MCU+DSP 双内核架构,把高性能、低功耗的 DSP 核与控制性能强的 ARM 微处理器结合起来,具有集成度高、硬件可靠性和稳定性强、速度快、数据处理能力强、功耗低、开放性好等优点。OMAP5910 由于其自身设计等原因,市场应用不是很多,很快被 L137 所取代。

L137 应用处理器采用 C674x 浮点 DSP 内核与 ARM9 内核的双重结构,可实现高达 300 MHz 的单位内核频率。利用片上 ARM9,开发人员可充分利用浮点 DSP 支持高强度的实时处理计算,同时让 ARM 负责非实时任务。这一卓越功能使开发人员能够设计出特性更丰富的终端产品,如图形用户界面(GUI)、触摸屏及网络协议栈等。此外,开发人员还能使用 ARM 来实施 VxWorks、WinCE 或 Linux 等各种高级操作系统。L137 与 C6747 DSP 引脚兼容,从而使客户可采用不同的处理器选项同时开发多种不同特性级的产品。L137 应用处理器可在极低的功耗水平下工作,其待机功耗为 62 mW,工作模式下总功耗为 490 mW。

L137 由两个独立的组件来完成应用处理任务,其中 ARM 负责支持应用操作系统并完成以控制为核心的应用处理;而 DSP 则负责完成多媒体信号(如音频、语音和图像/视频信号)的处理。与单核结构相比,双核架构的一个明显优势就是可以使操作系统的效率和多媒体代码的执行更加优化并延长电源寿命;同时采用双处理器可以将总工作负荷进行合理划分,从而降低时钟工作频率,使系统的功耗降至最低,成功地实现了性能与功耗的最佳组合。

L137 的软件结构建立在两个操作系统之上:一是基于 ARM 的 Windows CE、Linux 等操作系统,二是基于 DSP 的 DSP/BIOS。对于软件开发者来说,DSP/BIOS 提供了一种使用 DSP 的无缝接口,允许开发者在 GPP(通用处理器)上使用标准应用编程接口访问并控制 DSP 的运行环境。从开发者的角度来看,利用 TI 公司的 Code Composer Studio(CCS)集成开发环境,就不需要为两种处理器分别编程,这使编程工作大为简化。而在开发多媒体应用程序时,也可以通过标准的多媒体应用编程接口

(MMAPI)使用多媒体引擎,从而方便了应用程序的开发。多媒体引擎对相应的 DSP 任务通过 DSP 应用编程接口(DSPAPI)使用 DSP/BIOS。操作系统支持 Symbian OS(tm)、Linux、Microsoft Windows CE 3.0 和.NET 以及 Palm OSO。

C66 系列是同构多核的代表芯片,是 TI 公司推出的一款业界最高性能的多媒体解决方案,充分满足移动网络领域对通道密度及高质量媒体服务日益增长的需求。C6678 可帮助 OEM 厂商实现系统级的低成本、低功耗和高密度媒体解决方案,从而使其适用于多媒体网关、IMS 媒体服务器、视频会议服务器以及视频广播设备等应用领域。C6678 基于其最新 DSP 系列器件 TMS320C66xx,采用 8 个 1.25 GHz 的 DSP 内核构建而成,并在单个器件上完美集成了 320 GMAC 与 160 GFLOP 定点及浮点性能,从而使用户不仅能整合多个 DSP 以缩小板级空间并降低成本,同时还能降低整体的功耗。

为了简化应用开发工作,TI 公司全新多媒体解决方案包含全面的视频、音频和语音编解码组合,可通过 TI 公司的网站获取。可用的视频编解码器组合包括 H.264、H.263、MPEG4、MPEG2、JPEG、JPEG2000、VC1、Soren Spark 等。此外,C6678 DSP 还支持 Universal SVC、MVC、AVC Intra 和 H.265 等在内的新型编解码器和功能。编解码器组合系列不仅包含 AAC、AACv2、AC3、MP3、WMA8、WMA9 等音频编码器和解码器,而且还支持广泛应用的有线和无线语音编解码器。

2. AD 公司的 DSP 芯片

AD 公司是 DSP 芯片主要生产商之一,该公司的 DSP 产品主要是以 ADSP21xx 为主。较老的型号如 ADSP2101、ADSP2105 等,速度较慢且采用的是 5 V 电压,没有片内的 RAM;而 ADSP218x 速度有很大的提高,一般为 40~75 MIPS,而且大多采用了 2.5 V 和 3.3 V 电压,带有片内的 RAM。ADSP218x 系列主要是定点 DSP,可以用于控制和数字信号处理。

AD 公司的 DSP 在国内使用比较广泛,其定点和浮点系列的主要产品如下:

(1) AD 公司的 DSP 芯片中 16 位定点 DSP 芯片有:ADSP2101/2103/2105、ADSP2111/2115、ADSP2161/2162/2164 和 ADSP2171/2181,其中定点 ADSP2181 型号的 DSP 使用最多。ADSP2181 主要性能有:指令周期 25 ns、16K×16 位的程序储存区、16K×16 位的数据储存区、4M×16 位的寻址能力、6 个外部中断、CMOS 工艺。在 TI 公司的 C54xx 系列出现之前,AD2181 作为 AD 公司 21xx 系列中的代表,是许多用户的首选。

(2) AD 公司的浮点 DSP 有:ADSP21000/21020、ADSP21060/21061/21062/21065L。ADSP21020 芯片是 AD 公司 ADSP21000 系列芯片的第一代浮点 DSP,采用改进的哈佛结构。其指令周期为 50 ns,具有 20 MIPS 指令速率,233 引脚 PGA 封装。ADSP21060、ADSP21061、ADSP21062 和 ADSP21065L 是 AD 公司 SHARC(Super Harvard Architecture Computer,超级哈佛结构计算机)系列的 DSP。其采用超级哈佛结构,具有 4 条独立的总线(两条数据总线、一条程序总线和一条 I/O 总线),内部集成了

大容量的 SRAM（静态随机存取存储器）和专用 I/O 总线支持的外设，指令周期为 25 ns，是一个高性能浮点 DSP 系列。

AD 公司于 1998 年下半年推出 SHARC 第二代芯片 ADSP-21160。它对 ADSP-2106x 进行了扩充与完善，并采用了单指令多数据流（SIMD）的结构，进一步提高了并行处理的能力，使得该芯片具有非常高的性能。ADSP-21160 的指令集是向下兼容的，也就是说 ADSP-21060 的代码不需要作任何改动就可以运行在 ADSP-21160 上，同时 ADSP-21160 还对指令集进行了扩充。Tigers ARC 是 AD 公司研制的第三代 SHARC，是第一块采用"静态超标准量结构"（Static Super Scalar Architecture）的芯片，具有非常优越的性能，每秒可以完成 2 亿次乘加运算（MAC）。

3. Motorola 公司的 DSP 芯片

Motorola 公司的 DSP 产品应用也非常广泛，其 DSP 芯片可分为定点、浮点和专用三种。

Motorola 公司的定点 DSP 芯片主要可以分为以下几个系列：

（1）DSP56000 系列

DSP56000 系列是 24 位的定点 DSP，该系列产品主要有 DSP56002、DSP56004、DSP56007 和 DSP56009 等。定点 DSP 芯片以 MC56000、MC56001 和 MC56002 为代表。程序和数据字长为 24 位，有 2 个精度为 56 位的累加器。DSP56001 的指令周期为 60 ns 和 74 ns 两种；片内具有 512 字的程序 RAM、512 字的数据 RAM 和 512 字的数据 ROM；三个分开的存储器空间，每个均可寻址 64K 字；片内 32 字的引导程序可以从外部 EPROM 装入程序；支持 8 位异步和 8～24 位同步串行 I/O 接口；并行接口可与外部微处理器接口连接；支持硬件和软件等待状态产生。MC56000 是 ROM 型的 DSP 芯片，内部具有 2K 字的程序 ROM。MC56002 则是一个低功耗型芯片，可以在 2.0～5.5 V 电压范围内工作。

（2）DSP56300 系列

DSP56300 系列也是 24 位的定点 DSP，和 DSP56000 系列比较，速度较快，功耗较低，最高速度可达到 150 MIPS，其他性能和 DSP56000 系列差不多。该系列产品主要有 DSP56301、DSP56303、DSP56306、DSP56307、DSP56309、DSP56311 和 DSP56362 等。

（3）DSP56600 系列

DSP56600 系列是 16 位的定点 DSP，采用双内核技术，内部将 DSP 内核和 Motorola 的 RISC MCU 内核结合（即一个 32 位的 RISC MCU 内核和相对应的 32 位的存储器，与一个 16 位的速度大约为 70 MIPS 的 DSP 内核相结合），且有 24 位的程序存储器和 16 位的 DSP 数据存储器，可大幅提高 DSP56600 的性能，特别是在控制方面。该系列产品主要有 DSP56651、DSP56652、DSP56654 和 DSP56690 等。

Motorola 公司的浮点 DSP 芯片以 MC96002 为代表，采用 IEEE-754 标准浮点格式，累加器精度达 96 位，可支持双精度浮点数。该芯片的指令周期为 50/60/74 ns。片内有 3 个 32 位地址总线和 5 个 32 位数据总线。内部具有 1K 字的程序 RAM、1K 字的数据 RAM 和 1K 字的数据 ROM。64 字的引导 ROM 可以从外部 8 位 EPROM 引导程序。内部具有 10 个 96 位或 30 个 32 位基于寄存器的累加器。支持无开销循环、硬件和软件等待状态产生。具有三个独立的存储空间,每个空间可寻址 4G 字。

Motorola 公司的专用 DSP 芯片 MC56200 是一种基于 MC56001 的 DSP 核,适合于自适应滤波的专用定点 DSP 芯片,指令周期为 97.5 ns,程序字长和数据字长分别为 24 位和 16 位。内部的程序和数据 RAM 均为 256 字,累加器精度为 40 位。MC56156 是一款性能稍高的 DSP 芯片,其片内集成了过采样 Σ-Δ 话带 Codec 模数转换器和锁相环模块,主要用于蜂窝电话等通信应用,其指令周期为 33/50 ns。

1.2 TMS320C6000 概述

1.2.1 TMS320C6000 的结构

TMS320C6000 是 1997 年美国 TI 公司推出的 DSP 芯片。这种芯片是定点和浮点兼容的 DSP 系列,其中定点系列是 TMS320C62xx 和 TMS320C64xx,浮点系列是 TMS320C67xx,以及浮点和定点兼容的 TMS320C66xx。由于 TMS320C6000 的开发主要面向数据密集型算法,它有着丰富的内部资源和强大的运算能力,所以被广泛地应用于数字通信和图像处理等领域。

TMS320C667x 为多核 DSP,分别有双核 C6672,4 核 C6674 以及 8 核 C6678 等几个型号。C667x 是目前功能比较强大的处理器,以 C6678 为例,其片内具有 8 个 1 GHz 的处理器;具有 PCIE2.0 接口;千兆网口;50 GBit/s 的 HyperLink 口。应用于阵列信号处理、多通道接收机、波束合成、移动基站以及多功能通信等领域。

TMS320C674x 为具有定点和浮点功能的 DSP,在典型使用情形下,总功耗仅为 420 mW,1.0 V 时待机功耗为 7 mW。外设/连接选项包括 10/100 EMAC、SATA、USB2.0、通用并行端口、LCDC、视频端口、EMIF、McBSP、McASP 等等。C674x 系列 DSP 是便携式、嵌入式和手持式产品的最佳选择。应用于智能传感器、工业控制、条码扫描器、音频效果、软件无线电、便携式数据终端、音频会议、游戏和便携式医疗等领域。

C6000 系列 DSP 的中央处理单元有 8 个功能单元可以并行操作,并且其中两个功能单元为硬件乘法运算单元,大大提高了乘法速度。DSP 采用具有独立程序总线和数据总线的哈佛总线结构,仅片内程序总线宽度就可达到 256 位,即每周期可并行执行 8 条 32 位指令。片内两套数据总线的宽度分别为 32 位。此外,DSP 还有一套 32 位 DMA 专用总线用于传输。灵活的总线结构使得数据瓶颈对系统性能的限制大大缓解。C6000 的通用寄存器组能支持 32 位和 40 位定点数据操作,另外 C67xx 和 C64xx 还分别支持 64 位双精度数据和 64 位双字定点数据操作。除了多功能单元外,流水技术是提高 DSP 程序执行效率的另一主要手段。由于 TMS320C6000 的特殊结构,功能单元同时执行的各种操作可由 VLIW 长指令分配模块来同步执行,使 8 条并行指令同时通过流水线的每个节拍,极大地提高了机器的吞吐量。

TMS320C6000 片内的 8 个并行的处理单元,分别组成相同的两组。DSP 的体系结构采用超长指令字(VLIW)结构,单指令字长为 32 位,8 个指令组成一个指令包,总字长为 8×32 位=256 位。芯片内部设置了专门的指令分配模块,可以将每个 256 位的指令包同时分配到 8 个处理单元,并由 8 个单元同时运行。芯片的最高时钟频率可以达到 300 MHz,这是通过片内的锁相环路(PLL)将输入时钟倍频获得的。当芯片内部 8 个处理单元同时运行时,其最大处理能力可以达到 400 MIPS。

TMS320C6000 的 8 个独立的功能单元中有 2 个 16 位乘法器(32 位结果)和 6 个算术逻辑单元(32 位/40 位)。它采用加载/存储(load/store)体系结构,数据在多处理单元之间的传输依靠 32 个 32 位通用寄存器。

TMS320C6000 的指令集可以进行字节寻址,获得 8 位/16 位/32 位数据,因此存储器可以得到充分利用。指令集中有位操作指令,包括位域抽取、设置、消除以及位计数、归一化等。所有的指令都是条件执行指令,可以根据某种条件决定是否执行。

TMS320C6000 的存储器寻址空间为 32 位,其中芯片内部集成了 1~7 Mbit 片内 SRAM。片内 RAM 被分为两块:一是内部程序/Cache 存储器,二是内部数据/Cache 存储器。32 位外部存储器接口包括直接同步存储器接口,可与同步动态存储器(SDRAM)、同步突发静态存储器(SBSRAM)连接,主要用于大容量、高速存储;还包括直接异步存储器接口,可与静态存储器(SRAM)、只读存储器(EPROM)连接,主要用于小容量数据存储和程序存储;还有直接外部控制器接口,可与先进先出寄存器(FLFO)连接,这是控制接口线最少的存储方式。因此 TMS320C6000 可方便地配置不同速度、不同容量、不同复杂程度的存储器。

TMS320C6000 的其他模块包括:四通道自加载 DMA 协处理器,可用于数据的 DMA 传输;16 位宿主机接口,可以将 TMS320C6000 配置为宿主机的 DSP 加速器;灵活的锁相环路时钟产生器(×1,×2,×4),可以对输入时钟进行不同的倍频处理。此外,该芯片内部还有 IEEE1149.1 标准边界扫描仿真器,可用于芯片的自检和开发。这种芯片采用 BGA(Ball Grid Array)封装,以获得较好的高频电气性能,并使芯片尺寸变小。采用 0.18 μm 工艺(最新的 TMS320C6203 采用了 0.15 μm 工艺,芯片尺寸只有 18 mm 见方),由五层金属制成。

1.2.2 TMS320C6000 的特点

从并行处理的角度分析,TMS320C6000 的主要特点是采用了 VLIW 的体系结构。在 VLIW 处理中,多个功能单元是并发工作的,所有的功能单元共享公用大型寄存器堆。功能单元同时执行的各种操作是由 VLIW 的长指令分配模块来同步的,把长指令中不同字段的操作码分别送给不同的功能单元。通常,用短指令字(TMS320C6000 是 32 位)编写的程序必须压缩在一起才能形成 VLIW 指令。这种代码压缩是由编译器完成的,编译器可以利用精心设计过的启发式方法或运行时统计方法来预测转移结果。在 TMS320C6000 中,8 个功能单元共享 32 个 32 位通用寄存器堆。在 VLIW 结构中,指令并行性和数据传送完全是在编译时确定的,因而 VLIW 结构处理器的代码效率在很大程度上取决于代码压缩的效率。为保证代码压缩、分配的效率,TI 公司推出了效率可达 70%~80%的汇编语言级 C 编译器,它产生的代码平均效率是同时期其他 DSP 编译器的 3 倍。

VLIW 处理机的另一个特点是指令获取、指令分配、指令执行和数据存储等阶段需要进行多级流水,而且不同指令执行的流水延迟时间也不相等,为了保证处理的运行效率,各种指令的安排尽量不破坏指令流水的执行。VLIW 结构中,指令并行性和数据传送完全是在编译时确定的,这与运行时的资源调度和同步完全不同,因此这种结构中每条指令的等效周期数很低,即运行速度很快。

VLIW 结构的效率对代码压缩的效率有很大的依赖性,因为它是将不相关的或无关的操作在编译时预先同步地压缩在一起,因此编译程序的性能对处理结果有重大影响。VLIW 结构的深流水线给编程和编译带来困难,指令安排稍有不当将破坏流水线,使性能下降。但是 TMS320C6000 的 VLIW 结构与标准 VLIW 结构相比,具有取指包(Fetch Packet)固定的特点,因而方便了取指。

TMS320C6000 的 VLIW 采用类 RISC 指令集,使用大的统一的寄存器堆,结构规整,具有潜在的易编程性和良好的编译性能。它与超标量等系统结构相比较简单,在应用领域可以发挥良好的作用。

1.2.3 TMS320C6000 的应用

TMS320C6000 最初主要是为了移动通信基站的信号处理而推出的超级处理芯片,200 MHz 时钟的 C6201 完成 1 024 点定点 FFT 的时间只要 66 μs,比传统 DSP 要快一个数量级,因此在民用和军用领域都将有广阔的应用前景。在军事通信、电子对抗、雷达系统、精确制导武器等需要高度智能化的应用领域,其高速处理能力具有不可替代的优势。

C6000 系列芯片的定点系列 C62xx 字长为 16 位,由于乘法器字长较短(16×16 位),所以精度不高。这一问题的解决可以采用 TMS320C67xx,这是 C6000 中的浮点系列,运行速度可以达到 1 GFLOPS。多核 DSP 的出现解决了 C6000 系列对高性能处理平台的技术支撑问题,异构或同构的双核、8 核、16 核的 DSP 在基站、多通道处理、阵列信号处理等领域具有非常广的应用前景。

1.3 DSP 的应用

1.3.1 DSP 的发展方向

移动互联网是全球经济新的增长点,也是 DSP 潜在的应用领域。而智能手机、PDA、MP3 播放机以及笔记本电脑等则是个性化设备的典型代表。这些设备的发展水平取决于 DSP 的发展。新的形式下,DSP 面临的要求是处理速度更高,性能更多、更全,功耗更低,存储器用量更少。所以其技术发展将会有以下一些趋势:

(1) DSP 的内核结构进一步改善

多通道结构、单指令多重数据(SIMD)和特大指令字组(VLIM)将在新的高性能处理器中占主导地位,如 AD 公司的 ADSP216x。

(2) DSP 和微处理器(MPU)的融合

MPU 是执行智能定向控制任务的通用微处理器,能很好地执行智能控制任务,可以对文字进行处理,管理数据库和对科学工程进行数学运算,但是其数字信号处理功能很差。而 DSP 的功能正好与之相反,主要针对代表信号的数字进行数字运算,得到处理结果。很多工程都可以用数学模型来表达,不同的过程有不同的数学模型。例如,医药、医疗、电信、雷达、声呐、助听器、声音、图像以及工业控制等都有不一样的数学模型,因此数字信号处理器的种类繁多。另外,数字信号处理器的信号大部分是连续的,而且是实时(on time)的,因此其取样、运算过程应尽可能短,以免影响信号的连续性。这也是 DSP 处理速度要求很高的原因。这一点和 CPU 处理的静止信号(offline)不同,例如,对复数 FIR 滤波器进行计算,工作在 300 MHz 的 SC140 为 2 μs,而 1 000 MHz 的 Pentium4 需要 6 μs。

(3) DSP 和高档 CPU 的融合

大多数高档 CPU,如 Pentium 和 PowerPC 都是 SIMD 指令组的超标量结构,速度很快。LSI Logic 公司的 LSI401Z 采用高档 CPU 的分支预示和动态缓冲技术,结构规范,利于编程,不用担心指令排队,使得性能大幅度提高。Intel 公司涉足 DSP 领域将会加强这种融合。

(4) DSP 和 SOC 的融合

SOC(System-On-Chip)是指把一个系统集成在一块芯片上,这个系统包括 DSP 和系统接口软件等。比如,Virata 公司的 ZSP400 处理器内核,与系统软件(如 USB、10Baset、UART、GPIO、HDLC 等)一起集成在芯片上,应用在 XDSL 上,取得了很好的经济效益。SOC 芯片近几年销售很好,由 1998 年的 1.6 亿片猛增至 1999 年的 3.45 亿片,到 2004 年已经达到 13 亿片。SDSP 和 SOC 的融合也必然是 DSP 的一个发展方向。

(5) DSP 和 FPGA 的融合

FPGA 是现场可编程门阵列器件。其和 DSP 集成在一块芯片上，可实现宽带信号处理，大大提高信号处理速度。Xilinx 公司的 Virtex-11 FPGA 对快速傅里叶变换的处理可提高 30 倍以上，它的芯片中有自由的 FPGA 可供编程。Xilinx 公司开发出 Turbo 卷积编译码器的高性能内核，设计者可以在 FPGA 中集成一个或多个 Turbo 内核，它支持多路大数据流，以满足 3G WCDMA 无线基站和手机的需要，同时大大节省开发时间，使功能的增加或性能的改善非常容易，因此在无线通信、多媒体等领域将有广泛应用。

(6) 实时操作系统 RTOS 与 DSP 的融合

DSP 软件开发越来越复杂，开发者会发现需要在两个矛盾的方向上努力：一方面，设计者必须对底层代码优化以满足实时应用；另一方面由于系统越来越复杂，需要高层次的设计手段，包括应用库和第三方软件包。

(7) 支持高级语言的 DSP 开发软件

开发人员通常面临的一个非常重要的问题是如何使数据流程在 DSP 的各执行单元间无冲突地顺利快速进行。如果能用高级语言替代汇编语言进行编程设计，将可使复杂问题简单化。

(8) 并行处理结构

为了提高 DSP 芯片的处理速度，各个 DSP 厂家纷纷在器件中引入并行机制，主要分为片内并行和片间并行。TI 公司的 TMS320C8x 是一个紧耦合多指令数据流(MIMD)的单片处理器系统，这一系统的运行速度等效于每秒 20 亿次的 RISC 类型的操作。在这个系统中，一个显著的特点就是采用交叉连接开关(Crossbar)代替了传统的总线互连。在总线互连的系统中，各个 DSP 之间需要申请总线，并需要总线仲裁机构分配总线。对于单总线系统，如果某一个 DSP 占用总线，则其他 DSP 需要等待该 DSP 释放总线后才可能获得总线的使用权，这就限制了总线传输数据的速度。而交叉开关结构则可以在同一时刻将不同的 DSP 与不同的任一存储器连通，这就大大提高了数据传输的速率，使多处理器并行处理中数据传输的瓶颈问题得以缓解。

(9) 功耗越来越低

DSP 芯片是手机、个人医疗产品等的核心部分，降低 DSP 的功耗可以延长这些产品电池的寿命，增加通话时间，减轻电池的质量。随着超大规模集成电路技术和先进的电源管理设计技术的发展，DSP 芯片内核的电压将会越来越低，例如 TMS320C6000 系列就从 TMS320C6201 的 1.5V 内核电压发展到了目前的 TMS320C6400 系列的 1.1V 甚至更低。除了内核单元，周边装置和存储器的功耗也在不断降低。

1.3.2 DSP 的应用领域

DSP 芯片高速发展，一方面得益于集成电路的发展，另一方面也得益于巨大的市场。经过二十多年的发展，DSP 应用领域日渐宽广，DSP 芯片已经在信号处理、通信、雷达等许多领域得到广泛的应用。目前,DSP 芯片的价格越来越低,性能价格比不断提高,具有巨大的应用潜力。

DSP 所参与的经典数字信号处理的主要内容包括:

(1) 信号的采集:A/D(模/数转换)技术、采样定理、多采样率、量化噪声分析等。

(2) 离散信号的分析:时域和频域分析、各种变换技术、信号特征的描述等。

(3) 离散系统分析:系统的描述、系统的单位抽样响应、转移函数及频率特性等。

(4) 信号处理中的快速算法:快速傅里叶变换、快速卷积、快速相关等。

(5) 信号的估值:各种估值理论、相关函数与功率谱估计等。

(6) 信号滤波技术:各种数字滤波器的设计和实现。

(7) 信号的建模:最常用的有 AR、MA、ARMA、PRONY 等模型。

(8) 信号处理中的特殊算法:如抽取、插值、奇异值分解、反卷积、信号重构等。

(9) 信号处理技术的实现:包括软件实现和硬件实现。

(10) 信号处理技术的应用。

自 20 世纪 80 年代以来,随着电子技术的高速发展,尤其是移动通信、无线通信和卫星通信的广泛使用,推动了很多新的数字信号处理的应用和改进,同时也产生了一些较新的数字信号处理算法,这些算法一般称为现代数字信号处理算法。现代的数字信号处理算法一般包括现代滤波方法、现代谱估计方法、小波变换、独立分量分析、分离算法和感知理论等,这些算法已经逐渐应用于各种信号处理领域。例如,自适应滤波器应用于回音抵消,现代谱估计方法应用于微弱信号检测,小波变换应用于图像压缩,感知理论应用于高频信号采样,独立分量分析应用于保密通信和传感技术领域等。这些理论的最终实现都要反映到硬件处理平台上,DSP 在其中起到非常重要的作用。

现代数字信号处理算法一般都比较复杂,从算法仿真到 DSP 应用都需要有很深的理论知识和实际应用经验。很多现代数字信号处理算法的应用都固化在特定的芯片内,用户直接调用该算法就可以实现数字信号处理,有些固化的算法甚至不需要用户做任何调用就可以直接使用。例如 C6x 系列 DSP 中的 C6414 处理器集成了图像压缩和传输算法,C54xx 系列 DSP 中的 C54CST 集成了回音抵消算法等。

根据应用方向,DSP 广泛应用于以下系统和信号处理中:

(1) 经典信号处理:数字滤波、自适应滤波、快速傅里叶变换、相关运算、频谱分析、卷积等。

(2) 现代信号处理:AR、ARMA、卡尔曼滤波、现代谱估计方法、小波变换、独立分量分析、分离算法、感知理论等。

(3) 语音处理:语音编码、语音合成、语音识别、语音增强、语音邮件、语音储存、语音去噪等。

(4) 图像/图形:数字电视、可视电话、数字相机、图像编解码器、图像压缩解压缩、图像信号采集传输、图像存储、图像识别、图像监控、超声波成像检测、电子地图、图像去噪、图像增强、动画、机器人视觉等。

(5) 通信信号处理：有线、无线、移动以及卫星通信信号处理、蜂窝电话、调制解调器、、蓝牙产品、数字电话、IP 电话、全球定位导航系统、卫星电话、电话会议、、ATM 电话、智能天线等。

(6) 控制：仪器仪表、数据采集、函数发生、信号发生、自动驾驶、机器人控制、磁盘控制、马达控制等。

(7) 军事：侦察与干扰、识别技术、保密通信、雷达处理、声呐处理、导航、全球定位、调频电台、搜索和反搜索、跳频截获、信号分选等。

(8) 家用电器：家庭网关、智能家园、安防监控、数字音响、数字电视、可视电话、音乐合成、音调控制、玩具与游戏等。

1.3.3 DSP 的应用方向

DSP 的应用方向和整个电子产业的发展息息相关，反过来强大的 DSP 芯片也将推动电子产业的发展，以前在实际中很难实现的理论和算法由于强大的处理器也可以轻松实现。DSP 不停地开拓其应用市场，又不断地将成熟的市场让步于专用处理器，或者说这些市场被 ASIC 芯片所取代。

1. 智能家用电子

智能家园包括数字消费电子、数字监控电子以及智能家用电子等。数字消费类应用约为全球半导体规模的五分之一，DSP 在数字消费类电子产品市场中起到非常重要的作用。消费者希望获得功能丰富、方便易用的便携式产品，而 DSP 的发展进一步推动制造商构建更先进的设备。目前基于 DSP 的数字消费类产品包括能随机存储和点播数千首歌曲的硬盘点歌机、具备音频/视频/TV 功能的便携式多媒体播放机、具备千万像素及 DVD 质量视频功能的数码相机、可实现高达几千万像素和高质量视频的可拍照电话等。市场的发展使 DSP 的性能提高了数十倍，而标准材料单减少了一半以上，并使设计转化为产品的时间平均缩短了半年。

DM270 作为最成熟的便携式数字媒体处理单片机系统，既集成有 ARM7 和 C54x 核心，又有高达 2 000 MIPS 的视频协处理器，已大批量应用于数码相机、数字 DV 摄像机、个人媒体播放器（PMP）和拍照手机等。新一代 DM342 平台升级到 ARM9 并提升了视频协处理器性能，其应用将更加广阔。

数字监控市场目前已经进入成熟期，基于 DSP 的 MPEG4 及 H.264 类产品已成为主流，而基于 ASIC 的产品则越来越少。无论是视频监控卡、硬盘录像机，还是视频服务器，在性能和品质上均有很大的提高。TI 公司所推出的 TMS320DM642S 数字媒体处理器，充分显示了高性能、高密度、低功耗和多功能等特性。例如单一 DM642 芯片即可构成一个典型的数字监控系统，支持同时处理四路 CIF 或一路 H.264 格式的 DI 数字视频，并且可动态切换。DM642 已经被用于开发嵌入式硬盘录像机、视频服务器等产品,更多厂商的产品正在紧张开发中,DM64x系列平台为开发新的功能和特性提供了可能。也有一些客户将注意力集中到低端的DM640,用于开发网络摄像机。适合开发网络摄像机的平台还有多种,其中特别值得一提的是基于OMAP和DM270的单片系统。OMAP是开放式多媒体应用平台,集成了ARM9和C55x核心,适合监控中的智能视频终端。DM270平台前面已有介绍,不仅适合低成本的网络摄像机,还适合于网络可视门铃等应用。中国数字监控技术水平已经达到国际先进水平,处于领先地位的公司已经开始开拓海外市场。

2. 生物识别技术

作为公共安全的另一个领域,生物识别应用在这几年中已完成技术积累,正在迈向市场化。在2004年深圳高交会上,基于DSP的新型指纹门锁倍受国内外客商的关注。DSP处理平台在指纹识别中的优势随着新一代超低功耗和高性能器件的推出又一次得到印证。特别是TI的C55x平台,由于在处理器内部采用了动态电源管理机制,可使功耗进一步降低。指纹门锁等一系列安全类产品,甚至指纹U盘也指日可待,而C5509和C5507均集成有现成的USB接口。与每个人息息相关的指纹一旦成为安全认证的标志,将启动一个巨大的市场。

生物识别中,人脸识别技术也有巨大突破。国内已有公司在DM642上实现嵌入式系统,并可方便地移植到任何基于DM642的监控产品上,这将为监控市场提供智能化增值服务,从而使公共安全上升到一个网络化和系统化的高水平。基于高性能的DSP,更多的生物识别技术将有可能应用到更广阔的市场。

3. 车载和机载电子

车载电子设备主要包括车载语音电子设备、图像电子设备、倒车雷达和导航系统等,这些设备都需要高性能的DSP支撑其硬件平台和软件系统。

汽车电子产品中的语音处理主要涉及语音的数字化处理、语音编解码、语音压缩和语音识别。国外比较热门的汽车电子产品之一就是语音识别系统,语音识别系统具有潜在的应用前景,包括声控电话、语音操作导航、声控选择广播频道和防盗语音鉴别等。进行汽车语音的实时处理,对DSP的运算量要求一般为10千万次乘加(MAC)运算。对于连续语音信号的识别,则要求更好的数字信号处理速度和更大的存储空间。

由于语音识别系统要对声音进行实时处理和采样,需要大量的运算,如果以分配20%的计算资源用于1 000万次MAC语音识别应用的话,那么需要处理器能够具有5 000万次MAC的能力。因此,必须采用DSP和FPGA的集成才能完成其任务。DSP和FPGA的处理速度对语音信号处理应用系统的复杂性和性能起着决定性作用,高速DSP和FPGA的实现可实现声道自适应和声域自适应等现代语音处理和识别技术。

"智能交通系统"作为汽车和交通行业共同的追求方向,将包括智能公路和智能汽车系统。它结合先进的公路信息处理技术和雷达防撞技术,将公路和汽车连为一个整体,可以极大地提高汽车流量,大幅度地降低交通事故的发生率。因此,汽车智能化相关的产品已受到汽车制造商们的高度重视。智能交通系统能根据驾驶员提供的目标资料,向驾驶员提供距离最短,而且能绕开车辆相对集中处的最佳行驶路线。

"安全第一"是用户购车的第一选择,目前研究比较热的车用毫米波自适应防撞雷达就是为解决高速公路上的由于撞车而造成的大量交通事故而研制的。由于在高速公路上汽车间的相对速度都很高,因此对雷达回波信号频差的提取必须实时进行。对雷达回波信号频差的提取和处理,以及自适应防撞控制系统的反馈控制处理,往往是采用DSP或FPGA来实现的。

机载设备目前还局限于军事应用。随着无人机的高速发展,DSP在其中也起到非常关键的作用。尤其无人机的空间狭小,功率有限,对于机载设备就需要非常小的尺寸,非常低的功耗,同时还需要非常高的性能。机载电子设备一般完成侦察、干扰、监控和导航等功能。

第 2 章
结构与指令系统

2.1 C674x 的 CPU 结构

C674x 的 CPU 采用 VelociTI 结构，VelociTI 结构是基于超长指令(Very Long Instruction Word,VLIW)的新结构。VLIW 结构由多个并行运行的执行单元组成，这些单元在单个时钟周期内可并行执行多条指令，并且在一次指令中可以存储多个信息。但是 VLIW 结构必须合理地安排指令的取指、译码和执行的过程，否则容易产生指令混乱，从而降低运行效率。VelociTI 结构的改进，使得该结构对指令的限制降低，取指、译码和执行更加灵活，使得编译器的水平得到很大的提高，得以充分利用 DSP 的内部资源。VelociTI 结构采用指令包(Instruction Packing)技术降低代码长度；所有的指令均是条件执行，从而增强代码的灵活性；指令宽度可以是 8、16 或者 32 位，使得应用更加灵活；此外，VelociTI 结构还采用全面的管道分支(Pipelined Branches)技术，使得跳转时间更短。

2.1.1 C674x 的 CPU 组成

C674x 处理器的结构如图 2-1 所示。主要由 7 部分组成：CPU 内核、程序存储器管理(Program Memory Controller,PMC)、数据存储器管理(Data Memory Controller,DMC)、外部存储器管理(External Memory Controller,EMC)、标准存储器管理(Unified Memory Controller,UMC)、中断和电源管理以及 IDMA。

其中，程序、数据和标准存储器控制都可以通过 Cache 和相应的外设进行通信，大量 Cache 的应用极大地加快了程序运行的速度。以 1024 点 FIR 为例，如果禁止使用 Cache，将降低 90% 运行速度。

C674x CPU 的 8 个功能单元可以并行操作，这些功能单元被分成相同的两组，有两个可进行数据处理的数据通路 A 和 B，每组由 4 个基本功能单元(.L、.S、.M 和 .D

组成,每组寄存器由32个32位寄存器组成(比C671和C672系列多1倍)。功能单元执行逻辑、位移、乘法、加法和数据寻址等操作。除了取指令和存指令之外的所有指令均对寄存器产生影响。两个数据寻址单元专门负责寄存器组与存储器之间的数据传递。每个数据通路的4个功能单元有单一的数据总线连接到CPU另一侧的寄存器上,以便两侧的寄存器组可以交换数据。

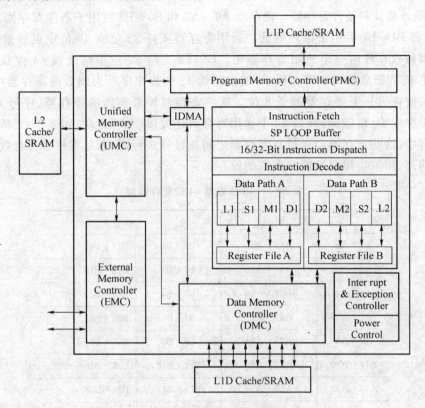

图 2-1　C674x 处理器的结构

每条32位指令占用一个功能单元。取指令、指令分配和指令译码单元每周期可以从程序存储单元到功能单元传递8条32位指令,这些指令的执行发生在两个数据通路(A和B)中的每个单元内。控制寄存器组控制着各种操作的操作方式。当从内部存储器读取一个256位的取指包时,说明VLIW处理流程已经开始,并行执行的指令(最多可达8条指令)连在一起形成一个执行包,开始执行。

2.1.2　CPU 数据通路

数据通路包括:

(1) 2个通用寄存器组(A 和 B);

(2) 8个功能单元(.L1、.L2、.S1、.S2、.M1、.M2、.D1 和.D2);

(3) 2个存储器读取通路(LD1 和 LD2);

(4) 2个存储器存储通路(ST1和ST2);
(5) 2个数据寻址通路(DA1和DA2);
(6) 2个寄存器组交叉通路(1X和2X)。

在数据通路中有两个通用寄存器组(A和B),每个寄存器组包括32个32位寄存器。寄存器组A包括A0～A31,寄存器组B包括B0～B31。通用寄存器可用来存放数据、数据地址指针和条件寄存器。寄存器A0～A2和B0～B2可用于条件寄存器,寄存器A4～A7和B4～B7可用于循环寻址。通用寄存器支持32位或40位定点数据。32位数据可以被放在任何一个通用寄存器中。C674x支持32位单精度或64位双精度数据。40位的数据放在两个寄存器中,数据的低32位放在序号为偶数的寄存器中,剩下的高8位放在另一个寄存器的低8位。这一寄存器挨着前面的寄存器,序号为奇数。如果用于存放40位数据,那么32个通用寄存器还可以组成16对,如表2-1所列。在汇编语言中,这些寄存器对通过在寄存器之间加冒号来标记,而且将序号为奇数的寄存器放在前面,用来实现双精度浮点数的保存。

表2-1 40位或者64位寄存器对

A		B	
A1:A0	A17:A16	B1:B0	B17:B16
A3:A2	A19:A18	B3:B2	B19:B18
A5:A4	A21:A20	B5:B4	B21:B20
A7:A6	A23:A22	B7:B6	B23:B22
A9:A8	A25:A24	B9:B8	B25:B24
A11:A10	A27:A26	B11:B10	B27:B26
A13:A12	A29:A28	B13:B12	B29:B28
A15:A14	A31:A30	B15:B14	B31:B30

图2-2给出了40位数据的寄存器存储方法。其中序号为奇数的寄存器的高24位无效,对寄存器中的长数据的存储操作将会导致这24位为0,而序号为偶数的寄存器中的数据不变。

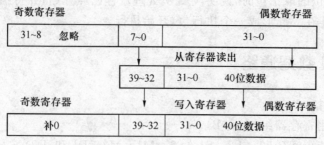

图2-2 40位长数据的寄存器存储方法

数据通道中的8个功能单元被分为两组,每组4个。每个数据通道中的功能单元与另一个数据通道中的相应的功能单元功能相同。表2-2是对这些功能单元的介绍。

CPU中绝大多数的数据线都支持32位操作,但仅有部分支持40位操作。每个功能单元都有独立端口,这些端口可以写通用寄存器,以1结尾(如.L1)的功能单元向寄存器组A写,以2结尾(如.L2)的单元向寄存器组B写。每个功能单元有两个32位的读端口,用于获取两个源操作数SRC1和SRC2。.L1、.L2、.S1和.S2这四个功能单元还有额外增加的8位写端口,从而支持40位长数据的读。由于每个单元都有各自独立的32位写端口,8个单元每个周期都可用于并行操作。

表2-2 数据通道中的功能单元

功能单元	定点操作	浮点操作
.L (.L1、.L2)	32/40位算术运算和比较操作 32位逻辑操作、字节移位	算术运算 数据格式向浮点或者双精度转换
.S (.S1、.S2)	32位算术运算 32/40位移位操作、跳转	比较、开方、绝对值 数据格式向浮点或者双精度数据转换
.M (.M1、.M2)	16或者32位乘法、符号扩展 按变量移位、GF域乘法	32×32位定点乘法、浮点乘法
.D (.D1、.D2)	32位加减运算、循环计算、存取操作	32位偏移地址双字的装载

每个功能单元可以使用自己的数据通道对寄存器直接读写。如果这些单元要读写另一个寄存器,需要通过交叉通道1x和2x来将它们连接起来,然后进行读写。交叉通道允许功能单元从一个数据通道操作另一个寄存器组中的数据。1x允许数据通道A的功能单元从B寄存器组中读取数据,而2x则允许数据通道B的功能单元从A寄存器组中读取数据。

C674x系列DSP的所有8个功能单元都可以通过交叉通道访问另一侧的寄存器组。.M1、.M2、.D1、.D2、.S1和.S2单元的第二个操作数可以在交叉通道和本侧寄存器之间选择,而.L1和.L2的两个操作数都可以在交叉通道和本侧寄存器组之间选择。

2.2 C674x的流水线工作方式

C674x指令的运行分成取指、译码和执行3个阶段,每个阶段又由几个节拍组成。取指阶段固定为4个节拍,译码阶段固定为2个节拍,执行阶段节拍不是固定的,不同的指令节拍不同。对每个单元来说,每隔一个时钟周期可执行一条新指令,这样在同一时间内,在不同单元中可处理多条指令,这种工作方式称为"流水线"工作方式。C674x最多可使8条指令并行通过流水线的每个节拍,从而提高了运行效率。

2.2.1 流水线概述

取指阶段的4个节拍分别如下：
(1) PG：程序地址产生(Program Address Generate)；
(2) PS：程序地址发送(Program Address Send)；
(3) PW：程序访问等待(Program Access Ready Wait)；
(4) PR：程序取指包接收(Program Fetch Packet Receive)。

C674x可以一次取指8个32位(一个字)的数据,这8个字组成一个取指包,取指包中的8个字同时顺序通过PG、PS、PW和PR这4个节拍。图2-3从左到右表示取指各节拍的先后顺序。图2-4为指令通过取指各节拍的功能方框图。图2-5给出取指包通过流水线取指级的各节拍流程,其中第1个取指包包含4个执行包(指并行执行的指令),第2和第3个取指包各包含2个执行包,最后一个取指包包含1个执行包。

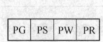

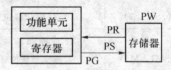

图2-3 取指各节拍的先后顺序　　　　图2-4 取指各节拍的功能方框图

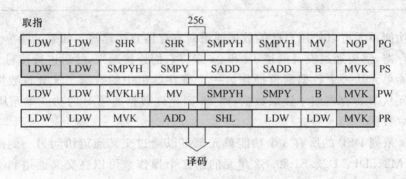

图2-5 取指包通过流水线取指的各节拍

译码阶段的2个节拍为：
DP：指令分配(Instruction Dispatch)；
DC：指令译码(Instruction Decode)。

在流水线的DP节拍中,取指包指令分成多个执行包,执行包由1条指令或者2~8条并行指令组成。在DP节拍期间执行包的指令分配到相应的功能单元,同时源寄存器、目的寄存器和相互通路在功能单元被译码。图2-6给出了译码节拍的顺序。图2-7给出了两个执行包通过流水线译码的框图,其中取指包的后6条指令并行,从而组成一个执行包,该执行包在译码的DP节

图2-6 译码各节拍的先后顺序

拍。图中箭头指出每条指令所分配的功能单元,指令 NOP 由于与功能单元无关,因此不需要分配功能单元。取指包的前 2 条并行指令(阴影部分)形成一个执行包,这个执行包在前一个时钟周期处在 DP 节拍,它包含两条乘法指令,图中处于 DC 节拍,即执行级前的一个时钟周期。

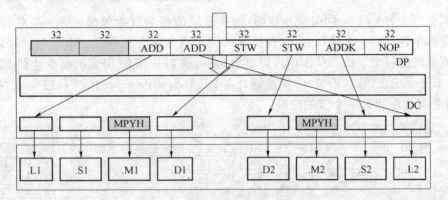

图 2-7　各节拍流水线译码的框图

执行阶段定点和浮点指令分成不同的节拍,定点流水线的执行级最多分成 5 个节拍(E1~E5),浮点流水线的执行级最多分成 10 个节拍(E1~E10)。不同类型的指令,为完成其执行需要不同数目的节拍。图 2-8 给出了定点和浮点各执行节拍的顺序,图 2-9 为 C674x 执行过程的功能框图。

定点: | E1 | E2 | E3 | E4 | E5 |

浮点: | E1 | E2 | E3 | E4 | E5 | E6 | E7 | E8 | E9 | E10 |

图 2-8　定点和浮点各执行节拍的顺序

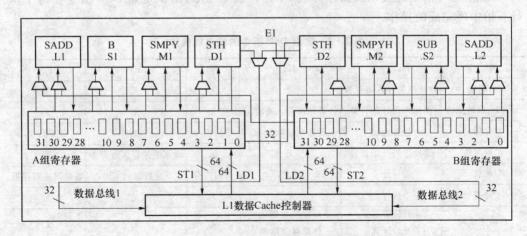

图 2-9　C674x 执行过程的功能框图

C674x DSP 的流水线所有节拍如图 2-10 所示。

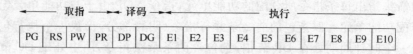

图 2-10 C674x DSP 的流水线的所有节拍

图 2-11 为 C674x DSP 流水线图,图中连续的各个取指包都包含 8 条并行指令,即每个取指包只有一个执行包,这种情况的流水线是完全充满的。取指包以时钟方式通过流水线的每个节拍。从图中可以看出,在周期 7,取指包 FPn 的指令达到 E1,同时 FPn+1 指令正在译码,FPn+2 指令则处在 DP 节拍,FPn+3、FPn+4、FPn+5 和 FPn+6 分别处在取指的 4 个节拍阶段。

取指包	1	2	3	4	5	6	7	8	9	10	11	12	13	14	15	16	17
n	PG	PS	PW	PR	DP	DC	E1	E2	E3	E4	E5	E6	E7	E8	E9	E10	
n+1		PG	PS	PW	PR	DP	DC	E1	E2	E3	E4	E5	E6	E7	E8	E9	E10
n+2			PG	PS	PW	PR	DP	DC	E1	E2	E3	E4	E5	E6	E7	E8	E9
n+3				PG	PS	PW	PR	DP	DC	E1	E2	E3	E4	E5	E6	E7	E8
n+4					PG	PS	PW	PR	DP	DC	E1	E2	E3	E4	E5	E6	E7
n+5						PG	PS	PW	PR	DP	DC	E1	E2	E3	E4	E5	E6
n+6							PG	PS	PW	PR	DP	DC	E1	E2	E3	E4	E5
n+7								PG	PS	PW	PR	DP	DC	E1	E2	E3	E4
n+8									PG	PS	PW	PR	DP	DC	E1	E2	E3
n+9										PG	PS	PW	PR	DP	DC	E1	E2
n+10											PG	PS	PW	PR	DP	DC	E1

图 2-11 C674x DSP 流水线图

2.2.2 指令的流水线操作

浮点 DSP 指令的流水线操作分成 14 种。表 2-3 列出了定点 DSP 指令在每个执行节拍中所完成的操作。

表 2-3 定点 DSP 指令的流水线操作

操作	E1	E2	E3	E4	E5
单周期	计算结果存入寄存器	无	无	无	无
16×16 位的乘法	读操作码开始计算	计算结果存入寄存器	无	无	无
存储	计算地址	发送地址和数据	访问内存	无	无
扩展乘法	读操作码开始计算	无	无	计算结果存入寄存器	无
加载	寻址	送址	访问内存	发送数据到 CPU	数据写入寄存器
分支	执行	无	无	无	无
双精度比较	读低位源数据开始计算	读高位源数据完成计算存储结果	无	无	无
整型乘法	读源数据开始计算	持续计算	持续计算	持续计算存低位结果	持续计算存高位结果

从表中可以看出,指令的运行尽量做到并行处理,将指令的执行分割到几个节拍中去完成。这样处理的结果,使得汇编程序开发者需要详细了解各个指令的执行节拍。例如,一条整型乘法和一个单周期指令依次运行,实际上后面的单周期指令会早于整型乘法结束。汇编程序设计人员需要非常小心这种错误,因为汇编编译器不会给出这些错误的报错信息,需要软件设计者自己在整型乘法后面加上几个"NOP"指令来避免冲突。但如果采用 C 语言编写,这些问题均由 C 编译器完成。

浮点 DSP 指令的流水线操作分成 14 种,其中部分操作描述如下:

(1) 4 周期指令:E1 节拍读源操作数并开始计算;E2 节拍继续计算;E3 节拍继续计算;E4 节拍计算结果并写入寄存器;其他节拍无操作;延迟 3;功能单元等待时间 1。

(2) INTDP:E1 节拍读源操作数并开始计算;E2 节拍继续计算;E3 节拍继续计算;E4 节拍计算低位结果并写入寄存器;E5 节拍计算高位结果并写入寄存器;其他节拍无操作;延迟 4;功能单元等待时间 1。

(3) DP 比较指令:E1 节拍读低位源操作数并开始计算;E2 节拍读高位源操作数并开始计算,得到计算结果,并写入寄存器;其他节拍无操作;延迟 1;功能单元等待时间 2。

(4) ADDDP/SUBDP:E1 节拍读低位源操作数并开始计算;E2 节拍读高位源操作数并开始计算;E3~E5 节拍继续计算;E6 节拍计算低位结果并写入寄存器;E7 节拍计算高位结果并写入寄存器;其他节拍无操作;延迟 6;功能单元等待时间 2。

(5) MPYI:E1~E4 节拍读源操作数并开始计算;E5~E8 节拍继续计算;E9 节拍计算结果并写入寄存器;其他节拍无操作;延迟 8;功能单元等待时间 4。

(6) MPYID:E1~E4 节拍读源操作数并开始计算;E5~E8 节拍继续计算;E9 节拍计算低位结果并写入寄存器;E10 节拍计算高位结果并写入寄存器;其他节拍无操作;延迟 9;功能单元等待时间 4。

(7) MPYDP:E1 节拍读低位源操作数并开始计算;E2 节拍读源操作数 src1 的低位和 src2 的高位并继续计算;E3 节拍读源操作数 src1 的高位和 src2 的低位并继续计算;E4 节拍读高位源操作数并继续计算;E5~E8 节拍继续计算;E9 节拍计算低位结果并写入寄存器;E10 节拍计算高位结果并写入寄存器;其他节拍无操作;延迟 9;功能单元等待时间 4。

根据延迟时隙可确定指令的执行周期。延迟时隙是指一条指令在第一个执行节拍 E1 以后占用的 CPU 周期数。具有延迟时隙的指令,在最后一个延迟时隙之前,其结果不能被使用。例如,乘法指令有一个延迟时隙,则这条乘法指令的结果可被隔一个 CPU 周期的下一条指令所使用。然而,在乘法指令延迟时隙的同一个 CPU 周期内,完成执行操作的其他指令的结果可以被使用。

功能单元等待时间是指一条指令占用功能单元的 CPU 周期数。如果一条指令的功能单元等待时间大于 1,则该指令执行时将锁定功能单元必需的周期数,在锁定期间任何被分配到该功能单元的指令将引起不确定结果。对于多周期功能单元等待时间的条件指令,若条件在 E1 期间测定为假,它仍然锁定功能单元相应周期数。很多浮点指令需要占用多个 CPU 周期功能单元,当同一功能单元的两条指令在同一个周期内对寄存器试图进行读写操作时,将产生读写的竞争冒险。

更加详细的指令节拍描述请参考 TMS320C674x DSP CPU and Instruction Set Reference Guide,下载地址 www.ti.com。

2.3 CPU 控制寄存器

CPU 控制寄存器是 DSP 最基本的控制寄存器,涉及全局程序的运行,正确对其设置是程序正常运行的前提。CPU 控制寄存器主要包括寻址方式、状态控制、浮点运算、仿真模式、时间戳以及中断设置等寄存器。其中,时间戳和中断相关的寄存器将在其他章节详细描述。

2.3.1 CSR

地址为:直接使用 CSR 关键字。

CSR(Control Status Register)寄存器是 DSP 的状态控制寄存器,包括该 DSP 的型号、版本号、程序和数据空间的形式以及和中断相关的 DSP 的基本状态信息。

该寄存器各位的定义如图 2-12 所示。

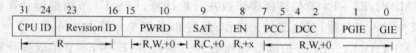

图 2-12 CSR 寄存器各位的定义

第 0 位:GIE 位,读写位。设置全局中断的总使能,1 表示使能所有的可屏蔽中断(使能可屏蔽中断还需要设置 IER 寄存器);0 表示禁止所有的可屏蔽中断。

第 1 位:PGIE 位,读写位。该位用于系统响应中断时保存 GIE 位的内容,当中断返回后该位的内容被重新写入到 GIE 位。1 表示中断返回后将使能总中断;0 表示中断返回后将禁止总中断。

第 2~4 位:DCC 位,读写位。数据缓存控制方式。C674x 的该位无效。

第 5~7 位:PCC 位,读写位。程序缓存控制方式。C674x 的该位无效。

第 8 位:EN 位,只读位。模式设置位,1 表示小模式;0 表示大模式。

第 9 位:SAT 位,只读可清除位。饱和位,当有单元进行饱和运算时该位被设置。但该位仅可以使用 MVC 指令清除,当清除和设置同时发生时,设置优先于清除。

第 10~15 位:PWRD 位,读写位。控制休眠方式,0x00 表示正常工作;0x09 表示 PD1 方式休眠,只能通过使能中断唤醒;0x11 表示 PD1 方式休眠,通过使能或者禁止中断唤醒;0x1A 表示 PD2 方式休眠,通过设备复位唤醒;0x1C 表示 PD3 方式休眠,通过设备复位唤醒。

第 16～23 位:RID 位,只读位。产品的 ID 标识位,0x0001 表示 C6201;0x0002 表示 C6201B、C6202 或者 C6211;0x0003 表示 C6202B、C6203、C6204 或者 C6205;0x0201 表示早期的 C6701;0x0202 表示 C6701、C6711 或者 C6712;0x0801 表示 C64 系列;0x1400 表示 C674x。

第 24～31 位:CID 位,只读位。CPU 的 ID 标识位,0000 表示 C62 系列;0010 表示 C67 系列;1000 表示 C64 系列;0014 表示 C67 系列。

2.3.2 AMR

地址为:直接使用 AMR 关键字。

AMR(Addressing Mode Register)寄存器控制 A4～A8、B4～B8 这 8 个寄存器的寻址方式。该寄存器各位的定义如图 2-13 所示。

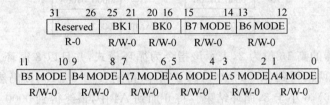

图 2-13 AMR 寄存器各位的定义

第 0～1 位:A4 寻址方式位,读写位。0 表示线性寻址;1 表示按照 BK0 大小循环寻址;2 表示按照 BK1 大小循环寻址。

第 2～3 位:A5 寻址方式位,设置同 A4 寻址方式。

第 4～5 位:A6 寻址方式位,设置同 A4 寻址方式。

第 6～7 位:A7 寻址方式位,设置同 A4 寻址方式。

第 8～9 位:B4 寻址方式位,设置同 A4 寻址方式。

第 10～11 位:B5 寻址方式位,设置同 A4 寻址方式。

第 12～13 位:B6 寻址方式位,设置同 A4 寻址方式。

第 14～15 位:B7 寻址方式位,设置同 A4 寻址方式。

第 16～20 位:BK0 位。指明 BK0 循环寻址的空间大小。如果该位设置成 N,则循环寻址空间大小为 2^{N+1}。

第 21～25 位:BK1 位。指明 BK1 循环寻址的空间大小。设置同 BK0 位。

第 26～31 位:预留。

使用循环寻址的例子如下:

将源操作数 A2 加到 A4 中,并将结果存放到目的寄存器 A4 中。AMR 寄存器中的内容为 00020001h,表示对 A4 进行循环寻址。注意,ADDAH 指令在进行加法运算前自动将 A2 左移一位(扩大 2 倍);ADDAW 指令在进行加法运算前自动将 A1 左移两位(扩大 4 倍)。

例:ADDAB.D1 A4,A2,A4

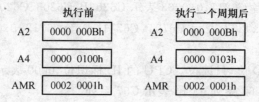

AMR 寄存器的高 16 位为 2,表示该指令为循环模式,并且以 8 循环。循环得到 (B−8=3),将 3 加到 A4 中,最终得到 0000 0103h。

例:ADDAH.D1 A4,A2,A4

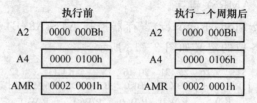

AMR 寄存器的高 16 位为 2,表示该指令为循环模式,并且以 8 循环。ADDAH 首先将 src1 的值扩大两倍得到(B×2=16),以 8 循环,得到(16−8=E),E 仍然大于 8,再次循环,得到(E−8=6),6 小于 8,循环结束。将 6 加到 A4 中,最终得到 0000 0106h。

2.3.3 PCE1

地址为:直接使用 PCE1 关键字。

PCE1(E1 Phase Program Counter)寄存器存储 E1 节拍执行包的地址,为只读寄存器,用户不可写,一般程序很少使用该寄存器。

2.3.4 GFPGFR

地址为:直接使用 GFPGFR 关键字。

GFPGFR(Galois Field Polynomial Generator Function Register)为伽罗华域(Galois Field,GF)运算设置寄存器。伽罗华域的数据运算是 RS 编码的前提。无线通信中的数据、地址、校验码等都可以看成是属于 $GF(2^m)=GF(2^8)$ 中的元素或符号。$GF(2^8)$ 表示域中有 256 个元素,除 0、1 之外的 254 个元素由本原多项式 $P(x)$ 生成。本原多项式 $P(x)$ 的特性是 $P(x)$ 得到的余式等于 0。无线通信中用来构造 $GF(2^8)$ 域的 $P(x)$ 是 $P(x)=x^8+x^4+x^3+x^2+1$,而 $GF(2^8)$ 域中的本原元素为 $\alpha=(0 0 0 0 0 0 1 0)$。

GFPGFR 寄存器各位的定义如图 2−14 所示。

GFPGFR 寄存器各位的意义分别如下:

第 0~7 位:POLY 位,可读写位。复位值为 1Dh,存储生成多项式的系数。

第 8~23 位:预留,只读位。复位值 0。

第 2 章　结构与指令系统

31~27	26~24	23~8	7~0
Reserved	SIZE	Reserved	POLY
R, +0	RW, +0x7	R, +0	RW, +0x1D

图 2-14　GFPGFR 寄存器各位的定义

第 24~26 位：SIZE 位，可读写位。复位值 07，该位值加 1 为 GF 域的位数。

第 27~31 位：预留，只读位。复位值 0。

默认的多项式为 $G(x)=1+x^2+x^3+x^4+x^8$，则 POLY 中存储的数值为 $(1+4+8+16)=29$，十六进制则为 0x1D。注意，其中 x^8 为默认带有 1，所以 POLY 的值虽然为 0x1D，但实际上表示生成多项式系数为 0x11D。

2.3.5　FADCR

地址为：直接使用 FADCR 关键字。

FADCR（Floating-point Adder Configuration Register）寄存器为浮点加配置寄存器，包含指示使用.L 功能单元的指令运行时的上溢或下溢、小数点模式、不正常数据（Not a Number，NaN）以及不精确结果等位。FADCR 专门为每个.L 单元（.L1 和.L2）设置有相应的位。

该寄存器各位的定义如图 2-15 所示。

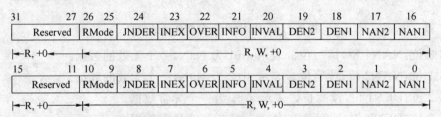

图 2-15　FADCR 寄存器各位的定义

第 0 位：NAN1 位，读写位。表示 src1 为 NaN，一个无效的数据。

第 1 位：NAN2 位，读写位。表示 src2 为 NaN，一个无效的数据。

第 2 位：DEN1 位，读写位。表示 src1 为一个异常数据。

第 3 位：DEN2 位，读写位。表示 src2 为一个异常数据。

第 4 位：INVAL 位，读写位。当有符号的 NaN 数据（无效数据）为源操作数，发生浮点数据到整数转换，或者从有限数据中减去无穷大的数据时，该位置 1。

第 5 位：INFO 位，读写位。运算结果为有符号的无穷大时该位置 1。

第 6 位：OVER 位，读写位。运算结果溢出时该位置 1。

第 7 位：INEX 位，读写位。运算结果超出了指数范围和精确度时该位置 1。

第 8 位：UNDER 位，读写位。运算结果下溢出时该位置 1，也就是结果比浮点所能表示的最小数更小。

第 9~10 位:RMode 位,读写位。设置数据取舍方式,00 表示四舍五入;01 向数据 0 方向截断;10 向无穷大方向四舍五入;11 表示向无穷小方向四舍五入。

第 11~15 位:预留,只读位。

第 16~31 位:和相应的第 0~15 位一一对应。第 0~15 位为.L1 单元的数据;第 16~31 位为.L2 单元的数据。

2.3.6 FAUCR

地址为:直接使用 FAUCR 关键字。

FAUCR(Floating-point Auxiliary Configuration Register)寄存器为浮点辅助配置寄存器,包含指示使用.S 功能单元的指令运行时的上溢或下溢、小数点模式、不正常数据(NaN)以及不精确结果等位。FAUCR 专门为每个.S 单元(.S1 和.S2)设置有相应的位。

该寄存器各位的定义如图 2-16 所示。

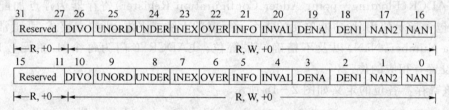

图 2-16 FAUCR 寄存器各位的定义

第 0 位:NAN1 位,读写位。表示 src1 为 NaN,一个无效的数据。

第 1 位:NAN2 位,读写位。表示 src2 为 NaN,一个无效的数据。

第 2 位:DEN1 位,读写位。表示 src1 为一个异常数据。

第 3 位:DEN2 位,读写位。表示 src2 为一个异常数据。

第 4 位:INVAL 位,读写位。当有符号的 NaN 数据(无效数据)为源操作数,发生浮点数据到整数转换,或者从有限数据中减去无穷大的数据时,该位置 1。

第 5 位:INFO 位,读写位。运算结果为有符号的无穷大时该位置 1。

第 6 位:OVER 位,读写位。运算结果溢出时该位置 1。

第 7 位:INEX 位,读写位。运算结果超出了指数范围和精确度时该位置 1。

第 8 位:UNDER 位,读写位。运算结果下溢出时该位置 1,也就是结果比浮点所能表示的最小数更小。

第 9 位:UNORD 位,读写位。当与一个 NaN 数据做比较时,该位置 1。

第 10 位:DIVO 位,读写位。当数据 0 做除数时,该位置 1。

第 11~15 位:预留,只读位。

第 16~31 位:和相应的第 0~15 位一一对应。第 0~15 位为.S1 单元的数据;第 16~31 位为.S2 单元的数据。

2.3.7 FMCR

地址为:直接使用 FMCR 关键字。

FMCR(Floating-point Multiplier Configuration Register)寄存器为浮点乘配置寄存器,包含指示使用.M 功能单元的指令运行时的上溢或下溢、小数点模式、不正常数据(NaN)以及不精确结果等位。FMCR 专门为每个.MX 单元(.MX1 和.MX2)设置有相应的位。FMCR 寄存器各位的意义和 FADCR 寄存器各位的意义完全一样。

2.3.8 EFR、ECR

地址为:直接使用 EFR、ECR 关键字。

EFR(Exception Flag Register)寄存器为异常标志寄存器,当 CPU 产生异常操作时,该寄存器给出异常标志。程序通过查询该寄存器,可以设置软件看门狗功能,当出现异常时,可以复位软件。该寄存器为只读寄存器,如果想清除异常标志,可以向 ECR 寄存器的对应位写 1。

ECR(Exception Clear Register)寄存器和 EFR 寄存器位定义一致,各位的定义如图 2-17 所示。

31	30	29 2	1	0
NXF	EXF	Reserved	IXF	SXF
R/W-0	R/W-0	R-0	R/W-0	R/W-0

图 2-17 EFR、ECR 寄存器各位的定义

第 0 位:SXF 位,读写位。0 表示没有软件异常;1 表示软件异常发生。

第 1 位:IXF 位,读写位。0 表示没有中断异常;1 表示中断异常发生。

第 2~29 位:预留。

第 30 位:EXF 位,读写位。0 表示没有任何异常;1 表示有异常发生。

第 31 位:NXF 位,读写位。0 表示没有 NMI 异常;1 表示 NMI 异常发生。

2.3.9 IERR

地址为:直接使用 IERR 关键字。

IERR(Internal Exception Report Register)寄存器为内部异常报告寄存器。该寄存器完成报告引起 CPU 内部异常的原因。需要注意的是,如果有两个以上的原因引起 CPU 异常,则该寄存器可能只给出一种原因。该寄存器各位的定义如图 2-18 所示。

31	9	8	7	6	5	4	3	2	1	0
Reserved		MSX	LBX	PRX	RAX	RCX	OPX	EPX	FPX	IFX
R-0		R/W-0	R/W-0	R/W-0	R/W-0	R/W-0	R/W-0	R/W-0	R/W-0	R/W-0

图 2-18 IERR 寄存器各位的定义

第 0 位:IFX 位,读写位。0 表示指令取指没有异常;1 表示指令取指异常发生。

第 1 位:FPX 位,读写位。0 表示取指包没有异常;1 表示取指包异常发生。

第 2 位:EPX 位,读写位。0 表示执行包没有异常;1 表示执行包异常发生。

第 3 位:OPX 位,读写位。0 表示操作没有异常;1 表示操作异常发生。

第 4 位:RCX 位,读写位。0 表示资源没有冲突;1 表示资源发生冲突。

第 5 位:RAX 位,读写位。0 表示资源访问没有冲突;1 表示资源访问发生冲突。

第 6 位:PRX 位,读写位。0 表示权限没有异常;1 表示权限异常发生。

第 7 位:LBX 位,读写位。0 表示 SPLOOP 缓冲没有异常;1 表示该缓冲异常发生。

第 8 位:MSX 位,读写位。0 表示 Cache 的丢失延迟(Missed Stall)没有异常;1 表示异常发生。

第 9~31 位:预留。

2.3.10 TSR

地址为:直接使用 TSR 关键字。

TSR(Task State Register)寄存器为任务状态寄存器。当有中断或者异常发生时,在中断或者异常处理的开始,TSR 寄存器保存当前程序执行的各种状态,一般就是低于中断的任务执行状态。该寄存器各位的定义如图 2-19 所示。

15	14	13	11	10	9	8	7	6	4	3	2	1	0
IB	SPLX	Reserved	EXC	INT	Rsvd	CXM	Rsvd	DBGM	XEN	GEE	SGIE	GIE	
R-0	R-0	R-0	R/C-0	R-0	R-0	R/W-0	R-0	R/W-0	R/W-0	R/S-0	R/W-0	R/W-0	

图 2-19 TSR 寄存器各位的定义

第 0 位:GIE 位,读写位。0 表示关闭总中断;1 表示打开总中断。该位和 CSR 中的 GIE 位功能一样,实际上 CSR 中的 GIE 是该位的映射位,保留 CSR 中的 GIE 是为了和早期型号的芯片兼容。程序中设置 CSR 或者 TSR 的该位都可以,最终都是将两个改写。

第 1 位:SGIE 位,读写位。0 表示中断返回后禁止总中断;1 表示中断返回后使能总中断。

第 2 位:GEE 位,只读位。0 表示禁止除复位的所有异常;1 表示使能所有异常。

第 3 位:XEN 位,读写位。0 表示禁止所有可屏蔽异常;1 表示使能所有可屏蔽异常。

第 4 位:DBGM 位,读写位。0 表示使能仿真功能;1 表示禁止仿真功能。但是,即使该位为 1,仿真器仍然可以连接上芯片,从而去改写该位。

第 5 位:预留。

第 6~7 位:CXM 位,读写位。0 表示管理员模式;1 表示用户模式。管理员模式用于 CPU 的一些特别事情的处理,一般主要用于内核的寄存器或者资源操作。设置管理员对于应用操作系统,对基于 DSP/BIOS、WinCE 或者 Linux 的软件平台提高操作系统运行的可靠性。在用户模式下,将保护操作系统用到的资源不被用户的应用软件所改写。

第 8 位:预留。

第 9 位:INT 位,只读位。0 表示当前不在中断程序中;1 表示当前正在中断程序中。

第 10 位:EXC 位,只读位。0 表示当前不在异常处理中;1 表示当前正在处理异常。

第 11~13 位:预留。

第 14 位:SPLX 位,只读位。0 表示当前不在 SPLOOP 处理中;1 表示当前正在处理 SPLOOP。

第 15 位:IB 位,只读位。0 表示前一个周期没有发生中断阻塞;1 表示前面指令周期发生中断阻塞。

除了以上 10 个寄存器外,CPU 控制寄存器还有以下几种:

(1) 饱和状态寄存器 SSR(Saturation Status Register),用于保存发生运算饱和的情况;

(2) 芯片序列号寄存器 DUM(DSP Core Number Register),用于区分不同的 DSP 芯片;

(3) 内部循环计算器寄存器 ILC(Inner Loop Counter Register),用于 CPU 的内部循环计数;

(4) NMI 异常任务状态寄存器 NTSR(NMI Exception Task State Register);

(5) 限制入口指针地址寄存器 REP(Restricted Entry Point Address Register);

(6) 重载内部循环计数器寄存器 RILC(Reload Inner Loop Counter Register)等。

这些寄存器的详细说明请参考 *TMS320C674x DSP CPU and Instruction Set Reference Guide*。

2.4 汇编指令系统

C674x 的汇编指令较为简单、实用。C674x 的汇编指令主要分为 4 个部分:C62x

的基本指令；C67x 的浮点指令；C64x 的超长指令；C67x＋和 C64x＋的附加指令。C674x 自身没有特殊的指令。

2.4.1 指令和功能单元

C674x 汇编语言的每一条指令只能在一定的功能单元执行，因此就形成了指令和功能单元之间的映射关系。C674x 汇编指令包括所有的 C62x、C64x、C64x＋、C67x、C67x＋的指令。表 2-4～表 2-7 分别列出了 4 个部分指令到功能单元的映射。每条指令的详细意义请参考 *TMS320C674x DSP CPU and Instruction Set Reference Guide*。

表 2-4 C62x 指令到功能单元的映射

.L 单元	.M 单元	.S 单元	.D 单元	.S2 单元	.D2 单元
ABS,ADD	MPY,PYU,MPYUS	ADD,ADDK	ADD, ADDAB	B IRP	LDB
ADDU,AND	MPYSU,MPYH	ADD2,AND		B NRP	LDBU
CMPEQ,CMPGT	MPYHU,MPYHUS	B disp,B reg	ADDAH		LDH
CMPGTU	MPYHSU,MPYHL	CLR,EXT	ADDAW		LDHU
CMPLT,CMPLTU	MPYHLU,MPYHULS	EXTU,MV	LDB,LDBU		LDW
LMBD,MV	MPYHSLU,MPYLH	MVC,MVK	LDH,LDHU		STB
NEG,NORM	MPYLHU,MPYLUHS	MVKH	LDW,MV		STH
NOT,OR,SADD	MPYLSHU,SMPY	MVKLH,NEG	STB,STH		STW
SAT,SSUB,SUB	SMPYHL,SMPYLH	NOT,OR	STW,SUB		
SUBU,SUBC	SMPYH	SET,SHL	SUBAB		
XOR,ZERO		SHR,SHRU	SUBAH		
		SSHL,SUB	SUBAW,		
		SUBU,SUB2	ZERO		
		XOR,ZERO			

表 2-5 C67x 指令到功能单元的映射

.L 单元	.M 单元	.S 单元	.D 单元
ADDDP,ADDSP,PINT	MPYDP	ABSDP,ABSSP,CMPEQDP	ADDAD
DPSP,DPTRUNC,INTDP	MPYI	CMPEQSP,CMPGTDP	LDDW
INTDPU,INTSP,INTSPU	MPYID	CMPGTSP,CMPLTDP,CMPLTSP	
SPINT,SPTRUNC,SUBDP	MPYSP	RCPDP,RCPSP,RSQRDP	
SUBSP		RSQRSP,SPDP	

表2-6 C64x 指令到功能单元的映射

.L 单元	.M 单元	.S 单元	.D 单元
ABS2,ADD2	AVG2,AVGU4,BITC4	ADD2,ADDKPC,AND	ADD2
ADD4,AND	BITR,DEAL,DOTP2	ANDN,BDEC,BNOP	ADDAD
ANDN,MAX2	DOTPN2,GMPY4	BPOS,CMPEQ2	AND
MAXU4,MIN2	DOTPNRSU2,MPY2	CMPEQ4,CMPGT2	NDN
MINU4,MVK,OR	DOTPNRUS2,MPYHI	CMPGTU4,CMPLT2	LDDW
PACK2,PACKH2	DOTPRSU2,DOTPU4	CMPLTU4,MVK,OR	LDNDW
PACKH4,PACKHL2	DOTPRUS2,MPYIH	PACK2,PACKH2	LDNW
PACKL4,PACKLH2	DOTPSU4,DOTPUS4	PACKHL2,PACKLH2	MVK
SHLMB,SHRMB	MPYHIR,MPYIHR	SADD2,SADDU4	OR
SUB2,SUB4	MPYLI,MPYIL	SADDSU2,SADDUS2	STDW
SUBABS4,SWAP2	MPYLIR,MPYILR	SHLMB,SHR2,SHRMB	STNDW
SWAP4,UNPKHU4	MPYSU4,MPYUS4	SHRU2,SPACK2,SPACKU4	STNW
UNPKLU4,XOR	MPYU4,MVD,ROTL	SUB2,SWAP2,UNPKHU4	SUB2
	SHFL,SMPY2,SSHVL	UNPKLU4,XOR	XOR
	SSHVR,XPND2,XPND4		

表2-7 C67x+和 C64x+指令到功能单元的映射

.L 单元	.M 单元	.S 单元	没有单元参与
ADDSUB	CMPY,CMPYR,CMPYR1,DDOTP4	CALLP	SPKERNEL
ADDSUB2	DDOTPH2,DDOTPH2R,DDOTPL2		SPKERNELR
SADDSUB	DDOTPL2R,DINT,DMV,DPACKX2		SPLOOP
SADDSUB2	GMPY,MPY2IR,MPY32 (32-bit result)		SPLOOPD
SHFL3	MPY32 (64-bit result),MPY32SU,MPY32U		SPLOOPW
	MPY32US,SMPY32,XORMPY		SPMASK
			SPMASKR
			SWE,SWENR

2.4.2 延迟时隙

对于C62x和C64x的定点指令,延迟时隙在数量上等于从指令的源操作数被读取到执行的结果可以被访问所使用的指令周期。对一个单周期类型指令(如ADD),如果源操作数在第i个周期被读取,则计算的结果在第(i+1)个周期即可被访问;而对于乘法指令(如MPY),如果源操作数同样在第i个周期被读取,则计算结果在第(i+2)个周期才能被访问;同样的,对于一个4周期指令,对计算结果的访问只能在第(i+4)个周期之后进行。延迟时隙等同于执行或结果的等待时间。

C62x和C64x的指令具有一个功能单元等待时间,这意味着每一个周期功能单元都能够开始一个新指令。单周期功能单元等待时间有时也称为单周期吞吐量。C67x

的浮点指令包括双精度浮点类型加法、减法、乘法、比较及 32 位整数乘法等,它们的功能单元等待时间大于 1,即占用功能单元的 DSP 周期数大于 1。例如,指令 ADDDP 的功能单元等待时间是 2,也就是操作数在第 i 和(i+1)个周期被读取,则下一个指令只能在第(i+2)个周期开始执行,而不是第(i+1)个周期。由于该指令的延迟时隙是 6,故计算结果只能在第(i+7)个周期被访问。基于以上原因,C67x 指令不仅要用延迟时隙来予以说明,还要用到功能单元的等待时间。表 2-8~表 2-10 分别列出了 C62x、C67x 和 C64x 各种指令的延迟时隙和功能单元等待时间。

表 2-8 C62x 指令的延迟时隙和功能单元的等待时间

指令类型	延迟时隙	功能单元等待时间	读周期	写周期	跳转周期
NOP	0	1	—	—	—
Store	0	1	i	i	—
单周期指令	0	1	i	i	—
乘法指令(16×16)	1	1	i	i+1	—
Load	4	1	i	i,i+4	—
Branch	5	1	i	—	i+5

表 2-9 C67x 指令的延迟时隙和功能单元的等待时间

指令类型	延迟时隙	功能单元等待时间	读周期	写周期
单周期指令	0	1	i	i
双周期指令	1	1	i	i,i+1
4 周期指令	3	1	i	i+3
INTDP	4	1	i	i+3,i+4
Load	4	1	i	i,i+4
DP compare	1	2	i,i+1	i+1
ADDDP/SUBDP	6	2	i,i+1	i+5,i+6
MPYI	8	4	i,i+1,i+2,i+3	i+8
MPYID	9	4	i,i+1,i+2,i+3	i+8,i+9
MPYDP	9	4	i,i+1,i+2,i+3	i+8,i+9

表 2-10 C64x 指令的延迟时隙和功能单元的等待时间

指令类型	延迟时隙	功能单元等待时间	读周期	写周期	跳转周期
NOP	0	1	—	—	—
Store	0	1	i	i	—
单周期指令	0	1	i	i	—
双周期指令	1	1	i	i+1	—
乘法指令(16×16)	1	1	i	i+1	—
4 周期指令	3	1	i	i+3	—
Load	4	1	i	i+4	—
Branch	5	1	i	—	i+5

2.4.3 并行操作

DSP 运行时,总是一次取指 8 条指令,组成一个取指包。取指包的基本格式如图 2-20 所示。取指包由 256 位(8 个字)边界定位。

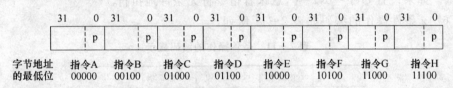

图 2-20 取指包的基本格式

取指包中每一条指令的执行部分都由该条指令的并行执行位(p 位)控制,p 位决定本条指令是否与取指包中的其他指令并行执行。DSP 对 p 位从左至右(从低地址到高地址)进行扫描:如果指令 i 的 p 位是 1,则指令 i+1 将与指令 i 同一周期并行执行;如果指令 i 的 p 位是 0,则指令 i+1 将在指令 i 的下一个周期执行。所有并行执行的指令组成一个执行包,其中最多可以包括 8 条指令。执行包中的每一条指令使用的功能单元必须各不相同。

执行包不能超出 256 位边界,因此,取指包最后一条指令的 p 位总是设定为 0,而每一取指包的开始也将是一个执行包的开始。

p 位方式的限定导致取指包中 8 条指令的执行顺序有三种不同形式,分别为完全串行、完全并行和部分串行。完全串行方式就是所有的 p 位全为 0,指令就按照顺序执行,8 个周期依次执行 8 条指令;完全并行方式就是所有的 p 位全为 1,指令就按照并行执行,1 个周期并行执行 8 条指令;部分串行就是将 p 位为 1 的并行执行,其他位串行执行,根据 p 位为 1 的情况 8 条指令需要 2～7 个周期,如图 2-21 所示。

则周期 1 执行指令 A;周期 2 执行指令 B;周期 3 执行指令 C、D 和 E;周期 4 执行指令 F、G 和 H。

图 2-21 部分串行的取指包

如果有跳转指令使程序执行过程中由外跳转至某一执行包的某一条指令,则程序从这条指令继续执行,而执行包中跳转目标之前的指令将被忽略。图 2-21 中,如果跳转目标是指令 D,则只有指令 D 和 E 将被执行。虽然指令 C 和 D、E 处于同一执行包中,它仍然得不到执行。指令 A 和 B 由于处于前一执行包,更不会得到执行。如果程序的结果依赖于指令 A,B 或 C 的执行数据,则向指令 D 的跳转将引起错误的结果。

2.4.4 条件操作

所有的 C674x 指令都是条件执行的,由每条指令的最高 4 位控制,其中 3 位操作码字段 creg 指定条件寄存器,1 位字段 z 指定是零测试还是非零测试。在流水操作的 E1 节拍对指定的条件寄存器进行测试,如果 z=1,则进行零测试;如果 z=0,则进行非零测试。如果设置 creg=0,z=0,意味着指令将无条件地执行。

C674x 条件操作的编码如表 2-11 所列。

表 2-11 条件操作的编码显示

	creg 位 31	creg 位 30	creg 位 29	z 位 28
无条件	0	0	0	0
保留	0	0	0	1
B0	0	0	1	Z
B1	0	1	0	Z
B2	0	1	1	Z
A1	1	0	0	Z
A2	1	0	1	Z
A0	1	1	0	Z
保留	1	1	1	X

根据表中的说明,条件执行时只能是寄存器 B0、B1、B2、A1、A2 和 A0。在代码中使用方括号对条件操作进行描述,方括号内是条件寄存器的名称。下面所示的执行包中含有两条并行的 ADD 指令,第一个 ADD 指令在寄存器 B0 非零时条件执行,第二个 ADD 指令在 B0 为零时条件执行。

```
   [B0]  ADD  .L1  A1,A2,A3
|| [!B0] ADD  .L2  B1,B2,B3
```

以上两条指令是相互排斥的,也就是说只有一条指令会被执行。互斥指令被安排并行时有一定的资源限制。

2.4.5 汇编伪指令

C674x 汇编指令系统中包含一些汇编伪指令。伪指令主要完成各个段的定义,对符号的定义,对变量的定义等。伪指令虽然是程序中不可缺少的指令,但在实际的可执行文件中并不存在伪指令。因为在程序编译后,汇编器按照伪指令的设置进行程序初始化,当汇编完成之后,伪指令完成任务,不再发挥作用,这也是伪指令中"伪"的意义。

伪指令主要实现如下任务:
(1) 将代码和数据汇编到特定的段;
(2) 为未初始化的变量保留存储器空间;
(3) 控制展开列表的形式;
(4) 存储器初始化;
(5) 汇编条件块;
(6) 定义全局变量;
(7) 指定汇编器可以获得宏的特定库;
(8) 检查符号调试信息。

部分汇编伪指令如表 2-12 所列。详细的汇编伪指令请参考 TMS320C6000 Assembly Language Tools v7.0 User's Guide。

表 2-12 部分汇编伪指令说明

名 称	说 明
.bss	变量段,该段为未初始化的变量保留存储空间
.data	数据段,该段包括初始化的存储空间
.sect	用户段,该段为用户自定义的初始化的变量保留存储空间
.text	代码段,该段包含程序代码
.usect	用户段,该段为用户自定义的未初始化的变量保留存储空间
.bes	在当前段保留确定长度的位,标号指向末端
.space	在当前段保留确定长度的位,标号指向首端
.byte	在当前段初始化一个或多个连续字节
.cstring	在当前段初始化一个或多个字符串
.double	在当前段初始化一个或多个连续的 64 位的、IEEE 格式的双精度浮点常数
.float	在当前段初始化一个或多个 32 位的、IEEE 格式的单精度的浮点常数
.short	在当前段初始化 16 位的整数
.ushort	在当前段初始化 16 位的无符号整数
.long	在当前段初始化 32 位的整数

续表 2-12

名称	说明
.copy	从其他文件读源文件
.def	在当前文件定义一个或者多个变量,该变量可以被其他文件使用
.global	定义一个或者多个全局变量
.include	从其他文件读源文件
.mlib	定义宏库文件
.macro	宏定义申明,宏定义的开始标志
.mexit	当宏定义出现错误时,跳转到宏结束标志
.endm	宏定义的结束标志

2.4.6 例 程

一个完整的程序通常要将若干模块连接起来。使用配置文件(Command File)和连接器(Linker)可对输入的模块进行有效的组织,确定目标系统的内存空间,以及各个模块的段(Section)在内存中的分配。COFF 系统允许模块化开发,不必考虑硬件的具体情况。当程序中一些模块的代码被修改或硬件设计发生变动时,不需要对程序的地址进行修改,使得程序的兼容性得到提高。

COFF 文件的基本单位是段(Section),所谓段就是占用连续空间的一组数据或者代码。一个目标文件的每一个段都是彼此分离、互相区别的。在 COFF 文件中,段可以分为已经初始化段和未初始化段,也可以分为程序段、数据段以及其他段。可以使用以下伪指令定义几种常用的段:

.text　　默认的初始化程序段,通常包含可执行代码;

.data　　默认的初始化数据段;

.bss　　默认的非初始化数据段,通常是为非初始化变量预留空间;

.usect　　为已命名的非初始化段预留空间;

.sect　　与.text 指令和.data 指令类似,生成初始化的已命名段(Named Section)。

下面举例说明这些段的定义、使用以及存储方法。

EXAMPLE.ASM

```
*******************************************************
**      在.data 段初始化数据                          **
*******************************************************
    .data
coeff   .word  011h,022h
*******************************************************
**      在.bss 段为变量预留空间                       **
*******************************************************
```

```
        .bss    var1,4
        .bss    buffer,40
*************************************************
**      使用.word 回到.data 段              **
*************************************************
ptr     .word   01234h
*************************************************
**      在.text 段放置程序代码              **
*************************************************
        .text
        … …
        … …
*************************************************
**      在.data 段初始化另一组数据          **
*************************************************
        .data
ivals   .word   0aah,0bbh,0cch
*************************************************
**      定义另一个段放置其他新变量          **
*************************************************
var2    .usect  "newvars",4
inbuf   .usect  "newvars",4
*************************************************
**      在.text 段放置其余程序代码          **
*************************************************
        .text
        … …
        … …
*************************************************
**      为中断向量定义一个命名段            **
*************************************************
        .sect   "vectors"
        … …
        … …
*************************************************
```

上述例子共定义了 5 个段：

.text   包含若干条 32 位字的目标代码；
.data   包含 6 个字的目标代码；
vectors   在.sect 指令中定义的命名段；
.bss   在存储器中预留了 44 字节的空间；
newvars   在.usect 指令中定义的命名段，在存储器中占了 8 字节的空间。

第 3 章
仿真系统

3.1 仿真器

3.1.1 仿真器概述

仿真器提供 JTAG 引脚仿真功能。仿真器有很多种，从接口上分，有并口、ISA、USB、PCI、网口等；从型号上分，有 XDS510 系列、XDS560 系列以及 XDS100 系列等；从引脚上分，有 14 引脚、20 引脚以及 60 引脚等。目前最常用的为 14 引脚的 USB2.0 接口的 XDS510 系列仿真器，具有价格低，使用方便的特点，但该仿真器实时图形、探测功能稍弱，大程序下载速度慢。C674x 系列的 DSP 一般选择 14 引脚的 USB2.0 接口的 XDS560 系列仿真器(以下简称 XDS560)。XDS560 具有实时图形显示、探测能力强、下载程序快等优点，但价格较高。本节将对该系列仿真器的安装、使用和调试进行介绍。

仿真器的安装非常方便，将仿真器连接到计算机的 USB 接口，系统会提示发现新设备，并自动启动添加硬件向导，选择自动搜索驱动程序，并将搜索路径指向安装光盘(一般由仿真器厂家提供)CDROM 下的 Driver 目录，单击"下一步"，然后按照提示依次操作，就可以完成驱动安装。仿真器生产厂家一般会提供详细的仿真器安装说明和注意事项，详细安装步骤请参考相应产品的说明。

仿真器要和仿真软件 CCS 联系在一起，才能实现对 DSP 的仿真。CCS 也存在多种版本，本节及以下章节的介绍均以 CCS3.3(Version 3.3.82.13)版本为例。

3.1.2 仿真器的配置

安装仿真器软件之前，最好安装 TI 公司的 CCS 软件。在安装过程中，按照提示将

第 3 章 仿真系统

仿真器软件与 CCS 软件安装于同一目录中。启动 Setup Code Composer Studio，第一次启动会出现 Import Configuration 对话框，单击 Close 关掉该对话框。

如果 Available Factory Boards 中未出现 XDS 仿真器，则单击 Install a Device Driver，在 CCS 的 Driver 目录下选择一种 drv 文件（如 tixds6000.drv），并将 Board 命名即可。CCS 安装界面如图 3-1 所示。

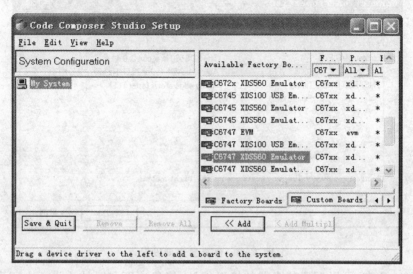

图 3-1　CCS 安装界面

在图 3-1 中将 C6747 XDS560 Emulator 拖到左边的 My System 窗口，将出现图 3-2 所示界面，从而完成仿真器的基本设置。此时将仿真器连接到硬件上，就可以进行仿真了。

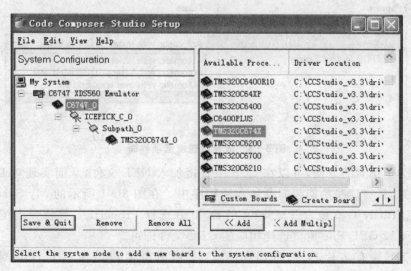

图 3-2　仿真器设置

如果由于与 JTAG 接口相关的硬件布线或者电源等其他原因导致仿真器不能连接上芯片,或者很难连接上芯片(指需要不断复位甚至断电才能偶尔连接上一次),则可以更改仿真器的接口速度,增大正确连接的概率。在图 3-2 所示的 My System 窗口中右击 C6747 XDS560 Emulator,将弹出如图 3-3 所示窗口。

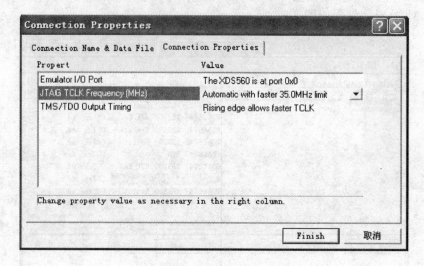

图 3-3 仿真器速度设置

在图 3-3 中,可以配置仿真器的接口地址、接口速度和时钟边沿。由于采用 USB 接口,接口地址一般默认为 0,时钟边沿可以设置成上升或者下降边沿。图中下拉 Automatic with faster 35.0 MHz limit 将出现图 3-4 所示选项,选择适合的仿真速度即可。

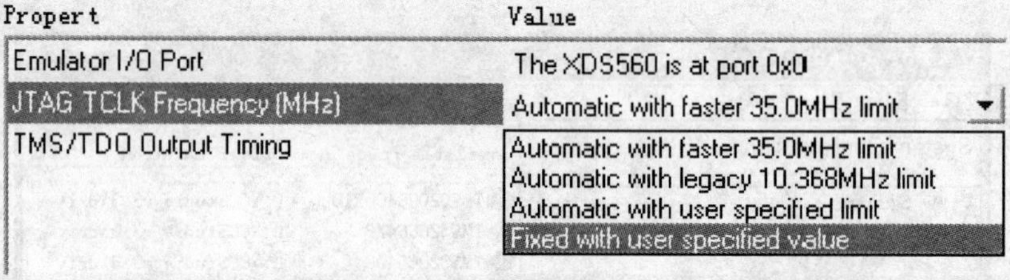

图 3-4 仿真器速度选项界面

有时为了仿真的方便,可以在 CCS 中直接加入 GEL 文件,从而实现对 DSP 的初始化。注意,最终这些功能都需要加入到程序中。在图 3-1 所示的 My System 窗口中右击 ICEPICK_C_0 或者 TMS320C674X_0 并选择 Properties,都将弹出图 3-5 所示窗口。下拉 GEL File 窗口选择相应的 GEL 文件即可。

如果系统中有多片芯片,可以在图 3-2 的基础上再添加一个 DSP,添加后如图 3-6 所示。

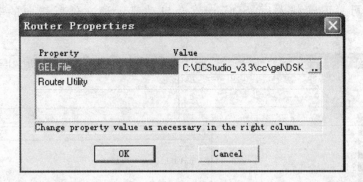

图 3-5 添加 GEL 文件

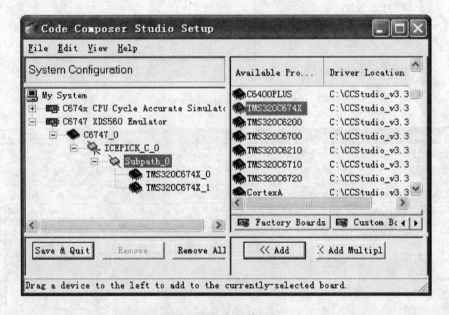

图 3-6 多芯片添加

3.1.3 仿真器的调试

仿真器带有一些专门的测试软件。下面介绍 Blackhawk 公司的仿真器测试软件 SDConfig，该软件可以对仿真器和用户目标板的 JTAG 接口进行测试。

安装该软件后桌面上将出现 SDConfig 图标 ，双击该图标打开 SDConfig 软件，如图 3-7 所示。

图 3-7 中左边窗口对应不同类型的仿真器，其中 3BC、278、378 对应并口仿真器；240、280、320、340 对应 ISA 接口仿真器；100 对应 PCI 接口仿真器；1、2 对应 SPI520 接口仿真器。用户也可以自己载入其他接口的仿真器，载入方法是从图中的 File 菜单选择 Open，选择该仿真器自带的"*.cfg"文件(该文件由仿真器厂家提供，含有仿真器的

接口信息）即可。正确载入后，SDConfig 会自动显示该文件所指向的驱动文件，如图 3-8 所示。

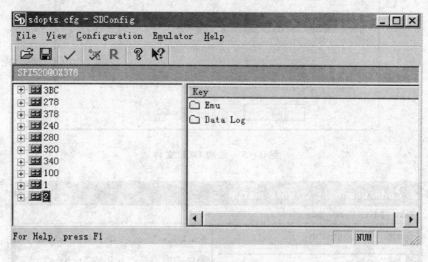

图 3-7 SDConfig 的主界面

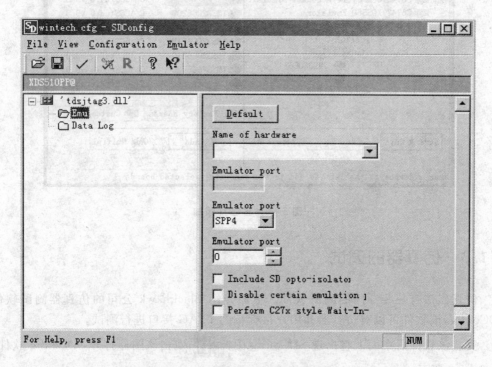

图 3-8 载入新配置后文件界面

图 3-8 中要求用户输入该仿真器的名称、使用的接口以及接口数目等相关选项。其中，Name of hardware 选项有多种选择，分别为 XDS510PP_PLUS、XDS510PP、SPI510、SPI515、SPI525、EZDSPVC3X、EZDSP54X 和 EZDSP2710 等，每一个选项对应

不同的仿真器。下面以并口仿真器为例介绍各种选项的选择。

并口仿真器 Name of hardware 选项选择 XDS510PP,目前国内厂家的并口仿真器基本上都选择此项；第一个 Emulator port 选项为仿真端口地址选择,由仿真器的驱动程序选择,一般选择 0x378；中间的 Emulator port 选项为仿真端口模式选择,有 4 种选择：SPP4、SPP8、ECP 和 EPP,其区别在于数据传输的方式和速度不同,大部分情况下选择 EPP。注意,此处的选择不要求和 PC 机的 CMOS 的设置一致；最后一个 Emulator port 选项选择仿真口数目,一般为 0,表示 1 个。

选择好之后保存。然后在 Emulator 菜单下选择 Test,SDConfig 将测试仿真器和用户的目标板。在测试前,通过仿真器连接 PC 机和用户目标板,并打开电源。图 3-9 是仿真器没有测试通过的图,图中的消息窗口有三个内容：

(1) 不能从仿真口读取产品(DSP)的 ID 号；

(2) 可能导致不能读取的原因有两个：仿真器的电源未打开,或 SDConfig 未正确设置；

(3) 两个建议：设置端口地址到 0x378,或更换并口模式。

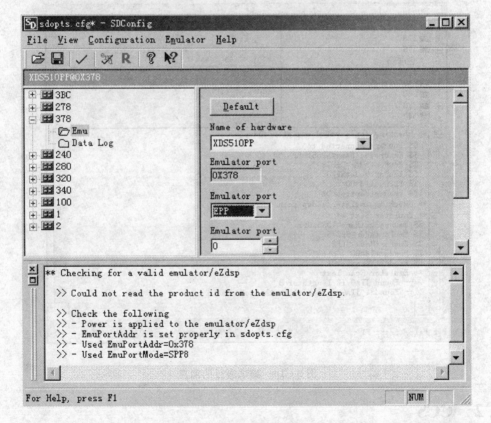

图 3-9 测试未通过的消息

实际上可能存在的原因及解决方法如下：

(1) 未正确设置 SDConfig,重新设置 SDConfig 即可。

(2) 未打开仿真器和用户目标板的电源,打开电源即可。注意,仿真器和用户目标板的电源都需要打开。

(3) 仿真器损坏,更换可使用的仿真器,重新测试。

(4) 用户目标板损坏,更换目标板,重新测试。注意,用户目标板的损坏,指的仅仅是用户目标板的 JTAG 测试不能通过。而导致 JTAG 测试不能通过的原因有多种,包括电源未能正确提供、DSP 芯片损坏、未能提供 DSP 时钟、未能正确复位 DSP 芯片以及多个 DSP 情况下 JTAG 未加驱动等。

如果测试没有通过,用户将无法打开任何 DSP 仿真软件,从而无法进行软硬件调试。图 3-10 是正确的设置并且仿真器通过测试的图。图中消息窗口提示已经找到一个 JTAG 设备,说明仿真器测试通过。出现这些消息说明仿真器和用户目标板的 JTAG 端口测试通过。此时就可以打开仿真软件,进行软硬件调试。

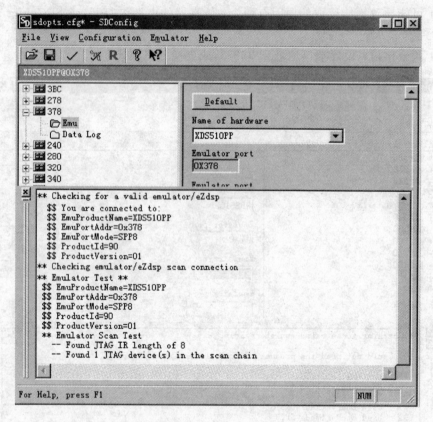

图 3-10 测试通过的消息

3.2 CCS

代码调试器 CCS(Code Composer Studio)是一种集成开发环境(Integrated Development Environment，IDE)的调试器。CCS 目前常用的有 CCS2.2、CCS3.3 以及 CCS4.1 版本,目前使用较多的是 CCS3.3 版本。CCS3.0 以下版本分为 2000、5000、6000 以及 OMAP 等多种系列,CCS3.0 以上版本将这些系列统一在一起,支持当前的芯片。对于后期推出的芯片,则需要升级软件。

3.2.1 CCS 的主要特性

CCS 的主要特性如下:
(1) 使用 TI 编译器的完全集成的环境
CCS 目标管理系统、编辑器、调试和分析能力集成在一个 Windows 环境中。
(2) 对 C/C++和 DSP 汇编语言文件的目标管理
目标编辑器支持对所有文件及相关内容的跟踪,而且只对最近编译中改动的文件重新编译,从而节省编译时间。
(3) 高度集成的编辑器 C/C++和 DSP 汇编代码
CCS 的内建编辑器支持 C/C++和汇编语言文件的动态语法,且通过高亮显示,使用户能方便地阅读代码并及时发现语法错误。
(4) 编辑和调试时的后台编辑
用户在使用编译器和汇编器时没有必要停留在编译窗口,因为 CCS 会自动将这些工具装载在它的环境中。在其窗口中,错误会高亮显示,只要双击错误就可以直接显示错误所在的指令。
(5) 在任何算法点观察信号的图形窗口探针
图形显示窗口使用户能够观察信号的时域、频域、图像以及眼图等。对于频域图,FFT 在主机内执行,这样就可以观察所感兴趣的部分而无须改变它的 DSP 代码。图形显示也可以同探针连接,当前显示窗口被更新时,探针被指定,这样当代码执行到该点时,就可以快速及时地观察到信号。
(6) 文件探针可以实现通过文件保存或载入信号或数据
CCS 允许用户从 PC 机读或写信号,而不是实时地读信号,这就可以用已知的数据来仿真算法,从而使得实时现场调试系统的时间减少。
(7) 代数分解窗口
允许用户选择查看写成代数表达式的 C 格式,从而容易读懂操作码。
(8) 目标 DSP 上的帮助
DSP 结构和指令上的在线帮助可以使用户不必查看技术手册。
(9) 完全的开发环境
CCS 早期的源码是不公开的,目前 CCS 已经将其中的 DSP/BIOS 代码公开,成为开源软件。

3.2.2 CCS 的安装与升级

将 CCS 光盘放入光驱,此时自动运行程序启动,提示安装 CCS,同时也建议安装 ACROBAT 软件,用于阅读 CCS 自带的"*.pdf"文档。

按照提示安装好 CCS 之后,首次使用系统会提示进行安装后的设置。在桌面或程序组中找到 Setup CCS 快捷方式,双击鼠标左键,弹出设置界面。设置界面一般和仿真器设置一样,请参考前面一节的介绍。设置好之后就可以直接打开 CCS,如果设置错误将无法打开 CCS。如果设置成单芯片模式(大部分应用都是该方式),CCS 将直接进入到主界面。如果设置成多芯片模式,将先进入芯片选择窗口,如图 3-11 所示。

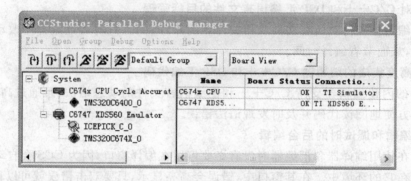

图 3-11 多芯片选择窗口

图 3-11 中设置了两个芯片,分别为 C674x CPU 的仿真芯片和带仿真器的 C6747 芯片。这种设置方法可以同时打开两个 CCS 窗口,仿真芯片窗口可以用于查看和阅读代码,仿真器窗口可以用于调试代码。双击图中的 TMS320C6400_0 和 TMS320C674X_0,将分别打开各自的 CCS 的窗口,都将进入 CCS 的主界面。主界面窗口如图 3-12 所示。

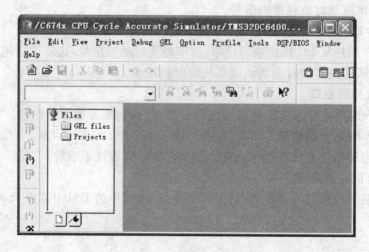

图 3-12 CCS 主界面

CCS 安装完成后,为了支持更高版本的芯片,一般都需要升级该软件。首先在主界面的 Help 窗口选择 About,将弹出如图 3-13 所示的窗口。

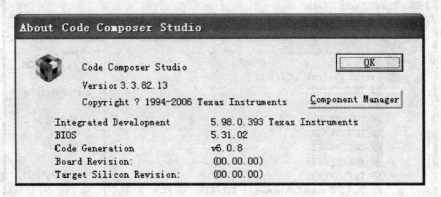

图 3-13 软件版本窗口

该窗口给出了 CCS 软件以及其集成的 Integrated Development、BIOS 和 Code Generation 软件的版本。图中这 4 个部分的版本号分别为 3.3.82.13、5.98.0.393、5.31.02、6.0.8。如果这些版本不支持所仿真的芯片,就需要升级软件。建议最好使用最新的软件版本,因为新软件的编译效率以及汇编信息都比旧版本要好。软件升级后,并不是马上就自动选择最新的软件,还需要用户设置。在图 3-13 中单击 Component Manager,弹出如图 3-14 所示窗口。

图 3-14 更改软件版本

在图 3-14 中下拉 3 个组件就可以一次对各个软件更改其版本。下面以 DSP/BIOS 为例进行说明。点开其选项后,出现如图 3-15 所示的窗口,选择需要更改的版本就可以了。

更改 BIOS 和 Code Generation 软件版本后如图 3-16 所示。

为了方便,本节以后都以软件模拟仿真(Simulator)的方式介绍 CCS。在该方式下,用户只要安装好 CCS,在没有仿真器和开发板情况下,都可以按照以下说明逐步运行 CCS。

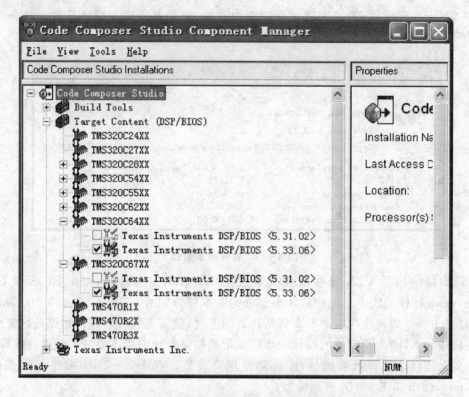

图 3-15　更改 DSP/BIOS 版本

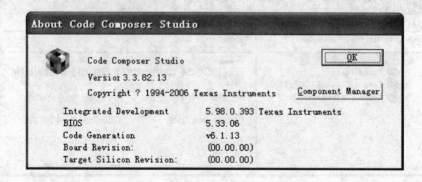

图 3-16　新版本软件号显示窗口

3.2.3　创建工程

在设置好 CCS 之后,运行 CCStudio.exe 程序(或单击桌面快捷方式),进入 C674x Code Composer Studio 集成调试环境。单击下拉菜单 Project,选择 New,就可以创建新工程。如图 3-17 所示。

图 3-17 中给出了创建工程的步骤。在 Location 中输入存储新工程文件夹的完整

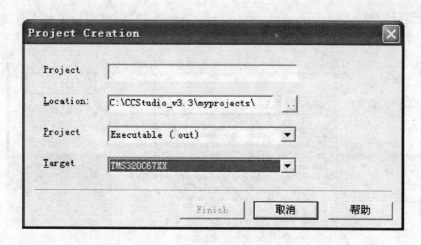

图 3-17 创建新工程的窗口

路径,或者单击其右边的"…"按钮,选择需要存储新工程的文件夹。在 Project 下拉菜单中选择工程最终是创建.out 可执行文件还是.lib 库文件,系统一般默认生成.out 文件。Target 选择目标板 DSP 的类型,由于 CCS setup 的设置,系统默认值就是目标板 DSP 的类型,只有在多 DSP 同时工作时才使用该设置。

创建一个新工程文件时,可在 Project 中输入创建的工程名,单击完成,此时系统会自动在选择好的路径下生成一个以工程命名的文件夹。此时该文件夹没有任何文件,是一个空的工程,需将工程文件和以后创建的文件放在这个文件夹中。从下拉菜单 Project 选择 Add Files to Project 或者右击工作区窗口中工程 fft_example.pjt,选择 Add Files,如图 3-18 所示。

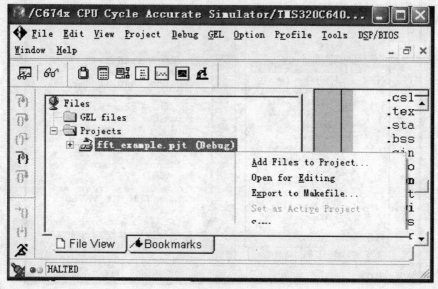

图 3-18 添加文件到工程

根据实际需要,添加.c、.asm、.cmd、.cpp、.lib、.h等文件,可添加的文件类型如图3-19所示。添加文件后CCS会自动将文件放到相应的目录中。

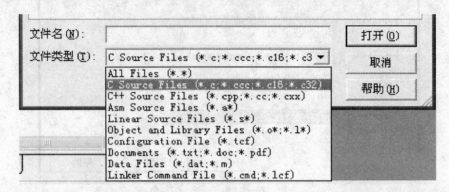

图3-19 可添加的文件类型

在选择正确的路径和文件后,单击"打开",添加了C文件、头文件和库文件之后的工程如图3-20所示。在图中工作区窗口中单击工程Libraries和Source前面的"+"号,然后双击文件名,源代码将显示在右边的窗口中。为了一次能看到尽可能多的代码,可通过拉大窗口或者在Option→Font中给窗口选择字体等方式实现。这样一个简单而完整的新工程就创建完毕,下一次就可以直接打开此工程。需要注意的是所有的路径名和文件名必须为英文。

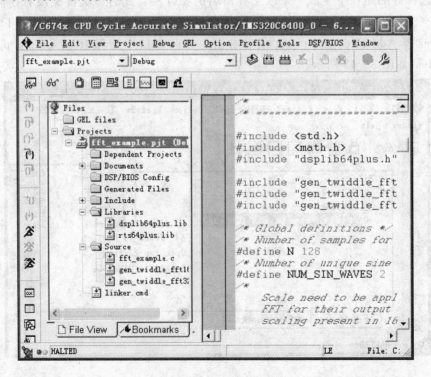

图3-20 工程文件打开

如果文件添加错误,要从工程中删除该文件,可以右击该文件,选择 Remove from project 进行删除。在正确添加所有的源文件后,就完成了整个工程的建立。

对于 C 语言的源文件,如果程序中有"♯include *.h"的语句,在添加了 C 源文件后,工程中将自动包含这些头文件,在工作区窗口中工程下的 Include 文件夹中可以看见这些文件。

对源文件的编辑,可以在任何的文本编辑器中进行,也可以在 CCS 集成环境中编辑,只要选择 File→New→Source File 即可,也可以在工程中直接进行,和一般的文本编辑方法一样。

Edit 菜单下的一些编辑工具可以方便用户编辑,例如"Find/Replace…",可以很快修改程序代码,如图 3-21 所示。

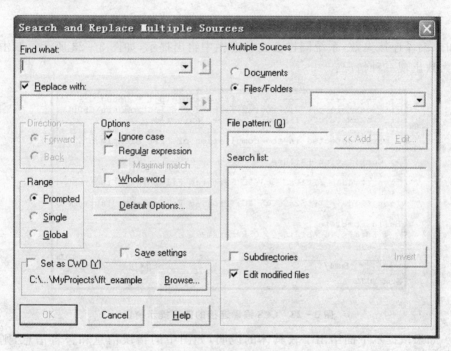

图 3-21 查找和替代

CCS 中的许多操作,既可以通过单击菜单实现,也可以通过单击工具条按钮等其他快捷方式实现。

3.2.4 工程调试

1. 编译连接

工程创建完成后,通过下拉菜单 Project 选择 Rebuild All,或者单击增量编译和全编译快捷方式图标 ,进行编译和连接,生成可执行文件"*.out",如果程序编译并且连接通过,则在状态栏窗口会有提示,如图 3-22 所示。

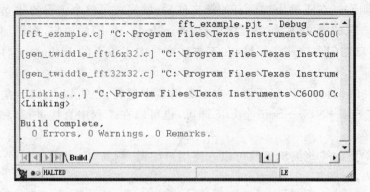

图 3-22　CCS 成功编译连接图

如果编译连接失败,系统同样会在状态栏中给出提示,如图 3-23 所示。双击错误提示,大致出现三种情况:

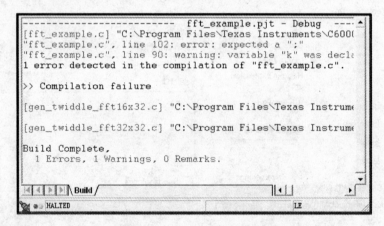

图 3-23　CCS 编译连接的错误提示窗口

① 如果该提示下面给出了较具体的说明,如图中的错误信息和警告信息,则双击该信息时系统会自动将光标停留在相应代码处并闪烁显示;

② 错误提示是代码中使用了没有定义的符号,系统则会将光标停留在代码所在文件的第一行;

③ 如果错误提示为库文件或可执行文件错误,通常错误出现在"*.cmd"文件中。

值得注意的是,通常编辑出现的一个错误,编译时会导致几个错误产生。

在主界面中选择 Project→Configurations,将弹出工程输出配置窗口,如图 3-24 所示。在工程输出配置窗口中选择 Add,将弹出输出设置窗口,如图 3-25 所示。工程输出设置只能选择 Debug 或者 Release 选项,虽然这两个选项非常简单,但在实际中用处很大,而且可能会导致很多问题。通过设置 Debug 方式,程序编译后将删除很多调试中由编译器自动加入的信息。Release 有两个好处:可以节省程序空间大小和提高程序运行效益。但从 Debug 向 Release 转换过程中可能会导致程序运行错误,尤其是工作机制复杂的工程。所以编程人员需要在工程设计的每一步都要测试是否可以正确地从 Debug 向 Release 转换,一旦出现问题,可以很快定位到问题所在,便于修改。

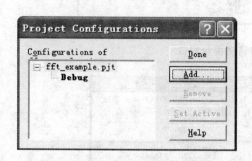

图 3-24 工程输出配置窗口

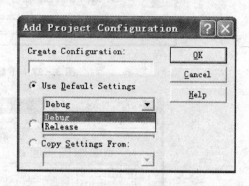

图 3-25 工程输出设置窗口

2. 载入程序

可执行文件"*.out"生成之后,就可以在 CCS 集成环境中调试程序了。

选择 File→Load Program,选择所要调试的程序,然后单击打开。如果所有设置正常,系统会自动下载选中的可执行文件到目标板上,如果是仿真模式,将直接下载到模拟芯片上。如图 3-26 所示。

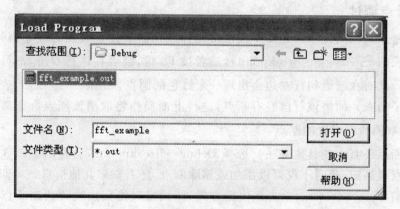

图 3-26 下载程序的窗口

如果存在 DSP 型号不对、配置文件中使用错误的地址、内存溢出等问题,此时无法将程序载入 CCS,CCS 会提示目标系统设置不对等信息。如图 3-27 所示。

当程序下载成功后,CCS 右边的文件框内会自动显示 PC 指针所在位置的反汇编文件,如图 3-28 所示。若指针所在位置就在程序空间内部,则该反汇编文件就是输入的 Source 文件。将光标放在任何一条指令上,按 F1 键,CCS 将自动搜索并显示该指令的详细帮助信息。

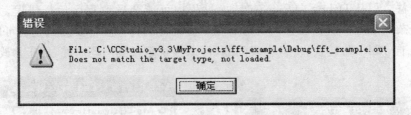

图 3-27 下载程序错误提示窗口

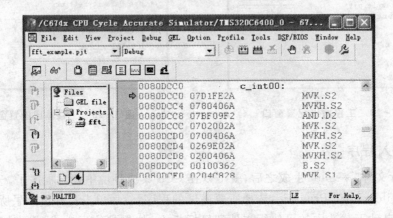

图 3-28 反汇编文件显示窗口

3. 断点调试

设置断点是调试程序的必要手段。将光标放在需要设置断点的程序语句行上,单击工具栏按钮 (Toggle Breakpoint),或者按 F9 键,或者在该行双击,都可以为该行设置断点。此时在该语句行左边会出现一个红色的圆点,如图 3-29 所示,表示该语句已经设置了断点。如果该行已经有断点,进行上面操作将取消该断点。如果单击按钮 则可以取消所有设置的断点。

设置断点还有一些其他方法。选择 Debug→Breakpoints,会弹出如图 3-30 所示的设置断点对话窗,此时不仅可以添加或删除断点,还有很多其他信息。对调试最有用的是图中的 Goto Location,单击该快捷方式,调试窗口将直接跳转到该断点所在的代码行,从而可以实现在多个断点中的快速切换。对话窗中的图标 分别为删除选中的断点、删除所有断点和使能所有断点。

断点设置成功后,单击菜单 Debug→Run,或者单击调试工具条按钮 ,程序就会运行到断点处,PC 指针指到断点位置,PC 指针和断点指针将重叠显示,如图 3-31 所示。

设置断点的目的是为了查看程序运行到该处时变量、型号量、标志、内存以及 DSP 内部的各种寄存器是否正确,从而判别程序是否运行正常。注意:如果使用优化器后,源代码被优化的部分不能设置断点,设置后显示为空白的圆。如果进入混合显示方式,则可以在汇编代码中设置断点,设置后显示为蓝色的圆。

第 3 章 仿真系统

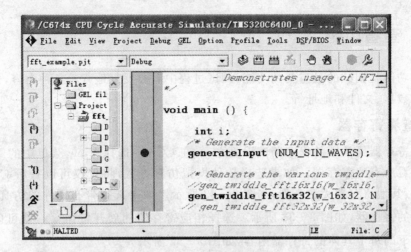

图 3-29　设置断点

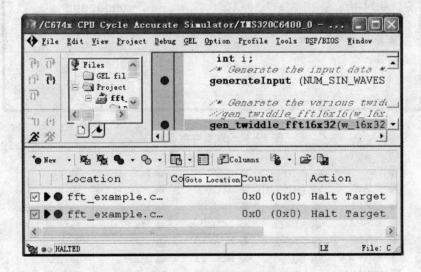

图 3-30　设置断点对话框

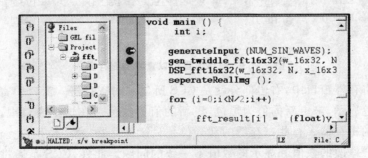

图 3-31　程序运行到断点的图示

3.2.5 查看功能

查看功能是调试的最重要的功能,调试过程中需要反复地查看各种内容,包括寄存器、变量、数据、文件和地址等。

1. 查看寄存器

查看寄存器是常用的程序调试手段之一,在 CCS 中选择 View 菜单中的 Registers 就可以查看所有的寄存器。如果选择软件模拟仿真方式,将仅仅可以查看 CPU 的核心寄存器,其他寄存器无法查看,如图 3-32 所示。如果选择带有硬件的仿真,将可以看到所有的寄存器,如图 3-33 所示。选择相应寄存器的展开按钮 ,就可以看到该组寄存器下的每个具体的寄存器内容,如图 3-32 所示。

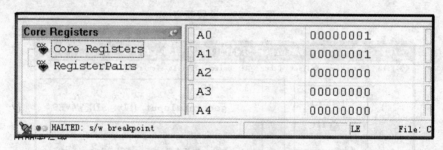

图 3-32 查看寄存器窗口

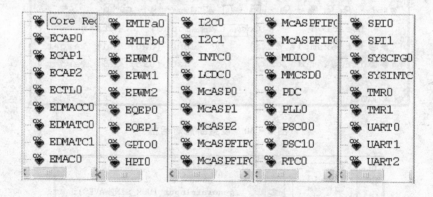

图 3-33 硬件仿真可以查看的寄存器

在查看寄存器窗口中,右边部分就是 CCS 所显示的寄存器。窗口中寄存器的内容以黑色或红色表示,未更新的值为黑色,更新的值为红色。在这个窗口中,用户可以直接修改其中的寄存器。有些寄存器的部分位是只读寄存器,这些位用户无法修改,所以可能出现用户修改的数值和显示的数值不一致的问题。此外,CCS 是通过仿真器读取寄存器值的,如果仿真器功能较差,可能不能正确、实时地显示寄存器,从而导致很难调试,建议选用正规的仿真器。

2. 查看数据

查看数据也是程序调试中常用的手段之一,CCS 中有多种形式查看数据单元。在主界面选择 View 菜单中的 Memory 就可以查看数据单元,如图 3-34 所示。

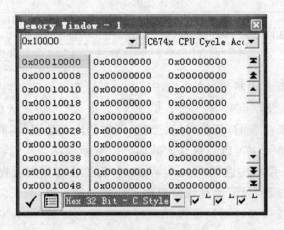

图 3-34 查看数据窗口

在上图右击,将弹出数据窗口的属性选项,如图 3-35 所示。

图 3-35 数据窗口属性

图 3-34 中的 ✓ 📄 Hex 32 Bit - C Style ▼ 用于设置所要查看数据的格式,这个下拉菜单有多个供选择的选项,如下所示。

32 位 Hex – C Style	16 位 Hex – C Style	8 位 Hex – C Style
32 位 Hex – TI Style	16 位 Hex – TI Style	8 位 Hex – TI Style
32 位 Signed Int	16 位 Signed Int	8 位 Signed Int
32 位 UnSigned Int	16 位 UnSigned Int	8 位 UnSigned Int
32 位 Binary	16 位 Binary	8 位 Binary
32 位 Floating Point	40 位 Signed Int	64 位 Hex – C Style
32 位 Exponential Floating Point	40 位 UnSigned Int	64 位 Hex – TI Style
64 位 Exponential Floating Point	64 位 Floating Point	Character

比较常用的有十六进制数、16 位有符号数、16 位无符号数、二进制数、32 位无符号数、32 位有符号数以及浮点数等。对于 64 位的数据，CCS 将连续的两个 32 位字合并为一个 64 位的字，高位在前，低位在后。对于同样的内存数据，不同的格式显示的内容将不同。对于数据单元也可以直接修改其内容以方便调试。

在主界面 View 菜单中选择 Watch Window 将弹出变量查看窗口。变量查看窗口极大地方便了用户查看，只需要在该窗口输入变量名就可以，而无需知道该变量存储在哪个地址。而数据查看窗口则只能按照地址来查看。虽然 Watch 窗口简化了查看方法，但牺牲了查看速度，因为 Watch 窗口是按照变量名字去查看的，需要 CCS 自动寻址，从而延长了查看时间。不过查看小块的变量仍然很快，用户不会感觉到任何时延。在查看大批量数据，一般大于 1 K 个数据时，查看时延将非常明显，建议此时按照数据窗口来查看。

定义如下 3 个变量：

```
Int32    test1       = 10;                   // 整型 32 位 1 维变量
float    test2[2]    = {20,30};              // 浮点型数组
Int16    test3[2][2] = {40,50,60,70};        // 整型 16 位 2 维数组
```

在 Watch 窗口其显示如图 3 – 36 所示。

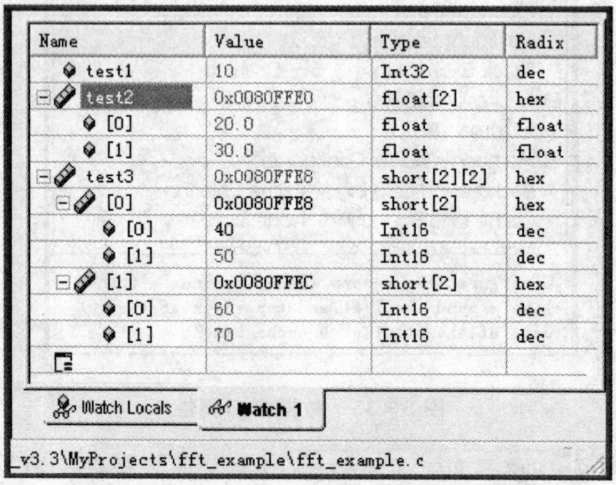

Name	Value	Type	Radix
test1	10	Int32	dec
test2	0x0080FFE0	float[2]	hex
[0]	20.0	float	float
[1]	30.0	float	float
test3	0x0080FFE8	short[2][2]	hex
[0]	0x0080FFE8	short[2]	hex
[0]	40	Int16	dec
[1]	50	Int16	dec
[1]	0x0080FFEC	short[2]	hex
[0]	60	Int16	dec
[1]	70	Int16	dec

_v3.3\MyProjects\fft_example\fft_example.c

图 3 – 36　显示 3 个变量的 Watch 窗口

第 3 章 仿真系统

图中，Name 输入需要查看的变量名称，Value 是该变量的值，如果是指针型变量，将显示当前所在的地址，Type 是需要显示的数据类型，Radix 是数据的进制。在 Radix 上单击将弹出所有的数据格式以供选择，如图 3-37 所示。

图 3-36 是 Watch 窗口的完整数据显示，这些变量必须在 Watch 1 下显示。如果有局部变量，将自动在 Watch Locals 中显示，不需要任何操作。这对于查看随着函数变化的局部变量非常方便。

变量的快速查看可以直接在 View 菜单下选择 Quick Watch，弹出如图 3-38 所示对话框。

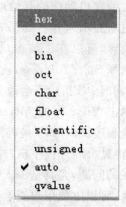

图 3-37 Watch 窗口数据格式

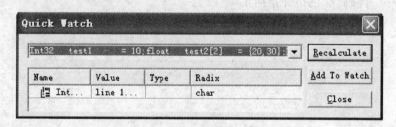

图 3-38 Quick Watch 对话框

3. 查看汇编程序

CCS 载入程序时将自动打开汇编窗口，显示汇编程序。汇编的程序和工程中实际的程序有一些小的区别，如常数已经不再以符号而是以数据显示，注释已经不再显示等。为了方便调试，一般情况下仍然需要打开源程序进行查看。单击 View 中 Disassembly，可以查看以 PC 指针位置为起始的汇编代码。汇编窗口的显示格式可以在 CCS Option 中的 Disassembly Style 中进行设置。如图 3-39 所示对话框是弹出的设置窗口。

图 3-39 汇编设置窗口

汇编窗口默认的开始地址是代码段起点,运行时更新显示内容。如果在当前窗口查看其他地址内容,可以在汇编窗口右击,在弹出的选择框中选择 Start Address,就可以显示选择的地址内容,同时 PC 指针不会改变。如图 3-40 所示。

单击 View 中的 Mixed Source/ASM,将显示混合程序窗口,如果纯粹用汇编代码,将和汇编窗口显示一样。如果使用 C 或者 C++ 编程,将显示混合程序窗口。混合显示虽然用得不多,但其用处很大。如果检测 C 代码存在的问题,尤其是深入到堆栈、返回地址、溢出这些错误时,混合窗口将汇编程序显示出来,可以方便用户查看这些底层的变量。混合程序显示如图 3-41 所示。从图中可以看出,混合窗口依次显示 C 和汇编代码,其中 C 是黑色字体,汇编是灰色字体;浅色指针指向 C 代码,深色指针指向汇编代码。

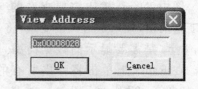

图 3-40 汇编起始地址选择

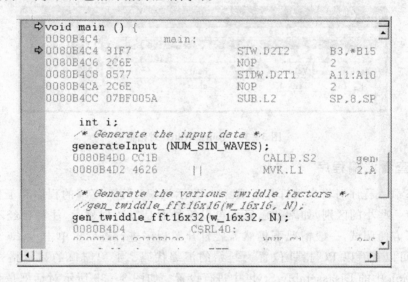

图 3-41 混合程序显示窗口

4. 查找内容

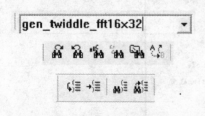

图 3-42 查找的快捷方式

在 CCS 下进行编程,有时需要在源文件中查找一些定义的符号,CCS 提供了多种查找方法。在 Edit 菜单下有所需要的选择,在快捷工具栏也有相应的图标。如图 3-42 所示。

在图 3-42 中,第一行输入要查找的内容,表示查找下一个,表示查找上一个,表示依照词组查找,表示在整个文件中查找,并且将所有查找到的显示出来,表示查找并代替,表示查找出一对括号,表示进入括号,将括号中内容高亮,表示向下查找对应右括号,表示向上查找对应左括号。

查找函数可以使用更加方便的方法。在主界面的 View 菜单下选择 Symbol Browser,将弹出所有的文件和函数列表,如图 3-43 所示。

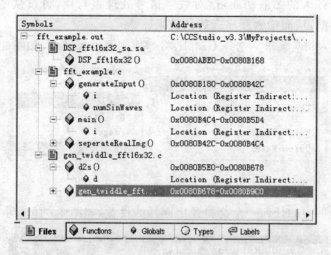

图 3-43 Symbol Browse 窗口

在 Symbol Browser 窗口中可以看到每个文件下各个函数的内容,并列出函数的起始地址和终止地址,也就是该函数代码所占用的地址空间。在 Functions 窗口下双击函数名,代码显示窗口将自动切换到该函数的起始代码处;在 Globals 窗口下双击全局变量名,数据窗口将自动切换到该变量的起始地址处;在 Types 窗口下双击结构体名,数据窗口将自动切换到该结构体的定义;在 Labels 窗口下双击标志名,汇编窗口将自动切换到该标志处。

Bookmarks 书签也是常用的查找方式之一。由于其非常方便、简洁,所以在调试中被用户广泛采用。在主界面的 Edit 菜单下选择 Bookmarks,将进入书签编辑菜单。也可以直接在快捷工具栏选择来设置或取消书签。将光标停留在程序的某一行,然后单击,将在该行设置书签,如果该行已经有一个书签,将取消该书签;为在该文件中查找下一个书签;为在该文件中查找上一个书签;为编辑书签,将弹出书签窗口,如图 3-44 所示。书签窗口主要也是设置和取消书签等功能。当存在较多的书签

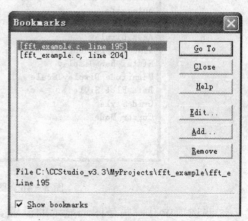

图 3-44 书签窗口

时,使用该设置窗口将方便一些,但不建议设置多个书签。

3.2.6 图形功能

CCS 提供了强大的图形功能,这对数字信号处理很有用,可以从图形上分析处理前和处理后的数据,从而检测程序运行的效果。

在主界面的 View 菜单下选择 Graph,将弹出画图选择菜单,如图 3-45 所示。

图 3-45 选择图形窗口

选择 4 个选项中的任何一个都将弹出同样的设置,如图 3-46 所示。

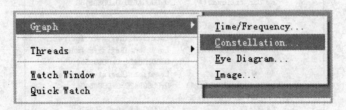

图 3-46 图形设置窗口

这些选项中有一些是图形显示的设置,例如光标显示类型(Cursor Mode)、格点显示类型(Grid Style)以及坐标显示选择(Axes Display)等,这些设置都可以采用默认值。图 3-47 是对同一段数据选择不同的数据显示类型画出的不同图形,上面的图形选择的是 Bar 类型,下面的图形选择的是 Liner 类型。可以看出这些设置不影响查看数据的整体情况，只是显示的方式不同。

影响数据显示的设置如下：

(1) 首地址(Start Address)

输入显示数据的首地址，由所需要查看的数据开始点决定。

(2) 数据增量(Index Increment)

默认值为1，即显示每一个点。如果选择2，则隔点显示。

(3) 数据量(Display Date Size)

显示数据的总点数，由所需要显示数据的范围决定。如果超过2048点，将超过显示像素，只能在几个点中显示突变值(一般为最大值或者最小值)。如显示8192点，将在每4个点中选择突变点显示。

(4) 数据类型(DSP Data Type)

可以选择多种类型，包括16位有符号数、16位无符号数、32位无符号数、32位有符号数、32位浮点数和32位IEEE浮点数等，由程序中设置的数据类型所决定。

(5) 小数点位置(Q-Value)

选择小数点放置的位置，可选择的范围是1~31，默认的小数点位置为0，即将小数点放在第0位，也就是整数。

下拉图3-46中Display Type栏右边的Single Time选项，看到画图类型选项，包括以下9种：

(1) Single Time

画一组数据的时域图。如图3-47所示。数据原型为$0.5\cos(2\pi f_0)+0.5\cos(2\pi f_1)$，其中$f_0$和$f_1$为两个信号频率。

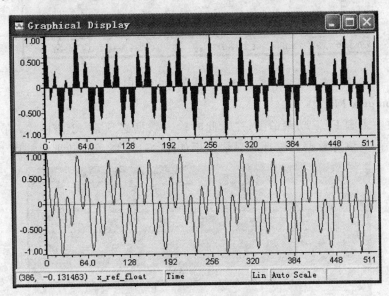

图3-47 不同时域图数据格式显示比较

(2) Dual Time

画两组数据的时域图,此时设置选项中多一个第二组数据的开始地址。显示效果如图 3-48 所示。数据原型同上。

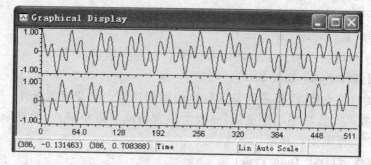

图 3-48 双图显示窗口

(3) FFT Magnitude

画数据的 FFT 功率谱图,此时设置选项中主要包括 FFT 点数、FFT 阶数、FFT 的窗函数(有矩形窗、汉林窗等)和采样频率。显示效果如图 3-49 所示。数据原型同上,设置 512 点 Blackman 窗,采样频率归一化。从图中可以明显看出两个信号的频谱。

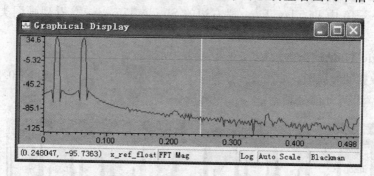

图 3-49 FFT Magnitude 图

(4) Complex FFT

以复数输入画 FFT 功率谱图,注意此时输入数据必须是 32 位格式,前 16 位为数据的实部,后 16 位为数据的虚部。显示效果如图 3-50 所示。数据原型同上。

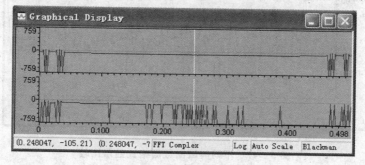

图 3-50 Complex FFT 图

第 3 章 仿真系统

(5) FFT Magnitude and Phase
在 FFT Magnitude 基础上加相位图。显示效果如图 3-51 所示。数据原型同上。

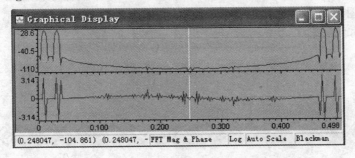

图 3-51　FFT Magnitude and Phase 图

(6) FFT Waterfall
FFT 多帧显示图。对实数据进行 FFT 变换，其幅度/频率曲线构成一帧。这些帧按时间顺序构成 FFT 多帧显示，如图 3-52 所示。

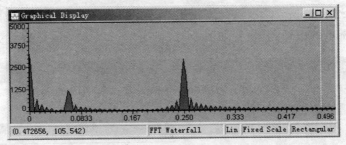

图 3-52　FFT Waterfall 图

(7) Constellation
画信号的星座图，可以选择适合用户的坐标图。可以改变的选项包括横坐标的起点和终点、纵坐标的起点和终点、是否显示方格线以及显示方格线的粗细等。显示的效果如图 3-53 所示。数据原型为两个频率不同的信号，星座在 0~360°随机分布显示。

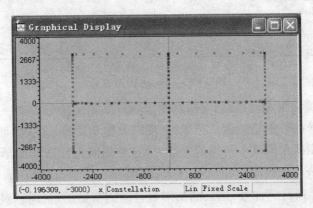

图 3-53　星座图

(8) Eye Diagram

在数字信号的传输或录放系统处于工作状态时,常常利用示波器来显示信号波形响应,称为眼图。如果系统有码间干涉或抖动,则眼图的开口部分会变小。眼图的显示效果如图3-54所示。

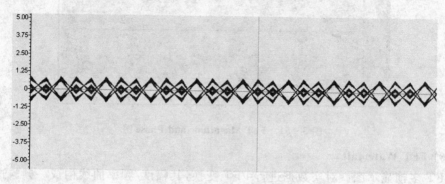

图3-54 眼 图

(9) Image Diagram

Image为标准的图像,其设置如图3-55所示。

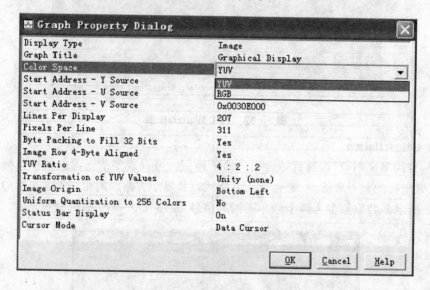

图3-55 Image图形设置

DSP在做图像采集和处理时,一般将图像AD采集的信号按照一定的格式存放到内存中。图像信号的数据格式包括位置、亮度以及饱和度等,这些都可以在图中设置。

图形的实时刷新是调试中常用的方法,结合使用断点功能和图形功能将可实现上述目的。操作方法是在程序的相应行右击,选择插入图形,这时在插入的代码行出现标志,一旦程序运行到此处,插入的图形就自动刷新显示,从而达到动态实时调试目的。在快捷工具栏单击,将取消实时图形功能。

3.2.7 数据处理

CCS 提供对数据的特殊处理操作,包括 Load 和 Save 等。

(1) 直接 Copy 组数据到其他地址

选择 CCS Edit→Memory→Copy,将弹出如图 3-56 所示的对话框。按对话框说明输入相应的内容就可完成数据块的复制。

(2) 直接修改一组数据内容

选择 CCS Edit→Memory→Fill,将弹出如图 3-57 所示对话框。按对话框说明输入相应的内容就可完成数据块的填充。

(3) 数据导出/导入设置

选择 CCS Files→Data→Load 或 Save,并且输入相应的文件名,将弹出如图 3-58 所示的对话框。按对话框说明输入相应的内容就可完成数据块的导出处理。保存类型是很重要的选择,可以选择适合用户的数据类型,从而便于在其他软件,如 Matlab 中的图形显示。

图 3-56 数据 Copy 设置

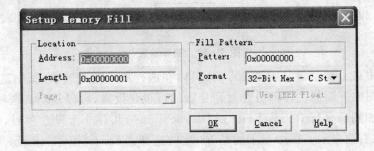

图 3-57 数据填充设置

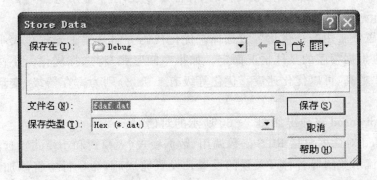

图 3-58 数据 Load/Save

3.2.8 工程设置

CCS可以在工程中对编译汇编和链接进行各种设置,包括设置各种命令的开关量、设置堆栈和内存的大小等。在主界面下Project菜单中选择Build Option,将打开设置窗口,如图3-59所示。

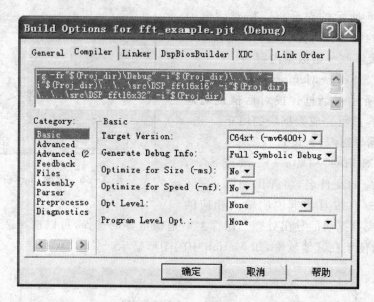

图3-59 编译设置

对话框中最上端窗口是编译命令行,可以在该行加入一些选项,图中已经加入"-g -fr"选项。图中下面的主体部分是对命令行的可视化设置,可以改动其选项,改动的选项将自动添加到命令行中。从Basic到Diagnostics一共有9个设置项目,单击各个项目,其内容在右边显示。图中显示的是Basic的选择。Target Version设置用户目标板中DSP的型号,分别有Default、C620x、C621x、C640x、C64x+、C670x和C671x等;Generate Debug Info为汇编选项,可以选择汇编参数,图中显示选择"-g",还可以选择"-gp"和"-gw"。

编译设置最常用的是优化等级选择。优化代码方向是偏重于优化大小,还是优化速度选择,应根据程序的具体情况而定。如果空间紧张,将选择优化大小;如果空间多余,对速度要求高,可以优化速度。优化等级有4级,分别为寄存器级、变量级、函数级和文件级。

单击Advanced将弹出如图3-60所示的对话框。

Advanced对话框包括RTS函数调用、数据模式(大模式和小模式)、远近程调用选择以及软件流水关闭等各种开关量的设置。设置完成后,命令行中将添加上相应的选项。单击图中的Files将弹出如图3-61所示的对话框。

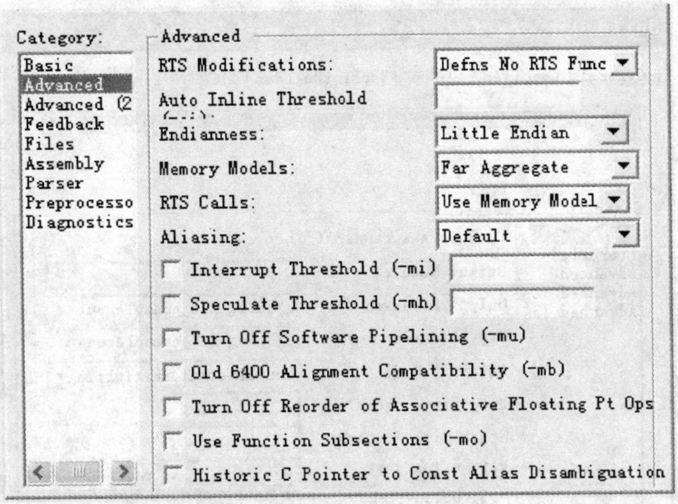

图 3-60 Advanced 对话框

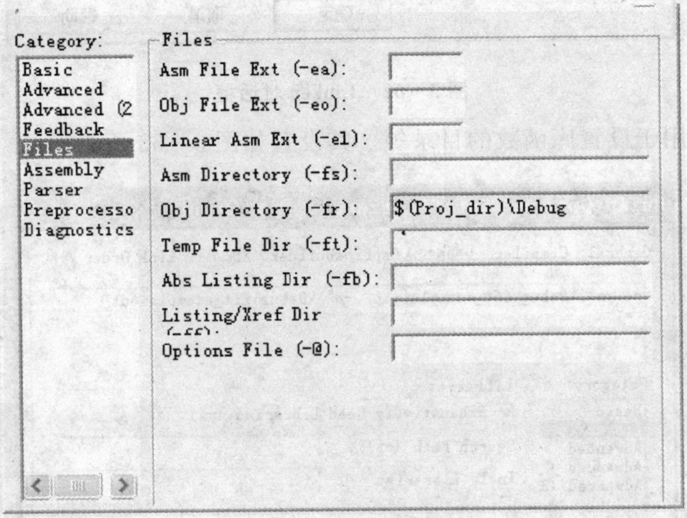

图 3-61 Files 对话框

Files 对话框可以设置汇编文件、目标文件、线性汇编文件和绝对列表文件的扩展名,以及各个文件所存放的目录。

在 Build Options 窗口,单击上端的 Linker,将弹出 Linker 对话框,如图 3-62 所示。

Linker 对话框中有 Basic、Libraries 以及 Advanced 3 类设置选项,图中显示出 Basic 选项。其中关键的设置有堆栈大小和内存大小,默认大小为 1 024 字节,可以在 Heap Size 和 Stack Size 中设置;Basic 中的 Code Entry Point 用于设置程序的入口地址。这些设置也可以在配置文件中完成。

图 3-62 Linker 对话框

Libraries 用于设置库函数的目录等。其设置如图 3-63 所示。

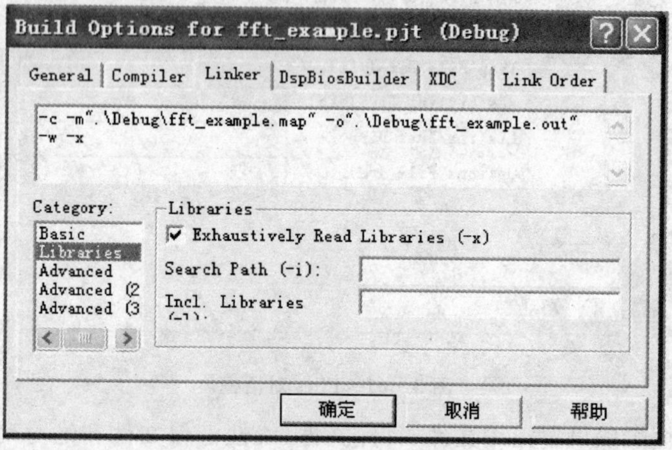

图 3-63 Libraries 对话框

Advanced 也是用于设置各种连接时开关量的,图中已经加入了"-j"和"-s"选项。

在 Build Options 窗口单击上端的 Link Order,将弹出相应的对话框,如图 3-64 所示。

Link Order 用于设置文件的连接顺序,如果未加设置,则工程中的文件都出现在 Files without link order 中。单击文件,选择 Add to link order list,文件将添加到 Link Order 中,选择下移和上移箭头可以改动文件的顺序。

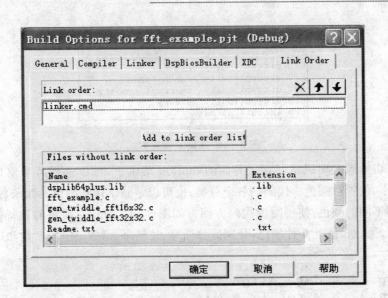

图 3-64　Link Order 对话框

3.2.9　其他功能

(1) 统计功能

统计功能主要实现对程序代码执行时间的统计,也可以对一段时间内某个中断或函数被执行的次数进行统计。其中统计某段代码的执行时间是经常使用的功能,尤其在软件优化过程中。在主界面 Profile 菜单下选择 Clock,将出现 3 个选项,分别为 Enable、Setup 和 View。选择 View 将在主界面右下端出现 ⊘：1,289,885 图标,其中数字为程序已经执行的周期数,双击该数字将清 0,重新开始计算。在某个函数的入口清 0,在出口设置断点,就可以检测该函数的执行时间。以上执行时间的计算必须在使能情况下完成,如果没有使能,将出现灰色 ⊘：208,663 图标,该功能被禁止。选择 Setup 将弹出 Clock 设置对话框,如图 3-65 所示。

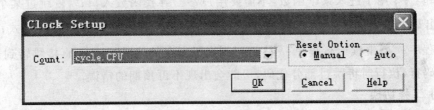

图 3-65　Clock 设置对话框

下拉 Count 栏,可以选择计数的方式,如图 3-66 所示。

(2) 定制风格

CCS 支持用户定制自己的界面风格,选择快捷方式 ▮,切换成标准风格;选择快

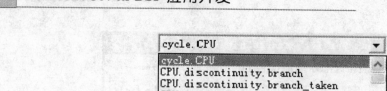

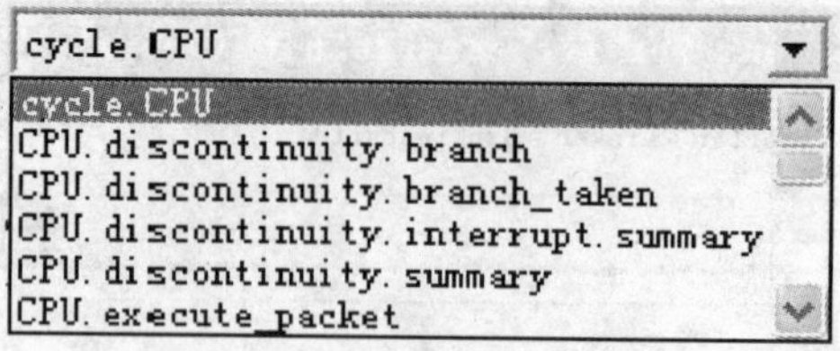

图 3-66 Clock 设置方式

捷方式，切换到经典风格。在主界面的 Option 菜单下，可以选择各个窗口和工具条的字体、大小、位置和颜色。代码的各个分类，也可以定制字体和颜色。如函数、变量和注释分别使用不同的颜色，使得阅读代码方便。如图 3-67 所示。简短的 3 行代码使用了绿、红、深黑、黑、灰、蓝等 6 种颜色，分别区分注释、关键字、函数、变量、常数和运算符。

```
/* Align the tables that we have to use */
#pragma data_align(x_ref, 8);
Int32    x_ref [2 * N];
```

图 3-67 定制风格

(3) 高级编辑

高级编辑工具用于对齐方式、大小写切换、注释、评论等功能。用鼠标选择多行后，然后在工具栏中单击 将实现这些行的左对齐或者右对齐；用鼠标选择多个字符后，单击 将进行字符的小写到大写之间的切换，如果选中的字符中既有大写字符又有小写字符，该工具将统一这些字符的大小写。

单击 将分别插入函数和文件说明。函数和文件说明如图 3-68 所示，图示格式为一个非标准的函数和文件说明格式，用户可以根据需要修改这个格式。

(4) 运行控制

运行时的程序控制是调试代码的重要方法之一。控制程序最常用的方法是断点和单步。有些方法虽然不常用，但如果需要时也非常方便。快捷工具栏提供了几个运行控制按钮： 用于进入某个函数，不需要用户参与寻找函数入口； 跳过某个函数； 跳出某个函数； 进入汇编单步运行模式； 退出汇编单步运行模式； 动画运行程序； 继续运行程序； 运行到光标所在的代码行； 直接跳转到光标所在的代码行，执行时将跳过部分代码，可能会出现不可预期的错误。

(5) 工程切换

CCS 可以同时打开多个工程，如图 3-69 所示。当打开多个工程时，只有一个工程是当前处于活动状态的工程，其他工程均为沉默状态，不能编译和连接。活动状态的工程为黑色字体，沉默状态的工程为灰色字体。如果需要将沉默工程变成活动工程，只需右击该工程，选择 Set as Active Project 即可。此时以前的活动工程将自动变成沉默工程。

```
/*
 *   FUNCTION:
 *   PARAMETERS:
 *   DESCRIPTION:
 *   RETURNS:
 *
 */
```

```
/************************************
 *
 *   DESCRIPTION:
 *   AUTHOR:
 *   HISTORY:
 *
 ************************************
/** include files **/
/** local definitions **/
/** default settings **/
/** external functions **/
/** external data **/
/** internal functions **/
/** public data **/
/** private data **/
/** public functions **/
/** private functions **/
```

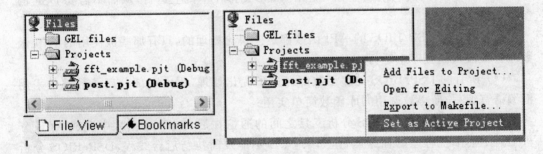

图 3-68　函数和文件说明格式

图 3-69　多个工程切换

3.3　DSP/BIOS

传统的编程方法一般是使用主函数和中断，由中断来触发每个事件，在中断中设置事件的启动条件，主程序去判断这些条件，满足了则执行，不满足则无限期判断。该方法编写的代码结构整齐、清晰、可读性强、移植性好。但随着项目需求增大，系统需要完成的功能越来越复杂，对程序的要求不仅仅是功能上的实现，而且还要求具有实时性，也就是需要程序按时完成特定的功能。实时操作系统（Real Time Operata System，RTOS）指的是事件的响应必须在规定的时间内完成的系统，可以帮助 DSP 实时地实现特定的功能。TI 公司为 DSP 专门设计了 DSP/BIOS 实时操作系统。

3.3.1 概述

DSP/BIOS 是 TI 公司可裁剪的实时多任务操作系统,专门为 DSP 平台而设计,是 Code Composer Studio 开发工具的重要组成部分。和传统的 DSP 软件方法相比,DSP/BIOS 提供抢占式多线程、硬件抽象、实时分析以及图形化配置工具等。实时内核能更快地开发和协调复杂的应用,并且不需要用户维护操作系统和控制循环。

DSP/BIOS 的兼容性强,可以兼容 DSP 外设的芯片支持库(CSL 库),其本身也集成在 CCS 交互开发环境中。DSP/BIOS 作为一个源码移植套件,能轻松移植到其他微处理器操作系统。目前其代码已经逐渐公开,成为开源软件。

DSP/BIOS 为 DSP 开发者提供了一个标准化的结构,围绕这个结构来组织软件模块和功能单元,可以使开发者尽量少接触底层软件开发,而将主要精力集中到应用程序开发上。

设计 DSP/BIOS 及其分析工具的目的是降低目标系统对内存和 CPU 的要求,这种设计目标主要是通过以下几个方面实现的:

(1) 所有的 DSP/BIOS 对象都可以配置成静态,从而减少了代码长度,优化了内部数据结构;

(2) 实时指令监测数据(例如 log 和 trace)安排在主机上运行,从而不需要 DSP 的参与;

(3) 所有的 DSP/BIOS 的 API 函数都是模块化处理的,只有那些被使用的 API 函数才会被嵌入到程序中运行;

(4) 所有的 DSP/BIOS 的库函数都经过了优化处理,很大一部分库函数都是采用汇编语言编写,使得被调用的库函数简单实用;

(5) 目标版和 DSP/BIOS 分析工具之间的通信在后台 IDLE 循环中完成,保证分析工具不会干扰程序的任务运行,如果 CPU 不能及时执行后台线程,DSP/BIOS 分析工具会停止从目标处理器接收信息;

(6) DSP/BIOS 尽量减少在线查错,用户必须保证调用 API 函数时,该函数满足调用要求。

DSP/BIOS 还提供了很多程序开发手段,主要包括:

(1) 程序在特定状态下可以动态地创建和删除对象,同一个程序可以同时被动态创建和静态创建;

(2) 提供了多种线程类型,包括硬件中断、软件中断、任务、空闲 IDLE 以及周期函数,这些线程都可以控制优先级和阻塞状态;

(3) 线程之间提供灵活的通信和同步机制,包括信号量、邮箱和资源锁等;

(4) 提供了"管道"和"流"两种 IO 模式,管道用于实现目标和主机之间的通信和简单的 IO 操作,例如一个线程写入管道,一个线程从管道读;流用于支持复杂的 IO 操作来支持设备驱动程序;

(5) 使用底层系统原语可以更加容易地进行出错处理、创建通用数据结构和管理内存。

(6) 提供了较多的芯片支持库，库支持的芯片一般都是 TI 公司的芯片，包括 AD、DA、Flash、FIFO 和 SRAM 等。

DSP/BIOS 包括 3 个组件：DSP/BIOS 实时库和 API、DSP/BIOS 配置工具和 DSP/BIOS 分析工具。实时库和 API 由程序调用；配置工具用来定义程序中用到的静态对象；分析工具用来监测程序在目标系统的运行情况。

(1) DSP/BIOS 实时库和 API

DSP/BIOS 实时库为嵌入式程序提供运行时的基本服务，包括实时调度和同步、主机目标板通信、实时分析等。API 由一些模块组成，如表 3-1 所列。应用程序可以通过调用 API 来使用 DSP/BIOS 中定义的函数。如果使用 C 语言编程，则 API 在头文件中定义；如果使用汇编语言编程，则可以使用 DSP/BIOS 提供的宏代码。

表 3-1 DSP/BIOS 的 API 模块

模 块	功 能
ATM	Atomic functions written in assembly language(汇编语言编写的核函数)
BUF	Fixed length buffer pool manager(固定长度缓冲区管理器)
C28 C55 C62 C64	Target-specific functions, platform dependent(目标特定函数，支持指定的平台)
CLK	Clock manager(时钟管理器)
CSL	Chip Support Library(芯片支持库)
DEV	Device driver interface(设备驱动接口)
GBL	Global setting manager(全局设置管理器)
GIO	General I/O manager(通用 IO 管理器)
HOOK	Hook function manager(钩子函数管理器)
HST	Host channel manager(主机通道管理器)
HWI	Hardware interrupt manager(硬件中断管理器)
IDL	Idle function manager(空闲函数管理器)
LCK	Resource lock manager(资源锁管理器)
LOG	Event log manager(时间记录管理器)
MBX	Mailbox manager(邮箱管理器)
MEM	Memory segment manager(内存管理器)
MSGQ	Message queue manager(消息队列管理器)
PIP	Buffered pipe manager(缓冲通道管理器)
POOL	Allocator pool manager(分配池管理器)
PRD	Periodic function manager(周期函数管理器)
PWRM	Power manager(电源管理器，C55x 和 C6748 特有)
QUE	Atomic queue manager(队列管理器)
RTDX	Real-time data exchange settings(实时数据交换设置)
SEM	Semaphore manager(信号量管理器)

续表 3-1

模 块	功 能
SIO	Stream I/O manager(流输入/输出管理器)
STS	Statistics object manager(统计对象管理器)
SWI	Software interrupt manager(软件中断管理器)
SYS	System services manager(系统服务管理器)
TRC	Trace manager(跟踪管理器)
TSK	Multitasking manager(多任务管理器)

(2) DSP/BIOS 配置工具

配置工具主要是设置 DSP/BIOS 各个模块的参数和创建 API 调用的对象。配置工具的设置界面有文本化和图形化两种,其功能一样。图形化配置界面如图 3-70 所示。使用 DSP/BIOS 的配置工具,对象可以被预先创建和设置,使用这种方法创建静态对象不仅可以合理利用内存空间,减小代码长度,优化数据结构,而且有利于在程序编译前通过验证对象的属性来预先发现错误。

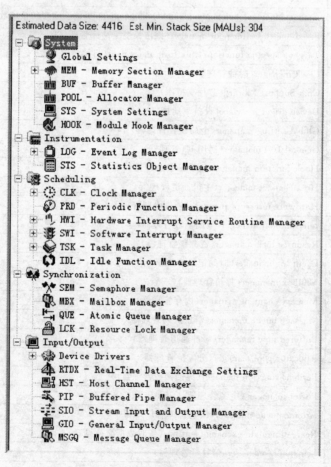

图 3-70 DSP/BIOS 的图形化配置界面

(3) DSP/BIOS 实时分析工具

DSP/BIOS 的实时分析工具可以帮助 CCS 实时调试程序,以可视化的方式查看程序运行的状态,分析程序的性能。实时分析工具主要包括程序跟踪、性能监测、文件服务、主机通道控制以及日志记录等。在 CCS 的主菜单中选择 DSP/BIOS,可以打开所有的实时分析工具,如图 3-71 所示。

DSP/BIOS 每一个模块的名称都是 3 个及 3 个以上的大写字母。各种操作、头文件以及对象必须有一个相应的前缀,前缀可以明确表明这些操作属于哪个 DSP/BIOS 模块。

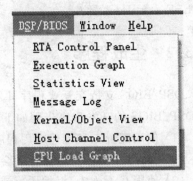

图 3-71 DSP/BIOS 分析工具

DSP/BIOS 的每一个模块都有两个头文件,头文件中包含所有常量、类型和函数的声明。

"xxx.h"文件是 C 语言编程需要的头文件。在 C 的源文件中,必须包含 std.h 和所使用的头文件,std.h 包括 DSP/BIOS 所需要的数据类型定义,所以必须将该文件放在第一次调用中,然后才可以调用其他头文件。"xxx.h64"文件是汇编语言编程需要的头文件。在汇编文件中,必须包含所使用的头文件。

DSP/BIOS 的数据类型和标准 C 的数据类型不完全一样,DSP/BIOS 定义了自己的数据类型。大多数情况下,DSP/BIOS 的数据类型是标准 C 中数据类型的简写,这些数据类型都在 std.h 中定义,如表 3-2 所列。

表 3-2 DSP/BIOS 的数据类型

类型	描述
Arg	有符号整型或者普通指针;Type capable of holding both Ptr and Int arguments
Bool	布尔值;Boolean value
Char	字符值;Character value
Fxn	指向函数的指针;Pointer to a function
Int	有符号整型值;Signed integer value
LgInt	大型有符号整型值;Large signed integer value
LgUns	大型无符号整型值;Large unsigned integer value
Ptr	普通指针值;Generic pointer value
String	字符串;Zero-terminated (\0) sequence (array) of characters
Uns	无符号整型值;Unsigned integer value
Void	空类型;Empty type

除了以上定义外，DSP/BIOS 使用 NULL 表示空指针；TRUE 表示 Bool 量 1；FALSE 表示 Bool 量 0。

3.3.2 生成程序

DSP/BIOS 支持交互式程序开发，可以为应用程序生成一个框架。一个简单的基于 DSP/BIOS 的开发程序步骤如下：

(1) 使用配置工具创建应用程序对象，生成一个配置文件；
(2) 保存该配置文件，保存后会生成编译和连接应用程序时必需的其他文件；
(3) 使用 C、C++、汇编语言或者这些语言的组合编写应用程序框架；
(4) 使用 CCS 开发环境编译并连接所有程序；
(5) 使用仿真器和 DSP/BIOS 的分析工具测试程序在目标板上的运行情况；
(6) 根据运行情况，重复步骤(1)～(5)，直到最终完成程序的调试，达到要求为止。

1. 配置工具

配置工具是一个可视化的编辑器，可以用来初始化数据结构和设置不同的参数。当保存配置文件时，配置工具会自动生成匹配当前配置的汇编源文件、头文件以及配置文件。

在 CCS 开发环境中选择菜单 File→New→DSP/BIOS Configuration，将打开配置工具，打开的界面如图 3-72 所示。

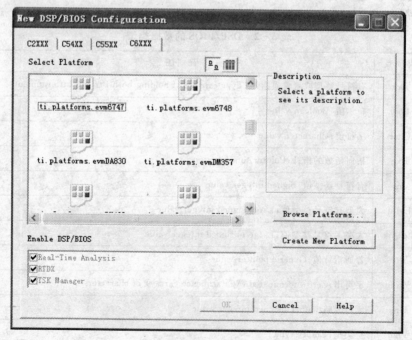

图 3-72 配置工具选择界面

图中选择 ti.platforms.evm6747,单击 OK 完成选择。选择后的界面如图 3-73 所示。图中选择 C6747 系列 DSP,设置 DSP 速度为 300 MHz 等其他信息。

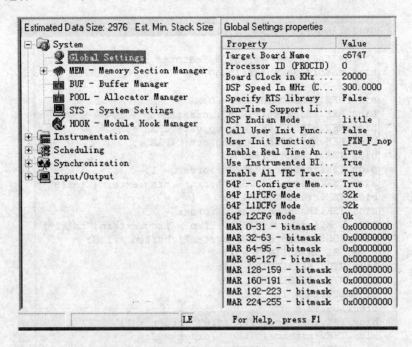

图 3-73 配置工具选择完成后的界面

2. 创建静态对象

对象可以动态创建,也可以静态创建。使用配置工具可以创建静态对象,静态对象在程序中一直使用,不能删除。静态对象可以充分利用 DSP/BIOS 的分析工具,因为一般的分析工具只支持静态对象,而不支持动态对象。此外,静态对象可以减少程序代码长度,而动态对象的创建和删除都需要很长的一段代码去实现。

创建静态对象的方法比较简单,可以使用图形化界面创建,也可以使用文本方式创建,或者两者结合来创建。在配置工具主界面中的模块上右击后选择 Insert xxx(xxx 表示当前右击的模块),就完成了对象的创建。对象会自动加入到该模块下,名字自动为 xxx,如果为该模块创建多个对象,名字自动为 xxx1、xxx2、……。右击对象选择 Properties 菜单,会显示该对象的属性,并可以修改。一个任务模块对象的属性如图 3-74 所示。

图 3-74 静态任务对象

在图中的 General、Function 和 Advanced 中可以修改该任务对象的属性和参数。对应的文本如图 3-75 所示。

```
utils.loadPlatform("ti.platforms.evm6747");

/* The following DSP/BIOS Features are enabled.   */
bios.enableTskManager(prog);

bios.MEM.NOMEMORYHEAPS = 0;
bios.MEM.instance("IRAM").createHeap = 1;
bios.MEM.BIOSOBJSEG = prog.get("IRAM");
bios.MEM.MALLOCSEG = prog.get("IRAM");
bios.TSK.create("TSK0");
bios.TSK.instance("TSK0").order = 1;
bios.TSK.instance("TSK0").fxn = prog.extern("task0")
bios.TSK.create("TSK1");
bios.TSK.instance("TSK1").order = 2;
bios.TSK.instance("TSK1").fxn = prog.extern("task1")
bios.LOG.instance("LOG_system").bufLen = 128;
bios.GBL.ENABLEINST = 1;
bios.RTDX.ENABLERTDX = 1;
bios.RTDX.ENABLERTDX = 0;
bios.LOG.TS = 1;
bios.LOG.TS = 0;
bios.TSK.instance("TSK_idle").order = 1;
bios.TSK.instance("TSK0").order = 2;
bios.TSK.instance("TSK1").order = 3;
// !GRAPHICAL_CONFIG_TOOL_SCRIPT_INSERT_POINT!

prog.gen();
```

图 3-75 静态对象的文本显示

文本中包括所有的任务说明，查到需要修改的任务，然后进行修改即可。图形化界面和文本方式下的修改都会同时存储到两种方式中。

引用配置工具生成的静态对象必须在函数中声明，例如"extern far PIP_Obj input Obj;"声明后，该静态对象在所有的程序中都可以直接使用了。引用静态对象有几种方式，如果使用远程调用，则编程简单，但执行时间长；如果使用全局指针，则使得程序便于移植，但容易产生错误；如果将所有对象压缩在一个可以近程调用的空间（不大于 32 KB），则可以最大限度地加快执行速度，但程序移植难度大。用户可以根据需要选择适合的调用方法。

3. 创建动态对象

动态对象可以在程序中创建和删除。如果有大量需要创建的对象，全部使用静态将需要耗费很多存储空间，因为静态对象不能删除。而动态对象可以根据程序的需要，运行到哪个地方，就创建需要的对象，一旦程序不再需要就删除该对象，为下一个可能创建的对象挪出空间。动态对象的创建和删除都需要一段时间，因此程序的运行速度将受到影响。

创建和删除一个动态任务对象的代码如下：

```
#include <tsk.h>                          // 支持任务头文件
TSK_Attrs attrs;
TSK_Handle task;

attrs = TSK_ATTRS;
attrs.name = "reader";
attrs.priority = TSK_MINPRI;

task = TSK_create((Fxn)foo, &attrs);      // 创建动态任务对象

TSK_delete(task);                         // 删除动态任务对象
```

创建动态任务时，task 为 TSK_create 函数返回任务代码所在的地址，这个地址可以用来访问该任务，如删除任务函数所使用的输入参数等。

3.3.3 文　件

DSP/BIOS 中的所有文件如图 3-76 所示。

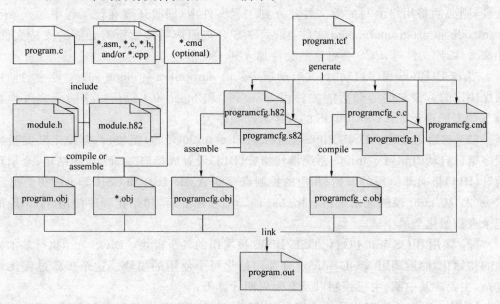

图 3-76　DSP/BIOS 中的文件分层显示

图中上层的 4 种文件 program.cmd、program.c、program.tcf 以及 *.asm/*.c/*.cpp 为用户编写，其他文件（图中灰色模块）为 DSP/BIOS 自动生成。各个文件说明如下：

(1) program.c　　　　　　　包含 main() 的 C 语言程序源文件；
(2) program.h　　　　　　　C 语言程序源文件所需要的头文件；
(3) *.asm　　　　　　　　　可选的汇编文件；
(4) module.h　　　　　　　DSP/BIOS 为 C 语言程序提供的 API 头文件；
(5) module.h62　　　　　　DSP/BIOS 为汇编语言程序提供的 API 头文件；
(6) program.obj　　　　　　C 语言源程序汇编后生成的目标文件；
(7) *.obj　　　　　　　　　汇编语言源程序汇编后生成的目标文件；
(8) program.cdb　　　　　　配置工具生成的配置文件，配置工具和分析工具可同时使用；
(9) programcfg.h62　　　　 配置工具生成的头文件；
(10) programcfg.s62　　　　配置工具生成的汇编源文件；
(11) programcfg.cmd　　　　配置工具生成的连接命令文件；
(12) programcfg.obj　　　　配置工具生成的目标文件；
(13) *.cmd　　　　　　　　可选的连接命令文件；
(14) program.out　　　　　 可执行文件；
(15) programcfg.h　　　　　配置工具生成的包含对象声明的头文件；
(16) programcf_c.c　　　　　包含芯片支持库的程序文件。

文件的编译可以通过 CCS 或者自定义的 makefile 来完成。如果通过 CCS 来编译文件，则必须将用户编写的源文件建立到工程文件中，同时还要在该工程中加入 program.cdb 和 programcfg.cmd 文件，然后 CCS 会按照声明搜索所有必需的支持文件，如头文件、库文件等，CCS 会将这些文件加入到工程中。

当 DSP/BIOS 程序启动时，其启动顺序是由 autoinit.c 和 boot.s64 文件中的调用顺序决定的。该文件编译后的文件由 bios.a64 和 biosi.a64 提供。这两个文件均在 CCS 的安装路径下。DSP/BIOS 的程序启动顺序为：

(1) 初始化 DSP。DSP/BIOS 程序从入口 c_int00 开始，复位后，复位中断向量将程序指针自动引导到 c_int00；系统堆栈指针（B15）设置成指向.stack 段的结尾；全局页指针（B14）指向.bss 段的开始；相应的控制寄存器 AMR、IER 和 CSR 等也被初始化。

(2) 从.cinit 段的记录来初始化.bss 段。堆栈建立后，初始化程序使用.cinit 段的记录来初始化全局变量。

(3) 调用 BIOS_init 初始化 DSP/BIOS 被应用的各个模块。BIOS_init 执行基本模块的初始化，然后调用 MOD_init 宏分别初始化每个使用的模块。这个步骤过程比较复杂，主要涉及中断、主机控制以及空闲周期计算等。

HWI_init 初始化有关硬件中断的寄存器，建立 ISTP 中断服务程序表，清除 IFR 中断标志寄存器，设置 IER 中断使能寄存器；HST_init 初始化主机 IO 通道接口，如果使用了 RTDX，HST_init 将 IER 寄存器中对应 RTDX 硬件中断的相应位置 1；IDL_init 初始化空闲循环的指令计数，主要用来校正 CPU 负荷图来显示 CPU 的负担。

(4) 处理.pinit 表。.pinit 表包含了初始化函数的指针，对于 C++ 程序，全局

C++对象的构造函数会在 pinit 的处理中执行。

(5) 调用用户主程序。在所有的 DSP/BIOS 模块初始化之后,调用 main 函数,此时硬件中断和软件中断都还没有使能,应用程序可以在此时添加初始化代码,如对外设的初始化等。在初始化过程中,必须保持禁止各种中断。

(6) 调用 BIOS_start 启动 DSP/BIOS。和其他函数一样,BIOS_start 函数也是由配置工具产生的,该函数包含在 programcfg.s64 文件中。BIOS_start 负责使能 DSP/BIOS 模块并为每一个使用的模块调用 MOD_startup 宏使其开始工作。例如 CLK_startup 设置 PRD 寄存器,将 IR 寄存器中对应 CLK 管理器所选时钟的位置 1,然后启动时钟;SWI_startup 设置软件中断;TSK_startup 使能所有任务线程;HWI_startup 设置 CSR 寄存器中的 GIE 位,使能硬件中断;PIP_startup 为每个 PIP 对象调用 notifywriter 函数。如果配置工具中 TSK 管理器是使能的,那么 BIOS_start 不会返回。

(7) 执行空闲循环 IDLE。调用 IDL_loop 引导程序进入 DSP/BIOS 空闲循环,此时硬件和软件中断可以中止空闲循环的执行。空闲循环控制 DSP 和主机的通道,空闲循环时主机和 DSP 系统之间可以进行数据通信。

3.3.4 监 测

监测是 DSP/BIOS 提供的一种调试程序的方法,通过一些仪表化工具来查看 DSP 各个模块的运行情况。如果程序允许,监测应尽量使这些被调用的仪表工具实时响应,以便真实地反映 DSP 各模块的运行情况。DSP 本身没有固化这些监测模块的软件,而是通过 DSP/BIOS 将监测的仪表工具软件化后插入到用户程序中,用户不能看到所插入的代码(这些插入的代码可能会影响用户程序的执行)。DSP/BIOS 运行监测后,必然会降低应用程序的运行效率。实际上,很多高级程序员或者有一定工程经验的软件设计师在功能不是很复杂的工程中不使用监测工具。工程调试完成,从 Debug 版本到 Release 版本时,所有的监测工具也应该被关闭。

1. 实时分析

传统的工程调试方法一般是运行程序,查看结果。如果出现错误,将由用户确定在哪个地方插入断点,然后重新运行程序,到断点后查看各个寄存器、变量以及标志位,如果没有发现明显的问题,将在另外地方插入断点,重复以上步骤。这种重复执行到断点的调试方法,一般针对串行的程序非常有效。但对于实时操作系统就显得很难了,因为实时操作系统在某个断点可能有多个任务在执行,断点只能反映某一个任务的执行情况,很多中断和状态都是非确定性的,插入断点后每个程序运行到断点时的状态都不一样,用户就很难判断出是哪个状态出现问题。

DSP/BIOS 可以在程序运行过程中获得所指定的数据,利用实时分析工具对这些数据进行及时的分析并动态地显示结果。用户可以以图形方式查看或者存储数据,从而可以实时判断程序是否满足性能指标,是否有进一步提高的可能;如果出现问题,该问题出现在什么时候,出现时各个寄存器的当前状态等,从而使得用户可以更加容易地解决问题。

DSP/BIOS 的监测 API 和 DSP/BIOS 分析工具可以用来弥补周期性调试程序的不足,通过对系统的运行情况进行监测,得到的实时监测数据以帮助用户有效地调试和调节系统功能。DSP/BIOS 监测的主要部分包含在目标代码的监测代码中,这些代码在程序运行时会自动运行,将主要的数据保存在目标系统的存储器中,这样监测代码将占用一部分 DSP 的计算能力,同时还占用一些存储空间。为了尽量少地占用 DSP 资源,而又能提供给用户尽量多的分析数据,DSP/BIOS 提供了很多机制来达到合理的折中。用户也可以设置 DSP/BIOS 的监测和实时分析工具,逐步减少对无关数据的监测和分析。

2. Message Log

事件记录管理器(Message Log)实时记录事件信息,一般是系统事件,也可以通过配置工具建立更多的事件记录对象,程序可以对任何事件进行记录。

事件记录管理器通过应用程序调用 LOG_event 和 LOG_printf 函数,在 CCS 中选择菜单 DSP/BIOS→Message Log,将打开 LOG 模块,此时在 CCS 中载入程序运行,LOG 模块将记录所有事件的运行状态,如图 3-77 所示。

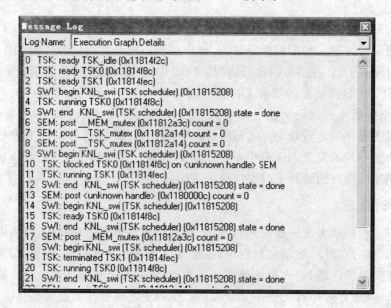

图 3-77 Message Log 显示

事件记录的缓冲区可以设置成循环缓冲,也可以设置成固定缓冲。循环缓冲是指当缓冲区满时,记录对象将自动覆盖最早的信息,循环缓冲保存的总是最近发生的事件;而固定缓冲是指当缓冲区满时,记录对象将停止记录,固定缓冲保存的总是最先发生的事件。

事件记录的选择可以通过 RTA Control Panel 来使能或禁止。在 CCS 中选择菜单 DSP/BIOS→RTA Control Panel 将打开该窗口，如图 3-78 所示。

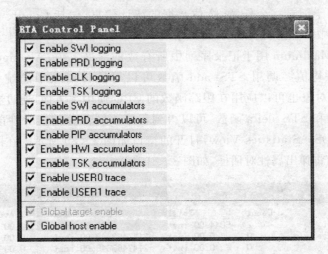

图 3-78　RTA Control Panel 窗口

图中默认使能各种和 LOG 相关的模块，包括 SWI、PRD、CLK 以及 TSK 等。右击该窗口选择 Properties Pages，将弹出属性对话框，如图 3-79 所示。

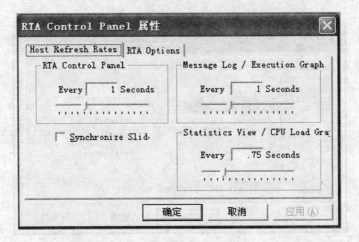

图 3-79　RTA Control Panel 属性对话框

属性可以设置主机轮询事件记录缓冲区的时间间隔，最小为 0，最大为 10 秒。如果轮询的时间间隔太大，可能有些事件无法记录。丢失事件可以通过提高仿真器性能、降低 DSP 运行开销等方法解决。

3．Statistics View

Statistics View（统计一览）可以实时获取任何变量的计数、总和、最大值和平均值等统计数据。对于 SWI（Software Interrupt）、PRD（Period）、HWI（Hardware Interrupt）、PIP（Pipe）和 TSK（Task）对象，其统计值是 DSP/BIOS 默认的，对于其他对象，

需要用户在 DSP/BIOS 中进行设置才能得到统计数据。

统计对象用于记录一个任意 32 位数据的统计信息，包括 Count、Total、Maximum 和 Average。其中 Count 用于记录数据序列中的数据个数；Total 用于记录序列中所有数据的算术和；Maximum 用于记录序列中所有数据的最大值；Average 用于记录序列中所有数据的平均值。调用 STS_add 函数可以对统计对象中的统计值进行更新。DSP/BIOS 统计对象也可以应用在跟踪函数的 CPU 使用率方面，通过在一段程序的前后添加 STS_set 和 STS_delta 函数，可以得到程序不同部分的实时性能分析。在 CCS 中选择 DSP/BIOS→Statistics View，打开的窗口如图 3-80 所示。在图中右击后选择 Properties Pages，将弹出属性对话框，如图 3-81 所示。

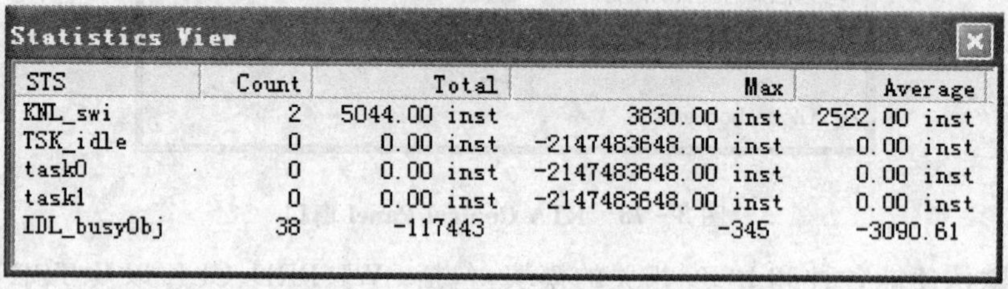

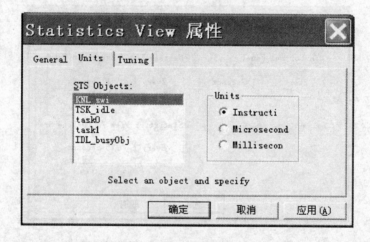

图 3-80　统计对象窗口

图 3-81　统计对象属性对话框

在 DSP 上统计值是按照 32 位精度计算的，而在主机上是按照 64 位精度计算的。但主机查询得到 DSP 上的统计值后，为了防止 DSP 进一步累加产生溢出，主机会清除该值。主机将每个读取的值累加后在 CCS 上显示。

主机执行读取和清除 DSP 统计值的操作是关闭中断，这样可以保证所有线程可靠地更新统计对象。例如一个 HWI 函数可以调用 STS_add 可靠地更新统计对象。STS_add 函数的调用需要 20 条指令，这对于目标系统的影响是非常小的。一个统计对象在 DSP 上占用 4 个 32 位数据的存储空间。数据滤波、数据累加和计算最大值、平均值都是在主机上完成的，不占用任何 DSP 的开销。

4. Trace Manager

TRC(Trace Manager,跟踪管理器)设置应用程序控制对实时分析的采集,也可以在程序发生错误或者异常时通过跟踪控制器停止对分析数据的采集。

控制数据采集可以限制监测行为对应用程序的影响,确保 Message Log 和 Statistics View 对象包含有用的信息,从而实时地开始或者停止分析数据。例如一个事件发生时启动监测,可以使用一个固定缓冲区记录使能 Message Log 模块之后发生的 n 个事件,也可以在某一个事件发生后关闭 Message Log,从而可以使用一个循环缓冲区记录关闭 Message Log 模块之前的最后 n 个事件。

跟踪控制器控制隐性监测不能使用代码,只能通过一系列的跟踪屏蔽位来控制记录对象和统计对象对隐性监测数据的采集。DSP 目标系统只在使能跟踪时才保存记录或者统计信息,以最大程度地提高效率。屏蔽位对于 LOG_printf、LOG_event 和 STS_add 等显性调试不起作用。屏蔽位类似 TRC_LOGCLK 和 TRC_LOGPRD 等的一些常量,分别控制不同监测数据的采集,屏蔽位的意义如表 3-3 所列。

表 3-3 跟踪屏蔽位

符号常量	默认值	对象的跟踪控制
TRC_LOGCLK	Off	记录低分辨时钟中断
TRC_LOGPRD	Off	记录周期函数的开始
TRC_LOGSWI	Off	记录软件中断的触发、开始和完成
TRC_LOGTSK	Off	记录任务的就绪、开始、挂起、重新执行和完成
TRC_STSHWI	Off	记录硬件中断中被监测寄存器的值
TRC_STSPIP	Off	记录管道所通过的数据帧数
TRC_STSPRD	Off	记录周期函数执行的时钟周期
TRC_STSSWI	Off	记录软件中断函数执行的时钟周期
TRC_STSTSK	Off	记录任务从就绪到调用 TSK_deltatime 间的执行事件
TRC_USER0	Off	用于控制显性监测
TRC_USER1	Off	用于控制显性监测
TRC_GBLHOST	Off	同步执行所有被允许的跟踪函数的数据采集
TRC_GBLTARG	On	控制所有隐性监测的操作,只能在目标处理器上设置

对屏蔽位的设置可以在主机或者 DSP 中实现。在主机上可以通过 RTC_control 实现。在 DSP 中直接使用 TRC_enable 和 TRC_disable 来允许或者禁止跟踪屏蔽位,例如下面代码禁止软件中断和周期函数的记录:

```
TRC_disable(TRC_LOGSWI | TRC_LOGPRD);
```

如果需要长时间运行代码来寻找一个特定状态,则当其发生时,可以使用下面代码关闭所有的跟踪来保存当前的监测信息:

```
TRC_disable(TRC_GBLTARG);
```

所有的 DSP 代码对屏蔽位的改动都会反映到主机的 RTA_control 上。

DSP/BIOS 还可以显示执行图(Execution Graph)、系统统计信息(System Statistics)和 CPU 负荷图(CPU Load)。这些均可以通过 RTA_control 显性监测。

执行图是一种特殊的记录对象,用于显示在 SWI、PRD、TSK、SEM 和 CLK 处理过程中的信息。可以使用 RTA 控制面板控制各种对象的记录执行情况。一个简单的执行图如图 3-82 所示。

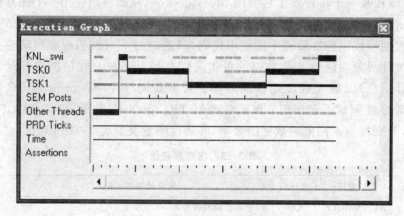

图 3-82 一个简单的执行图

执行图中按照时间顺序显示出每个时间片某任务在执行的情况。在 DSP 平台上运行执行图可能受到 DSP 程序以及仿真器性能的限制,执行图可能不能准确地反映任务的真实执行情况。这将给调试带来一定的难度。

CPU 负荷定义为 CPU 用于执行应用程序所占用的指令周期百分比,也就是在整个运行时间中,CPU 执行如下操作所占用的百分比:执行硬件中断、软件中断、任务和周期函数、执行与主机的操作以及运行用户自定义的程序。CPU 负荷图只能在 DSP 平台上运行,仿真情况下无法看到 CPU 负荷情况。

硬件中断的执行次数和堆栈指针是 DSP/BIOS 比较重要的两个互连事件,可以对其专门监测。每个被监测的硬件 ISR(中断服务程序)都会自动建立一个 STS 对象来监测相应的堆栈指针。

由于不需要监测的硬件中断没有额外的开销,所以其控制权直接转到 HWI 函数处理。而对于被监测的硬件中断,控制权首先传递到一个 stub 程序,由该程序读取选定的数据,将此数据传送到选定的 STS 对象,最后跳转到对应的 HWI 函数。其直接和间隔调制到 HWI 函数的过程如图 3-83 所示。

中断次数记录在 STS 对象数据结构的 count 位,如果选择监测堆栈指针,则 STS 对象的 maxvalue 位反映系统堆栈的最大位置。这些信息可以用来判断系统对堆栈的最大需求。

每次硬件中断发生时还可以监测任何寄存器或者数据。这些统计对象在每个硬件中断服务程序的入口将进行更新,一般需要消耗 20~30 条指令。C6x 系列 DSP 监测的寄存器包括 a0~a15、b0~b15、ifr、imr、pmst、rea、rsa、st0、st1、t、tim 和 trn 寄存器。

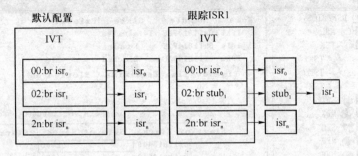

图 3-83 堆栈指针

中断延迟是从中断触发到执行中断的第 1 条指令之间的最大时间,可以通过以下步骤测试定时器中断的中断延迟,其他中断的延迟可以仿照定时器中断测试:首先配置 HWI_TINT 对象用来跟踪时间的 tim 寄存器;然后设置操作参数为 STS_add(-*addr);最后设置相应的 STS 对象 HWI_TINT_STS 为 A*x+B,设置 A 为 1,B 为 PRD 寄存器的值。这样,STS 对象就可以显示从中断触发到读取定时器计数寄存器之间的指令周期。

5. Kernel Object View

在 CCS 开发环境中选择 DSP/BIOS→Kernel/Object View,可以打开内核/对象视图窗口,如图 3-84 所示。

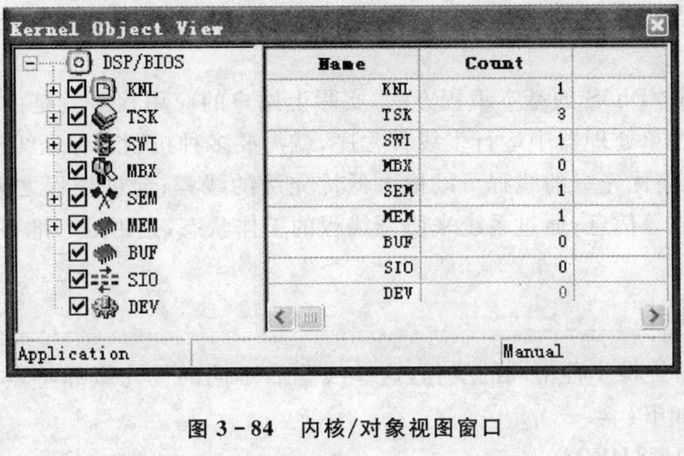

图 3-84 内核/对象视图窗口

内核/对象视图一共有 9 个页面用来显示对象的信息,这 9 个页面分别为内核(KNL)、任务(TSK)、软件中断(SWI)、邮箱(MBX)、信号量(SEM)、存储器(MEM)、缓冲区(BUF)、流 IO(SIO)和设备驱动接口(DEV)。每个页面包含一个"刷新"按钮和一个"禁止"按钮。单击任一"刷新"按钮,所有 9 个页的内容都会被刷新,这样可以保证所有页面的同步和一致性。"禁止"按钮只能禁止当前页面信息的刷新。任务对象的状态信息如图 3-85 所示。

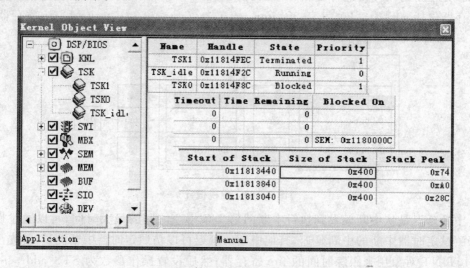

图 3-85　任务对象的状态信息

任务对象的状态信息包括句柄(入口地址)、状态(终止、运行和阻塞)、优先级、时间溢出、将运行的时间、阻塞地址、堆栈大小、堆栈入口地址和堆栈峰值等。

3.3.5　线　程

在 DSP/BIOS 中,线程是一个广义的概念,可以是一个控制、一个子程序、一个中断服务程序或者一个函数调用,这些都是由指令流完成的。线程实际上也就是一段指令。

线程是 DSP/BIOS 的基本编程方法,实际上用户的应用程序就是由多个线程有机集合而成的。在单处理器中运行多线程程序,就需要多种机制来保证线程的有机集合。这些机制包括:高优先级的线程可以抢占低优先级的线程;允许线程之间方便地通信、传递数据和标志等信息;通过系统来协调线程的工作状态,是否处于准备、运行、阻塞或者终止。

1. 线程类型

DSP/BIOS 提供 4 种不同的线程,这些线程有不同的优先级和特点。按照优先级从高到低顺序如下:

(1) 硬件中断(HWI)

硬件中断响应 DSP 外部的异步事件(特殊情况下也可以响应内部事件),用来执行有严格时间要求的重要任务,硬件中断有最高的优先级,某个硬件中断只能被更高级别的硬件中断抢占。如果 DSP 运行频率为 400 MHz,硬件中断的频率最好不要超过 400 kHz(DSP 运行频率的 1/10),中断服务程序最好在 $1\sim 2\ \mu s$ 内运行完成(不超过中断时间间隔的 80%)。对于慢速中断(如 1 秒 1 次),中断服务程序也不应该超过 100 ms 时间。中断服务程序尽快完成是为了预留足够的时间给其他任务。

(2) 软件中断(SWI)

软件中断通过在程序中调用 SWI 函数来触发,优先级仅次于硬件中断。软件中断用来执行有时间限制但目前不是特别紧急的任务,其服务程序可以运行超过 100 ms 以上的时间。软件中断的优先级一共有 14 个级别,某个软件中断可以被硬件中断和更高级别的软件中断抢占。

(3) 任务(TSK)

任务的优先级次于软件中断。任务不同于软件中断,是因为任务在执行中可以被挂起,直到所需的资源达到要求。当函数依赖性比较小,没有复杂的数据共享要求时,一般采用软件中断完成;相反则采用任务线程。但是由于软件中断运行时使用同一个堆栈,因此软件中断的存储效率较高。DSP/BIOS 提供了三种结构用来进行内部任务的通信和同步,包括队列(Queue)、信号量(Semaphore)和邮箱(Mailbox)。任务的优先级一共有 15 个级别,任务执行过程中可以被硬件中断、软件中断和更高级别的任务抢占。

(4) 空闲线程(IDLE)

IDLE 线程用来执行等待循环,优先级最低。从 main 主函数返回后,程序为每个模块调用 startup 流程,然后进入等待循环。等待循环是一个连续的循环,调用所有的 IDL 对象的函数,当有更高优先级的线程出现时,等待循环马上中止。只有不重要的没有时间限制的内务管理任务才可以放在等待循环中执行。

DSP/BIOS 有 3 种函数在上述 4 种线程过程中执行,分别为时钟函数(CLK)、周期函数(PRD)和数据通知函数。时钟函数由 DSP 芯片上的片内定时器(硬件模块)触发,默认状态下对应于硬件中断向量表的 HWI_INT14,其执行和硬件中断函数一样;周期函数在片上时钟或者外部事件的多次执行后触发,周期函数是一种特殊的软件中断,可以由片内定时器提供周期,也可以由特定的事件提供周期(如某个硬件中断出现 10 的整数倍作为一个周期);数据通知函数使用 PIP 或者 HST 模块来传输数据,当读写一帧数据时,数据通知函数被触发去通知读写对象。数据通知函数作为那些调用 PIP_alloc、PIP_get、PIP_free 或者 PIP_put 函数的一部分执行,不会单独执行。

一般情况下,DSP/BIOS 执行最高优先级的线程,但下列情况除外。

(1) 正在运行的线程暂时禁止了某些硬件中断(调用 HWI_disable 或者 HWI_enter),阻止了相应硬件中断服务程序的执行;

(2) 正在运行的线程暂时禁止了某些软件中断(调用 SWI_disable),阻止了更高优先级软件中断抢占当前线程,但不能阻止硬件中断抢占当前线程;

(3) 正在运行的线程暂时禁止了任务调度(调用 TSK_disable),阻止了更高优先级的任务抢占当前线程,但不能阻止硬件中断和软件中断抢占当前线程;

(4) 最高优先级的线程处于阻塞状态,这种情况发生在任务调用 TSK_sleep、LCK_pend、MBX_pend 或者 SEM_pend 函数时。

硬件中断和软件中断都可能参与 DSP/BIOS 的任务调度。当一个任务处于阻塞状态时,一般情况是在等待一个处于无效状态的信号量。信号量可以在硬件中断、软件中断或者任务中被设置为优先状态。如果一个 HWI 或者 SWI 通过设置信号量给一个任务解锁,并且该任务是目前最高优先级的任务,那些程序会切换到该任务。

当运行 HWI 或者 SWI 时,系统使用专门的系统中断堆栈,一般称为系统堆栈(System Stack);当运行任务时,每个任务使用单独的私有堆栈。所以如果系统当前没有任务线程,其他的所有线程将共享一个系统堆栈,从而大大提高数据交换的速度。

表 3-4 列出了 DSP/BIOS 线程运行时可能出现的被其他线程抢占的情况。

表 3-4 DSP/BIOS 线程运行时被抢占的情况

触发的线程	当前正在运行的线程			
	HWI	SWI	TSK	IDL
优先级	最高	次高	次低	最低
使能 HWI	抢占	抢占	抢占	抢占
禁止 HWI	等待使能	等待使能	等待使能	等待使能
使能高优先级 SWI	—	抢占	抢占	抢占
禁止 SWI	等待	等待使能	等待使能	等待使能
低优先级 SWI	等待	等待	—	—
高优先级 TSK	—	—	抢占	抢占
禁止的 TSK	等待	等待	等待使能	等待使能
低优先级的 TSK	等待	等待	等待	—

图 3-86 显示了多个线程工作时被抢占的情况。图中 1 表示最低优先级线程;2 表示次低优先级线程;3 表示中优先级线程;4 表示次高优先级线程;5 表示最高优先级线程。图中横坐标表示时间,灰色块表示线程在运行。

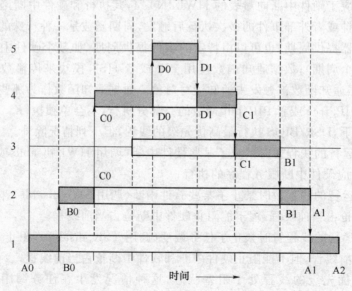

图 3-86 线程抢占情况

A0 时刻,只有线程 1 运行,其他线程都没有运行;B0 时刻,线程 2 允许运行,这时低优先级线程 1 被阻塞;C0 时刻,线程 4 允许运行,因为其优先级高于线程 2,所以线程 2 被阻塞(线程 1 仍然被阻塞);虽然线程 3 在 C0 和 D0 之间被允许运行,但由于其优先级低于线程 4,所以一开始就被阻塞,此时线程 1,2,3 都被阻塞。随着其他高级线程运行结束,被阻塞的线程按照其优先级依次运行,直到 A2 时刻,最低优先级的线程 1 运行结束。

2. 硬件中断

DSP/BIOS 的 HWI 模块用来管理硬件中断。在配置工具中,HWI 管理器包括每个硬件中断的对象,所有的 HWI 对象按照从高到低的优先级排列。开发者只要在 HWI 对象的属性表中输入响应中断的中断服务程序名称,DSP/BIOS 就负责建立中断服务程序的向量表。HWI 对象的 11 号中断属性如图 3-87 所示。

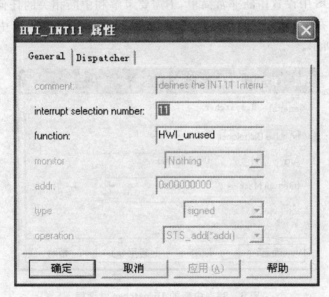

图 3-87　HWI_INT11 中断属性

中断使 DSP 程序指针立即跳向中断服务程序入口地址(前提是该中断使能),这个地址可以由 HWI 分配器指定,也可以由用户自行指定。如果在中断服务程序响应之前,一个硬件中断已经被发送了多次,那么中断服务程序仍然只运行一次。因此必须及时的响应硬件中断,同时用户必须小心设计中断服务程序运行的时间,尽量减小中断服务程序的代码长度,确保在下一次中断来之前,中断服务程序已经执行完成。

HWI_disable 函数用来禁止中断,该函数清除控制状态寄存器(CSR)中的 GIE 位;HWI_enable 和 HWI_restore 函数都可以用来使能中断,HWI_enable 函数使 GIE 位置 1,HWI_restore 函数使 GIE 恢复到调用 HWI_disable 之前的状态,同时允许嵌入的成对调用。

当一个硬件中断抢占正在执行的函数时,硬件中断必须保存和恢复该函数使用或者修改的寄存器。DSP/BIOS 提供了 HWI_enter 汇编宏保存寄存器，HWI_exit 汇编宏恢复寄存器。使用这两个宏可以在中断服务程序退出时恢复原来运行的环境，还可以在中断服务程序运行时禁止某些中断。

为了完全支持使用 C 语言编写的中断服务程序，DSP/BIOS 提供 HWI 分配器，为中断服务程序执行这两个宏。中断服务程序可以使用 HWI 分配器处理内容保护和中断管理，也可以显性地调用 HWI_enter 和 HWI_exit 汇编宏。在配置工具的 HWI 模块对象属性中，用户可以选择是否使用分配器。分配器也可以用于处理中断的优先级选择，如果一个 HWI 对象不使用分配器，则在所有影响程序中断或者信号量的 DSP/BIOS 的 API 函数调用之前，HWI_enter 汇编宏必须被调用。同样，HWI_exit 汇编宏必须在中断服务程序完成的最后被调用。注意：如果用户使用系统的 HWI 分配器，那么 HWI_enter 和 HWI_exit 汇编宏不能被调用。

在 DSP/BIOS 中设置中断非常简单，不需要了解和中断相关的任何函数就可以完成中断的设置。在中断属性图（图 3-87）中选择 Dispatcher，将弹出中断设置的对话框，如图 3-88 所示。

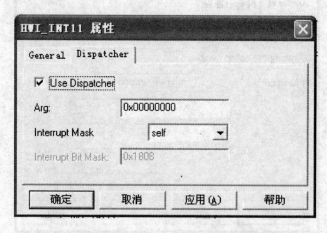

图 3-88　中断的 Dispatcher 对话框

在图 3-88 中，一般选择 Use Dispatcher，DSP/BIOS 将自动进行寄存器和堆栈的保护和恢复，程序中不能再使用 HWI_enter 和 HWI_exi 宏，中断服务程序也不能以 Interrupt 关键字进行说明。图中的 Interrupt Mask 为中断屏蔽位，包括屏蔽所有中断、自我中断以及其他中断 3 种选择。这些设置好之后，再在中断服务程序中去使能或者禁止每一个中断时，都不能和 DSP/BIOS 的设置相冲突，否则将产生错误，而且编译系统不给出错误信息。

3. 软件中断

软件中断适合处理发生频率不高，相对于硬件中断实时性要求不是特别严格的任务。可以触发软件中断的 DSP/BIOS 的 API 包括：SWI_andn、SWI_dec、SWI_inc、SWI_or 和 SWI_post。

第3章 仿真系统

SWI 管理器控制所有软件中断的执行。当应用程序调用 SWI 模块相关的 API 函数时,SWI 管理器安排所对应的软件中断函数执行。SWI 管理器使用 SWI 对象来处理应用程序中所有的软件中断。当一个软件中断被发送后,需要等待所有的硬件中断运行完成才能执行。运行中的软件中断可以被硬件中断或者更高优先级的软件中断抢占,直到这些中断运行完成后才能继续执行。可以使用配置工具创建静态的 SWI 对象,在其属性中可以设置中断响应函数,函数中可以带有参数,也可以设置该软件中断的优先级。SWI 对象的软件中断属性如图 3-89 所示。

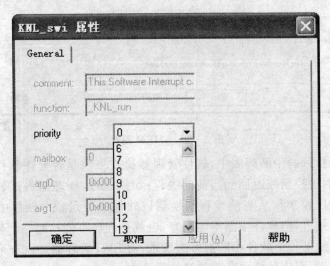

图 3-89 软件中断属性

在程序代码中可以动态的创建一个软件中断,执行代码如下:

    swi = SWI_create(attrs);

其中 swi 是中断句柄,变量 attrs 指向 SWI 的属性。SWI 的属性结构包含所有使用配置工具可设置的元素,当 attrs 为 Null 时,将使用默认的属性。一般情况下,attrs 至少包含一个函数名。SWI_create 只能从任务级调用,而不能从硬件中断或者另外一个软件中断调用。使用 SWI_getattrs 可以获取 swi 的所有属性,执行代码如下:

    SWI_getattrs(swi, attrs);

当软件中断抢占其他线程时,必须保存该线程当前的寄存器到同一个系统堆栈中。如果软件中断嵌套很多,就有很多的寄存器需要保存,导致系统堆栈增大。如果使用的堆栈空间超过设定的大小,CCS 编译或者运行程序时会报告"the system stack size is too small to support a new software interrupt priority level"错误,意思是系统堆栈太小,不能支持新的软件中断级别。为解决该问题,必须在 MEM 管理器的属性页中增加堆栈的大小。如图 3-90 所示。

软件中断对象的调用可以安排在程序的任何地方,包括中断服务程序、周期函数、等待函数以及其他的软件中断中。当一个软件中断对象被发送后,SWI 管理器将这个

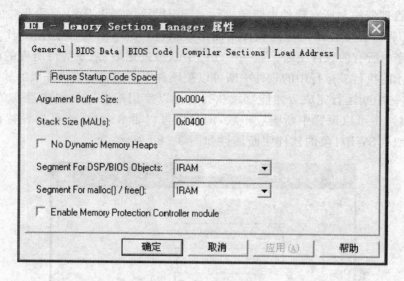

图 3-90 MEM 属性

对象加入到等待执行的中断列表中,软件管理器检查当前是否允许软件中断执行。如果不允许,管理器将控制权返回到当前的线程;如果允许,管理器将该软件中断从列表中移出,并将 CPU 控制权从当前线程切换到该软件中断线程。软件中断可以被其他优先级高的函数抢占,但软件中断不能阻塞,也就是程序不能挂起一个软件中断等待某些信息的就绪。如果一个软件中断被多次发送,而 SWI 管理器还没有来得及将该软件中断从列表中移出,则该软件中断只能被执行一次。

每个软件中断都有一个 32 位的邮箱,邮箱用来决定是否发送软件中断。SWI 邮箱使程序明白在什么情况下发送软件中断以及如何控制软件中断。SWI_inc、SWI_or 和 SWI_post 用来无条件地发送一个 SWI 对象。其中 SWI_post 用来发送一个 SWI 对象且不改变 SWI 对象的邮箱内容;SWI_or 用来设置邮箱中的某一位,然后发送一个 SWI 对象;SWI_inc 将邮箱当成计数器,每发送一个 SWI 对象,邮箱内容加 1;SWI_andn 用来清除邮箱中的某一位;SWI_dec 用来将邮箱内容减 1。

SWI 函数可以调用 SWI_getmbox 来获取邮箱的内容。SWI_getmbox 只能从一个 SWI 对象的函数中调用,返回值是 SWI 对象从已经发送软件中断列表中被移出准备执行之前的邮箱内容。当一个 SWI 管理器将一个软件中断从已经发送列表中移出时,该软件中断的邮箱将马上恢复初始值,该初始值是在配置工具的 SWI 对象属性中设置的。

如果希望一个软件中断被多次执行,需要使用 SWI_inc。当使用 SWI_inc 发送了一个软件中断时,SWI 管理器会调用相应的 SWI 函数,并可以在函数中访问 SWI 对象的邮箱,从而知道被安排执行之前发送了几次,这样就可以将该函数执行几次。

如果需要多个事件都发生后才触发某个软件中断,就必须使用 SWI_andn 来发送 SWI 对象。例如一个软件中断运行之前必须等待两个不同外设的数据,当 SWI 对象在配置工具中创建时,其邮箱就有两个设置位;当两个提供输入数据的流程完成任务时,它们都调用 SWI_andn 清除各自在初始值的对应位,从而当两路数据准备就绪后,软件中断才被发送。

如果 SWI 函数需要根据发送它的事件的不同来调用不同的处理流程,则当事件发生时,可以使用 SWI_or 无条件地发送 SWI 对象。SWI_or 可以根据不同的事件设置不同的位,所设置的位作为一个标志参数被 SWI 函数用来判断发生了什么事件,从而选择合适的流程。

如果 SWI 函数需要根据同一个事件多次发生,则可使用 SWI_dec 来发送 SWI 对象。SWI_dec 可以设置事件发生的次数,所设置的位作为一个计数器被 SWI 函数使用来判断是否减到 0,如果到 0,SWI 将被发送。

当一个线程不想被更高优先级的软件中断抢占时,必须调用 SWI_disable 使所有的软件中断抢占都禁止。软件中断发生时,DSP/BIOS 会自动保存当前寄存器的 a0~a9、a16~a31、b16~b31、CSR 和 AMR,当软件中断退出后,这些寄存器才被恢复。

4. 任　务

任务由 TSK 模块管理,一共有 15 个优先级。TSK 模块提供一系列函数来管理 TSK 对象,并且使用 TSK_Handle 类型的句柄来存取 TSK 对象。每个任务对象都有独立的运行堆栈,用于保存局部变量和调用嵌套函数。可以分别为每个 TSK 对象设置堆栈大小,堆栈的容量必须足够大,从而保证可以处理子程序调用以及保存任务抢占时的上下文。任务抢占上下文是指当一个任务被抢占时保存的运行环境。如果任务被阻塞,则只有 C 函数用到的寄存器才被保存在任务堆栈中。为了正确地设置堆栈空间大小,程序可以首先将堆栈设置得足够大,待程序调试通过后逐步减小,或者使用 CCS 记录实际使用的堆栈大小。

动态任务对象使用 TSK_creat 创建,其参数包括执行任务的函数地址、返回值等。返回值是 TSK_Handle 类型的句柄,可以作为参数传递给其他的 TSK 函数。动态任务对象创建代码如下:

```
TSK_Handle TSK_create(fxn, attrs, [arg,] ...)
    Fxn fxn;
    TSK_Attrs * attrs
    Arg arg
```

当动态任务被创建后,如果该任务的优先级高于当前执行的任务,将抢占当前运行的任务。TSK 对象结束后使用 TSK_delete 删除任务,该任务使用的存储空间和堆栈将被释放,但是该任务的信号量、邮箱和其他资源不会被释放。所有动态创建的任务,一定在任务完成后确保释放了这些资源,否则很快会造成系统资源短缺,导致系统死机。

静态任务是使用配置工具创建的,配置工具可以为任务对象设置属性,与动态任务对象不同,用户不能使用 TSK_delete 删除静态任务。静态任务模板默认定义了两个任务 TSK_main 和 TSK_idle。TSK_main 任务用于系统启动,拥有最高的优先级。当

main 函数完成初始化后必须退出以便其他任务运行。TSK_idle 任务拥有最低的优先级,它是在没有更高优先级的任务和中断时运行 IDL 对象的函数。任务对象的属性如图 3-91 所示。

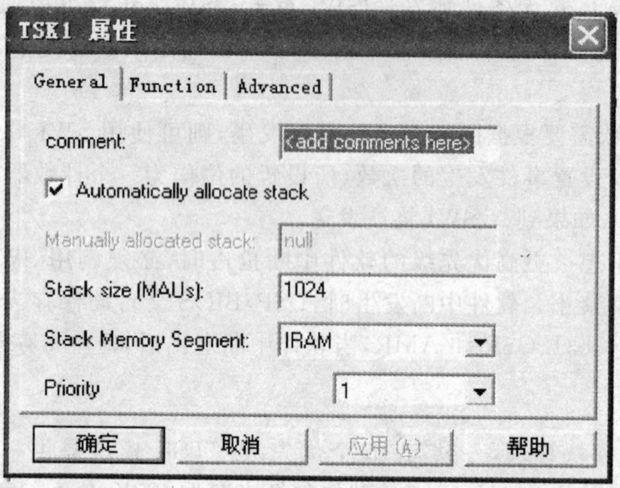

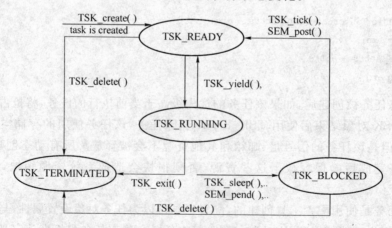

图 3-91 静态任务属性

如果希望创建一个挂起模式的任务,将它的优先级设置为-1 即可。可以直接在任务对象属性中修改任务的属性,如果创建的任务属于同一个优先级,那么这些任务在配置工具窗口的排列被自动调度,用户无法自行排列。

任何一个任务对象的状态都只有 4 种:(1)运行(TSK_RUNNING),表明任务正在被处理器执行;(2)就绪(TSK_READY),表明任务被安排准备执行;(3)阻塞(TSK_BLOCKED),表明任务不能执行直到一个特定事件发生;(4)终止(TSK_TERNINATED),表明任务结束,不再执行。在程序执行过程中,每个任务的状态会由于一些特定的原因发生变化,图 3-92 显示了所有可能的任务状态变化。

图 3-92 任务的状态变化

TSK、SEM 和 SIO 模块中的函数可以改变任务对象的执行状态，包括阻塞或者中止当前运行的任务、使得一个原先挂起的任务就绪、重新启动当前的任务等。在任何时刻，只能有一个任务的状态是 TSK_RUNNING。如果所有的任务都阻塞，并且没有软硬件中断在执行，则 TSK 将执行 TSK_idl 任务。当一个任务被一个软件中断或者硬件中断抢占时，它的状态仍然是 TSK_RUNNING。

每个任务都可以提供几个钩子函数，钩子函数本身可以和任务没有关系，但在特定时刻可以被任务调用。利用钩子函数可以捕捉每一个任务线程发生的事情。通过"钩挂"，可以给 DSP/BIOS 提供一个处理或过滤事件的回调函数。通过钩子函数去设置或者清除特定的寄存器(各型号 DSP 一般都有其特殊的寄存器)是 DSP/BIOS 常用的方法之一。任务钩子函数的设置如图 3-93 所示。

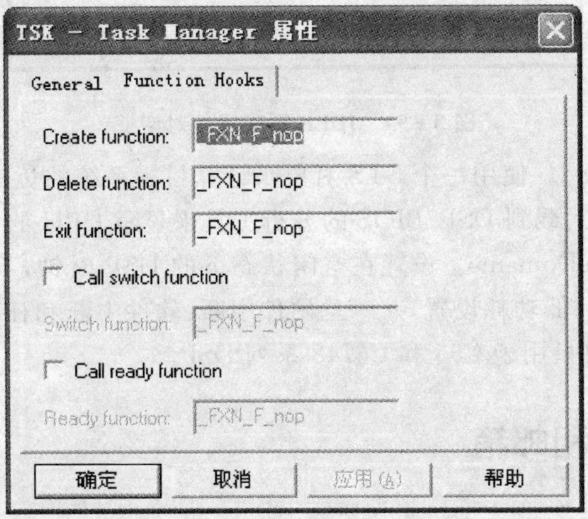

图 3-93 任务的钩子函数

所有任务的钩子函数是统一管理的，不能给两个任务分配相同的钩子函数。一般在任务创建、删除、就绪以及切换等状态改变时使用钩子函数。

5. IDLE 循环

IDLE 循环线程是 DSP/BIOS 的后台线程，如果没有硬件中断、软件中断和任务发生，该线程将连续运行，其他的线程可以在任何时候抢占该线程。

在配置工具的 IDL 管理器中可以插入在 IDLE 循环中执行的函数。IDL_loop 调用 IDL 对象的所有函数循环执行，这些函数通常用来查询不产生中断的非实时设备、监视系统的状态和执行其他后台任务。目标系统和 DSP/BIOS 分析工具之间的通信就是在后台的等待循环中进行的，以确保 DSP/BIOS 分析工具不会影响程序的运行。如果 DSP 的 CPU 太忙而不能执行后台任务，DSP/BIOS 分析工具会停止从 DSP 接收信息直到 CPU 空闲。IDLE 循环的属性如图 3-94 所示。

默认状态下，IDL 对象运行以下函数：

(1) LNK_dataPump。管理实时分析数据以及目标 DSP 和主机之间的 HST 通道数据的传输。LNK_dataPump 的不同变量支持不同的目标系统和主机之间的连接。

（2）RTA_dispatcher。是一个目标系统上的实时分析服务器，接收并处理来自 DSP/BIOS 的命令，从目标系统收集设备的信息并实时上载到主机。RTA_dispatcher 位于两个专用 HST 通道的末端，通过 LNK_dataPump 接收命令和发送响应。

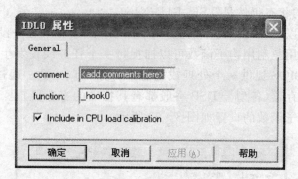

图 3-94　IDLE 循环属性对话框

（3）IDL_cpuLoad。使用一个 STS 对象来计算目标系统的负荷。该对象的内容通过 RTA_dispatcher 上载到 DSP/BIOS 的分析工具来显示 CPU 的负荷。

（4）PWRM_idleDomains。设置在空闲状态下的 DSP 时钟，不同的时钟选择用于配置 DSP 的 PWRM（低功耗设置）。一旦硬件中断、软件中断和任务运行，时钟将恢复到以前配置。该函数只用于 C55 和 C6748 系列 DSP。

3.3.6　信号量和邮箱

信号量用来协调任务之间的同步和通信，DSP/BIOS 为信号量的内部任务同步和通信提供了一组基本的函数。在多个任务都要访问同一个资源时，信号量用于分配控制权到哪个任务，从而避免多个任务同时访问。

SEM 模块提供的函数可以通过 SEM_Handle 句柄来访问信号量对象。SEM 模块的信号量管理器属性如图 3-95 所示。

图 3-95　SEM 模块的信号量管理器属性

第 3 章　仿真系统

- SEM 对象是计数型的信号量,可以用作任务的同步和互斥。SEM 对象有一个内部的计数器,该计数器对应可得的资源数目。当计数器的值大于 0,并且任务获得一个信号量信号时,它就不会被阻塞。
- SEM_create 和 SEM_delete 函数用来动态地创建和删除 SEM 对象,也可以在配置工具中静态创建 SEM 对象。动态创建和删除 SEM 对象的代码如下:

```
    SEM_Handle SEM_create(count, attrs);        // 创建动态信号量
        Uns count;
        SEM_Attrs *attrs;
    Void SEM_delete(sem);                       // 删除动态信号量
        SEM_Handle sem;
```

SEM_pend 函数是等待一个信号量信号。如果信号量对象的内部计数值大于 0,SEM_pend 将计数值减 1 后返回,否则等待 SEM_post 函数发送一个信号量。SEM_pend 的 timeout 参数用来设定等待的时间,可以允许任务等待直到超时,但如果设定为 SYS_FOREVER 则表示一直等待,设定为 0 则表示不等待。使用 SEM_pend 函数的代码如下:

```
    Bool SEM_pend(sem, timeout);
        SEM_Handle sem;
        Uns timeout;
```

SEM_post 函数用来发送一个信号量信号。如果一个任务在等待信号量信号,SEM_post 任务从信号量队列中移出一个信号量信号放入到就绪队列,如果没有任务在等待,SEM_post 就将信号量对象的内部计数器加 1 然后返回。使用 SEM_post 函数的代码如下:

```
    Void SEM_post(sem);
        SEM_Handle sem;
```

邮箱用来从一个任务向另外一个任务发送消息。MBX 模块提供了一系列函数来管理邮箱。一个固定长度的共享邮箱可以保证发送的消息不会超过系统的处理能力。MBX 模块的邮箱管理器属性如图 3-96 所示。

MBX_create 和 MBX_delete 函数用来动态地创建和删除 MBX 对象,也可以在配置工具中静态创建 MBX 对象。动态创建和删除 MBX 对象的代码如下,当创建一个邮箱时,需要指定邮箱的长度和消息的大小。

```
    MBX_Handle MBX_create(msgsize, mbxlength, attrs)
        Uns msgsize;
        Uns mbxlength;
        MBX_Attrs *attrs;
    Void MBX_delete(mbx)
        MBX_Handle mbx;
```

·109·

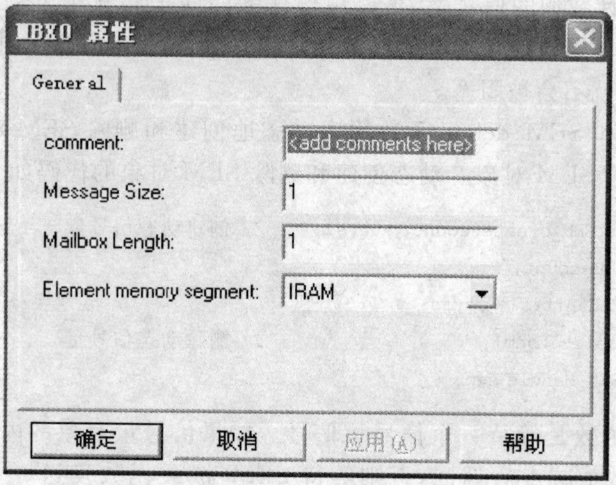

图 3-96　邮箱管理器属性

MBX_pend 函数用来从邮箱读一个消息。如果消息得不到,例如邮箱是空的,MBX_pend 就会阻塞。MBX_pend 函数的 timeout 参数用来设定等待的时间,可以允许任务等待直到超时,但如果设定为 SYS_FOREVER 则表示一直等待,设定为 0 则表示不等待。使用 MBX_pend 函数的代码如下:

```
Bool MBX_pend(mbx, msg, timeout)
    MBX_Handle mbx;
    Void * msg;
    Uns timeout;
```

MBX_post 函数用来向邮箱发送一个消息。如果邮箱中没有该消息的位置,例如邮箱是满的,MBX_post 就会阻塞,此时 timeout 参数用来设定等待的时间。使用 MBX_post 函数的代码如下:

```
Bool MBX_post(mbx, msg, timeout)
    MBX_Handle mbx;
    Void * msg;
    Uns timeout;
```

3.3.7　时钟和内存管理

DSP 芯片一般有一个或者多个片内定时器,DSP/BIOS 必须使用片内的一个定时器作为其系统时钟源。使用 DSP 的片内定时器,CLK 模块可以支持接近一个指令周期的时间分辨率。

在 DSP/BIOS 的配置工具中可以定义系统时钟的参数、CLK 模块本身的参数以及 CLK 模块的 HWI 对象的参数。CLK 对象会在每一个定时器发生时调用中断函数。

CLK 模块管理器的属性如图 3-97 所示。

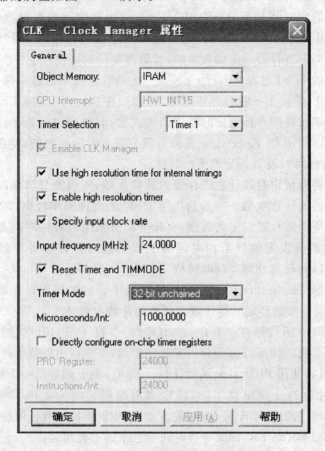

图 3-97 CLK 模块管理器的属性

DSP/BIOS 提供两种独立的计时方法:高/低分辨率时钟和系统时钟。默认配置中,低分辨率时钟和系统时钟是一致的。可以通过停止或者启动 CLK 管理器使用片内定时器来启动高/低分辨率时钟,使用低分辨率时钟来驱动系统时钟,也可以不驱动系统时钟。两种计时方法的关系如表 3-5 所列。

表 3-5 两种计时方法的关系

CLK 管理器状态	CLK 模块驱动系统时钟	其他事件驱动系统时钟	没有事件驱动系统时钟
CLK 管理器使能	低分辨率时钟和系统时钟相同(默认配置)	低分辨率时钟和系统时钟不同	高/低分辨率时钟可用 定时不会超时
CLK 管理器禁止	不可能	仅系统时钟可用 CLK 函数不运行	无定时方法 CLK 函数不运行 定时不会超时

使用配置工具的 CLK 管理器,可以启动或者停止 DSP/BIOS 使用片内定时器来

驱动高/低分辨率时钟。如果芯片片内有多个定时器，配置工具可以选择指定的定时器。输入定时器的定时周期后，DSP/BIOS 会自动为时钟周期寄存器设定相应的值。如果在配置工具中使能 CLK 管理器，则定时器的计数寄存器每 4 个 CPU 周期加 1。当该寄存器达到周期寄存器设定的数值时，计数器复位到 0 并产生一个定时器中断，触发所指定定时器的 HWI 对象并运行 CLK_F_isr 函数。该函数启动两个事件：首先将低分辨率时钟加 1；然后在中断服务程序中，按照顺序执行所有的 CLK 对象指定的函数。所有低分辨率时钟用来标记定时器中断的次数，时钟的时间等于已经发生定时器中断的次数。可以使用 CLK_gettime 来获得低分辨率时钟的时间，使用配置工具修改 CLK 管理器的属性可以设置低分辨率的时钟。

高分辨率时钟标记定时器计数寄存器的计数次数，所以高分辨率时钟的时间就是定时器计数寄存器的计数次数。一般情况下 CPU 的时钟频率较高，32 位的计数寄存器很快就会到达周期寄存器设定的数值，实际上高分辨率时钟的时间是低分辨率时钟时间与周期寄存器所设定的数值相乘再加上当前定时器计数寄存器的数值。使用 CLK_gettime 可以获得高分辨率的时钟值。

CLK 模块的 CLK_getprd 用于返回配置工具中设定的周期寄存器的数值；CLK_countspms 用于返回每毫秒定时器计数寄存器的计数次数。

很多 DSP/BIOS 函数都有一个 timeout（超时）参数，DSP/BIOS 使用系统时钟决定时间是否超时。系统时钟可以由低分辨率时钟驱动，也可以由外部事件驱动，如果使用外部事件驱动，可以使用 PRD_tick 函数计时。TSK_sleep 函数是一个使用超时函数的例子，如果系统时钟的分辨率是 1 μs，设定当前线程延时为 1 ms，则可以使用代码"TSK_sleep(1 000)"调用 TSK_sleep 函数。如果 PRD 模块没有任何驱动源，则超时参数为 0 或者 SYS_FOREVER，即无等待时间或者永远不会超时。

内存管理功能由 MEM 模块提供，可以使用配置工具创建内存管理的连接文件，也可以动态地分配和清除内存。DSP 硬件平台包括 5 种不同类型的内存，分别为快速存储器（CACHE_L1D、CACHE_L1P）、片内 RAM 存储器（IRAM）、外部扩展 SRAM 和外部扩展 DRAM，如图 3-98 所示。

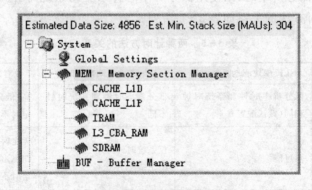

图 3-98 MEM 模块

第 3 章 仿真系统

DSP/BIOS 提供定义内存段的模板。可以在模板中加入一个新的 MEM 对象并定义其属性，也可以更改一个已经存在的 MEM 对象属性，还可以删除扩展的 MEM 对象，如图 3-99 所示。

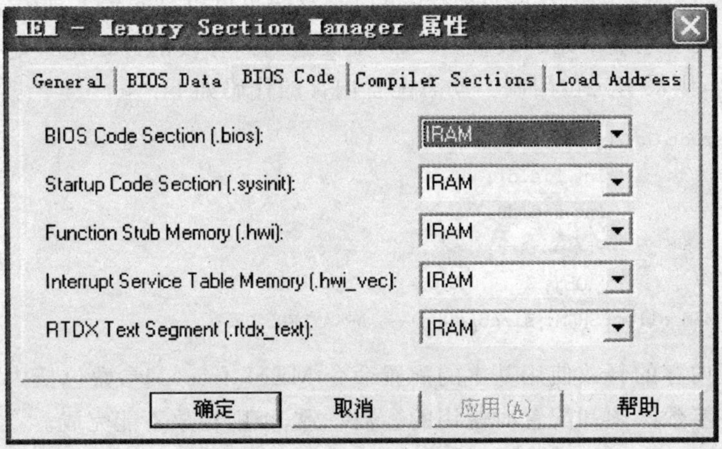

图 3-99 MEM 模块属性

如果需要定义内存，首先需要在 MEM 管理器的属性中选择 non_DSP/BIOS 段，取消 DSP/BIOS 的默认设置，然后在连接文件中加入如下代码：

```
-l designcfg.cmd
SECTIONS
    {
        .fast_text:
        {
            myfastcode.lib*(.text)
            myfastcode.lib*(.switch)
        } > IPROG PAGE 0


.text: {} > EPROG0 PAGE 0
.switch: {} > EPROG0 PAGE 0
.cinit: {} > EPROG0 PAGE 0
.pinit: {} > EPROG0 PAGE 0
.bss: {} > IDATA PAGE 1
.far: {} > IDATA PAGE 1
}
```

动态配置内存使用基本的配置命令 MEM_alloc，其参数包括内存段、块大小和位置。如果对内存的申请得不到满足，MEM_alloc 会返回 MEM_ILLEGAL。动态分配内存的函数如下：

```
Ptr MEM_alloc(segid, size, align)
```

```
Int segid;
Uns size;
Uns align;
```

segid 定义被配置的内存段,该标识可以是整数也可以是配置工具中定义的内存段名。size 定义最小地址单元的数量。align 定义返回内存段的开始地址定位限制,如果 align 的值为 0,则没有定位限制。动态配置内存的代码如下:

```
typedef struct Obj {
                Int field1;
                Int field2;
                Ptr objArr;
                } Obj;
objArr = MEM_alloc(SRAM, sizeof(Obj) * ARRAYLEN, 0);
```

动态配置内存的释放使用基本的配置命令 MEM_free,其参数包括内存段、块大小和位置。这些参数必须和配置时使用的参数一致,否则释放不能完成。

3.3.8 输入输出和管道

DSP/BIOS 的输入输出是由流(Stream)、管道(Pipe)和主机通道(Host Channel)3 种对象来处理的,每种对象都有其各自的模块来管理数据的输入输出。

流是应用程序和输入输出设备之间的数据通道,如图 3-100 所示。

图 3-100 输入输出流

流可以是只读(输入)或者只写(输出)的。流提供一种简单和通用的手段实现与输入输出设备的连接,使得应用程序完全不用关心输入输出设备的细节特征。流采用异步方式和设备进行连接,数据缓冲器随着计算被输入输出。当一个应用程序处理当前缓冲器时,一个新的输入缓冲器正在填充,而前一个缓冲器正在被输出。这种输入输出缓冲器的有效管理使得流减少了数据的复制。流交换的是指针而不是实际的数据,这样就减少了数据开销,从而使程序更加容易满足实时的要求。

数据转换器、传感器和 DMA 通道等都是普通的输入输出设备,流模块(SIO)通过驱动器(由 DEV 模块管理)与这些设备进行交互。驱动器使用 DSP/BIOS 编程接口,设备驱动器是管理一类设备的软件模块。这些模块遵从 DEV 模块提供的公共接口,这样流函数发出请求时,设备驱动器就会按照适合特定设备的方式执行。流和设备之间的交互如图 3-101 所示。

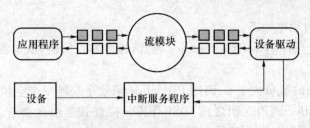

图 3-101 流和设备之间的交互

数据管道是用来缓冲输入输出数据的,通过提供一个稳定的软件数据结构来驱动 DSP 和各种实时外设之间的输入输出。数据管道的开销比流大,数据管道上所有的输入输出操作每次只能处理一帧数据。每个数据传输线程都需要使用多个独立的管道,一个管道只能有一个读出端口和写入端口,提供点对点的通信。通常管道的一端由一个硬件中断服务程序控制,另外一端由一个软件中断函数控制。管道可以在两个线程之间传输数据。主机通道对象允许程序在 DSP 目标板和主机之间传输数据,每个主机通道使用一个数据管道对象在内部建立输入输出。管道和流的比较如表 3-6 所列。

DSP/BIOS 的 PIP 模块用于管理数据管道。每个数据管道的缓冲器分为固定长度的若干帧,由帧数量(numframes)和帧长度(framesize)两个参数来设置。虽然帧的长度固定,但是存放到帧的数据可以不定,只要不超过最大帧就可以,不够数据的帧会自动补 0 处理。数据通知函数(notifyReader 和 notifyWriter)用来传送同步数据,这两个函数在一帧数据被读出或者被写入时触发,通知程序有一帧数据被释放或者有一帧数据已经到达。这两个函数调用 PIP_free 或者 PIP_put 的线程,也可以调用 PIP_get 或者 PIP_alloc 的线程来运行。当 PIP_get 被调用时,DSP/BIOS 检查数据管道是否有更多的满帧,如果有,将运行 notifyReader 函数;当 PIP_alloc 被调用时,DSP/BIOS 检查数据管道是否有更多的空帧,如果有,将运行 notifyWriter 函数。

表 3-6 管道和流的比较

	管 道	流
驱动程序	程序必须建立驱动程序数据结构	提供一种结构化的手段建立设备驱动程序
线程	读和写任意类型的线程	一端必须使用 SIO 函数调用的 TSK 对象,另外一端必须调用 HWI 对象
阻塞性	管道函数是非阻塞的,程序在读写管道之前必须确认数据的有效性	流是阻塞类型的函数,在数据有效之前会挂起当前任务
使用运行	使用较少的寄存器,运行较快	使用更加灵活简单
缓冲器	每个管道使用各自的缓冲器	数据可以从一个流传递到另外一个流
建立方式	管道必须使用配置工具静态建立	流可以动态建立也可以静态建立
层叠设备	不支持层叠设备	支持层叠设备
主机通信	使用 HST 模块实现与主机通信	DSP/BIOS 提供标准的设备驱动程序

写一个管道的顺序如下：

（1）调用 PIP_getWriterNumFrames 函数，检查其返回值，从而得到管道中的空帧数目；

（2）如果空帧的数目大于 0，调用 PIP_alloc 函数来获得一个空帧；

（3）在 PIP_alloc 调用返回之前，DSP/BIOS 检查管道中是否有多余的空帧可得，如果有，将调用 notifyWriter 函数；

（4）一旦 PIP_alloc 返回，获得的空帧就可以被程序用来存放数据，程序必须知道帧的起始地址和大小，API 函数 PIP_getWriterAddr 用来获得帧的起始地址，PIP_getWriterSizer 用来获得帧的大小，空帧的默认大小是在配置工具中设定的；

（5）当一帧被填满数据时，调用 PIP_put 函数将帧送回管道，如果写入帧的数据小于帧的大小，可以使用 PIP_setWriterSizer 函数来指明；

（6）调用 PIP_put 函数使 notifyReader 函数运行，用来通知读出线程管道中已经有了可读的数据。

DSP/BIOS 的 HST 模块是主机通道管理器，负责 DSP 目标系统和主机之间的数据传输。主机通道可以配置为输入或者输出，输入流将数据从主机传送到目标系统，输出流将数据从目标系统传送到主机。在 CCS 中选择 Host Channel Control，将弹出 HST 模块窗口，如图 3-102 所示。

每个主机通道在内部都是使用一个管道对象实现。如果要使用某个主机通道，必须调用 HST_getpipe 函数才可以得到对应通道对象的句柄，成对调用 PIP_get 和 PIP_free 或者 PIP_alloc 和 PIP_put 函数可以传递数据。

当开发一个应用程序时，一般需要使用 HST 对象来仿真数据流和测试程序算法对数据的处理。在开发前期，特别是测试信号处理算法时，程序将显性地使用输入通道来访问为算法提供输入数据的文件，使用输出通道来记录算法的输出。输出通道的文件中记录的数据将和期望的算法结果比较，从而判断 DSP 的运行和算法是否一致。在开发后期，算法已经得到验证，主要的工作在于算法的优化和提高 DSP 运行时的效率，可以将 HST 对象更改为 PIP 对象，用作和其他线程的通信。

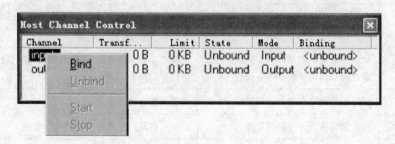

图 3-102　HST 模块窗口

第 4 章
软件设计和优化

DSP 的开发环境与一般微处理器类似,包括 C/C++/汇编语言的编辑器、编译器、优化器、调试器、软件仿真器、实时硬件仿真器、实时操作系统以及应用软件等。

DSP 的软件编程方式有三种:第一种是使用汇编语言编程;第二种是使用 C/C++语言编程;第三种是混合编程模式,程序中既有汇编语言又有 C 语言。随着 DSP 的性能逐步提高,内部资源逐步增大,可以实现的功能也越来越多。单纯地使用汇编语言开发,需要满足以下条件:(1)软件设计人员需要对 DSP 的底层结构非常熟悉,能够充分发挥 DSP 的特点;(2)项目开发周期足够长,因为汇编语言编程需要的时间较长;(3)项目对软件的移植和可读性要求不高,项目开发人员稳定。现代企业很难满足这些要求。为此,TI 公司投入很大的精力,大幅度提高 C 语言编译器和优化器的性能,使得 C 语言编程效益逐步逼近汇编语言编程效益;另外,TI 公司提供大量常用算法软件的库函数,这些库函数都是采用汇编语言完成,经过封装后供用户使用;TI 公司还提出了软件开发标准,使得第三方开发软件遵循软件标准,从而可以供其他人员调用。目前基于 C6000 以上的 DSP 采用 C 语言编程已经成为趋势,最新的多核 C66 系列 DSP 采用 C 语言编程已经成为必然。

软件开发的基本流程首先是熟悉编程规范,也就是 C 语言的基本语法;其次要熟悉 DSP 的基本结构和编程方法;最后需要熟悉软件的功能,完成软件设计的最终目的。在进行复杂算法开发时,一般还需要进行算法的仿真。使用高级语言(如 MATLAB 语言)进行算法仿真,除了实现功能外,还需要从顶层优化算法,提高算法效率,然后再移植到 DSP 平台中。在 DSP 上可进一步手工优化程序。

软件设计是 DSP 产品开发的最终目标,对 DSP 硬件知识、驱动知识、系统知识的了解最终都要体现到软件设计上,所以软件设计应该得到 DSP 开发者足够的重视。

4.1 概述

4.1.1 软件开发模块

DSP 的软件开发模块及其功能如下：

(1) 汇编优化器(Assembler Optimizer)：将线性汇编语言优化成标准汇编语言，主要是优化线性汇编语言中的寄存器、循环、路径以及并行操作等。

(2) C/C++ 编译器(C/C++ Compiler)：将 C/C++ 程序代码编译为汇编语言代码。C/C++ 编译器包括壳程序(Shell Program)、优化器、内部列表公用程序等。壳程序实现编译、汇编和连接等操作；优化器负责优化 C/C++ 代码；内部列表公用程序解释从 C/C++ 语言到汇编语言之间的变化。

(3) 汇编器(Assembler)：将汇编语言文件转变为机器语言目标文件。机器语言是基于公用目标文件格式(COFF)的文件。汇编源文件包括指令、伪指令以及汇编宏。

(4) 连接器(Linker)：将目标文件连接起来产生一个可执行模块。连接器的输入是可重定位的 COFF 目标文件和目标库文件。

(5) 归档器(Archive)：将一组文件归入一个归档文件，也叫归档库。归档器可以通过删除、替代、提取或增加文件来调整库。

(6) 运行支持库公用程序(Runtime-support Utility)：建立用户的 C 语言运行支持库。在 .rts 和 .lib 里提供目标代码。

(7) 运行支持库(Runtime-support Library)：包含 ANSI 标准运行支持函数、编译器公用程序函数、C 输入/输出函数。

(8) 十六进制转化公用程序(Hex Conversion Utility)：将 COFF 目标文件转化为 TI-Tagged、ASCII-hex、Intel、Motorola-s™ 或者 Tektronix™ 等目标格式，从而能将文件装载到程序存储器件。

(9) 绝对列表器(Absolute Listed)：用目标文件来产生一个列表文件，该文件包含程序所有的指令和信息，便于用户存档。

(10) 交叉引用列表(cross-reference Listed)：用目标文件来产生一个交叉引用列表，它引出符号、符号的定义以及它们在已连接源文件中的引用。

这些模块的组织如图 4-1 所示。

图中，灰色阴影模块的部分必须用户参与，包括 C 编译器、汇编器、连接器、仿真软件、Hex 文件转换、编程 EPROM、交叉列表文件、绝对列表文件以及目标文件。其他的模块用户也可以使用,包括库文件产生、汇编优化器以及宏等。

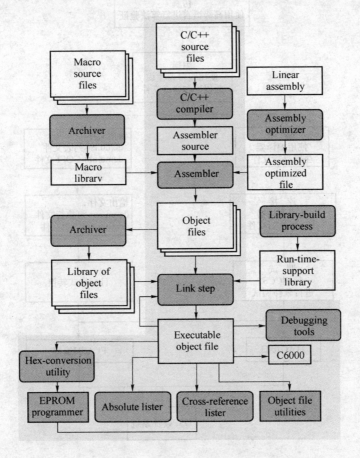

图 4-1　软件设计模块的组织

4.1.2　软件设计流程

　　软件设计的第一步是验证软件算法的正确性。由于高级语言编程简单、调试方便、功能强大,一般算法都直接由高级语言完成。当采用高级语言完成算法仿真时,可检验算法设计的正确性和可靠性,从而使算法得到最大程度的优化,有利于算法在DSP系统中的应用。算法验证和仿真后,在DSP仿真软件上进行编程,实现处理数据流的输入/输出、定点/浮点的精度控制等各种工作,最后在DSP芯片上完成功能,实现产品化。整个软件开发流程如图 4-2 所示。
　　软件设计经过仿真软件 CCS 调试完成后,必须有 DSP 硬件支撑才能进入硬件调试。

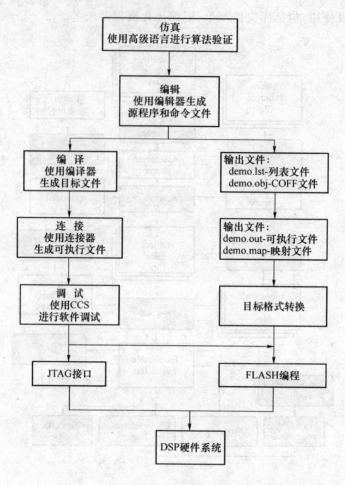

图 4-2 软件设计流程

4.2 编译和连接

在 CCS 中创建工程后,用户只要完成应用程序的 C 或者汇编后,就可以编译和连接该工程,如果编译成功,将生成可执行文件。在 CCS 中加载可执行文件,就可以进行代码的调试。

CCS3.3 安装后,在其安装路径下的"…:\CCStudio_v3.3\tutorial\sim64xx\consultant"为 CCS 自带的演示工程。该工程实现两个向量的加权计算;包含头文件、C 文件和 CMD 文件。用户打开工程后,可以直接进行编译、连接和执行。其中头文件和 C 文件都是基本的 C 语言编写的。其配置文件为 DSP 特有的文件,DSP 在连接过程中必须要求一个配置文件。配置文件在连接过程中将定义 DSP 的 RAM 空间,然后将程序中的各个段分配到所定义的空间,也就是对存储空间起一个配置的作用。此外,DSP 为了编程的方便,在程序中引入了各个段的概念,连接时就有必要进行各个段的分配。

Consultant 工程的配置文件如下：

```
-c
-heap  0x2000
-stack 0x4000

MEMORY
{
    PMEM :  o = 00000020h   l = 0000ffe0h
    EMIFB:  o = 60000000h   l = 10000000h
    EMIFA:  o = 80000000h   l = 40000000h
}

SECTIONS
{
    .text     >    PMEM
    .stack    >    EMIFB
    .bss      >    EMIFB
    .cinit    >    EMIFB
    .cio      >    EMIFB
    .const    >    EMIFB
    .data     >    EMIFB
    .switch   >    EMIFB
    .sysmem   >    EMIFB
    .far      >    EMIFA
}
```

配置文件的结构分为三个部分：

第一部分称为 Linker Directives，是对输入输出文件以及各种参数的选择。这些选项可以通过 lnk6x 命令行来输入，也可以在 CCS 的编译选项中设置，在编译选项中和在配置文件中的选择最终都反映到 lnk6x 命令上。但是由于采用 CCS 图形化编译连接，lnk6x 命令在后台运行，所以用户不能直接看到其运行。如果用户在 DOS 窗口或者 CCS 的命令窗口下输入该命令，就可以直接看到其运行结果。

第二部分称为 Memory Directive，是对用户目标 DSP 存储空间的说明。用户可以配置存储空间的长度、起始点、名称等。需要注意的是，不同型号的 DSP 芯片必须有不同的 Memory 说明，存储空间的配置一定要遵循该 DSP 存储空间的物理地址，否则在硬件上调试程序，无法下载可执行文件到 DSP 中。如果是仿真调试，存储空间的配置就没有这个要求。

第三部分称为 Sections Directive，是对程序中段的配置说明，也就是将程序中所用到的段配置到用户在 Memory Directive 所定义的 Memory 单元。如果所存放的数据或者程序超过 Memory 单元的大小，连接器将退出连接，并报告溢出错误。

总的来说可将配置文件中所有的段分为两类：已初始化段和未初始化段。已初始化段中包含初始化的数据和可执行代码,常用的有3个:.text段、.cinit段和.const段。其中,.text段中包含所有可执行的代码;.cinit段中包含未用const声明的外部(external)或静态(static)数据表;.const段中则包含用const声明的外部或静态数据表以及字符串常量。

未初始化段保存在存储器(通常为RAM)中,用于程序运行时创建和存储变量。常用的有两个:.bss段和.stack段。其中,.bss段为全局和静态变量保留空间,在程序开始执行时由引导程序将.cinit段中的已初始化数据复制到.bss段中;.stack段为程序的堆栈空间,向被调函数传递参数,并为局部变量分配空间。

配置文件中的MEMORY写法一般如下:

```
MEMORY  {
        NAME 1 [attr]:   org = constant,len = constant,  [f = constant]
        NAME n [attr]:   org = constant,len = constant
        }
```

说明:

(1) NAME 为储存空间定义一个名称,对于连接器,NAME可以随便取,可以包括所有的字母,"$"、"_"和"."3个字符,名字不可重复。

(2) attr 储存空间的属性,共有四种属性选择:R(只读方式);W(可写方式);X(可以包含执行代码);I(可以被初始化);默认方式下包括以上所有属性。

(3) org 储存空间的起始点,后面接一常数,可以是八、十或者十六进制。也可以使用符号 origin 或者 o。

(4) len 储存空间的长度,后面接一常数,可以是八、十或者十六进制。也可以使用符号 length 以及 l。

(5) [fill] 未用空间的填充数,后面接一常数,可以是八、十或者十六进制。也可以使用符号 f。

配置文件中的 SECTIONS 一般写法如下:

```
SECTIONS  {
        .text :      >         PARAM
        .data :      >         PARAM
        .bss :       >         DARAM
                }
```

".text :>PARAM"表示将程序中的.text段放到PARAM中。

4.3 程序设计

完全使用汇编语言进行基于DSP芯片的软件开发是一件比较繁杂的事情。一般来说,各个公司的DSP芯片所提供的汇编语言是不相同的,即使是同一公司的芯片,由于芯片的类型不同(如定点和浮点)、芯片升级等原因,其汇编语言也有所不同。例如TI公司的C2000系列、C5000系列和C6000系列DSP的汇编语言就不相同。使用汇编语言开发某种DSP产品的周期相对较长,此外产品开发之后,对软件进行修改和升级将非常困难,这是因为汇编语言的可读性和可移植性比高级语言差。

基于上述原因,各个DSP芯片公司都相继推出了相应的高级语言(如C/C++语言)编译器,使得DSP芯片的软件可以直接用高级语言编写,从而大大提高了DSP芯片的开发速度,也使程序的修改和移植变得简单易行。

4.3.1 面向DSP的程序设计

面向DSP的C/C++语言程序设计流程如图4-3所示。

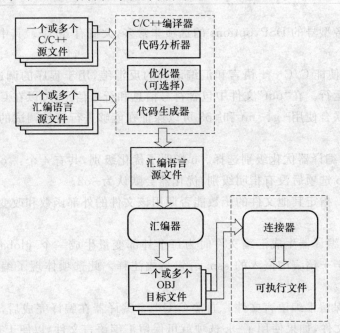

图4-3 面向DSP的C/C++语言程序设计流程

首先在DSP的仿真软件CCS中编写C或者C++程序;程序编写后,调用C/C++编译器的代码分析器、代码优化器和代码生成器完成对C或者C++程序的编译。其中代码分析器用于分析整个程序,并对程序的编写效率进行分析和评价,以便进行代码优化;代码优化器对整个程序进行优化,最高的优化比例可以达到80%,但实际上优化的效率和该程序编写方法有很大的关系;代码生成器将C/C++程序转换成汇编语言程序。得到C/C++编译器生成的汇编程序后,将按照汇编程序进行后序工作,例如生成目标文件、可执行文件等,这一过程和汇编程序的编写完全相同。

C/C++编译器的编译是通过运行cl6x.exe文件完成的,在DSP的CCS仿真软件中已经自动将该文件和程序联系在一起,编译时运行的指令为:

Cl6x [options] filenames [-z [link_options] [object files]]

该指令各变量的意义如表 4-1 所列：

表 4-1 C/C++编译指令变量的意义

cl6x	运行编译器的指令
options	编译器的选项，影响编译器处理输入文件的过程
filenames	一个或多个 C/C++语言源文件的名称
-z	运行连接器的选项
link_options	连接器处理输入文件的选项
object files	编译器创建的目标文件的文件名

由于兼容各型号的 DSP，options 的选项非常多，大概有 60 个。其中有些重要的选项如下：

(1) -g 使能 C/C++语言和汇编语言的反汇编，用于程序的调试，从反汇编窗口查看程序的运行。在"out"文件中包含符号信息和行号信息，可以在 C 语言级别进行调试和剖析。联合使用-g、-mt 和-o3 可以保证在能够进行符号调试的情况下最大限度的优化。

(2) -on 编译器优化级别选择。n 指明了优化级别，共有 4 个：-o1、-o2、-o3 和 -o4。如果在-o 选项后没有指明级别，优化器会默认为-o2。

(3) -opn 指定其他文件的函数能否调用该文件的外部函数和改变该文件的外部变量。

(4) -ga 编译器生成汇编文件时为每个外部变量生成一个.global 语句，能防范编译器把 C/C++语言中嵌入的 asm 语句当成注释。此选项体现了编译器的向上兼容性。

(5) -k 保留汇编语言文件。通常 C/C++编译器在编译完成后，会自动删除输出的汇编语言文件，如果使用了-k 选项就可保留汇编语言文件，以便于查看相关内容。

(6) -pw2 开启所有警告信息。C/C++编译器默认情况下只输出一些严重的警告信息，而一般性的警告信息也有可能导致程序不能正常运行。如果程序运行后出现异常错误，最好将此选项打开，从而确定程序的哪一部分可能存在问题。

(7) -tf 放宽重复申明原型定义函数的类型检测范围。在标准 C/C++中，如果一个函数先进行申明（例如：int func( ) 语句；），而后又改变原型申明（例如：int func (float a, char b) 语句；），这将产生编译错误，因为原型中的参数类型与默认的类型不符（将 float 转换为 double，将 char 转换为 int）。如果使用-tf 选项，编译器就能检查到这类参数列表的重复申明问题。

(8) -tp 放宽指针合并的类型检测范围。这个选项有两个作用：① 符号类型指针可以与无符号类型指针相互赋值；② 不同限制的类型指针可以相互赋值。

符号类型指针可以与无符号类型指针相互赋值的例子：

int * pi;
unsigned * pu;
pi = pu;   /* 如果不使用 - tp 选项,该指令编译不能通过 */

不同限制的类型指针可以相互赋值的例子：

char * p;
const char * pc;
p = pc;   /* 如果不使用 - tp 选项,该指令编译不能通过 */

尤其通过指针指向原型函数时,- tp 选项特别有用,因为指针类型可以与原型中的参数类型不符。

(9) - q 不显示对程序的说明。这些说明包括对 C/C++ 编译器、优化器和代码生成器的说明。

(10) - qq 在- q 的基础上不显示所编译程序的名字,一般就是用户所编写的 C/C++ 语言或者汇编语言程序。

(11) - fr 输出文件的路径。

CCS 仿真软件的默认配置为"- g - q - o3 - fr"D:\ti6000\tutorial\sim62xx\hello1\Debug"",用户可以根据需要增加自己的选项。

(12) - mh[n] 去掉流水线的 epilog,减小程序的大小。这个选项的作用比较明显。但是有可能出现读取地址超出有效范围的问题,所以要在数据段的开始和结尾处增加一些 pading,或者在分配内存时保证数组的前面和后面一段范围内都是有效的地址。可选的参数 n 给出这种 pading 的长度字节数。

一般情况下,建议使用如下选项：

方式 1:Cl6x - gk - mt - o3 - mw - ss "filename"

方式 1 用于程序的调试。这种方式具有比较强的优化能力,并且支持符号调试,在编译的过程中不会发生错误。由于生成的"out"文件中包含了符号信息和行号信息,所以比较大。

方式 2:Cl6x - k - mgt - o3 - mw - ss "filename"

方式 2 用于程序的剖析(profile)。这种方式的优化能力几乎最强(绝大多数情况下与方式 3 相同),并且支持对程序进行剖析。文件中只包含了符号信息和很少的行号信息,所以"out"文件比较小。

方式 3:Cl6x - k - mt - o3 - mw - ss "filename"

方式 3 用于最终的发行版本程序。可以对程序进行最强的优化,并且去掉了全部的符号和行号信息,所以"out"文件比较小。由多个文件组成的程序应该编写 makefile,将编译参数放在该文件中,并在其中说明使用的编译器版本号。

4.3.2 数据类型

1. 标识符和常数

（1）标识符的最大长度为100个字符,区分字符的大小写；

（2）源字符组和目标字符组都必须是 ASCII 码形式,不存在多字节字符；

（3）字符型常量和字符串型常量中的十六进制或八进制序列都占用 32 位的存储空间；

（4）包含多字符的字符型常量只有最后一个字符才有意义,例如'abc'= ='c'。

2. 数据类型

表 4-2 列出了所有数据类型的大小、格式和范围。

表 4-2 数据类型

类 型	大 小	数据格式	最小值	最大值
char、signed char	8 位	ASCII	-128	127
unsigned char	8 位	ASCII	0	255
short、signed short	16 位	二进制补码	-32 768	32 767
unsigned short	16 位	二进制	0	65 535
int、signed int	32 位	二进制补码	-2 147 483 648	2 147 483 647
unsigned int	32 位	二进制	0	4 294 967 295
long、signed long	40 位	二进制补码	-549 755 813 888	549 755 813 887
unsigned long	40 位	二进制	0	1 099 511 627 775
__int40_t	40 位	二进制补码	-549 755 813 888	549 755 813 887
unsigned __int40_t	40 位	二进制	0	1 099 511 627 775
long long、signed long long	64 位	二进制补码	-9 223 272 036 854 775 808	9 223 272 036 854 775 807
unsigned long long	64 位	二进制		
enum	32 位	二进制补码	-2 147 483 648	2 147 483 647
float	32 位	IEEE 32 位	1.175 494e-38	3.402 823 46e+38
double	64 位	IEEE 64 位	2.225 073 85e-308	1.797 693 13e+308
long double	64 位	IEEE 64 位	2.225 073 85e-308	1.797 693 13e+308
pointers	32 位	二进制	0	0x0FFFFFFFF

不同类型的数据可以相互转换,其中浮点数据向整型数据的转换是以 0 为中心截断的。例如:-3.3 转换成整型为-3。此外,当转换后的数据类型能存储原数据类型时,则指针型数据和整型数据也可以相互转化。

4.3.3 关键字

面向 DSP 的 C/C++语言支持标准的 const、restrict 和 volatile 关键字。此外还支持 cregister、interrupt、near 和 far 等关键字,从而扩展了 C/C++语言的关键字。

1. const

const 关键字有助于更好地控制对特定数据对象存储空间的分配。可以用 const 关键字定义任何变量或数组,以保证变量或数组的值不被改变。

如果定义一个对象为 const,则 .const 段会为此对象分配特定的存储空间。但下面两种情况下 const 关键字不一定分配到数据存储空间。

情况 1:当 const 关键字定义的对象同时又被 volatile 关键字定义的时候(例如 volatile const int x),则 volatile 关键字默认分配到 RAM 空间。程序自身不可能改变一个既被 const 又被 volatile 定义的对象,但是外部程序可能改变它。

情况 2:当对象被设定为自动分配 const 关键字空间的时候,const 关键字就不一定分配到数据存储空间。

以上两种情况用和不用 const 关键字结果一样。

在对象定义中 const 关键字的位置是十分重要的。例如下面第一条语句定义指向一个整型变量的指针常量,第二条语句定义指向一个整型常量的指针变量。这两条指令的区别仅仅在于 const 关键字的位置不同,但表示的意义完全不一样。

```
int * const p = &x;
const int * q = &x;
```

const 关键字也可以定义大型常量数组。如下所示:

```
far const int digits [ ] = {0, 1, 2, 3, 4, 5, 6, 7, 8, 9};
```

2. cregister

cregister 关键字定义 C6xDSP 的标准控制寄存器名,如果定义的名字和控制寄存器名字不一致,则给出错误信息。但是 cregister 关键字仅仅定义寄存器的名,并不表示为 volatile,所以一般在 cregister 定义后加上 volatile 关键字。在 C6x.h 头文件中对所有可以定义的 cregister 关键字都已经定义。定义后的 cregister 关键字可以直接使用控制寄存器的名字进行读写,注意其中 IFR 寄存器是只读的。如下所示:

```
extern cregister volatile unsigned int AMR;
extern cregister volatile unsigned int CSR;
extern cregister volatile unsigned int IFR;
extern cregister volatile unsigned int ISR;
extern cregister volatile unsigned int ICR;
extern cregister volatile unsigned int IER;
extern cregister volatile unsigned int FADCR;
```

```
extern cregister volatile unsigned int FAUCR;
extern cregister volatile unsigned int FMCR;
extern cregister volatile unsigned int NRP;
extern cregister volatile unsigned int GFPGFR;
extern cregister volatile unsigned int ISTP;
main()
{
printf("AMR = %x\n", AMR);
}
```

3. interrupt

interrupt 关键字用来定义一个中断服务函数,该函数必须保存中断控制寄存器和返回地址及状态。当 C/C++ 语言程序被中断时,中断服务程序将保存所有用到的寄存器。当用 interrupt 关键字定义一个函数时,C/C++ 编译器会生成寄存器来保存中断控制寄存器和中断返回序列。

interrupt 关键字也可以定义既没有参数也没有返回值的函数。中断函数体可以设置为本地变量,并且可以自由使用堆栈。例如:

```
Interrupt void int_handler()
{
    unsigned int flags;
    ...
}
```

在编译后的代码中,c_int00 是 C/C++ 语言程序开始的标志,这是专门为系统复位中断设定的保留字。系统复位中断将初始化整个系统并调用 main 函数,因为 main 函数没有上级函数,所以 c_int00 将不会保存任何寄存器。

如果在严格的 ANSI 模式下编写程序代码,interrupt 关键字的形式是_interrupt,如果是在编译命令行中,还需要使用-ps 选项。

interrupt 关键字和 HWI 模块不能同时使用。在 DSP/BIOS 中,如果 HWI 模块使用了 dispatcher 选项,HWI 会自动将 interrupt 关键字加到 HWI 指向的函数,此时该函数就不能用 interrupt 关键字,否则程序运行将出现错误,但编译不会报告错误。

4. near 和 far

near 和 far 关键字用来定义函数调用的方式以及函数调用时全局变量和静态变量的访问方式。near 和 far 关键字用来修饰数据的存储类型,可以放在存储类型定义的前面、后面或者两种存储类型定义之间,但是在一条语句中不能对两种不同的存储类型进行修饰。使用 near 和 far 关键字的例子如下:

```
static near int x;
far static int x;
far int foo();
```

```
static far int foo ( ) ;
near foo ( ) ;
```

如果用 near 来修饰函数，则编译器通过数据页指针访问数据，如使用指令"LDW ＊dp (_address),a0"。如果用 far 来修饰函数，函数中的数据可能超过 1 页(32K)，所以编译器不能使用数据页指针访问数据，可以使用以下三条指令实现数据的访问：

```
MVKL _address,a1
MVKH _address,a1
LDW  * a1,a0
```

一旦变量定义为 near 或者 far，在其他程序中(C/C++程序或者头文件)都应该保持一致的定义，否则编译器将给出相关的错误信息。默认情况下，编译器生成小模式下的程序空间，也就是所有变量默认为 near，此时对变量的访问使用直接寻址方式。如果用户使用 near 关键字重新定义该变量，编译器将使用偏移寻址方式，也就是使用 DP 指针寻址，从而增加程序运行的时间。所以建议尽量少用 near 关键字定义变量。

关键字 near 定义的函数调用默认被调用程序在上下 1M 字的空间中，使用单个指令"B_func"完成函数调用。对于 far 定义的远程调用，函数可以在任何地方，和访问数据一样，使用三条指令实现函数调用：

```
MVKL _func,a1
MVKH _func,a1
B a1
```

编译器在默认情况下，默认所有的函数调用都是 near 近程调用。注意，C6x 汇编语言没有 CALL 指令，所有的函数调用都采用直接跳转 B 指令。

当在编译命令行中用－mr1 选项时，编译器会默认对所有函数采用远程调用；反之，编译器默认采用近程调用。如果函数的数据较大，也可以使用选项将数据和程序拆分成部分远程和近程调用，使用－ml0 选项，则函数中的集合数据(结构体、矩阵)为远程调用，程序为近程调用；使用－ml1 选项，则所有数据为近程调用，程序为远程调用；使用－ml2 选项，则集合数据和程序为远程调用；使用－ml3 选项，则所有数据和程序为远程调用。

5. restrict

restrict 关键字用来限制指针、变量和矩阵。任何可能引起指针指向有争议的地方都可以使用 restrict 关键字区别开。下例中参数 a 和参数 b 在 foo 函数中不可能指向同一个目标。

```
void foo(int * restrict a, int * restrict b)
    {
        /* foo  program */
    }
```

下例中数组 c 和数字 d 被限制,不可能相互覆盖,也不可能指向同一个数组。

```
void func1(int c[restrict], int d[restrict])
{
    int i;
    for(i = 0; i < 64; i++)
    {
        c[i] += d[i];
        d[i] += 1;
    }
}
```

6. volatile

volatile 关键字用来定义一些变量,保证该变量不会被优化器优化。优化器会自动分析数据流来避免一切可能存取内存的动作。如果在写 C/C++ 代码的时候确实需要用到内存存取的代码,则必须用 volatile 关键字来区别这些存取动作。编译器不会优化掉任何 volatile 变量。

在下面的例子中,循环等待直到地址 0x0FF 被读取:

```
unsigned int *ctrl;
while (*ctrl! = 0xFF);
```

在此例中,*ctrl 是一个循环变量表达式,因此被优化成单一的内存读取。为了纠正这一点,必须用以下的方式说明:

```
volatile unsigned int *ctrl
```

此时 *ctrl 指针指向一个硬件地址,例如中断标志等。

4.3.4 嵌入汇编指令

面向 DSP 的 C/C++ 语言可以直接嵌入 C6x 的汇编指令或者伪指令。直接嵌入汇编指令可以在 C/C++ 程序中实现一些硬件控制功能,例如修改中断控制寄存器、中断使能寄存器、读取状态寄存器和中断标志寄存器等;直接嵌入汇编指令还可以在 C/C++ 程序的关键部分用汇编语句代替 C/C++ 语句,以便优化程序,提高整个程序的运行效率。直接嵌入汇编指令在结构上调用一个特殊命名为 asm 的且带有一个字符串常量参数的函数,其基本格式如下:

```
asm("汇编指令");
```

汇编指令必须使用双引号括起来,编译器将双引号中的字符串直接复制到输出文件中。所有的字符串代码都保留其原来的定义,例如插入一条带引号的 .string 伪指令:

asm("STR:.string \"abs\"");

插入的代码必须是合法的汇编语句。与所有的汇编语句一样,引号中的每一行代码都必须以一个标志、空格、制表符或者是一条注释(以星号或分号开头)开头。编译器在编译时不会检查嵌入的汇编语句,如果有错误,汇编程序会自行检查。asm语句不受普通的C/C++语句的语法限制,可以写成一条语句或一个定义说明,也可以写在块的外面,这有助于在编译模块的开始插入伪指令。

注意:不要让asm语句破坏整体的C/C++语言环境。编译器在编译时不会检查嵌入的汇编指令,因此在C/C++代码中插入跳转和标志可能导致不可预料的结果,尤其是对那些在插入代码之间或附近操作的变量;改变程序段或者改变影响汇编环境的伪指令也可能导致错误产生;由于优化器可能重排asm语句附近的代码,这也可能导致不可预料的结果,所以当优化有asm语句的代码时要格外小心。

4.3.5 实用指令

实用指令(Pragma Directive)用来通知预处理器如何处理函数、目标和代码段。C/C++编译器支持以下实用指令:

- CHECK_MISRA
- CLINK
- CODE_SECTION
- DATA_ALIGN
- DATA_MEM_BANK
- DATA_SECTION
- DIAG_SUPPRESS, DIAG_REMARK, DIAG_WARNING, DIAG_ERROR, DIAG_DEFAULT
- FUNC_ALWAYS_INLINE
- FUNC_CANOT_INLINE
- FUNC_EXT_CALLED
- FUNC_INTERRUPT_THRESHOLD
- FUNC_IS_PURE
- FUNC_IS_SYSTEM
- FUNC_NEVER_RETURNS
- FUNC_NO_GLOBAL_ASG
- FUNC_NO_IND_ASG
- FUNCTION_OPTIONS
- INTERRUPU
- MUST_INERATE
- NMI_INTERRUPT

- N0_HOOKS
- PROB_INERATE
- RESET_MISRA
- RETAIN
- STRUCT_ALIGN
- UNROLL

当为一个函数作实用指令标记时,必须确保这个函数在任何环境下都满足实用指令规格,否则编译器将会得出不可预料的结果。下面分别介绍各个实用指令的含义和具体的使用方法,其中参数 *func* 和 *symbol* 不能在函数体内部定义和说明,实用指令说明也必须在函数体的外部,并且必须在任何对参数的说明、定义或引用之前,否则编译器会提出警告。

CHECK_MISRA、RESET_MISRA

CHECK_MISRA 指令用于使能或者禁止 MISRA - C(2004)标准。RESET_MISRA 指令用于复位该标准,使程序恢复到 CHECK_MISRA 使能之前的状态。该指令的使用方法如下:

```
# pragma CHECK_MISRA ("{all|required|advisory|none|rulespec}");
# pragma RESET_MISRA ("{all|required|advisory|rulespec}");
```

CLINK

CLINK 指令用于定义一段代码或者数据,并将定义后的代码或数据放到 .clink 段中。该指令的使用方法如下:

```
# pragma CLINK (symbol);
```

CODE_SECTION

CODE_SECTION 指令的作用是在名为 *section name* 的程序段中为 *symbol* 分配存储空间,这条指令有助于在代码段的外部连接另外一段代码。该指令的使用方法如下:

```
# pragma CODE_SECTON (symbol, "section name");    C 语言中
# pragma CODE_SECTON ("section name");            C++ 语言中
```

使用 CODE_SECTION 指令的例子如下:
(1) C/C++语言源文件

```
# pragma CODE_SECTION (funcA, "codeA")
```

第4章 软件设计和优化

```
int funcA (int a)
{
    return (i);
}
```

(2) 汇编语言源文件

```
.file       "CODEN.C"
.sect       "codeA"
.global     _funcA
.sym        _funcA,_ funcA,36,2,0
.func       · 3
```

DATA_ALIGN

DATA_ALIGN 指令用于排列 *symbol* 到 *constant* 定义的列边界上,其中 *constant* 必须是 2 的整数次幂。该指令的使用方法如下:

```
#pragma DATA_ALIGN (symbol, constant);     C 语言中
#pragma DATA_ALIGN (constant);             C++语言中
```

DATA_MEM_BANK

DATA_MEM_BANK 指令用于排列 *symbol* 和 *variable* 到 *constant* 定义的页边界上。在 C62 中 *constant* 只能为偶数页,在 C64 中 *constant* 只能为 0～15 的偶数页,在 C67 中 *constant* 只能为 0～7 的偶数页。该指令的使用方法如下:

```
#pragma DATA_MEM_BANK (symbol, constant);  C 语言中
#pragma DATA_MEM_BANK (constant);          C++语言中
```

DATA_MEM_BANK 指令可以避免数据的重叠存储,但是由于直接将数据存储到页的开头,可能产生一些小的存储器碎片。下面是使用 DATA_MEM_BANK 指令的例子,其中数组 x 的首地址必须为 xxxx xxx4h 或者 xxxx xxxCh 的地址,同样数组 y 的首地址必须为 xxxx xxx0h 或者 xxxx xxx8h 的地址。

```
#pragma DATA_MEM_BANK (x, 2);
    short x[100];
#pragma DATA_MEM_BANK (z, 0);
#pragma DATA_SECTION (z, ".z_sect");
    short z[100];
    void main()
    {
    #pragma DATA_MEM_BANK (y, 2);
```

```
    short y[100];
      ……
}
```

DATA_SECTION

DATA_SECTION 指令的作用是在名为 *section name* 的程序段中为 *symbol* 分配存储空间,这条指令有助于在数据段的外部连接一段数据。该指令使用方法如下:

```
#pragma DATA_SECTON (symbol,"section name");    C语言中
#pragma DATA_SECTON ("section name");           C++语言中
```

使用 DATA_SECTION 指令的例子如下:

(1) C 源文件
```
#pragma DATA_SECTION (bufferB,"my_sect")
char bufferA[512];
char bufferB[512];
```

(2) C++源文件
```
char bufferA[512];
#pragma DATA_SECTION ("my_sect")
char bufferB[512];
```

(3) 汇编源文件
```
         .global  _bufferA
         .bss     _bufferA, 512, 4
         .global  _bufferB
_bufferB: .usect   "my_sect", 512, 4
```

FUNC_CANNOT_INLINE

FUNC_CANNOT_INLINE 指令的作用是通知编译器命名的函数不能被在线展开,即使使用了 inline 关键字的在线指令操作也不行。该指令必须出现在函数的说明和使用之前。该指令的使用方法如下:

```
#pragma FUNC_CANNOT_INLINE (func);     C语言中
#pragma FUNC_CANNOT_INLINE;            C++语言中
```

FUNC_EXT_CALLED

当在编译中加入-pm 选项时,编译器会执行程序级的优化,此时编译器会删掉所有没有被 main 函数直接或间接调用的函数。而程序中很有可能有汇编代码调用的 C/

C++函数，FUNC_EXT_CALLED 指令的作用就是通知优化器保留这些被汇编函数调用的 C/C++函数和其他函数。该指令必须出现在函数的说明和使用之前。该指令的使用方法如下：

```
#pragma FUNC_EXT_CALLED (func);      C 语言中
#pragma FUNC_EXT_CALLED;              C++语言中
```

除了 _c_int00 是为 C/C++程序的系统复位中断保留的名字外，func 的命名没有限制。

FUNC_INTERRUPT_THRESHOLD

FUNC_INTERRUPT_THRESHOLD 指令用于设置函数被中断的阈值。该指令的使用方法如下：

```
#pragma FUNC_INTERRUPT_THRESHOLD (func,threshold);   C 语言中
#pragma FUNC_INTERRUPT_THRESHOLD (threshold);         C++ 语言中
```

下面是具体的例子：

```
#pragma FUNC_INTERRUPT_THRESHOLD (func1,2000);
```

func1 函数被中断的间隔至少是 2000 个时钟周期。

```
#pragma FUNC_INTERRUPT_THRESHOLD (func2,1);
```

func2 函数总是被中断。

```
#pragma FUNC_INTERRUPT_THRESHOLD (func3,-1);
```

func3 函数永远不被中断。

FUNC_IS_PURE

FUNC_IS_PURE 指令的作用是通知优化器被命名的函数没有副作用。它允许优化器执行下面的操作：
- 如果不需要一个函数的值，则删除对它的调用。
- 删除函数的副本。

该指令必须出现在函数的说明和使用之前。如果在有副作用的函数上使用该指令，则优化器会删掉这些副作用。该指令的使用方法如下：

```
#pragma FUNC_IS_PURE (func);      C 语言中
#pragma FUNC_IS_PURE;              C++语言中
```

FUNC_IS_SYSTEM

FUNC_IS_SYSTEM 指令的作用是通知优化器被命名的函数具有 ANSI 的标准

行为。该指令只能用在 ANSI 标准描述的函数上(如 strcmp 或 memcpy 函数)。它使编译器假定没有改变函数的 ANSI 执行,例如,它可以假定函数使用的寄存器。注意不要在已经改变的 ANSI 函数上使用该指令。该指令必须出现在函数的说明和使用之前。该指令的使用方法如下:

```
# pragma FUNC_IS_SYSTEM (func);      C 语言中
# pragma FUNC_IS_SYSTEM;              C++ 语言中
```

FUNC_NEVER_RETURNS

FUNC_NEVER_RETURNS 指令的作用是通知优化器任何环境下函数都不会向它的调用者返回值。例如一个无限循环的函数,调用 exit( )函数或使处理器暂停的函数都不会向调用者返回值。一旦使用了该指令,编译器将不会为该函数作结束工作(释放堆栈等)。该指令必须出现在函数的说明和使用之前。该指令的使用方法如下:

```
# pragma FUNC_NEVER_RETURNS (func);   C 语言中
# pragma FUNC_NEVER_RETURNS;          C++ 语言中
```

FUNC_NO_GLOBAL_ASG

FUNC_NO_GLOBAL_ASG 指令的作用是通知优化器该函数不分配全局变量,也不包含 asm 语句。该指令必须出现在函数的说明和使用之前。该指令的使用方法如下:

```
# pragma FUNC_ NO_GLOBAL_ASG (func);  C 语言中
# pragma FUNC_ NO_GLOBAL_ASG;         C++ 语言中
```

FUNC_NO_IND_ASG

FUNC_NO_IND_ASG 指令的作用是通知优化器该函数不通过指针分配空间,也不包含 asm 语句。该指令必须出现在函数的说明和使用之前。该指令的使用方法如下:

```
# pragma FUNC_ NO_IND_ASG (func);     C 语言中
# pragma FUNC_ NO_IND_ASG;            C++ 语言中
```

INTERRUPT

INTERRUPT 指令可以直接使用 C/C++代码处理 DSP 的中断。该指令的使用

第4章 软件设计和优化

方法如下:

```
#pragma.INTERRUPT (func);     C语言中
#pragma INTERRUPT;            C++语言中
```

函数通过 IRP 寄存器(中断返回寄存器)返回。除了_c_int00 是为 C/C++程序的系统复位中断保留的名字外,func 的命名没有限制。

MUST_ITERATE

MUST_ITERATE 指令指出循环的特性,如果某个循环有 UNROLL 指令,则必须带有 MUST_ITERATE 指令。使用 MUST_ITERATE 指令指出循环的最小或者最大循环次数,有助于汇编器优化代码。该指令的使用方法如下:

```
#pragma MUST_ITERATE ( min, max, multiple);
```

完整使用 MUST_ITERATE 指令的程序如下,程序中使用 MUST_ITERATE 指令指出循环的次数不能少于 10 次。

```
void vecsum4(short * restrict sum, restrict short * in1,
restrict short * in2, unsigned int N)
{
    int i;
    #pragma MUST_ITERATE (10);
        for (i = 0; i < (N/2); i++)
            _amem4(&sum[i]) = add2(_amem4_const(&in1[i]), _amem4_const(&in2[i]));
}
```

NMI_INTERRUPT

NMI_INTERRUPT 指令可以直接使用 C/C++代码处理 DSP 的不可屏蔽中断。该指令的使用方法如下:

```
#pragma NMI_INTERRUPT (func);     C语言中
#pragma NMI_INTERRUPT;            C++语言中
```

函数通过 NRP 寄存器(不可屏蔽中断返回寄存器)返回。除了_c_int00 是为 C/C++程序的系统复位中断保留的名字外,func 的命名没有限制。

PROB_ITERATE

PROB_ITERATE 指令指明循环所使用的最小或者最大循环次数。只有在 MUST_ITERATE 指令未使用的情况下,才可以使用 PROB_ITERATE 指令。

该指令在 C/C++语言中的使用方法一样,如下所示:

＃pragma PROB_ITERATE (min, max);

min 表示循环的最小值,max 表示循环的最大值。

STRUCT_ALIGN

STRUCT_ALIGN 指令和 DATA_ALIGN 指令类似,用于结构体和类的定义。该指令只能在 C 中使用,使用方法如下:

＃pragma STRUCT_ALIGN (type, constant expression);

使用 STRUCT_ALIGN 指令的具体例子如下:

```
typedef struct st_tag
{
        int a;
        short b;
} st_typedef;
#pragma STRUCT_ALIGN (st_tag, 128);
```

UNROLL

UNROLL 指令指出多少级的循环不能被优化器展开,在默认方式下,优化器总是试图展开循环,以减少由于循环产生的跳转和判断指令。该指令在 C/C++语言中的使用方法一样,如下所示:

＃pragma UNROLL (n);

4.4 运行环境

DSP 的 C/C++语言程序能否正确执行,关键是所有的运行代码是否能保持一个正确的运行环境。

4.4.1 存储器模式

DSP 的 C/C++编译器将存储器分成两个线性的段,分别是程序存储器和数据存储器。程序存储器包含可执行的代码;数据存储器包含外部变量、静态变量和系统堆栈。由 C/C++程序生成的代码段和数据段将连续地存放在存储器中。

1. 编译器生成的段

C/C++编译器对程序编译后生成可以进行重定位的代码和数据段,这些段可以用不同的方式分配到存储器,方便不同系统配置的需要。这些段可以分为两种类型,已初始化段和未初始化段。

已初始化段主要包括数据表和可执行代码。C/C++编译器共创建4个已初始化段:

(1) .cinit 段:包含初始化变量和常数表;

(2) .const 段:包含由 C/C++限定词 *const* 定义的字符串常量和数据(这些字符串常量和数据不能同时被 *volatile* 定义);

(3) .switch 段:包含跳转表和大的 switch 申明;

(4) .text 段:包含所有的可执行代码。

未初始化段用于保留存储器空间(通常是 RAM),程序在运行时利用这些空间创建和存储变量。C/C++编译器共创建4个未初始化段:

(1) .bss 段:保留全局和静态变量空间,在启动和导入的时候,C/C++编译器会启动程序将.cinit 段中(可能在 ROM 中)的数据复制出来,以初始化.bss 段中的变量;

(2) .far 段:保留远程的全局和静态变量空间;

(3) .stack 段:为系统堆栈分配存储器,该段用于将变量传递至函数或者用来分配局部变量;

(4) .sysmem 段:为动态存储器函数 malloc、calloc 和 realloc 分配存储器空间,如果 C/C++程序没有用到这些函数,C/C++编译器就不会创建.sysmem 段。

注意:汇编器还可以创建一个名为.data 的段,而 C/C++编译器用不到这个段。用户还可以使用 CODE_SECTION 和 DATA_SECTION 命令产生自定义的段。

连接器将不同模块中的段提取出来,再将有相同名字的段合并在一起。表4-3列举了8个输出段在存储器中的默认位置。根据系统的需要,输出段可以放在地址空间的任何地方。

表4-3 各个段在存储器中的位置

段	存储器类型	段	存储器类型
.bss	RAM	.text	ROM 或 RAM
.cinit	ROM 或 RAM	.stack	RAM
.const	ROM 或 RAM	.switch	ROM 或 RAM
data	ROM 或 RAM	.sysmem	RAM

2. 系统堆栈

C/C++编译器利用 DSP 内置的堆栈机制实现如下功能:

(1) 分配局部变量；

(2) 保存函数返回地址；

(3) 传递函数参数；

(4) 保存临时变量。

编译器在存储器中分配一个连续的段作为堆栈，地址空间由高到低，编译器通过 B15 寄存器来管理堆栈，所以 B15 寄存器就是硬件堆栈指针 SP。为了编程方便，一般直接将 B15 定义成 SP，从而避免在程序中修改 SP 指针。一旦堆栈超过了分配的空间大小，就会产生溢出，但代码不会检查堆栈是否溢出，因此一定要为堆栈分配足够大的存储器空间。

堆栈的大小是由连接器设置的，默认的堆栈大小是 1 KB(1 024 Byte)，也可以在连接的时候在连接器命令行中用"-stack"选项来改变堆栈的大小。此外，连接器还创建了一个全局变量"_STACK_SIZE"，用来表示整个堆栈占用了多少个字的存储空间。

4.4.2 混合编程方法

应用 C/C++ 语言和汇编语言的混合编程方法主要有以下几种：

(1) 独立编写 C/C++ 程序和汇编程序，分开编译或汇编形成各自的目标代码模块，然后用连接器将 C/C++ 模块和汇编模块连接起来。如 FFT 程序一般采用汇编语言编写，对 FFT 程序用汇编器进行汇编形成目标代码模块，与 C/C++ 模块连接就可以在 C/C++ 程序中调试 FFT 程序。

(2) 直接在 C/C++ 语言程序中的相应位置嵌入汇编语言；

(3) 对 C/C++ 程序进行编译生成相应的汇编程序，然后对汇编程序进行手工优化和修改；

(4) 在 C/C++ 程序中使用汇编语言的变量和常数。

1. C/C++ 中嵌入汇编指令

如果遵循前面介绍的寄存器规则和函数调用规则，则应用 C/C++ 语言与汇编语言的混合编程就很简单。C/C++ 代码可以访问汇编语言定义的变量并调用汇编语言函数，同样汇编代码也可以访问 C/C++ 语言定义的变量并调用 C/C++ 语言函数。

混合编写 C/C++ 语言程序和汇编程序时，必须注意以下几点：

(1) 必须保护所有被函数修改的寄存器，这些寄存器包括 A10～A15、B3、B10～B15 和 A3。如果堆栈指针正常使用，则不需要精确保护，也就是说只要压入堆栈的所有数据在函数返回前都弹出堆栈，则汇编函数可以自由使用堆栈指针。除此之外，其他的寄存器可以自由使用。

(2) 中断服务程序必须保存它所使用的全部寄存器。

(3) 除非自动初始化全局变量,否则任何汇编程序都不能使用.cinit 段。C/C++启动时假定.cinit 段包括整个的初始化表,如果此时在.cinit 段加入其他信息,将会破坏初始化行为,从而导致不可预测的结果。

(4) 编译器会自动在标识符的开头加下划线,因此在汇编程序中访问 C/C++函数的变量和函数,只需要在此变量前加下划线。如名为"x"的 C/C++变量在汇编程序中的名字为"_x"。对于只在汇编程序中使用的标识符,就不必在前面加下划线。

(5) 如果汇编程序中的标识或函数被 C/C++函数访问或调用,则必须用汇编伪指令.global 或者.ref 定义。伪指令定义符号为外部符号,外部符号将告诉连接器该符号需要与 C/C++函数连接。同样,如果 C/C++函数中的标识或函数要被汇编程序访问,也要用.global 或者.ref 定义 C/C++函数的目标。

下面是一个完整的 C/C++函数中调用汇编函数的例子:
(1) C/C++程序

```
extern   int   asmfunc(int  a);           /* 定义外部汇编函数 */
         int gvar = 4;                    /* 定义全局变量 */

void main()
    {    int i;
         i = asmfunc(gvar);               /* 调用汇编函数 */
         i = i + 1;
    }
```

(2) 汇编程序

```
.global    _asmfunc
.global    _gvar
_asmfunc:
LDW        *+b14(_gvar),A3
NOP        4
ADD        a3,a4,a3
STW        a3,*b14(_gvar)
MV         a3,a4
B          b3
```

该程序实现了在 C/C++语言程序中调用汇编函数。在 C/C++语言中定义所要调用汇编函数的名称时,汇编语言中以该函数名称为标号,但必须加上一个下划线,如例子中的"_asmfunc"。所调用函数的参数 gvar 传递到寄存器 A4。

2. C/C++中访问汇编变量

C/C++程序访问汇编程序中的变量时,由于变量定义的方式不同而有不同的访问方法。根据变量所在的位置和属性可以分为 3 种情形:在.bss 段中定义的变量、不在.bss 段中定义的变量以及常量。下面依次说明 C/C++ 程序中如何访问这些汇编程序中的变量。

(1) C/C++ 程序中访问.bss 段中定义的变量

C/C++ 程序中访问.bss 段中定义的变量,首先必须在程序中对变量做如下定义:
① 用".bss"或".usect"伪指令定义变量;
② 用".global"或".def"伪指令定义外部变量;
③ 在汇编语言的变量名前加下划线;
④ 在 C/C++ 中将变量定义成外部的,然后用普通方式访问。

采用上述方法后,在 C/C++ 程序中就可以访问这个变量。下面是一个完整的实现 C/C++ 程序访问.bss 段中定义的变量的例子。

① 汇编程序

```
     * 注意下一行中下划线的使用

       .bss      _var1,4,4           ;定义变量
       .global   _var1               ;说明为外部变量
_var2  .usect    "mysect",4,4        ;定义变量
.global   _var2
```

② C/C++ 程序

```
extern int var1;              /* 外部变量 */
far extern int var2;          /* 外部变量 */
    var 1 = 1;                /* 访问变量 */
    var 2 = 1;                /* 访问变量 */
```

(2) C/C++ 程序中访问不在.bss 段中定义的变量

C/C++ 程序中访问不在.bss 段中定义的变量,其方法比较复杂。下面以 C/C++ 程序访问汇编程序中的数据表为例说明。首先在汇编程序中定义一个数据表,将该数据表放到用户定义的段中(不放在.bss 段),然后定义一个全局指针变量"_xxx",并将该指针变量指向数据表的首个数据(注意这是为了 C/C++ 程序可以访问该变量),该变量的名称必须以下划线开头。在 C/C++ 程序中,定义一个外部变量"xxx",其名称和汇编中定义的变量只相差一个下划线,然后定义一个 C/C++ 的指针变量,该指针变量和汇编中的全局变量可以进行数据读取,从而实现 C/C++ 程序访问不在.bss 段中定义的变量。

下面是一个完整的实现 C/C++ 程序访问不在.bss 段中定义的变量的例子。

① 汇编程序

```
       .global   _sine              ;定义外部变量
       .sect     "sine_tab"         ;定义一个独立段
_sine:                              ;查找表起始地址
       .float    0.0
       .float    0.015987
```

```
.float        0.022145
```

② C/C++程序

```
extern float sine[];        /* 定义外部变量 */
float sine_p = sine;        /* 定义一个C指针 */
f = sine_p[4];              /* 访问 sine_p */
```

(3) C/C++程序中访问汇编程序中的常量

一般情况下，汇编中的常量在 C/C++ 程序中也定义为同样的常量，从而避免在 C/C++ 程序中访问汇编程序中的常量。汇编中使用 .set、.def 和 .global 伪指令定义全局常量，为了实现 C/C++ 程序访问汇编中的全局常量，必须用到一些特殊的运算符。在汇编中定义的常数，其符号表包含的是常数的值，这一点和 C/C++ 程序定义常量是不同的，C/C++ 中定义的变量，其符号表实际上包括的是变量值的地址，而非变量值本身。由于编译器不能区分符号表中哪些是变量值，哪些是变量的地址，因此在 C/C++ 程序中访问汇编中的常数不能直接用常数的符号名，而应在常数名之前加一个地址操作符"&"。如果在汇编中的常数名为"_x"，则在 C/C++ 程序中的值应为"&x"。下面是一个完整的实现 C/C++ 程序访问汇编程序中常量的例子。

① 汇编程序

```
_table_size    .set    10000         ;常数定义
               .global  _table_size  ;定义为全局变量
```

② C/C++程序

```
extern int table_size;
#define TABLE_SIZE ((int)(&table_size))
    ……
    ……
    ……
for (i = 0; i < TABLE_SIZE; ++i)
```

4.4.3 内联函数

C6x 的编译器可以识别其中内联的汇编函数。内联函数的调用和调用 C/C++ 函数一样，内联函数的应用可以加快程序运行的速度。其用法如下：

```
int x1, x2, y;
y = _sadd(x1, x2);
```

其中 sadd 就是一个内联函数。内联函数实质上相当于一条或者多条汇编指令。C/C++ 可以调用的内联函数以及该函数对应的汇编指令如表 4-4 所列。内联函数中分号后为对应的汇编指令。

表4-4 内联函数及对应的汇编指令

内联函数	内联函数
int _abs(int src); ABS	int _labs(long src); ABS
int _abs2(int src); ABS2	int _add2(int src1, int src2); ADD2
int _add4(int src1, int src2); ADD4	ushort & _amem2(void * ptr); LDHU STHU
uint & _amem4(void * ptr); LDW STW	double & _amemd8(void * ptr); LDDW STDW 或 LDW/LDW STW/STW
const ushort & _amem2_const(const void * ptr); LDHU	const uint & _amem4_const(const void * ptr); LDW
const double & _amemd8_const(const void * ptr); LDDW 或 LDW/LDW	int _avg2(int src1, int src2); AVG2
unsigned _avgu4(unsigned, unsigned); AVGU4	unsigned _bitc4(unsigned src); BITC4
unsigned _bitr(unsigned src); BITR	uint _clr(uint src2, uint csta, uint cstb); CLR
uint _clrr(uint src2, int src1); CLR	int _cmpeq2(int src1, int src2); CMPEQ2
int _cmpeq4(int src1, int src2); CMPEQ4	int _cmpgt2(int src1, int src2); CMPGT2
uint _cmpgtu4(uint src1, uint src2); CMPGTU4	uint _deal(uint src); DEAL
int _dotp2(int src1, int src2);	double _ldotp2(int src1, int src2); DOTP2 LDOTP2
int _dotpn2(int src1, int src2); DOTPN2	int _dotpnrsu2(int src1, unsigned src2); DOTPNRSU2
int _dotprsu2(int src1, unsigned src2); DOTPRSU2	int _dotprsu4(int src1, unsigned src2); DOTPRSU4 DOTPU4
unsigned _dotpu4(unsigned src1, unsigned src2); DOTPRSU4 DOTPU4	int _dpint(double src); DPINT
long _dtol(double src);	int _ext(int src2, uint csta, uint cstb); EXT
int _extr(int src2, int src1) EXT	uint _extu(uint src2, uint csta, uint cstb); EXTU
uint _extur(uint src2, int src1); EXTU	double _fabs(double src); ABSDP ABSSP
float _fabsf(float src); ABSDP ABSSP	uint _ftoi(float src);
int _gmpy4(int src1, int src2); GMPY4	uint _hi(double src);
double _itod(uint src2, uint src1)	float _itof(uint src);
uint _lo(double src);	uint _lmbd(uint s rc1, uint src2); LMBD
double _ltod(long src);	int _max2 (int src1, int src2); MAX2
unsigned _maxu4(unsigned src1, unsigned src2); MAX4	int _min2 (int src1, int src2); MIN2
unsigned _minu4(unsigned src1, unsigned src2); MINU4	ushort & _mem2(void * ptr); LDB/LDB STB/STB
uint & _mem4(void * ptr); LDNW STNW	double & _memd8(void * ptr); LDNDW STNDW

续表 4-4

内联函数	内联函数
const ushort & _mem2_const(const void * ptr); LDB/LDB	const uint & _mem4_const(const void * ptr);LDNW
const double & _memd8_const(const void * ptr); LDNDW	int _mpy(int src1, int src2); MPY
int _mpyus(uint src1, int src2); MPYUS	int _mpysu(int src1, uint src2); MPYSU
uint _mpyu(uint src1, uint src2); MPYU	int _mpyh(int src1, int src2); MPYH
int _mpyhus(uint src1, int src2); MPYHUS	int _mpyhsu(int src1, uint src2); MPYHSU
uint _mpyhu(uint src1, uint src2); MPYHU	int _mpyhl(int src1, int src2); MPYHL
int _mpyhuls(uint src1, int src2); MPYHULS	int _mpyhslu(int src1, uint src2); MPYHSLU
uint _mpyhlu(uint src1, uint src2); MPYHLU	int _mpyhl(int src1, int src2); MPYLH
int _mpyluhs(uint src1, int src2); MPYLUHS	int _mpylshu(int src1, uint src2); MPYLSHU
uint _mpyhlu(uint src1, uint src2); MPYLHU	double _mpy2(int src1, int src2); MPY2
double _mpyhi(int src1, int src2); MPYHI	double _mpyli(int src1, int src2); MPYLI
int _mpyhir(int src1, int src2); MPYHIR	int _mpylir(int src1, int src2);MPYLIR
double _mpyid (int src1, int src2); MPYID	double _mpysu4 (int src1, unsigned src2); MPYSU4
double _mpyu4 (unsigned src1, unsigned src2); MPYU4	int _mvd (int src2); MVD
void _nassert(int); NORM	uint _norm(int src2);
uint _lnorm(long src2);	unsigned _pack2 (unsigned src1, unsigned src2); PACK2
unsigned _packh2 (unsigned src1, unsigned src2); PACKH2	unsigned _packh4 (unsigned src1, unsigned src2); PACKH4
unsigned _packl4 (unsigned src1, unsigned src2); PACKL4	unsigned _packhl2 (unsigned src1, unsigned src2); PACKHL2
unsigned _packlh2 (unsigned src1, unsigned src2); PACKLH2	double _rcpdp(double src); RCPDP
float _rcpsp(float src); RCPSP	uint _rotl (uint src1, uint src2); ROTL
double _rsqrdp(double src); RSQRDP	float _rsqrsp(float src); RSQRSP
int _sadd(int src1, int src2); SADD	long _lsadd(int src1, long src2);SADD
int _sadd2(int src1, int src2); SADD2	int _saddus2(unsigned src1, int src2); SADDUS2
uint _saddu4(uint src1, uint src2); SADDU4	int _sat(long src2); SAT
uint _set(uint src2, uint csta, uint cstb) ; SET	unit _setr(unit src2, int src1); SET
uint _shfl (uint src2); SHFL	unsigned _shlmb (unsigned src1, unsigned src2); SHLMB

续表 4-4

内联函数	内联函数
unsigned _shrmb (unsigned src1,unsigned src2); SHRMB	int _shr2 (int src1, uint src2); SHR2
uint _shru2 (uint src1,uint src2); SHRU2	int _smpy (int src1, int sr2); SMPY
int _smpyh (int src1, int sr2); SMPYH	int _smpyhl (int src1, int sr2); SMPYHL
int _smpylh (int src1, int sr2); SMPYLH	double _smpy2 (int src1, int sr2); SMPY2
int _spack2 (int src1, int sr2); SPACK2	uint _spacku4 (int src1, int sr2); SPACKU4
int _spint (float); SPINT	int _sshl (int src2, uint src1); SSHL
int _sshvl (int src2, int src1); SSHVL	int _sshvr (int src2, int src1);SSHVR
int _ssub (int src1, int src2); SSUB	long _lssub (int src1, long src2);SSUB
uint _subc (uint src1, uint src2); SUBC	int _sub2 (int src1, int src2); SUB2
int _sub4 (int src1, int src2); SUB4	int _subabs4 (int src1, int src2); SUBABS4
uint _swap4 (uint src) ; SWAP4	uint _unpkhu4 (uint src) ; UNPKHU4
uint _unpklu4 (uint src); UNPKLU4	uint _xpnd2 (uint src); XPND2
uint _xpnd4 (uint src); XPND4	

DSP 还针对浮点和双精度浮点数据提供了一些快速运行库函数,这些快速运行库函数的使用进一步加快了程序运行的速度。快速运行库函数如表 4-5 所列。

表 4-5 快速运行库函数

快速运行库函数	说 明
addsp_i	单精度浮点数据加法计算
divsp_i	单精度浮点数据除法计算
intsp_i	32 位整型数据转换成单精度浮点数据
mpysp_i	单精度浮点数据乘法计算
recipsp_i	单精度浮点数据倒数计算
spint_i	单精度浮点数据转换成 32 位整型数据
spuint_i	单精度浮点数据转换成 32 位无符号整型数据
sqrtsp_i	单精度浮点数据开方计算
subsp_i	单精度浮点数据减法计算
uintsp_i	32 位无符号整型数据转换成单精度浮点数据

4.5 程序优化

C6000 的 DSP 选用 C/C++语言编程时,可利用 C/C++编译器优化程序代码。优化方法包括使用编译器选项、使用内联函数、调用快速运行库、代码转换、字访问短型数据、软件流水和循环展开等。为提高程序的优化效率,在优化前后必须分析和修改代码,以确保充分利用硬件资源。

4.5.1 编写代码

当编写 C/C++代码时,必须认真考虑数据类型和位数。编译器对每种数据类型确认位数,其分配形式如下(包括有符号和无符号类型):char(8 位)、short(16 位)、int(32 位)、long(40 位)、float(32 位)、double(64 位)、long long(64 位)。

基于每种数据类型的位数,在编写代码时应遵循以下原则:

(1) 注意数据类型的 int、long 和 long long 型位数不同。对于定点乘法输入数据,应尽可能使用 16 位乘法器最有效的 short 型数据。short×short 需要 1 个时钟周期,int×int 需要 5 个时钟周期。对循环计数器使用 int 或者无符号 int 类型的数据,而不使用 short 或者无符号 short 类型,避免不必要的符号扩展指令。

(2) 当使用 C67DSP 的浮点指令时,利用-mv6700 编译器开关使所产生的代码利用 DSP 的浮点硬件代替定点硬件执行任务;当使用 C64DSP 的浮点指令时,利用-mv6400 编译器开关使所产生的代码利用 C64DSP 的指令和硬件资源。

(3) 在双层以上的循环中,次数少的循环尽可能放在外部。在三级优化中,若试图去展开循环,则可能和三级优化产生冲突。

(4) 尽可能使用快速库函数和内联函数;使用指针减少大量数据的拷贝;在 DSP/BIOS 中,尽量使用信号量、队列、邮箱代替全局变量来传递参数和数据。

(5) 优化硬件的读取速度,提高 EMIF、网口等读写速度。

4.5.2 分析代码

代码编写完成后,必须进行代码分析。只有充分地分析代码,才能根据具体情况进行优化。DSP 的仿真软件 CCS 提供了很多代码分析的方法。

(1) 检测某段代码运行所占用的时间

使用 C/C++语言中 clock()和 printf()函数可以计时和显示特定代码的性能。为了方便检测运行时间,可以用软件仿真运行这段代码。注意:仿真运行时,该段程序一般不包括对硬件的操作。具体的使用情况如下:

```
#include <stdio.h>
#include <time.h>                    /* clock()函数在该头文件中 */
main(int argc, char * argv[])
{
    const short coefs[150];
    short optr[150];
    short state[2];
    const short a[150];
```

```
    const short b[150];
    int c = 0;
    int dotp[1] = {0};
    int sum = 0;
    short y[150];
    short scalar = 3345;
    const short x[150];
    clock_t start, stop, overhead;
    start = clock();
    stop = clock();
    overhead = stop - start;
    start = clock();
    sum = mac1(a, b, c, dotp);
    stop = clock();
    printf("mac1 cycles: %d\n", stop - start - overhead);
    start = clock();
    vec_mpy1(y, x, scalar);
    stop = clock();
    printf("vec_mpy1 cycles: %d\n", stop - start - overhead);
    start = clock();
    iir1(coefs, x, optr, state);
    stop = clock();
    printf("iir1 cycles: %d\n", stop - start - overhead);
}
```

(2) 检测所有函数运行所占用的时间

使用 load6x.exe 程序分析所有函数的调用次数、运行时间等情况。例如，在命令窗口运行 load6x.exe 分析 hello.out 文件所有函数的结果如下。注意：load6x.exe 的输入文件为 out 文件，生成 vaa 文件，命令必须带有-g 选项。

```
D:\ti6000\c6000\cgtools\bin>load6x -g hello.out
TMS320C6x Standalone Simulator Version 4.10
Copyright (c) 1989-2001 Texas Instruments Incorporated
OPTIONS -- C6xxx Simulator
OPTIONS -- REVISION 2
OPTIONS -- MAP 1 *** DEFAULT MEMORY MAPPING ***
NOTE: For details on above options please refer to the readme.1st
Loading hello.out
 130 Symbols loaded
Done
Start Point = 00003ee0 main, at line 37, "hello.c"
Profiling...
hello world!

Stop Point = 000031c0    exit
Run Cycles = 1738    Profile Cycles = 1738    Hits = 6
All view data saved to: "d:\ti6000\c6000\cgtools\bin\hello.vaa"

D:\ti6000\c6000\cgtools\bin>
```

运行 load6x.exe 生成的 vaa 文件如下所示,其中包括程序和函数的各种信息。

```
Program Name:   d:\ti6000\c6000\cgtools\bin\hello.out
Start Address:  00003ee0    main, at line 37, "hello.c"
Stop Address:   000031c0    exit
Run Cycles:     1738        Profile Cycles: 1738      BP Hits:      6
************************************************************
Area Name       Count   Inclusive   Incl-Max   Exclusive   Excl-Max
CF main()         1       1730        1730        18          18
************************************************************
Area Name       Count
CF main()        1 100 % ====================================
************************************************************
Area Name       Inclusive
CF main()       1730  99 % ====================================
************************************************************
Area Name       Incl-Max
CF main()       1730  99 % ====================================
************************************************************
Area Name       Exclusive
CF main()        18    1 % ====================================
************************************************************
Area Name       Excl-Max
CF main()        18    1 % ====================================
************************************************************
Area Name       Address
CF main()       00003ee0
```

其中 Count 表示该函数在程序中调用的次数;Inclusive 表示该函数以及该函数调用的其他函数的总的运行周期;Incl-Max 表示该函数可能的总运行最大周期,包括中断、调用等额外开销;Exclusive 表示该函数自身的运行周期,去除该函数所调用的其他函数的运行周期;Excl-Max 表示该函数自身可能运行的最大周期;Address 表示该函数代码的首地址,和配置文件有关。

(3) 使用 CCS 的 clock 工具

利用以上的文件分析方法,仍然不能精确了解程序运行的实际情况,也无法了解和硬件相关的代码。为此,可以在 DSP 的 CCS 软件实时运行程序中,使用 CCS 的 clock 工具检测任意一段代码的运行时间。

4.5.3 编译代码

C6x 编译器提供了对高级语言的支持,可将 C/C++ 代码转换成更高效率的汇编语言源代码,进而通过汇编和连接产生可执行的目标代码。编译器工具也包括一个可

执行程序,利用该程序可一步完成代码的编译、汇编优化、汇编和连接。调用该程序的命令如下:

cl6x [options] [filenames] [- z [linker options] [object files]]

为使代码达到最大效率,C6x 编译器尽可能将指令安排为并行执行。所以编译器必须确定指令间的关系或者相关性,即一条指令必须发生在另一条指令之后。由于只有不相关的指令才可以并行执行,因此相关的指令禁止并行。编译器对指令并行性的安排是:如果不能确定两条指令是不相关的,则假定它们是相关的,并安排它们串行执行;如果可以确定两条指令是不相关的,则安排它们并行执行。

通常编译器确定访问存储器的指令是否不相关是困难的,下列方法可帮助编译器确定哪些指令不相关:

(1) 使用关键字 restrict 指明一个指针是该函数中特定目标的唯一指针,不要使用 const 关键字以避免两个指针指向同一个目标。

(2) 使用-pm 选项可确定程序优化级,在程序优化级中所有源文件都被编译成一个中间文件,称为模块,该模块通过编译器进行优化和代码生成,从而使编译器更有效地消除相关性。由于编译器对整个程序进行访问,因此它可进行在文件级优化中极少使用的几种优化:

- 如果一个函数的某自变量总有相同值,则编译器用这个值替代这个自变量,并传递该值取代该自变量。
- 如果一个函数的返回值总不被使用,则编译器取消该函数的返回代码。
- 如果一个函数不被直接或间接调用,则编译器删除该函数。

(3) 使用-mt 选项向编译器说明在代码中不存在存储器相关性,即允许编译器在无存储器相关性的假设下改进优化。

4.5.4 优化代码

优化 C/C++代码是代码开发流程中的重要阶段。通过以下方法优化 C/C++代码,可以使 C/C++代码的性能得到显著提高。

1. 使用内联函数替代复杂的 C/C++代码

C6x 编译器提供的 intrinsics 可快速优化 C/C++代码。intrinsics 是直接映射为内联函数的 C6x 指令的特殊函数,intrinsics 用前下划线表示,使用时同调用函数的方法一样调用。

下例是一个饱和加法的 C/C++代码,执行这个代码需要多个周期。若引用 intrinsics,则这些复杂的代码可用一条单独指令_sadd()取代。

未使用内联函数的 C/C++代码:

```
int sadd(int a, int b)
{
```

```
        int result;
        result = a + b;
        if (((a ^ b) & 0x80000000) == 0)
            {
                if ((result ^ a) & 0x80000000)
                    {
                        result = (a < 0) ? 0x80000000 : 0x7fffffff;
                    }
            }
        return (result);
}
```

使用内联函数的 C/C++ 代码:

result = _sadd(a,b);

2. 使用字访问短型数据

为了快速存储或者读取数据，C6x 编译器通常可以一次对 32 位的数据进行操作。有些指令如 _add2()，_mpyhl() 和 mpylh() 是对存储在 32 位寄存器的高 16 位和低 16 位字段进行操作。当对一连串短型数据进行操作时，可使用 32 位字一次访问 2 个短型数据，然后使用指令对这些数据进行操作，从而减少对内存的访问。下例中 vecsum 函数使用正常的方法编写，对每个变量直接访问，其循环周期为 N。vecsum4 函数以字访问 short 类型的变量，并且使用内联函数修改程序，可以看出，循环周期为 $N/2$，减少一半。

```
void vecsum(short * sum, short * in1, short * in2, unsigned int N)
{
    int i;
    for (i = 0; i < N; i++)
        sum[i] = in1[i] + in2[i];
}

void vecsum4(short * restrict sum, restrict short * in1,restrict short * in2, unsigned int N)
{
    int i;
    #pragma MUST_ITERATE (10);
    for (i = 0; i < (N/2); i++)
        _amem4(&sum[i]) = _add2(_amem4_const(&in1[i]), _amem4_const(&in2[i]));
}
```

3. 使用双字访问 32 位字类型数据

在 C67x 和 C64x 系列的 DSP 中，32 位类型的数据也可以使用 double 双字指令 (LDDW) 访问，从而进一步提高对数据的存取速度。LDDW 可以将 64 位数据读入一个寄存器对内。与使用字访问 2 个短型数据一样,使用双字访问可一次读 2 个字数据（4 个短型数据）。当对一连串浮点数据进行操作时,可使用双字访问,一次可读两个浮点数据,然后使用内联函数对数据进行操作。

4. 软件流水和循环

软件流水可以用来安排循环指令,使这个循环的多次迭代并行执行。在编译时使用-o2 和-o3 选项可对循环代码实现软件流水。图 4-4 是一个循环代码的软件流水示意图。图中 A、B、C、D 和 E 表示各次迭代,其后的数字表示各次迭代的第几条指令,同一行中的指令是同一周期内并行执行的指令。显然,同一周期内可最多执行 5 次迭代的不同指令(阴影部分)。图中阴影部分称为循环核,核中 5 次迭代的不同指令并行执行。循环核前面执行的过程称为循环填充,后面执行的过程称为循环排空。

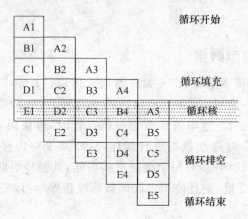

图 4-4　循环代码的软件流水

由于代码中的循环对执行速度起重要作用,因此改进代码性能主要就是改进代码中的循环程序。

循环次数是一个循环中最重要的因素,减少循环次数将最大限度地减少该循环的指令。软件流水一般采用递减方式对循环进行计数。即使程序使用递增方式编写,优化器也会将程序修改成递减方式。例如优化器将下面递增指令优化成递减指令:

优化前:for (i = 0; i < N; i++)

优化后:for (i = N; i! = 0; i--)

这样优化的目的是使得优化器在优化之前就知道该循环的循环次数,以便进行循环拆开等优化工作。如果编译器知道循环次数,就能够产生更快、更紧凑的代码;如果编译器不能确定一个循环执行的次数,将产生一个冗余的不进行流水的循环。当运行的循环次数小于最小循环次数时,冗余的不流水循环将被执行,否则执行软件流水形式的循环。如果编译器不能确定循环的最小次数,则总不执行软件流水,从而大大降低程序运行的效率。有时候对循环采用软件流水会使程序出现错误,此时可以使用-mu 选项关闭软件流水,用于调试代码的性能。

第 4 章 软件设计和优化

循环展开是优化器优化循环的有效方法之一,这种优化方法增加并行执行的指令数。当单次迭代操作没有充分利用 DSP 结构的所有资源时,可使用循环展开提高性能。此外,由于编译器仅对最内部循环执行软件流水,因此为了提高性能,可以通过完全展开执行周期很少的内循环的方法来创造一下比较大的内循环。另外,对于一个简单结构的循环,通过直观判断确定是否应该展开这个循环,因为展开循环会增加代码。如果确定这个循环确实影响性能,那么在 C/C++代码中展开内循环。

下例中编译器对内循环进行流水,这个流水循环核尺寸为 1 个周期,因此内循环每个周期产生一个结果。然而填充和排空软件流水线的总开销可能很大,且外循环不被软件流水。若把内循环完全展开,则外循环可进行软件流水,且填充和排空软件流水的总开销仅仅在调用这个函数时发生一次,而不是在外循环的每次迭代中发生。

```c
void fir2(const short input[restrict], const short coefs[restrict], short out[restrict])
{
    int i, j;
    int sum = 0;
    for (i = 0; i < 40; i++)
        {
            for (j = 0; j < 16; j++)
                sum += coefs[j] * input[i + 15 - j];
            out[i] = (sum >> 15);
        }
}

void fir2_u(const short input[restrict], const short coefs[restrict], short out[restrict])
{
    int i, j;
    int sum;
        for (i = 0; i < 40; i++)
            {
                sum  = coefs[0]  * input[i + 15];
                sum += coefs[1]  * input[i + 14];
                sum += coefs[2]  * input[i + 13];
                sum += coefs[3]  * input[i + 12];
                sum += coefs[4]  * input[i + 11];
                sum += coefs[5]  * input[i + 10];
                sum += coefs[6]  * input[i + 9];
                sum += coefs[7]  * input[i + 8];
                sum += coefs[8]  * input[i + 7];
                sum += coefs[9]  * input[i + 6];
                sum += coefs[10] * input[i + 5];
                sum += coefs[11] * input[i + 4];
                sum += coefs[12] * input[i + 3];
```

```
            sum += coefs[13] * input[i + 2];
            sum += coefs[14] * input[i + 1];
            sum += coefs[15] * input[i + 0];
            out[i] = (sum >> 15);
        }
}
```

5. 减少流水堵塞

在一系列嵌套循环中,最里面的循环是唯一可以进行软件流水的循环。但如果代码编写效率不高,仍然可能导致流水堵塞,所以在编写代码时需要注意以下几点:

(1) 每个寄存器的生命周期不能太长。

(2) 如果循环体的条件代码过于复杂,需要超过 5 个条件寄存器(C62/67)或者 6 个条件寄存器(C64),则这个循环不可以进行软件流水。

(3) 软件流水循环可包含内联函数,但不能包含函数调用。

下例由于调用求余函数,将堵塞流水。

```
        for(i = 0; i < 100; i++)
            x[i] = x[i] % 5;
```

(4) 在循环中不可以有条件终止指令,即不能过早退出循环。一般情况下,编译器会对过早退出循环进行优化,使其正常退出。下例中由于代码中有 break,所以循环有可能过早退出。

```
    int colldet(const float * restrict x, const float * restrict p, float point, float distance)
    {
        int I, retval = 0;
        float sum0, sum1, dist0, dist1;
            for (I = 0; I < (28 * 3); I += 6)
                {
                    sum0 = x[I+0]*p[0] + x[I+1]*p[1] + x[I+2]*p[2];
                    sum1 = x[I+3]*p[0] + x[I+4]*p[1] + x[I+5]*p[2];
                    dist0 = sum0 - point;
                    dist1 = sum1 - point;
                    dist0 = fabs(dist0);
                    dist1 = fabs(dist1);
                        if (dist0 < distance)
                            {
                                retval = (int)&x[I + 0];
                                break;
                            }
                        if (dist1 < distance)
                            {
                                retval = (int)&x[I + 3];
```

第4章 软件设计和优化

```
                        break;
                }
        }
    return retval;
}
```

(5) 编译器将尝试去除 break 指令,但很难成功,为此需要进行手工优化。优化后代码如下:

```
int colldet_new(const float * restrict x, const float * restrict p, float point, float distance)
{
    int I, retval = 0;
    float sum0, sum1, dist0, dist1;
    for (I = 0; I < (28 * 3); I += 6)
        {
            sum0 = x[I+0]*p[0] + x[I+1]*p[1] + x[I+2]*p[2];
            sum1 = x[I+3]*p[0] + x[I+4]*p[1] + x[I+5]*p[2];
            dist0 = sum0 - point;
            dist1 = sum1 - point;
            dist0 = fabs(dist0);
            dist1 = fabs(dist1);
                if ((dist0<distance)&&!retval) retval = (int)&x[I+0];
                if ((dist1<distance)&&!retval) retval = (int)&x[I+3];
        }
    return retval;
}
```

(6) 循环必须是递减计数形式并且减到 0 时终止,在编写程序时尽量不要使用递增方式。使用-o2 和-o3 选项,编译器将尝试将所有的循环计数转换成递减方式。

(7) 如果在循环体中修改循环计数,则该循环不能转换成递减计数循环。例如下列代码即使使用-o2 和-o3 选项,也不能优化,只能手动修改代码。

```
for (i = 0; i < n; i++)
{
    ...
    i += x;
}
```

(8) 条件增大的循环控制变量,其循环不能进行软件流水。例如下列代码不能进行软件流水,所以代码应尽量不使用有条件控制的循环计数。

```
for (i = 0; i < x; i++)
{
    ...
    if (b > a)
```

```
        i += 2
}
```

(9) 如果代码太大,(对于 C62/67 需要大于 32 个寄存器,C647 需要大于 64 个寄存器的),不能进行软件流水,所以尽量简化循环或将大循环拆成几个小循环。

4.5.5 线性汇编

DSP 的 C/C++编译器对于实时性要求较高的应用,或者对于较为复杂的代码仍然很难达到优化的要求。为此,需要采用汇编语言编写代码中的关键部分,尤其是经常调用的函数或者较大的计数循环,例如数字信号处理中的 FFT 算法一般有 1 024 以上的循环计数,在循环体内每节省一条指令,对于整个程序就节省 1 024 条指令。但采用汇编语言编写较为复杂,为此产生了线性汇编语言。

线性汇编代码类似于前面介绍的标准汇编代码,不同的是线性汇编代码中不需要给出标准汇编代码必须指出的所有信息,而是对这些信息进行选择或者由汇编优化器确定,从而使得代码编写较为容易。线性汇编不需要给出以下信息:

(1) 使用的寄存器。优化器分配寄存器。
(2) 指令是否并行运行。优化器确定可以并行运行的代码。
(3) 指令使用的功能单元。优化器选择指令使用的功能单元。
(4) 流水执行。优化器确定可以流水执行的代码。

如果代码中没有指定这些信息,汇编优化器会根据代码的情况确定这些信息。与其他代码产生工具一样,有时需要对线性汇编代码进行修改直到性能满意为止。在修改过程中,可能要对线性汇编代码添加更详细的信息,如指出应该使用哪个功能单元等。

线性汇编文件中必须包含一些汇编优化器伪指令。使用汇编优化器伪指令用于区分线性汇编代码和标准汇编代码,且为汇编优化器提供有关代码的其他信息。汇编优化器伪指令如下:

(1) 线性汇编文件的扩展名必须是".sa"。
(2) 线性汇编代码应该包括".cproc"和".endproc"命令。".cproc"和".endproc"命令限定优化器优化的代码段,".cproc"放在代码的开始位置,".endproc"放在代码的结尾。用这种方式可以设置需要优化的汇编代码段,如程序或函数等。
(3) 线性汇编代码中可能包含".reg"命令,该命令允许使用将要存入寄存器的数值描述名字。当使用".reg"时,汇编优化器为数值选择一个寄存器,这个寄存器与对该值进行操作的指令所选择的功能单元一致。
(4) 线性汇编代码中可能包含".trip"命令,该命令指出循环的迭代次数。

第 5 章
硬件系统结构

硬件系统是支撑软件系统的平台，DSP 的硬件系统是设计基于 DSP 产品的基础。每款 DSP 都具有强大的硬件模块，这些模块对电源、时钟、接口方式、电平以及布线等设计各不相同，使得 DSP 的硬件设计具有一定的难度。而硬件设计又不像软件设计，一旦设计错误，将不能自我修复，只能通过重新设计来解决问题，这将增加产品设计成本并延误产品设计周期。反之，有效地利用硬件可以简化软件设计工作，提高整机的系统性能，缩短产品的开发周期。熟悉硬件系统结构是硬件设计的基础。

TMS320C674x 系列的 DSP 具有较强的硬件结构，内部集成的片内外设主要包括 EMIFA 接口、EMIFB 接口、EDMA3 控制器、定时器、通用 I/O 接口、异步串口、SPI 接口、I^2C 接口、HPI 接口、USB1.1/USB2.0 接口、McASP 接口、EMAC 接口以及脉宽发生器等。这些接口和大部分 C6000 系列 DSP 非常相似，有些则完全一样。这些硬件模块的组织如图 5-1 所示。

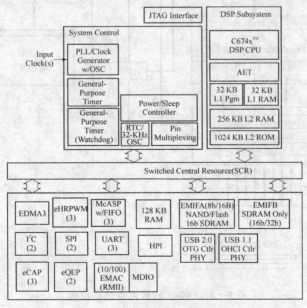

图 5-1　C674x DSP 的硬件结构

5.1 片内存储器

TMS320C674x 的片内存储器包括程序存储器和数据存储器,C674x 不同型号芯片的存储器容量不同。本节介绍片内存储器的构成、程序和数据的读写、程序和数据 Cache 以及 Cache 模式设置等。

5.1.1 片内存储器概述

TMS320C674x 系列 DSP 片内存储器的最主要特点是可以作为高速缓存来应用,而且分为 level1 和 level2 两级。level1 缓存又分为 L1P(程序存储空间)和 L1D(数据存储空间),level2 缓存为程序和数据存储空间共享,一般称为 L2,可以配置成 Cache 和 SRAM 两个部分。图 5-2 为 C674x 的片内存储器结构。

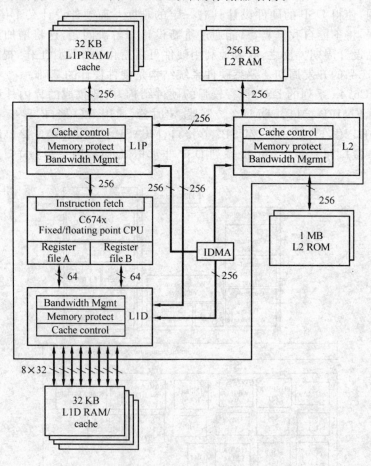

图 5-2 C674x 的片内存储器结构

第5章 硬件系统结构

其中 CPU 通过 L1P 和 L1D 分别和 32 KB 的存储空间交换数据,这是 DSP 内部最快的交换数据方式。此外还有 256 KB 的 L2 RAM 只能通过 L1P 或者 L1D 实现和 CPU 的数据交换,其读写速度稍低。DSP 片内还有 1 MB 的 L2 ROM 空间,为只读空间,一般用户不能使用,大批量用户可以委托 TI 公司将应用软件固化到其中。

1. L1P

L1P 指第一级的程序缓冲存储器。L1P 只能作为缓存使用,不能设置为映射存储器,也没有冻结和旁通模式。L1P 只能通过 EDMA 或者 IDMA 来读写,不能通过 CPU 的寄存器组来读写,所以读写速度比 L1D 慢。L1P 的结构为 256 线的直接映射缓存,每线的大小为 32 字节(等于 2 个取指包)。对 L1P 中数据的申请只能以线为单位,每一个申请提交的地址低 5 位都被忽视,接着的几位是该地址对应数据在 Cache 中的映射位置索引(具体几位由 L1P 分配 Cache 和 SDRAM 的大小而定)。32 位地址中剩余的其他位将作为申请数据的唯一标记,如图 5-3 所示。索引的位数由寄存器的设置而定。

31~X+1	X~5	4~0
标记	索引	固定偏移

图 5-3 L1P 的地址解析

CPU 第一次的程序取指会产生 Cache 丢失情况,因此转而向 L2 提出数据申请,返回的数据(指令包)存入 L1P。以后再次取该指令包时就会产生 Cache Hit,Cache Hit 将在单周期内向 CPU 返回相应的代码数据。

L1P 中内容的更新是由 L1P 控制器自动完成的。有两个手工控制方法使得 L1P 中的数据失效:第一种方法是向 CCFG(Cache 配置寄存器)中的 IP 位写入 1,使 L1P 的标记 RAM 中的所有 Cache 标记无效;第二种方法使用 L1PFBAR(L1P 刷新基址寄存器)和 L1PFWC(L1P 刷新计数寄存器)控制寄存器使 L1P 中某一段缓冲数据失效。第二种方法的操作流程是首先向 L1PFBAR 中写入强制失效操作的起始地址(必须是字对齐),然后将要求失效的数量(单位为字)写入 L1PFWC,L1P 将搜索那些对应的外部地址落在从 L1PFBAR 到 L1PFBAR+L1PFWC 这一范围内的线,并将它们置为无效。如果 L1PFBAR 和 L1PFWC 的值不是 L1P 中线大小的整数倍,那么含有这一范围内地址的所有的线都会变为无效。当 L1PFBAR 寄存器被写入时,指定区段的缓冲使无效操作立即完成。

2. L1D

L1D 是第一级的数据缓存,由 64 组的两路成组相连结构组成,每线大小为 32 字节。存取的最小单元为字,每一个申请提交的地址最低 2 位(第 0 位和第 1 位)作为字节地址,第 2~4 位作为页地址,第 5 位作为 4 个 8 字节子线的选择,接下来的几位选择缓存中相应的组(具体几位由 L1D 分配 Cache 和 SDRAM 的大小而定)。地址中剩余的其他位作为申请数据的唯一标记,如图 5-4 所示。

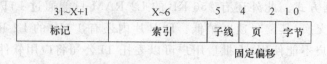

图 5-4 L1D 的地址解析

L1D 的工作模式在 L1DCFG 控制寄存器中设置,一共有 6 种模式,如表 5-1 所列。

表 5-1 L1D 的工作模式

L1MODE	Cache 大小	地址中 X 值	模式
000	0 KB	无	全部 L1 存储空间作为 SRAM
001	4 KB	10	3/4 的存储空间作为 SRAM,其他为 32 线 Cache
010	8 KB	11	1/2 的存储空间作为 SRAM,其他为 64 线 Cache
011	16 KB	12	1/4 的存储空间作为 SRAM,其他为 128 线 Cache
100	32 KB	13	全部 L1D 存储空间作为 256 线 Cache
111	32 KB	无	无

当发生 Cache Hit 时,CPU 会在单个周期内得到所需要的数据。Cache 丢失情况下的操作将决定存取发生的方向:如果是读操作下发生 Cache 丢失,L1D 将向 L2 发出一个取数据的申请,当数据从 L2 返回后,L1D 控制器会分析每一路被缓存的数据组,然后将新的数据存入最近最少使用的组,如果该组缓存的数据曾经被改动过但对应源地址的内容没有被更新,则旧的数据会先写入 L2;如果是写操作下发生 Cache 丢失,则 L1D 转向 L2 发出写申请,该数据不会被同时存入 L1D;如果同一个周期中发生两次 Cache 丢失,L1D 会将它们排序,向 L2 顺序发出申请。

有两种手工控制方法使 L1D 的缓冲数据失效:第 1 种方法是将 CCFG 控制寄存器中的 ID 位置为 1,这样 L1D 的所有 Cache 标记都将变为无效;第 2 种方法是利用 L1DFBAR 和 L1DFWC 控制寄存器。第 2 种方法和 L1P 中的方法类似,先向 L1DFBAR 中写入一个字对齐的起始地址,再将失效的字的个数写入 L1DFWC,当 L1DFWC 的写入操作完成,对应的外部地址在 L1DFBAR 和 L1DFBAR+L1DFWC 之间的缓存内容将变为无效,这些线上的数据被送入 L2,并存入相应的原始地址中。如果 L1DFBAR 和 L1DFWC 的值不是线宽的整数倍,则只要包含有上述范围地址的线都将变为无效,但是只有该范围内的那些字才会存入 L2。这也是一个将 L1D 中缓行的数据留入外部存储器的比较好的办法。

由于 C674x 系列 DSP 采用 C64x+ 的核,因此 L1 还提供一种高速缓存丢失情况下的流水处理机制,能够减小高速缓存丢失时的阻塞周期。单独 1 个 Cache 丢失会阻塞

8个CPU周期,如果同时发生2个高速缓存丢失,利用流水处理可以使CPU平均阻塞周期降低到5个。如果更多的高速缓存丢失,利用流水处理可以使CPU平均阻塞周期进一步降低。

C64x+的L1D和L2之间还有一个写缓存,利用该写缓存Cache控制器最多可以处理4个不可合并的写丢失,而且不会引起流水阻塞。当满足以下条件时,写缓存能够将2个写丢失合并为1个双字操作:①2个访问的双字地址相同;②2个访问的对象为RAM;③早的写访问刚进入写缓存队列;④当前的写访问还没有进入写缓存队列。

3. L2

L2是第二级包括数据和程序的存储器。L1P和L1D都可以对L2进行存取。当L1P和L1D发生Cache丢失时,首先会向L2发出申请,L2如何响应这一申请取决于L2的状态设置。其空间配置如图5-5所示。

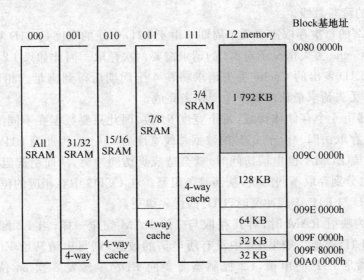

图5-5 L2存储空间的配置

L2的地址解析如图5-6所示,其地址设置和L1D相同。

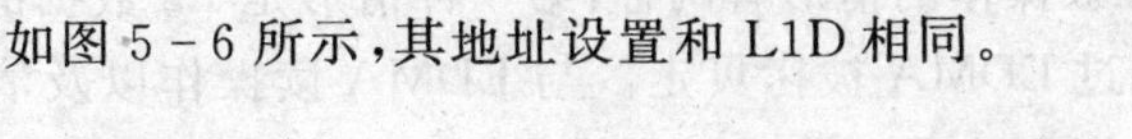

31~X+1	X~7	6	0
标记	索引	固定偏移	

图5-6 L2的地址解析

L2的工作模式在CCFG控制寄存器的L2MODE中设置,一共有6种模式,如表5-2所列。

表 5-2 L2 的工作模式

L2MODE	Cache 大小	地址中 X 值	模式
000	0 KB	无	全部 L2 存储空间作为 SRAM
001	32 KB	12	3/4 的存储空间作为 SRAM，其他为 64 线 Cache
010	64 KB	13	1/2 的存储空间作为 SRAM，其他为 128 线 Cache
011	128 KB	14	1/4 的存储空间作为 SRAM，其他为 256 线 Cache
100	256 KB	15	全部 L2 存储空间作为 512 线 Cache
111	256 KB	无	无

　　L2 控制器处理的申请来自三个方向：L1P、L1D 和 EDMA。来自 L1P 的只有读请求，接口是一条 256 位宽的单向数据总线。L1D 和 L2 间的接口包括一条 128 位由 L1D 到 CPU 的写总线和一条 128 位由 L2 到 L1D 的读总线。L1D 和 EDMA 间的接口是一条 64 位的读写总线。

　　L1D 对 L2 的每次存取需要两个周期。由于 L1D 中线的宽度是 L1D 和 L2 间总线的两倍，因此 Cache 丢失情况下对 L2 的请求需要两次存取。因此如果 L2 中包含所需要的数据，则 L1D 发出的 Cache 丢失请求将在 4 个周期后得到满足。相比之下，L1P 发出的 Cache 丢失请求最快需要 5 个周期来完成。

　　L2 存储器由 4 个存储体构成，每个宽度 64 位，因此只要数据在不同的页中，可以同时进行两个存取访问。由于 L1P 的数据总线宽度为 256 位，因此当 L1P 提出访问要求，同时 L1D 或 EDMA 也申请访问时，就会造成页访问冲突，从而引起阻塞。L1D 与 EDMA 则可以分别存取不同的页，从而避免阻塞。在 CCFG 中有相应的位控制访问的优先级，当 L1D 与 L1P 访问冲突时，L1P 的优先级更高。

　　当 L2 作为映射 RAM 时，对其存取与一般 RAM 完全一样；当 L2 配置为 Cache 时，其操作和 L1D 类似。如果 L2 中没有所申请的数据，则将申请转给 EDMA。这种情况下，为了满足 L1P 的申请，L2 控制器需要向 EDMA 转发 8 次 64 位的申请，而 L1D 需要转发 4 次。

　　对于 L2，进行无效操作的情形有两种：第一种情形是 L2 数据的清洗（flush），这一过程中 L2 的内容通过 EDMA 被拷贝走。与 EDMA 读操作以及清除 L2 数据时的情况相似，此时会监测 L1D 中是否有对应的数据处于 Cache 没有被更新状态；第二种是 L2 数据的清除，L2 的数据通过 EDMA 被拷贝到外部存储器中，L1D 中的数据状态同时被监测。除此之外，进行清除操作时，会同时将拷贝到外部存储器的数据在 L1P、L1D 和 L2 中对应的线全部置为无效。

　　利用控制寄存器 L2flush 完成对整个 L2 的清洗。利用控制寄存器 L2clear 可以消除整个 L2 数据。如果只需清除 L2 中某一范围的数据，则可以利用控制寄存器 L2FBAR、L2FWC、L2clear 以及 L2CWC，过程和 L1P 与 L1D 类似。

　　图 5-7 和图 5-8 分别给出 CPU 和 EDMA 申请数据的流程。

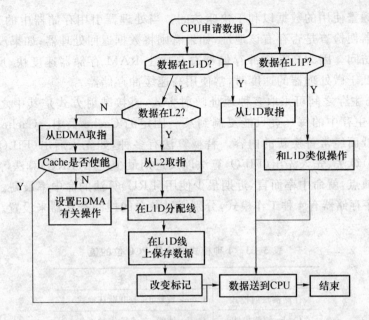

图 5-7　CPU 申请数据的流程

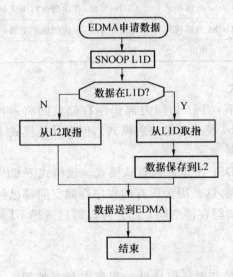

图 5-8　EDMA 申请数据的流程

5.1.2　Cache

Cache 的出现基于两种因素：首先是由于 CPU 的速度和性能提高很快而内存速度较低且价格高；其次是程序执行具有局部性特点。因此将速度比较快而容量有限的 SRAM 构成 Cache，以尽可能发挥 CPU 的高速度。很显然，要尽可能发挥 CPU 的高速度就必须用硬件实现其全部功能，DSP 内部的 Cache 也是一种特殊的存储器系统，其中临时存储频繁使用的数据以利于快速访问。当处理器引用存储器中的某地址时,高速缓冲存储器便检查是否存有该地址,如果有则将数据返回处理器;如果没有则进行常规的存储器访问。因为高速缓冲存储器总是比主 RAM 存储器速度快,所以当 RAM 的访问速度低于微处理器的速度时,常使用高速缓冲存储器。

Cache 与主存之间可采取多种地址映射方式,直接映射方式是其中之一。在这种映射方式下,主存中的每一页只能复制到某一固定的 Cache 页中。Cache 中的内容随命中率的降低而经常替换新的内容。替换算法有多种,如先入后出(FILO)算法、随机替换(RAND)算法、先入先出(FIFO)算法以及近期最少使用(LRU)算法等。这些替换算法各有优缺点,就命中率而言,近期最少使用(LRU)算法的命中率最高。

片内程序存储器有 4 种工作模式,分别通过各自的控制寄存器来设置。4 种模式如表 5-3 所列。

表 5-3 4 种模式对应的 PCC 位的值

模式	描述
存储器映射模式	Cache 被禁止(上电默认模式)
Cache 使能模式	Cache 使能,在读操作时更新
Cache 冻结模式	Cache 冻结,在读操作时不更新
Cache 旁通模式	Cache 旁通,不访问也不更新
预留	预留

(1) 存储器映射模式

在存储器映射模式下,CPU 访问内部程序存储空间将返回相应地址中的取指包(不论该存储空间是 Cache 模式还是映射模式),但在其他模式下 CPU 对该范围地址的访问将返回未定义的数据。

存储器映射模式是 DSP 上电后的默认模式。该模式下 CPU 不能通过程序存储控制器来访问程序存储空间,这是因为所有的程序存储空间都已经映射到相应的地址,没有必要再使用控制器来读写存储空间。用户可以通过选择不同的映射方式决定片内程序存储空间的开始地址。

(2) Cache 使能模式

Cache 使能模式下,最初对任何地址的程序取指都被视为 Cache 未检测到(Cache Miss)。发生 Cache 未检测到时,首先会通过 EMIF 接口读入需要的取指包,取指包在送入 CPU 的同时被存入片内 Cache。在读入取指包的过程中,CPU 被挂起,CPU 等待的时间取决于所用的外部存储器类型、状态以及 EMIF 是否正被其他设备占用等。以后对已经缓存的地址访问将引起 Cache 命中(Cache Hit)。一旦 Cache 命中,缓存中的取指包立即被送入 CPU,不再需要等待。程序从存储器映射模式转为 Cache 使能模式时,会自动产生 Cache 清洗(Cache Flush),这也是清洗 Cache 的唯一方法。

(3) Cache 冻结模式

Cache 冻结模式将保持 Cache 的当前状态不变。与 Cache 使能模式相比,唯一不同在于发生 Cache 未检测到时，从 EMIF 读入的指令包不会被同时存入 Cache。Cache 冻结模式可以保证缓存的程序不会被覆盖。

（4）Cache 旁通模式

Cache 旁通模式下任何指令包都将从外部存储器读取，数据不会保存到 Cache 空间，Cache 保持当前的状态不变。旁通模式可以确保仅从外部存储空间中取指。

在映射模式下，CPU 和 DMA 控制器可以访问所有的程序存储空间。对于 C6202/6203，如果 CPU 和 DMA 要求访问的内容位于不同的块（Block），则它们可以同时进行存取；如果 CPU 和 DMA 要求访问同一块程序存储空间，则 CPU 的访问优先级更高。另外，DMA 不能在一次数据块的传输中跨越 Block0 和 Block1 进行存取，即一次 DMA 任务只能对一块程序存储空间进行访问，如果访问需要跨越块，则只能由两次 DMA 来完成。

发生 Cache 未检测到（或者称为 Cache 丢失）有两种情况：一是 CPU 发出的取指包地址中的 25～16 位不对应 Cache 标记存储空间中的任何一个标记；二是有对应的标记存在，但是相应的有效位标记是 0。如果这时 Cache 使能，则控制器从外部存储器读入需要的取指包，存入 Cache 中映射的位置，设置该帧的标记，并将对应的有效标记置为 1，然后指令包被送入 CPU。

片内程序存储空间设置为映射模式时，可以利用 DMA 控制器对其进行读写。此时 CPU 的优先级始终高于 DMA 控制器，而每次 DMA 访问之后，CPU 会插入一个等待状态，以避免由于仲裁而造成新的访问申请丢失。在 Cache 模式下，如果 DMA 控制器访问该区域，DMA 控制器中有关的标志信号将保持"申请已经完成"的状态，所作的写操作会被程序存储控制器忽略，而读操作将返回一个无效数。

对于片内数据 RAM 的多个访问，只要要求存取的数据处于不同的页存储空间或是位于不同的块中，就可以同时进行。因此，只要满足上述条件，CPU 就可以在一个周期内同时对片内 RAM 进行两次存取，而无需插入等待周期。如果同时发出的两个存取请求是针对片内 RAM 的同一个页存储空间，那么将会阻塞流水操作，从而需要两个周期来完成。

处于一个执行包（Execute Package）中的 load 和 store 命令是同时被提交给片内 DMC 的。不在同一个 CPU 周期里的 load 或者 store 命令之间并不会互相影响（指发生资源冲突，需要插入等待等），只有处于同一个 CPU 周期中（或者说处于同一个执行包中）的 load 或者 store 在它们要存取的数据处于同一个页存储空间时，才有可能导致插入等待状态。此时，DMC 会将 CPU 阻塞一个时钟周期，使发生冲突的两个存取指令顺序执行。在优先级上，load 命令总是优先于 store 命令执行，如果两个都是 store 命令，则由 DA1 执行的 store 命令优先于 DA2 执行的 store 命令。

DMA 控制器对片内数据 RAM 的访问可以与 CPU 同时进行，只要它们要存取的数据位于不同的页存储空间中。如果需要访问同一个页存储空间，就会产生资源冲突，此时由设置的 DMA/CPU 优先级（DMA 通道寄存器中的 PRI 位）来决定谁先进行访问。如果 DMA 的优先级高,那么 CPU 的访问将被延迟 1 个时钟周期,等候 DMA 的存取结束;如果 CPU 的两个数据通道与 DMA 三者同时要求访问同一个页存储空间,那么 CPU 的访问申请将会被插入两个周期的等待;如果 DMA 有连续的访问要求,则 CPU 的访问会等待所有的 DMA 存取完成后才进行;如果 CPU 的优先级高,则发生冲突时,DMA 的存取将被推迟,此时 CPU 对片内数据区的访问不会有任何等待。

数据存取的顺序有两个,一种为大模式,一种为小模式。小模式下,如果是字节存取,低位总是出现在较低的地址,高位出现在较高的地址。大模式数据的顺序和小模式相反。数据存取模式通过 LENDIAN 引脚上电的状态设置,状态为 0,则为大模式;否则为小模式。

5.1.3 控制寄存器

C674x 提供了一些寄存器用于控制某一段空间的高速缓冲使能。如果某一段地址范围设置为不可高速缓存,则该地址的所有访问将略过 Cache,直接访问外部存储器。这种访问花费时间较长,称为远距离访问。表 5-4 为 C674x 中与 Cache 相关的控制寄存器。

表 5-4 C674x 与 Cache 相关的控制寄存器

助记符	寄存器地址	名称
L1PCFG	0184 0020H	L1P 高速缓存大小控制寄存器
L1PCC	0184 0024H	L1P 高速缓存模式控制寄存器
L1PIBAR	0184 4020H	L1P 非法基地址寄存器
L1PWC	0184 4024H	L1P 非法字计数器寄存器
L1PINV	0184 5028H	L1P 非法控制寄存器
L1PMPLK0	0184 A500H	L1P 程序保护锁定寄存器 0
L1PMPLK1	0184 A504H	L1P 程序保护锁定寄存器 1
L1PMPLK2	0184 A508H	L1P 程序保护锁定寄存器 2
L1PMPLK3	0184 A50CH	L1P 程序保护锁定寄存器 3
L1PMPLKCMD	0184 A510H	L1P 程序保护锁定控制寄存器
L1PMPLKSTAT	0184 A514H	L1P 程序保护锁定状态寄存器
L1PMPFAR	0184 A400H	L1P 程序错误地址寄存器
L1PMPFSR	0184 A404H	L1P 程序错误设置寄存器
L1PMPFCLR	0184 A408H	L1P 程序错误清除寄存器
L1DCFG	0184 0040H	L1D 高速缓存大小控制寄存器
L1DCC	0184 0044H	L1D 高速缓存模式控制寄存器

续表 5-4

助记符	寄存器地址	名称
L1DWIBAR	0184 4030H	L1D 非法回写地址寄存器
L1DWIWC	0184 4034H	L1D 非法回写字计数器寄存器
L1DWBAR	0184 4040H	L1D 回写地址寄存器
L1DWWC	0184 4044H	L1D 回写字计数器寄存器
L1DIBAR	0184 4048H	L1D 非法基地址寄存器
L1DIWC	0184 404CH	L1D 非法字计数器寄存器
L1DWB	0184 5040H	L1D 回写寄存器
L1DWBINV	0184 5044H	L1D 非法回写寄存器
L1DINV	0184 5048H	L1D 非法控制寄存器
L2CFG	0184 0000H	L2 高速缓存大小控制寄存器
L2WBAR	0184 4000H	L2 回写地址寄存器
L2WWC	0184 4004H	L2 回写字计数器寄存器
L2WIBAR	0184 4010H	L2 非法回写地址寄存器
L2WIWC	0184 4014H	L2 非法回写字计数器寄存器
L2IBAR	0184 4018H	L2 非法基地址寄存器
L2IWC	0184 401CH	L2 非法字计数器寄存器
L2WB	0184 5000H	L2 回写寄存器
L2WBINV	0184 5004H	L2 非法回写寄存器
L2INV	0184 5008H	L2 非法控制寄存器

除了表中的寄存器外，L1P 还有程序页保护属性寄存器 L1PMAPPA0～L1PMAPPA31，对应 32 页的保护；L1D 还有数据页保护属性寄存器 L1DMAPPA0～L1DMAPPA31，对应 32 页的保护；L2 还有页保护属性寄存器 L2MAPPA0～L2MAPPA31，对应 32 页的保护。

Cache 相关的寄存器大部分不需要用户设置，如果使用 DSP/BIOS 或者 SYS/BIOS 编程，Cache 的设置都由操作系统自行完成。这些寄存器的具体说明请参考 *TMS320C674x DSP Mega-module Reference Guide*，*August* 2010。

5.2 中 断

中断是硬件系统的基本功能，DSP 通过中断实现和其他芯片的实时交互。中断是指 DSP 在执行程序的过程中，当出现异常情况或特殊请求时，DSP 停止现行程序的运行，转向这些异常情况或特殊请求的处理，处理结束后再返回现行程序的间断处，继续执行原程序。中断是实时处理内部或外部事件的一种内部机制。

5.2.1 中断概述

一般来说,中断表明一个特别事件(例如定时器完成计数、外部数据送到)的开始或结束。一个 DSP 系统需要和多个事件打交道,这些事件可能是内部的也可能是外部的,而且这些事件发生的时间不确定,也就是这些事件可能是异步的。一旦异步事件发生,要求 DSP 能够随之做出相应的反应和处理。中断就可以提供这样的一种机制,一旦异步事件发生,DSP 立即暂停 CPU 当前的处理任务,按预先的安排对该事件进行处理,处理完毕后,CPU 再继续原来的任务。由硬件或软件驱动的中断信号可使 DSP 终止当前程序并执行另一个程序,一般称为中断服务程序。

TMS320C674x 支持软件和硬件中断。软件中断可由指令产生中断请求,硬件中断可以是来自外设的一个请求信号。如果同时有两个中断产生,DSP 将根据各自的优先级进行处理。

TMS320C674x 的所有软件和硬件中断以及它们各自对应的事件如表 5-5 所列。

表 5-5 中断及其事件(0 表示最高优先级)

事件	中断名称	中断源	事件	中断名称	中断源
0	EVT0	C674x Int Ctl 0	13	EHRPWM1	HiResTimer/PWM1 INT
1	EVT1	C674x Int Ctl 1	14	USB0_INT	USB0 INT
2	EVT2	C674x Int Ctl 2	15	USB1_HCINT	USB1 OHCI Host Controller INT
3	EVT3	C674x Int Ctl 3	16	USB1_RWAKEUP	USB1 Remote Wakeup INT
4	T64P0_TINT12	Timer64P0 - TINT12	17	EHRPWM1TZ	HiResTimer/PWM1 Trip Zone INT
5	SYSCFG_CHIPINT2	SYSCFG_CHIPSIG Register	18	EHRPWM2	HiResTimer/PWM2 INT
7	EHRPWM0	HiResTimer/PWM0 INT	19	EHRPWM2TZ	HiResTimer/PWM2 Trip Zone INT
8	EDMA3_CC0_INT1	EDMA3 CC0 Region 1 INT	20	EMAC_C0RXTHRESH	EMAC - Core 0 Receive Threshold INT
9	EMU-DTDMA	C674x-ECM	21	EMAC_C0RX	EMAC - Core 0 Receive INT
10	EHRPWM0TZ	HiResTimer/PWM0 Trip Zone INT	22	EMAC_C0TX	EMAC - Core 0 Transmit INT
11	EMU-RTDXRX	C674x-RTDX	23	EMAC_C0MISC	EMAC - Core 0 Miscellaneous INT
12	EMU-RTDXTX	C674x-RTDX	24	EMAC_C1RXTHRESH	EMAC - Core 1 Receive Threshold INT

续表 5-5

事件	中断名称	中断源	事件	中断名称	中断源
25	IDMAINT0	C674x-EMC	54	EMAC_C1RX	EMAC - Core 1 Receive INT
26	IDMAINT1	C674x-EMC	55	EMAC_C1TX	EMAC - Core 1 Transmit INT
27	MMCSD_INT0	MMCSD MMC/SD Interrupt	56	EMAC_C1MISC	EMAC - Core 1 Miscellaneous INT
28	MMCSD_INT1	MMCSD SDIO INT	57	UHPI_DSPINT	UHPI DSP INT
29	IIC0_INT	I2C0	58	LCDC_INT	LDC Controller
30	SP0_INT	SPI0	59	PROTERR	SYSCFG Protection Shared INT
31	UART0_INT	UART0	60	T64P0_CMPINT0	TimerP0 - Compare 0
32	T64P1_TINT12	Timer64P1 INT 12	61	T64P0_CMPINT1	TimerP0 - Compare 1
33	GPIO_B1INT	GPIO Bank 1 INT	62	T64P0_CMPINT2	TimerP0 - Compare 2
34	IIC1_INT	I2C1	63	T64P0_CMPINT3	TimerP0 - Compare 3
35	SPI1_INT	SPI1	64	T64P0_CMPINT4	TimerP0 - Compare 4
36	ECAP0	ECAP0	65	T64P0_CMPINT5	TimerP0 - Compare 5
37	UART_INT1	UART1	66	T64P0_CMPINT6	TimerP0 - Compare 6
38	ECAP1	ECAP1	67	T64P0_CMPINT7	TimerP0 - Compare 7
39	T64P1_TINT34	Timer64P1 INT 34	68	T64P1_CMPINT0	TimerP1 - Compare 0
40	GPIO_B2INT	GPIO Bank 2 INT	69	T64P1_CMPINT1	TimerP1 - Compare 1
41	ECAP2	ECAP2	70	T64P1_CMPINT2	TimerP1 - Compare 2
42	GPIO_B3INT	GPIO Bank 3 INT	71	T64P1_CMPINT3	TimerP1 - Compare 3
43	EQEP1	EQEP1	72	T64P1_CMPINT4	TimerP1 - Compare 4
44	GPIO_B4INT	GPIO Bank 4 INT	73	T64P1_CMPINT5	TimerP1 - Compare 5
45	EMIFA_INT	EMIFA	74	T64P1_CMPINT6	TimerP1 - Compare 6
46	EDMA3_CC0_ERRINT	EDMA3 Channel Controller 0	75	T64P1_CMPINT7	TimerP1 - Compare 7
47	EDMA3_TC0_ERRINT	EDMA3 Transfer Controller 0	76	INTERR	C674x-Int Ctl
48	EDMA3_TC1_ERRINT	EDMA3 Transfer Controller 1	77	EMC_IDMAERR	C674x-EMC
49	GPIO_B5INT	GPIO Bank 5 INT	78	PMC_ED	C674x-PMC
50	EMIFB_INT	EMIFB Memory Error INT	79	UMC_ED1	C674x-UMC
51	MCASP_INT	McASP0,1,2 Combined RX/TX INT	80	UMC_ED2	C674x-UMC
52	GPIO_B6INT	GPIO Bank 6 INT	81	PDC_INT	C674x-PDC
53	RTC_IRQS	RTC Combined	82	SYS_CMPA	C674x-SYS

续表 5-5

事件	中断名称	中断源	事件	中断名称	中断源
83	T64P0_TINT34	Timer64P0 INT 34	91	PMC_CMPA	C674x-PMC
84	GPIO_B0INT	GPIO Bank 0 INT	92	PMC_CMPA	C674x-PMC
85	SYSCFG_CHIPINT3	SYSCFG_CHIPSIG Register	93	DMC_CMPA	C674x-DMC
86	EQEP0	EQEP0	94	DMC_CMPA	C674x-DMC
87	UART2_INT	UART2	95	UMC_CMPA	C674x-UMC
88	PSC0_ALLINT	PSC0	96	UMC_CMPA	C674x-UMC
89	PSC1_ALLINT	PSC1	97	EMC_CMPA	C674x-EMC
90	GPIO_B7INT	GPIO Bank 7 INT	98	EMC_BUSERR	C674x-EMC

其中没有用到的事件号为预留。表中有些事件是相互冲突的,也就是这两个事件不可能同时产生。例如若两个外设为复用引脚,则某一时刻只能作为一种功能使用。在实际中,同时只有 12 个事件作为中断源,对应到中断寄存器的 12 个位上。比较常用的中断包括 GPIO 的中断(与其他 DSP 的外部中断引脚功能一样,C674x DSP 没有专用的中断引脚)、DMA 中断、网口中断、USB 中断以及串口中断等。

无论是硬件中断还是软件中断,都属于以下两种中断类型:

(1) 非屏蔽中断

这类中断不能被屏蔽。DSP 将无条件响应这类中断,即从当前程序转移到该中断的服务程序。TMS320C674x 的非屏蔽中断包括所有的软件中断和仅有的两个外部硬件中断,复位($\overline{RS}$)和($\overline{NMI}$)($\overline{RS}$ 和 $\overline{NMI}$ 也可以使用软件申请)。

(2) 可屏蔽中断

这类中断通过软件可以进行屏蔽或启动。包括 GPIO 中断、串口收发中断、定时中断、HPI 接口中断以及 DMA 中断等。

5.2.2 中断寄存器

DSP 和中断有关的寄存器包括:①IER(中断使能寄存器);②IFR(中断标志寄存器);③ISR(中断设置寄存器);④ICR(中断清除寄存器);⑤ISTP(中断向量表起始地址寄存器);⑥NRP(不可屏蔽中断返回指针寄存器);⑦IRP(可屏蔽中断返回指针寄存器);⑧NTSR(不可屏蔽中断返回指针寄存器);⑨TSR(任务状态寄存器);⑩ITSR(中断任务状态寄存器);⑪EVTFLAG[3:0]事件标志寄存器;⑫EVTCLR[3:0]事件清除寄存器;⑬EVTSET[3:0]事件设置寄存器;⑭EVTMASK[3:0]事件屏蔽寄存器;⑮MEVTCLR[3:0]屏蔽事件清除寄存器;⑯INTMUX[3:0]中断事件选择寄存器;⑰AEGMUX[1:0]高级事件发生复用寄存器;⑱INTXSTAT中断异常状态寄存器;

⑲INTXCLR 中断异常清除寄存器;⑳INTXMASK 中断异常屏蔽寄存器。

1. IER、IFR、ISR、ICR

IER(Interrupt Enable Register)是中断使能寄存器,可以通过设置该寄存器相应位关闭或者打开一个中断源;IFR(Interrupt Flag Register)是中断标志寄存器,可以通过读该寄存器的相应位了解中断的有关信息,该寄存器为只读寄存器;ISR(Interrupt Set Register)是中断设置寄存器,ICR(Interrupt Clear Register)是中断清除寄存器,通过对这两个寄存器相应位的设置来开启或者清除相应位的中断。对这 4 个寄存器的读写操作只能使用 MVC 指令完成,同时对于 ISR 和 ICR 寄存器的操作有一个时间片的延时。这些寄存器各位的定义如图 5-9 所示。

	15	14												0
IER	IE15	IE14	IE13	IE12	IE11	IE10	IE9	IE8	IE7	IE6	IE5	IE4	Rsv	Rsv	NMIE	1
IFR	IF15	IF14	IF13	IF12	IF11	IF10	IF9	IF8	IF7	IF6	IF5	IF4	Rsv	Rsv	NMIE	0
ISR	IS15	IS14	IS13	IS12	IS11	IS10	IS9	IS8	IS7	IS6	IS5	IS4	Rsv	Rsv	Rsv	Rsv
ICR	IC15	IC14	IC13	IC12	IC11	IC10	IC9	IC8	IC7	IC6	IC5	IC4	Rsv	Rsv	Rsv	Rsv

图 5-9 IER、IFR、ISR 和 ICR 寄存器各位的定义

4 个寄存器对应位的意义基本一样,下面以 IER 为例说明。

第 0 位:只读位,表示复位中断,永远为 1,也就是复位中断一直使能,不能屏蔽;

第 1 位:NIMIE 位,读写位。设置 NMI 中断使能;

第 2 位和第 3 位:预留,可读写位;

第 4 位:IE4 位,设置中断 4 使能;

第 5 位:IE5 位,设置中断 5 使能;

第 6 位:IE6 位,设置中断 6 使能;

第 7 位:IE7 位,设置中断 7 使能;

第 8 位:IE8 位,设置中断 8 使能;

第 9 位:IE9 位,设置中断 9 使能;

第 10 位:IE10 位,设置中断 10 使能;

第 11 位:IE11 位,设置中断 11 使能;

第 12 位:IE12 位,设置中断 12 使能;

第 13 位:IE13 位,设置中断 13 使能;

第 14 位:IE14 位,设置中断 14 使能;

第 15 位:IE15 位,设置中断 15 使能;

第 16~31 位:预留。

对单个 INT4 中断使能的指令如下:

```
MVK    010h,A1      ;设置第 4 位
MVC    IER,A0       ;取出 IER 寄存器的当前内容
OR     A1,A0,A0     ;将第 4 位写 1,其他位不变
MVC    A0,IER       ;设置 IER 寄存器的内容
```

2. ISTP

ISTP(Interrupt Service Table Pointer Register)寄存器是中断向量表指针寄存器,用于设置中断服务程序存放的地址。该寄存器各位的定义如图 5-10 所示。

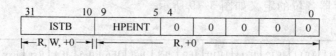

图 5-10 ISTP 寄存器各位的定义

第 0~4 位:只读位,一直为 0。这是因为中断复位向量表的地址必须以 8 的倍数地址单元为边界;

第 5~9 位:HPEINT 位,只读位。最高优先级中断使能,该位反映被 IER 中断使能寄存器使能的最高级别的中断。程序可以使用 HPEINT 位直接跳到最高级别的中断服务程序中,如果没有任何一个中断被使能,则该位值为 0。

第 10~31 位:ISTB 位,可读写位。设置中断向量表的地址,复位后值为 0,当改变该位的值后,中断向量表地址被改变(中断向量表地址的改变根据程序的配置文件决定)。注意:改变中断向量表地址后,第一次的中断可能不会响应,所以必须手动清除所有中断标志。

3. NRP、IRP

NRP(NMI Return Pointer Register)寄存器是 NMI(不可屏蔽中断)返回地址指针寄存器,该寄存器只有一个状态位,包括 NMI 中断的返回地址,该地址指针是在 NMI 中断执行后返回的程序地址指针。同样的,该地址指针在程序响应 NMI 中断后被写入到 NRP 寄存器中。

IRP(Interrupt Return Pointer Register)寄存器是中断返回地址指针寄存器,该寄存器只有一个状态位,包括中断的返回地址,其操作方式和 NRP 寄存器完全一样。

4. ITSR、NTSR、TSR

ITSR(Interrupt Task State Register)用于存储任务状态寄存器在中断时的内容;NTSR(Nonmaskable Interrupt Task State Register)用于存储任务状态寄存器在异常时的内容;TSR(Task State Register)存储当前的运行环境。这些寄存器各位的定义完全一样,如图 5-11 所示。

第5章 硬件系统结构

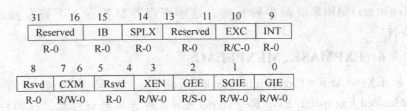

图 5-11 ITSR、NTSR、TSR 寄存器各位的定义

下面以 TSR 寄存器为例说明。

第 0 位:GIE,可读写位。全局中断使能位,该位和 CSR 寄存器的 GIE 位映射到同一个物理空间。1 表示使能全局中断;0 禁止所有可屏蔽中断。

第 1 位:SGIE,可读写位。全局中断使能保存位,保存前面 GIE 的值,用于中断、异常等情况下 GIE 的恢复。

第 2 位:GEE,只读位。全局异常使能位,该位如果被设置,只能通过重新复位芯片来清除。1 表示使能;0 表示禁止。

第 3 位:XEN,可读写位。可屏蔽异常使能位,1 表示使能可屏蔽异常;0 表示禁止可屏蔽异常。

第 4~5 位:预留。

第 6~7 位:CXM,可读写位。设置当前的 DSP 运行模式,0 表示运行在超级管理员模式;1 表示用户模式。其他设置无效,不改变运行模式。

第 8 位:预留。

第 9 位:INT,只读位。中断状态位,1 表示当前运行中断;0 表示当前没有运行中断。

第 10 位:EXC,只读位。异常状态位,1 表示当前运行异常;0 表示当前没有运行异常。

第 11~13 位:预留。

第 14 位:SPLX,只读位。SPLOOP 状态位,1 表示当前运行 SPLOOP;0 表示当前没有运行 SPLOOP。

第 15 位:IB,只读位。中断阻塞状态位,1 表示当前中断阻塞;0 表示当前没有中断阻塞。

第 16~31 位:预留。

5. 事件寄存器

事件寄存器包括 EVTFLAG、EVTCLR、EVTSET、EVTMASK 和 MEVTFLAG 寄存器。EVTFLAG(Event Flag Registers)是事件标志寄存器,表示一个事件是否发生。该寄存器为只读寄存器,一共有 EVTFLAG3~EVTFLAG0 等 4 个寄存器,每个寄存器标识 32 个事件,可以标识 128 个事件。这 128 个事件中有些事件为预留,用户不能使用。只能通过 EVTSET(Event Set Registers)来设置某个事件使能或者禁止;同样,只能通过 EVTCLR(Event Clear Registers)来清除某个事件;只能通过 EVTMASK(Event Mask Registers)来屏蔽某个事件;MEVTFLAG(Masked Event Flag

Registers)则用来屏蔽事件标志。这些寄存器都各有 4 个寄存器,正好对应 128 个事件。

6. EXPMASK、MEXPFLAG

EXPMASK(Exception Mask Registers)为异常屏蔽寄存器,MEXPFLAG(Masked Exception Flag Registers)为异常标志屏蔽寄存器。这两种寄存器各有 4 个寄存器,分别为 EXPMASK[3~0]以及 MEXPFLAG[3~0],每一位对应一个异常。

7. INTMUX

INTMUX(Interrupt Mux Registers)是中断事件选择寄存器,用于将中断号和事件联系在一起。一共有 3 个寄存器,每个寄存器控制 4 个中断号,分别控制中断 4~7、中断 8~11 以及中断 12~15(其中中断 0~3 为不可屏蔽中断)。这些寄存器各位定义如图 5-12 所示(以 INTMUX1 为例)。

31	30	24	23	22	16
Reserved	INTSEL7		Reserved	INTSEL6	
R-0	R/W-7h		R-0	R/W-6h	

15	14	8	7	6	0
Reserved	INTSEL5		Reserved	INTSEL4	
R-0	R/W-5h		R-0	R/W-4h	

图 5-12 INTMUX1 寄存器各位的定义

第 0~6 位:INTSEL4,读写位。选择中断 4 对应的事件,设置值为 0~7F。
第 7 位:预留。
其他各位定义参考 0~7 位。

8. INTXSTAT

INTXSTAT(Interrupt Exception Status Register)是中断异常状态寄存器,为只读寄存器,该寄存器记录中断异常时的事件号和中断号。该寄存器各位定义如图 5-13 所示。

31	24	23	16	15	1	0
SYSINT		CPUINT		Reserved		DROP
R-0		R-0		R-0		R-0

图 5-13 INTXSTAT 寄存器各位的定义

第 0 位:DROP,只读位。事件丢失错误标志,1 表示有事件丢失;0 表示当前事件正常。
第 1~15 位:预留。
第 16~23 位:CPUINT,只读位。发生中断异常时的中断号。
第 24~31 位:SYSINT,只读位。发生中断异常时的事件号。

5.2.3 中断控制器

C674x 系列以及之后版本的 DSP 中断都由专门的中断控制器管理。中断控制器的实现框图如图 5-14 所示。

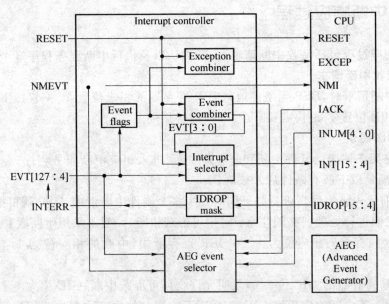

图 5-14　中断控制器实现框图

C674x DSP 中断一般都由事件来触发。除了 RESET 和 NMEVT 这两个不可屏蔽中断直接映射到 CPU 的 RESET 和 NMI 引脚外，其他的中断事件都通过事件组合器映射到可用的 12 个中断上（INT[15：4]）。由于事件号（128 个）远远大于中断号（12 个），所以需要事件组合器将多个事件组合成一个事件，映射到某个中断上。这些事件的组合都是"或"关系，即只要有一个事件发生，该中断就会产生。每个事件都可以映射到任何一个中断，如图 5-15 所示。

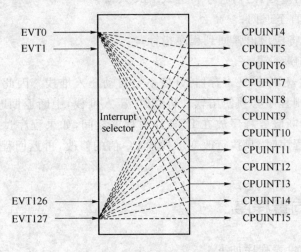

图 5-15　事件到中断的映射

5.2.4 中断响应过程

中断响应过程包括接收中断请求、中断确认以及执行中断服务程序3个步骤。

(1) 接收中断请求

当有中断请求时，DSP无条件地将IFR寄存器的相应位置1。C674x DSP从中断产生到将IFR位置1，最快需要6个CPU时钟周期。

(2) 中断确认

DSP将无条件接受软件中断和非屏蔽中断，进入相应中断服务程序。对于可屏蔽中断，只有满足以下所有条件后才被确认：

① 当前优先级为最高级。如果同时发生多个硬件中断请求，DSP就根据所设置的优先级对它们进行处理。必须注意：对于可屏蔽中断，一般不采用中断嵌套。

② IER寄存器的相应位为1。在IER寄存器中，中断的相应位为1，表明允许该中断。

③ CSR寄存器的GIE位为0，表明允许全局可屏蔽中断；GIE位为1，禁止所有的可屏蔽中断。若中断响应后将GIE置1，则不响应其他中断。在中断程序返回后，GIE位自动清0。

④ IER寄存器的NMIE位为1。

(3) 运行中断服务程序

DSP运行中断服务程序的步骤如下：

① 保护现场，将当前程序指针值压入栈顶；

② 载入中断向量表，将中断向量表地址送入程序指针；

③ 执行中断向量表，之后程序将进入ISR入口；

④ 执行ISR，直至返回；

⑤ 恢复现场，将栈顶值弹回到程序指针；

⑥ 继续运行中断前程序。

在中断响应时，程序扩展寄存器XPC不会自动压入堆栈。因此，如果ISR在程序空间的扩展页上，则程序必须使用软件将XPC压入堆栈，中断返回时必须由软件弹出堆栈。一般建议中断服务程序放在DSP片内程序空间，如果程序过大，则外扩程序空间，进入中断服务程序时，只执行改变堆栈顶PC值的修改，再返回程序，最后跳转到中断点。

5.2.5 中断向量程序

标准的中断向量表程序如下。

```
        .sect ".vectors"        ;定义段的名称为vectors
        .ref   start            ;程序入口，主程序中必须有start标号
```

第 5 章 硬件系统结构

```
RESET_RST:                                  ;复位引起的中断
    mvkl .S2 start, B0                      ;程序无条件跳到入口起始点
    mvkh .S2 start, B0
    B    .S2 B0
    NOP
    NOP
    NOP
    NOP
NMI_RST:
    B    IRP
    NOP
    NOP
    NOP
    NOP
    NOP
    NOP
    NOP
RESV1:                                      ;预留的中断
    B    IRP
    (7 条 NOP 指令)
RESV2:                                      ;预留的中断
    B    IRP
    (7 条 NOP 指令)
INT4:                                       ;中断 4
    B    IRP
    (7 条 NOP 指令)
INT5:                                       ;中断 5
    B    IRP
    (7 条 NOP 指令)
INT6:                                       ;中断 6
    B    IRP
    (7 条 NOP 指令)
INT7:                                       ;中断 7
    B    IRP
    (7 条 NOP 指令)
INT8:    B    IRP                           ;中断 8
    (7 条 NOP 指令)
INT9:    B    IRP                           ;中断 9
    (7 条 NOP 指令)
INT10:   B    IRP                           ;中断 10
    (7 条 NOP 指令)
INT11:   B    IRP                           ;中断 11
    (7 条 NOP 指令)
```

```
INT12： B  IRP                    ;中断 12
    （7 条 NOP 指令）
INT13： B  IRP                    ;中断 13
    （7 条 NOP 指令）
INT14：B  IRP                     ;中断 14
    （7 条 NOP 指令）
INT15： B  IRP                    ;中断 15
    （7 条 NOP 指令）
```

中断向量一般存储在 DSP 内部 00h 地址开始处，每个中断必须存储 8 条指令，不够 8 条的可以使用"NOP"指令补充，如上面例程。如果中断服务程序太长，就需要跳转到另外的子程序中，图 5-16 给出了多级跳转情况下存放的中断及其地址。

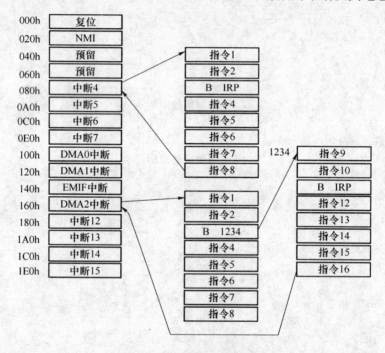

图 5-16 中断存放的地址

由于 C674x DSP 中断后还可以继续执行 5 条指令，所以在指令"B IRP"完成前还可以将其后面的指令 4～指令 8 执行完。如果中断服务程序只有 8 条指令，可以使用简单的程序完成，如图中的中断 4。如果中断服务程序较大，则可以使用图中 DMA2 的中断程序完成。

中断向量程序可以通过修改 ISTP 寄存器来重新映射存储地址。例如将中断向量程序重新映射到地址 800h 处，只需要使用以下指令：

```
MVK   800h, A2
MVC   A2, ISTP
```

注意：复位中断是不能重新映射的，其地址始终在 00h。

5.3 PLL

PLL(Phase-Locked Loop)锁相控制环路是一种反馈控制电路,简称锁相环。锁相环利用外部输入的参考信号控制环路内部振荡信号的频率和相位,可以实现输出信号频率对输入信号频率的自动跟踪,从而使信号稳定。DSP 片内一般都集成了 PLL 硬件电路,该电路专门用于时钟信号,PLL 将原始的可能不稳定的时钟结果锁定,输出稳定可靠的时钟,提供给 DSP 内部的各个硬件单元,从而保证这些硬件单元对时钟的要求。一般低级的 DSP 芯片 PLL 电路简单,高级的 DSP 芯片(如 C674x、C6455、C66 系列)由于内部集成很多对时钟要求很高的硬件单元,如网口、PCIE 接口和 RapidIO 接口等,所以其 PLL 电路就比较复杂,一般有 2 个以上的 PLL 电路。

C674x DSP 的 PLL 结构如图 5-17 所示。

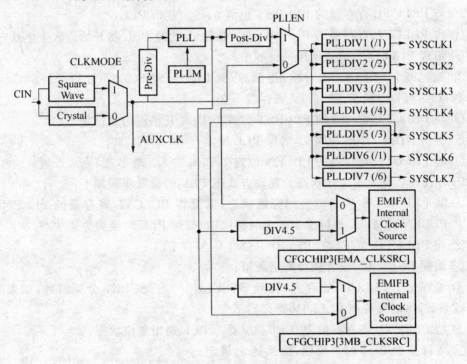

图 5-17　C674x DSP 的 PLL 结构

图中,CLKMODE 用于选择时钟源的波形,如果时钟源 CIN 为方波,选择 1;如果为正弦波,选择 0。选择后的时钟可以直接从 AUXCLK 引脚上看到。CIN 信号实际上仍然直接到达 Pre-Div 进行预分频,预分频后得到慢速的时钟,然后到 PLL 单元进行倍频。倍频后的信号,根据需要再进行后分频,得到需要的运行时钟。这个基准时钟分别送到多个分频器(图中为 7 个),并进一步分配到 DSP 内部的各个硬件单元。

为了更加方便与外设通信,DSP 的 EMIFA 和 EMIFB 接口还可以直接从 PLL 模块经过固定的 4.5 倍分频得到时钟信号，供这两个模块读写数据。

5.3.1 PLL 设置

根据 PLL 的状态不同，其设置方法也有所差别。PLL 一共有 3 种状态，分别为省电方式、旁通方式和工作方式。

DSP 在上电复位后，PLL 处于省电方式，其 PLLCTL 寄存器的 PLLPWRDN 位为 1。在该方式下 PLL 的设置步骤如下：

① 将 PLLCTL 寄存器的 PLLEN 位清 0，然后清除 PLLRST 位，使得 PLL 处于复位状态，等待至少 4 个时钟周期，确保 PLL 切换到复位状态；

② 将 PLLCTL 寄存器的 PLLENSRC 位清 0，保持 EXTCLKSRC 位为 0，然后通过 CLKMODE 位选择时钟方式；

③ 将 PLLCTL 寄存器的 PLLRST 位清 0，再次复位 PLL；

④ 将 PLLCTL 寄存器的 PLLPWRDN 位清 0，此时 PLL 将开始进入上电状态；

⑤ 编程 PLLM 位，设置期望的倍频值；

⑥ 编程每个 PLLDIV 寄存器，得到 SYSCLK0～SYSCLK7 分频时钟，如果不改变分频系数，可以维持该 PLLDIV 寄存器不变；

⑦ 将 PLLCTL 寄存器的 PLLRST 位置 1，PLL 开始退出复位状态；

⑧ 等待至少 10 个时钟周期，确保 PLL 锁定；

⑨ 将 PLLCTL 寄存器的 PLLEN 位置 1，PLL 进入工作状态，完成设置。

PLL 设置后将处于工作状态。在该方式下 PLL 的设置步骤如下：

① 将 PLL 从工作状态切换到旁通状态，需要将 PLLCTL 寄存器的 PLLENSRC 位清 0，PLLEN 位清 0。等待至少 4 个时钟周期，确保 PLL 切换到旁通状态；

② 将 PLLCTL 寄存器的 PLLRST 位清 0，复位 PLL；

③ 编程 PLLM 位，设置期望的倍频值；

④ 编程每个 PLLDIV 寄存器，得到 SYSCLK0～SYSCLK7 分频时钟，如果不改变分频系数，可以维持该 PLLDIV 寄存器不变；

⑤ 将 PLLCTL 寄存器的 PLLRST 位置 1，PLL 退出复位状态；

⑥ 等待至少 10 个时钟周期，确保 PLL 锁定；

⑦ 将 PLLCTL 寄存器的 PLLEN 位置 1，PLL 进入工作状态，完成设置。

PLL 正常工作情况下，仅仅需要改变 SYSCLK 分频。PLL 的设置步骤如下：

① 将 PLLSTAT 寄存器的 GOSTAT 位清 0；

② 编程每个 PLLDIV 寄存器，得到 SYSCLK0～SYSCLK7 分频时钟；

③ 将 PLLCMD 寄存器的 GOSET 位置 1，初始化新的分频时钟；

④ 等待至少 10 个时钟周期，然后将 PLLSTAT 寄存器的 GOSTAT 位清 0，完成新的分频时钟。

5.3.2 PLL 寄存器

和 PLL 相关的寄存器如表 5-6 所列。

表 5-6 PLL 寄存器

地 址	名 称	地 址	名 称
0x01C11000	REVID	0x01C1113C	PLLSTAT
0x01C110E4	RSTYPE	0x01C11140	ALNCTL
0x01C11100	PLLCTL	0x01C11144	DCHANGE
0x01C11104	OCSEL	0x01C11148	CKEN
0x01C11110	PLLM	0x01C1114C	CKSTAT
0x01C11114	PREDIV	0x01C11150	SYSTAT
0x01C11118	PLLDIV1	0x01C11160	PLLDIV4
0x01C1111C	PLLDIV2	0x01C11164	PLLDIV5
0x01C11120	PLLDIV3	0x01C11168	PLLDIV6
0x01C11124	OSCDIV	0x01C1116C	PLLDIV7
0x01C11128	POSTDIV	0x01C111F0	EMUCNT0
0x01C11138	PLLCMD	0x01C111F4	EMUCNT1

这些寄存器中包括几个只读寄存器,用户不能写以下寄存器:

① REVID(Revision Identification Register) 修订 ID 寄存器,只读寄存器;

② RSTYPE(Reset Type Status Register) 复位类型状态寄存器,为只读寄存器,第 0 位表示上电复位状态,第 1 位表示外部复位状态,第 2 位表示 PLL 软件复位状态;

③ PLLSTAT(PLL Controller Status Register) PLL 控制状态寄存器,显示 PLL 的控制状态,第 0 位表示设置操作正在处理,第 2 位表示 PLL 处于稳定锁定状态;

④ DCHANGE(PLLDIV Ratio Change Status Register) PLL 分频比改变状态寄存器,显示 SYS1~SYS7 分频的状态;

⑤ CKSTAT(Clock Status Register) 时钟状态寄存器,第 0 位表示 AUXCLK 辅助时钟状态,第 1 位表示 OBSCLK 时钟状态;

⑥ SYSTAT(SYSCLK Status Register) SYSCLK 状态寄存器,显示 SYS1~SYS7 的工作状态;

⑦ EMUCNT0(Emulation Performance Counter 0 Register) 仿真运行计数器 0 寄存器;

⑧ EMUCNT1(Emulation Performance Counter 1 Register) 仿真运行计数器 1 寄存器。

1. PLLCTL

PLLCTL 寄存器(PLL Control Register)是 PLL 控制寄存器,可以设置 PLL 的使能、工作方式以及复位等各种状态。PLLCTL 寄存器各位的定义如图 5-18 所示。

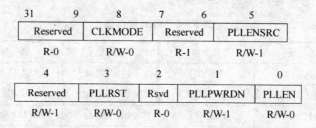

图 5-18　PLLCTL 寄存器各位的定义

第 0 位:PLLEN 位,读写位。PLL 使能,1 表示使能 PLL;0 表示禁止 PLL,PLL 旁通。

第 1 位:PLLPWRDN 位,读写位。PLL 功耗状态设置,1 表示 PLL 低功耗状态;0 表示 PLL 工作状态。

第 2 位:预留。

第 3 位:PLLRST 位,读写位。PLL 复位,1 表示 PLL 不处于复位状态;0 表示 PLL 处于复位状态。

第 4 位:预留。

第 5 位:PLLENSRC 位,读写位。该位和 PLL 复位配套使用,在复位 PLL 之前,必须将该位清 0。

第 6~7 位:预留。

第 8 位:CLKMODE 位,读写位。该位根据外部的参考时钟设置,1 表示方波参考时钟;0 表示正弦波参考时钟。

第 9~31 位:预留。

2. OCSEL

OCSEL(OBSCLK Select Register)寄存器控制 OBSCLK 引脚输出时钟,用于测试和仿真,也可以供其他芯片使用。该寄存器只有第 0~4 位有效,表示 OBSCLK 引脚时钟方式。0x14 表示作为输入时钟信号;0x17 表示将 SYSCLK1 从该引脚输出;0x18 表示将 SYSCLK2 从该引脚输出;0x19 表示将 SYSCLK3 从该引脚输出;0x1A 表示将 SYSCLK4 从该引脚输出;0x1B 表示将 SYSCLK5 从该引脚输出;0x1C 表示将 SYSCLK6 从该引脚输出;0x1D 表示将 SYSCLK7 从该引脚输出;0x1F 表示禁止该引脚功能;其他设置无效。

3. 分频寄存器

分频寄存器包括 PLLM、PREDIV、POSTDIV、PLLDIV1~7 以及 OSCDIV 等寄存器。

PLLM(PLL Multiplier Control Register)寄存器控制 PLL 的倍频系数,只有第 0~4 位有效,设置值为 0~0x1F,倍频系数为该值加 1,最小倍频为 1,最大为 32。

PREDIV(PLL pre-divider Control Register)寄存器控制 PLL 的预分频系数,该寄存器的第 0~4 位表示分频系数,设置值为 0~0x1F,分频系数为该值加 1,最大分频为 1,最小为 32。该寄存器的第 15 位控制分频功能,1 表示使能分频器,0 表示禁止分频器。

POSTDIV(PLL Post-divider Control Register)寄存器控制 PLL 的后分频系数,其设置方法和 PREDIV 完全一样,第 0~4 位表示分频系数,第 15 位使能分频。

PLLDIV1~7(PLL Controller Divider Register)寄存器分别控制 SYSCLK1~7 的分频系数,其设置方法和 PREDIV 完全一样,第 0~4 位表示分频系数,第 15 位使能分频。

OSCDIV(Oscillator Divider Register)寄存器控制 OBSCLK 输入时钟的分频系数,其设置方法和 PREDIV 完全一样,第 0~4 位表示分频系数,第 15 位使能分频。

4. PLLCMD

PLLCMD(PLL Controller Command Register)寄存器只有第 0 位有效,写入 1 表示进入相位状态,写 0 没有效果。

5. ALNCTL

ALNCTL(PLL Controller Clock Align Control Register)寄存器控制 PLL 的时钟相位对齐。ALNCTL 寄存器各位的定义如图 5-19 所示。

31	7	6	5	4	3	2	1	0
Reserved	ALN7	ALN6	ALN5	ALN4	ALN3	ALN2	ALN1
R-0	R/W-1	R/W-1	R/W-1	R/W-1	R/W-1	R/W-1	R/W-1

图 5-19 ALNCTL 寄存器各位的定义

其中,ALN1~ALN7 各位分别设置 SYSCLK1~SYSCLK7 时钟的相位对齐。1 表示使能,0 表示禁止。

6. CKEN

CKEN(Clock Enable Control Register)寄存器是时钟使能控制寄存器。该寄存器的第 0 位和第 1 位分别控制 AUXCLK 和 OBSCLK 时钟的使能。写入 1 表示使能相应时钟,写入 0 表示禁止该时钟。

5.3.3 PLL 例程

```
#define PLL0_BASE       0x01C11000

#define PLL0_PID        *(unsigned int *)(PLL0_BASE + 0x00)
#define PLL0_FUSERR     *(unsigned int *)(PLL0_BASE + 0xE0)
```

```c
#define PLL0_RSTYPE     *(unsigned int *)(PLL0_BASE + 0xE4)
#define PLL0_PLLCTL     *(unsigned int *)(PLL0_BASE + 0x100)
#define PLL0_OCSEL      *(unsigned int *)(PLL0_BASE + 0x104)
#define PLL0_SECCTL     *(unsigned int *)(PLL0_BASE + 0x108)
#define PLL0_PLLM       *(unsigned int *)(PLL0_BASE + 0x110)
#define PLL0_PREDIV     *(unsigned int *)(PLL0_BASE + 0x114)
#define PLL0_PLLDIV1    *(unsigned int *)(PLL0_BASE + 0x118)
#define PLL0_PLLDIV2    *(unsigned int *)(PLL0_BASE + 0x11C)
#define PLL0_PLLDIV3    *(unsigned int *)(PLL0_BASE + 0x120)
#define PLL0_OSCDIV1    *(unsigned int *)(PLL0_BASE + 0x124)
#define PLL0_POSTDIV    *(unsigned int *)(PLL0_BASE + 0x128)
#define PLL0_BPDIV      *(unsigned int *)(PLL0_BASE + 0x12C)
#define PLL0_WAKEUP     *(unsigned int *)(PLL0_BASE + 0x130)
#define PLL0_PLLCMD     *(unsigned int *)(PLL0_BASE + 0x138)
#define PLL0_PLLSTAT    *(unsigned int *)(PLL0_BASE + 0x13C)
#define PLL0_ALNCTL     *(unsigned int *)(PLL0_BASE + 0x140)
#define PLL0_DCHANGE    *(unsigned int *)(PLL0_BASE + 0x144)
#define PLL0_CKEN       *(unsigned int *)(PLL0_BASE + 0x148)
#define PLL0_CKSTAT     *(unsigned int *)(PLL0_BASE + 0x14C)
#define PLL0_SYSTAT     *(unsigned int *)(PLL0_BASE + 0x150)
#define PLL0_PLLDIV4    *(unsigned int *)(PLL0_BASE + 0x160)
#define PLL0_PLLDIV5    *(unsigned int *)(PLL0_BASE + 0x164)
#define PLL0_PLLDIV6    *(unsigned int *)(PLL0_BASE + 0x168)
#define PLL0_PLLDIV7    *(unsigned int *)(PLL0_BASE + 0x16C)
#define PLL0_PLLDIV8    *(unsigned int *)(PLL0_BASE + 0x170)
#define PLL0_PLLDIV9    *(unsigned int *)(PLL0_BASE + 0x174)
#define PLL0_PLLDIV10   *(unsigned int *)(PLL0_BASE + 0x178)
#define PLL0_PLLDIV11   *(unsigned int *)(PLL0_BASE + 0x17C)
#define PLL0_PLLDIV12   *(unsigned int *)(PLL0_BASE + 0x180)
#define PLL0_PLLDIV13   *(unsigned int *)(PLL0_BASE + 0x184)
#define PLL0_PLLDIV14   *(unsigned int *)(PLL0_BASE + 0x188)
#define PLL0_PLLDIV15   *(unsigned int *)(PLL0_BASE + 0x18C)
#define PLL0_PLLDIV16   *(unsigned int *)(PLL0_BASE + 0x190)
#define PLLEN_MUX_SWITCH 4
#define PLL_LOCK_TIME_CNT 2400


void Setup_PLL(void)
{
    int i = 0;
    unsigned int CLKMODE = 0;           //internal Clock Selection
    unsigned int PLLM = 22;             //23 倍频
    unsigned int POSTDIV = 1;           //2 分频
    unsigned int PLLDIV3 = 2;           //3 分频
    unsigned int PLLDIV5 = 2;           //3 分频
```

```
    unsigned int PLLDIV7 = 7;                    //8 分频
//step 1
    PLL0_PLLCTL &= 0xFFFFFFFE;                   //Set PLLEN = 0 and PLLRST = 1
    for(i = 0; i<PLLEN_MUX_SWITCH; i++) {;}      //wait for 4 cycles

//step2
    PLL0_PLLCTL &= 0xFFFFFEFF;                   //CLKMODE = 0
    PLL0_PLLCTL |= (CLKMODE<<8);
    PLL0_PLLCTL &= 0xFFFFFFDF;
    PLL0_PLLCTL &= 0xFFFFFDFF;
    PLL0_PLLCTL &= 0xFFFFFFF7;
    PLL0_PLLCTL |= 0x10;
    PLL0_PLLCTL &= 0xFFFFFFFD;
    PLL0_PLLCTL &= 0xFFFFFFEF;
    PLL0_PLLM     = PLLM;
    PLL0_POSTDIV  = 0x8000 | POSTDIV;            //D15 = 1,分频使能

    while(PLL0_PLLSTAT & 0x1 == 1){}

    PLL0_PLLDIV3 = 0x8000 | PLLDIV3;             //D15 = 1,分频使能
    PLL0_PLLDIV5 = 0x8000 | PLLDIV5;             //D15 = 1,分频使能
    PLL0_PLLDIV7 = 0x8000 | PLLDIV7;             //D15 = 1,分频使能
    PLL0_PLLCMD |= 0x1;

    while(PLL0_PLLSTAT & 0x1 == 1) { }

    PLL0_PLLCTL |= 0x8;

    for(i = 0; i<PLL_LOCK_TIME_CNT; i++) {;}

    PLL0_PLLCTL |= 0x1;
    KICK0R = 0x83E70B13;
    KICK1R = 0x95A4F1E0;
    CFGCHIP3 |= 0x6;
    CFGCHIP3 |= 0x1;
}
```

5.4 定时器

定时器是多任务程序中触发各个任务的一种机制。定时器是根据时钟脉冲累积计时的,时钟脉冲一般为芯片可以得到的最小时间间隔,从而得到更加准确的定时结果,定时器的工作过程实际上是对时钟脉冲计数。定时器除了占有自己编号的存储器位外,还占有一个设定值寄存器,一个当前值寄存器。设定值寄存器存储编程时赋值的计

时时间设定值,当前值寄存器记录计时当前值,这些寄存器为 16 位、32 位或者 64 位的二进制存储器,其最大值乘以定时器的计时单位值即是定时器的最大计时范围值。定时器满足计时条件则开始计时,当前值寄存器开始计数,当前值与设定值相等时定时器动作,并通过程序作用于控制对象,达到时间控制的目的。

5.4.1 定时器概述

TMS320C674x 系列的 DSP 具有 1 个 64 位的预定标的片内定时器,也可以配置成两个 32 位的定时器。该定时器是加法计数器,通过改变寄存器的值,可以停止、启动、重启动或禁止定时器。定时器的输入源可以是片内时钟信号,也可以是片外时钟信号。定时器在复位后处于运行状态,为了降低 DSP 的功耗,可以禁止定时器工作。

定时器的主要用途如下:
(1) 产生一个定时事件。"看门狗"就是一种典型的定时器。
(2) 计数。一般用于等待特定事件的发生或者完成。
(3) 产生定时脉冲。定时器可以输出一个脉冲,该脉冲可以用于片外各种设备所需要的时钟信号。
(4) 中断 DSP。定时器中断 DSP 去执行一件周期性事件。
(5) 产生 DMA 所需要的同步事件。

定时器的功能如图 5-20 所示,包括一个定时器周期寄存器、一个定时器控制寄存器以及相等比较器和脉冲发生器等。周期寄存器装载预设的定时时间,控制寄存器设置各种功能,包括输出信号的使能、输入时钟的来源及大小以及定时中断的方式等。

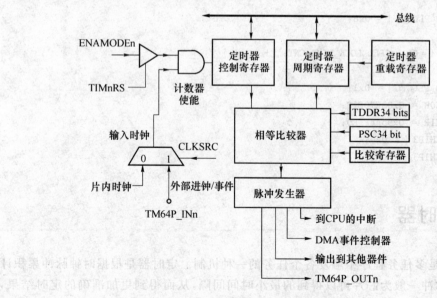

图 5-20 定时器的功能框图

图中的 TM64P_OUTn 是定时器的输出引脚,根据定时器的设置,该引脚可以输出周期脉冲信号。TM64P_INn 是定时器的时钟输入引脚,可以输入外部时钟,定时器据此进行定时。

5.4.2 定时器的工作原理

(1) 时钟源

定时器对一个标准的时钟源定时,该标准时钟可以是 DSP 的内部时钟,也可以由外部的引脚输入。选择哪一种时钟源由控制寄存器中的 CLKSRC 位确定。选择 DSP 内部时钟时,C62/C67 系列 DSP 固定的时钟为 DSP 内部时钟的 1/4;C64x 系列 DSP 固定的时钟为 DSP 内部时钟的 1/4。此外,用户还可以利用控制寄存器的 INVINP 位来控制计数动作由时钟信号的上升沿还是下降沿触发。

(2) 计数方式

定时器的计数方式并不是由输入的时钟驱动的。实际上,计数器固定按 DSP 的时钟速度运行,输入定时器的时钟信号只是内部计数使能信号的一个触发源。由一个边沿检测电路对该时钟进行检测,一旦检测到有效边沿,就会产生宽度为一个 DSP 周期的计数使能脉冲。在计数使能由低变高时,才允许计数器进行计数操作。这样,对于用户而言,计数器就像是由输入时钟产生的使能信号驱动进行计数的。

当计数达到定时器计数周期寄存器中设定的值后,定时器就会在下一个时钟处复位为 0,因此计数器计数范围是从 0 到 N。如果设置计数周期为 2,时钟源为 1/4 的 DSP 内部时钟,那么启动后,定时器的计数状态是:

0,0,0,0	(4 个 DSP 时钟后,计数值加 1,下一个计数值为 1)
1,1,1,1	(4 个 DSP 时钟后,计数再加 1,下一个计数器值为 2)
2,0,0,0	(计数器达到 2,马上恢复到 0,定时器完成一次定时)
1,1,1,1	(定时器重复以上步骤)
2,0,0,0…	

注意:虽然整个计数过程中计数器的计数值到达了 2,但是周期是 8 个 DSP 时钟周期(2×4),而不是 12 个 DSP 时钟周期(3×4)。所以用户在计数周期寄存器中设置的值应该是定时周期数,而不是定时周期数加 1。

(3) 定时器的输出脉冲

定时器有两种脉冲输出方式,一种为脉冲方式,一种为时钟方式。脉冲方式提供一个上升脉冲,宽度一般为一个时钟源的宽度(通过 PWID 位的设置,可以提高到最多 4 个时钟源的宽度),脉冲之后就是持续的低电平,一直到下一个脉冲。时钟方式是在一个定时周期内,输出的高电平和低电平的占空比为 1∶1。

不论何种输出方式,定时器都是在一次定时到时翻转一次输出信号的状态,即输出脉冲的频率为定时频率的 1/2。输出脉冲如图 5-21 所示。

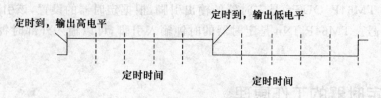

图 5-21 定时器的输出脉冲

如果 DSP 的内部时钟为 F(MHz)，周期寄存器的值为 N，则定时器输出信号的时钟为 $(F\times 1/4)/(2N)=F/(8N)$。即如果 DSP 的时钟为 300 MHz，使用定时器输出可以提供的信号频率最快就是 300 MHz/8＝37.5 MHz，此时周期寄存器的值为 1。如果周期寄存器的值为 0，则不能使用上述计算公式，此时定时器的输出将持续翻转，固定为一半 DSP 时钟。也就是对于 300 MHz 时钟的 DSP，定时器的输出频率为 150 MHz。综合两者，DSP 的定时器所能够提供的输出时钟最快为 1/2 DSP 时钟，次快的输出时钟最快为 1/8 DSP 时钟，依次往下，分别为 1/12、1/16、1/20、1/24……等。所以如果使用定时器给外部设备提供时钟，只能提供一些特殊的时钟。

5.4.3 定时器寄存器

与定时器相关的寄存器如表 5-7 所列。

表 5-7 定时器寄存器

地 址	名 称	地 址	名 称
0x01C2 0000	REVID	0x01C2 0038	REL34
0x01C2 0004	EMUMGT	0x01C2 003C	CAP12
0x01C2 0008	GPINTGPEN	0x01C2 0040	CAP34
0x01C2 000C	GPDATGPDIR	0x01C2 0044	INTCTLSTAT
0x01C2 0010	TIM12	0x01C2 0060	CMP0
0x01C2 0014	TIM34	0x01C2 0064	CMP1
0x01C2 0018	PRD12	0x01C2 0068	CMP2
0x01C2 001C	PRD34	0x01C2 006C	CMP3
0x01C2 0020	TCR	0x01C2 0070	CMP4
0x01C2 0024	TGCR	0x01C2 0074	CMP5
0x01C2 0028	WDTCR	0x01C2 0078	CMP6
0x01C2 0034	REL12	0x01C2 007C	CMP7

其中 REVID(Revision ID Register)为 ID 号寄存器，是只读寄存器，固定为 0x4472 0211。定时器关于计数器的寄存器有定时器重载寄存器 REL12(Timer Reload Register 12)和 REL34、定时器捕获寄存器 CAP12(Timer Capture Register 12)和 CAP34 以

及定时器比较寄存器 CAP0～7(Timer Compare Register)。这些寄存器都是 32 位有效，设置数值可以为 0～0xFFFF FFFF。

TIM(Timer Counter Registers)寄存器为定时器计数寄存器，用于存储当前定时器的计数脉冲个数。TIM 寄存器由 TIM12 和 TIM34 两个 32 位寄存器组成，每个寄存器最大可以计数 0xFFFF FFFF。

PRD(Timer Period Registers)寄存器是与 TIM 对应的周期寄存器，由两个 32 位寄存器 PRD12 和 PRD34 组成，每个寄存器最大可以存储的周期为 0xFFFF FFFF。

1. EMUMGT

EMUMGT(Emulation Management Register)寄存器是仿真定时器管理寄存器，只有第 0 和第 1 位有效。

第 0 位为 FREE 位，确定仿真模式下定时器的工作方式。0 表示由 SOFT 位控制定时器模式；1 表示定时器自由运行，不受 SOFT 位控制。

第 1 位为 SOFT 位，在 FREE 位为 0 时控制定时器状态。0 表示定时器立即停止；1 表示定时器计数器达到预定值后停止。

2. GPINTGPEN

GPINTGPEN(GPIO Interrupt Control and Enable Register)寄存器是定时器引脚功能配置寄存器。该寄存器控制定时器的引脚是 GPIO 还是定时器引脚。如果系统设计不使用定时器功能，则可以将这些引脚配置成 GPIO。该寄存器各位的定义如图 5-22 所示。

31	26	25	24	23	18	17	16
Reserved		GPENO34	GPENI34	Reserved		GPENO12	GPENI12
R-0		R/W-0	R/W-0	R-0		R/W-0	R/W-0

15	14	13	12	11	10	9	8
Reserved		GPINT34INVO	GPINT34INVI	Reserved		GPINT34ENO	GPINT34ENI
R-0		R/W-0	R/W-0	R-0		R/W-0	R/W-0

7	6	5	4	3	2	1	0
Reserved		GPINT12INVO	GPINT12INVI	Reserved		GPINT12ENO	GPINT12ENI
R-0		R/W-0	R/W-0	R-0		R/W-0	R/W-0

图 5-22 GPINTGPEN 寄存器各位的定义

第 0 位：GPINT12ENI，读写位。1 设置中断源来自外部的 TM64P_IN12 引脚；0 设置中断源来自定时器模块。

第 1 位：GPINT12ENO，读写位。1 设置中断源来自外部的 TM64P_OUT12 引脚；0 设置中断源来自定时器模块。

第 2～3 位：预留位。

第 4 位：GPINT12INVI，读写位。1 设置 TM64P_IN12 引脚下降沿产生中断信号；0 设置上升沿产生中断信号。

第 5 位:GPINT12INVO,读写位。1 设置 TM64P_OUT12 引脚下降沿产生中断信号;0 设置上升沿产生中断信号。

第 6~7 位:预留位。

第 8 位:GPINT34ENI,读写位。1 设置中断源来自外部的 TM64P_IN34 引脚;0 设置中断源来自定时器模块。

第 9 位:GPINT34ENO,读写位。1 设置中断源来自外部的 TM64P_OUT34 引脚;0 设置中断源来自定时器模块。

第 10~11 位:预留位。

第 12 位:GPINT34INVI,读写位。1 设置 TM64P_IN34 引脚下降沿产生中断信号;0 设置上升沿产生中断信号。

第 13 位:GPINT34INVO,读写位。1 设置 TM64P_OUT34 引脚下降沿产生中断信号;0 设置上升沿产生中断信号。

第 14~15 位:预留位。

第 16 位:GPENI12,读写位。1 设置 TM64P_IN12 为 GPIO 引脚;0 设置为定时器功能引脚。

第 17 位:GPENO12,读写位。1 设置 TM64P_OUT12 为 GPIO 引脚;0 设置为定时器功能引脚。

第 18~23 位:预留位。

第 24 位:GPENI34,读写位。1 设置 TM64P_IN34 为 GPIO 引脚;0 设置为定时器功能引脚。

第 25 位:GPENO34,读写位。1 设置 TM64P_OUT34 为 GPIO 引脚;0 设置为定时器功能引脚。

第 26~31 位:预留位。

3. GPDATGPDIR

GPDATGPDIR(GPIO Data and Direction Register)寄存器设置定时器引脚的输入或输出状态,只有将定时器引脚设置成 GPIO 功能时有效。该寄存器各位的定义如图 5-23 所示。

31 26	25	24	23 18	17	16
Reserved	GPDIRO34	GPDIRI34	Reserved	GPDIRO12	GPDIRI12
R-0	R/W-0	R/W-0	R-0	R/W-0	R/W-0

15 10	9	8	7 2	1	0
Reserved	GPDATO34	GPDATI34	Reserved	GPDATO12	GPDATI12
R-0	R/W-0	R/W-0	R-0	R/W-0	R/W-0

图 5-23 GPDATGPDIR 寄存器各位的定义

其中第 0、1、8、9、16、17、24 和 25 位分别控制 GPDATI12、GPDATO12、GPDATI34、GPDATO34、GPDIRI12、GPDIRO12、GPDIRI34 和 GPDIRO34 引脚的输入或输

出。1表示作为输出引脚,0表示作为输入引脚。

4. TCR

TCR(Timer Control Register)寄存器为定时器的控制寄存器。该寄存器各位的定义如图 5-24 所示。

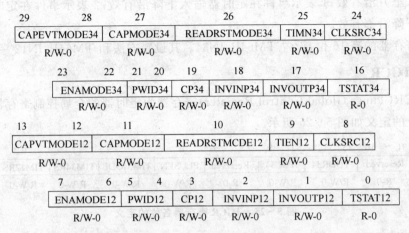

图 5-24 TCR 寄存器各位的定义

第 0 位:TSTAT12,只读位。定时器状态指示,1 表示 TM64P_OUT12 信号被确认;0 表示该信号没有被确认。

第 1 位:INVOUTP12,读写位。TM64P_OUT12 脉冲方式设置,1 表示正脉冲;0 表示负脉冲。

第 2 位:INVINP12,读写位。TM64P_IN12 脉冲方式设置,1 表示正脉冲;0 表示负脉冲。

第 3 位:CP12,读写位。TM64P_IN12 方式选择,1 表示时钟方式;0 表示脉冲方式。

第 4~5 位:PWID12,读写位。TM64P_OUT12 脉冲宽度设置,0 表示该引脚输出 1 个时钟周期的脉冲宽度;1 表示 2 个;2 表示 3 个;3 表示 4 个。

第 6~7 位:ENAMODE12,读写位。定时器使能模式,0 表示禁止定时器并维持当前计数值不变;1 表示使能定时器,计数到预定值停止;2 表示定时器按照计时器的值连续运行;3 表示定时器按照重载寄存器的值连续运行。

第 8 位:CLKSRC12,读写位。定时器时钟源选择,0 选择来自 IN12 引脚的外部时钟;1 表示选择内部时钟。

第 9 位:TIEN12,读写位。定时器输入使能,该位控制定时器是否按照 TM64P_IN12 的触发开始计数。0 表示定时器开启和 TM64P_IN12 无关;1 表示定时器按照 TM64P_IN12 的触发来开启。

第 10 位:READRSTMODE12,读写位。读复位设置,该位决定当读寄存器 TIM12 时是否复位定时器计数器。0 表示读写 TIM12 时不运行定时器计数器;1 表示读写

TIM12 时定时器计数器复位。

第 11 位:CAPMODE12,读写位。定时器捕获使能设置,0 表示定时器运行不受外部事件影响;1 表示外部事件可以复位定时器。

第 12~13 位:CAPEVTMODE12,读写位。设置定时器捕获方式,0 表示事件在定时器输入上升沿有效;1 表示事件在定时器输入下降沿有效;2 表示事件在定时器输入上升和下降沿都有效。

该寄存器的高 16 位,设置 TM64P_IN34。其设置方法和 TM64P_IN12 一致。

5. TGCR

TGCR(Timer Global Control Register)寄存器为定时器的全局控制寄存器。该寄存器各位的定义如图 5-25 所示。

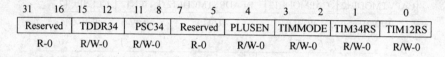

图 5-25 TGCR 寄存器各位的定义

第 0 位:TIM12RS,读写位。控制第一个 32 位定时器复位,0 表示复位;1 表示退出复位。

第 1 位:TIM34RS,读写位。控制第二个 32 位定时器复位,0 表示复位;1 表示退出复位。

第 2~3 位:TIMMODE,读写位。定时器全局设置,0 设置定时器为 64 位通用定时器;1 设置定时器为两个 32 位非级联通用定时器;2 设置定时器为 64 位看门狗定时器;3 设置定时器为两个 32 位级联通用定时器。

第 4 位:PLUSEN,读写位。使能定时器增强特性,0 使能定时器向后兼容,新特性不使用;1 禁止向后兼容,启用新特性。

第 5~7 位:预留。

第 8~11 位:PSC34,读写位。TIM34 的预分频计数器。

第 12~15 位:TDDR34,读写位。TIM34 的线性分频率。

第 16~31 位:预留。

6. WDTCR

WDTCR(Watchdog Timer Control Register)寄存器为看门狗定时器的控制寄存器。该寄存器各位的定义如图 5-26 所示。

第 0~11 位:预留。

第 12~13 位:预留。

第 14 位:WDEN,读写位。看门狗定时器使能,0 表示禁止看门狗定时器;1 表示使能看门狗定时器。

第5章 硬件系统结构

31 16	15	14	13 12	11 0
WDKEY	WDFLAG	WDEN	Reserved	Reserved
R/W-0	R/W-0	R/W-0	R/W-0	R-0

图 5-26 WDTCR 寄存器各位的定义

第 15 位:WDFLAG,读写位。看门狗定时器溢出标志,0 表示看门狗定时器没有溢出;1 表示看门狗定时器溢出。

第 16~31 位:WDKEY,读写位。16 位看门狗定时器的服务 Key,写入 0xDA7E 和 0xA5C6。

7. INTCTLSTAT

INTCTLSTAT(Timer Interrupt Control and Status Register)寄存器为定时器中断控制和状态寄存器。该寄存器各位的定义如图 5-27 所示。

31 20	19	18	17	16
Reserved	EVTINTSTAT34	EVTINTEN34	PRDINTSTAT34	PRDINTEN34
R-0	R/W1C-0	R/W-0	R/W1C-0	R/W-0

15 4	3	2	1	0
Reserved	EVTINTSTAT12	EVTINTEN12	PRDINTSTAT12	PRDINTEN12
R-0	R/W1C-0	R/W-0	R/W1C-0	R/W-0

图 5-27 INTCTLSTAT 寄存器各位的定义

第 0 位:PRDINTEN12,读写位。使能定时器中断,0 表示禁止定时器中断;1 表示使能定时器中断。

第 1 位:PRDINTSTAT12,读写位。设置定时器中断状态,0 表示没有定时器中断产生;1 表示定时器中断产生。

第 2 位:EVTINTEN12,读写位。设置事件捕获方式下中断状态,0 表示事件捕获方式下禁止中断;1 表示事件捕获方式下使能中断。

第 3 位:EVTINTSTAT12,读写位。设置定时器事件捕获方式下中断状态,0 表示没有定时器中断产生;1 表示定时器中断产生。

第 4~15 位:预留。

第 16~31 位和第 0~15 位相对应,设置另外一个 32 位定时器。

5.4.4 定时器例程

下面是一个使用定时器的例子,实现定时累加,每来一次定时中断,累加器加 1,从而计算定时器中断的次数。

```
            .ref    start
tim0_ctl    .equ    0x01C20020      ;定时器 0 的控制寄存器地址
```

```
            tim0_prd    .equ    0x01C20010        ;定时器 0 的周期寄存器地址
            tim0_cnt    .equ    0x01C20018        ;定时器 0 的计数寄存器地址

                        .bss array, 400
                        .bss result, 4
                        .text
        start:
        interrupt_init:
                SUB         A0, A0, A0
            ||  MVC         CSR, B0
                MVC         A0, ISTP
            ||  OR          0x01, B0, B0          ;设置定时中断
                MVKL        0FFFFh, A0
            ||  MVC         B0, CSR
                MVC         A0, IER               ;初始化中断使能寄存器
            ||  SUB         B0, B0, B0
                MVKL        tim0_prd, B14         ;初始化控制寄存器的低 16 位
            ||  MVKL        0x010, A0
                MVKH        tim0_prd, B14         ;初始化控制寄存器高 16 位
            ||  OR          A0, B0, B0
                STW         B0, *B14
                NOP         3
                MVKL        0x01, A0              ;初始化数据,设置成 1,2,3……100
            ||  MVKL        19, B0                ;计数器设置成 19,因为一次可以初始化 5 个数据
                MVKL        array, B14
                MVKH        array, B14
                MV          B14, B15

        init_loop:
            [B0] B          init_loop
                SUB         B0, 1, B0
            ||  STW         A0, *B14++
            ||  ADD         A0, 1, A0
                STW         A0, *B14++
            ||  ADD         A0, 1, A0
                STW         A0, *B14++
            ||  ADD         A0, 1, A0
                STW         A0, *B14++
            ||  ADD         A0, 1, A0
                STW         A0, *B14++
            ||  ADD         A0, 1, A0
                MVKL        0x0ffff, A2
                MVKLH       0x0ff3f, A2
```

第 5 章 硬件系统结构

```
sum_init:
        MVKL    100, A1
    ||  SUB     B0, B0, B0

start_timer0:
        MVKL    tim0_ctl, B14
        MVKH    tim0_ctl, B14
        STW     A2, *B14
    ||  MVKL    result, A14
        MV      B15, B14
    ||  MVKH    result, A14

wait:   NOP     6
        B       wait
        NOP     5
```

5.5 EMIFA

EMIFA(External Memory Interface A)是外部存储器件和 C674x DSP 的接口,可实现 DSP 与不同类型存储器(SRAM、Flash、RAM、DDR、RAM 等)的连接。一般将 EMIFA 与 FPGA 相连,从而使 FPGA 平台成为协同处理器、高速数据处理器以及高速数据传输接口。

5.5.1 EMIFA 概述

DSP 的 EMIFA 具有很强的外设连接能力,其数据总线宽度根据不同型号的 DSP 分为 16 位、32 位或 64 位,可寻址空间一般都较大,可以与目前各种类型的存储器无缝连接,数据吞吐较快。EMIFA 支持的器件包括同步突发静态 RAM(SBSRAM)、同步动态 RAM(SDRAM)、各种异步设备(SRAM、ROM 和 FIFO)以及同步 FIFO。EMIFA 的数据传输速度一般为 DSPEMIFA 时钟的 1/10,而 EMIFA 的时钟一般为 133 MHz,所以 EMIFA 可以提供 10 MHz 的稳定读写,如果总线宽度为 32 位,则可以提供 320 Mbit/s 的读写速度。该速度远远低于 RapioIO、PCI-E 等高速串行互联口的速度。

EMIFA 所处理的总线请求有 4 种来源:(1)片内程序总线发出的 DSP 程序取指;(2)片内数据总线发出的 DSP 数据读写;(3)片内 DMA 控制;(4)外部共享存储器件。当同时有多个设备申请总线时,EMIFA 根据设置的优先级进行总线仲裁,然后响应各申请。EMIFA 的引脚如图 5-28 所示,不同型号的 DSP 其 EMIFA 接口有所不同,但差别不大。

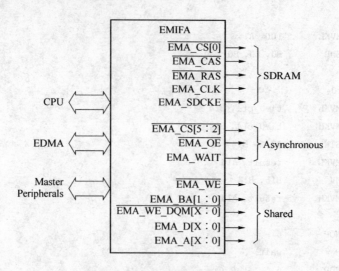

图 5-28 C674x 的 EMIFA 引脚

图中 EMA_CLK 为 EMIFA 输出的时钟信号,可以供一些同步设备使用;EMA_D[X:0] 和 EMA_A[X:0] 为 EMIFA 的数据和地址总线;EMA_CS[5:2] 和 EMA_CS[0] 为 EMIFA 提供的片选信号,由于有 5 根片选信号,所以 EMIFA 最多可以直接连接 5 个外设。

EMIFA 和异步设备的接口有准备好(EMA_WAIT)、写(EMA_WE)以及输出使能(EMA_OE)等信号;EMIFA 接口和动态 SDRAM 设备的接口有行地址选择(EMA_RAS)、列地址选择(EMA_CAS)和时钟(EMA_SDCKE)等信号;此外,为了区分 8 位或 16 位设备,EMIFA 提供专门的 EMA_BA[1:0]信号。

5.5.2 EMIFA 寄存器

与 EMIFA 相关的寄存器如表 5-8 所列。

表 5-8 EMIFA 寄存器

地 址	名 称	地 址	名 称
0x6800 0000	MIDR	0x6800 0020	SDTIMR
0x6800 0004	AWCC	0x6800 003C	SDSRETR
0x6800 0008	SDCR	0x6800 0040	INTRAW
0x6800 000C	SDRCR	0x6800 0044	INTMSK
0x6800 0010	CE2CFG	0x6800 0048	INTMSKSET
0x6800 0014	CE3CFG	0x6800 004C	INTMSKCLR
0x6800 0018	CE4CFG	0x6800 0060	NANDFCR
0x6800 001C	CE5CFG	0x6800 0064	NANDFSR

续表 5-8

地址	名称	地址	名称
0x6800 0068	PMCR	0x6800 00C4	NAND4BITECC2
0x6800 0070	NANDF1ECC	0x6800 00C8	NAND4BITECC3
0x6800 0074	NANDF2ECC	0x6800 00CC	NAND4BITECC4
0x6800 0078	NANDF3ECC	0x6800 00D0	NANDERRADD1
0x6800 007C	NANDF4ECC	0x6800 00D4	NANDERRADD2
0x6800 00BC	NAND4BITECCLOAD	0x6800 00D8	NANDERRVAL1
0x6800 00C0	NAND4BITECC1	0x6800 00DC	NANDERRVAL2

其中 MIDR(Module ID Register)为模块 ID 号寄存器，是只读寄存器，固定为 0x4000 0205。

NANDFSR(NAND Flash Status Register)为 NAND Flash 的状态寄存器，是只读寄存器。第 0 位为 WAITST，表示 EMA_WAIT 输入引脚的状态电平；第 8～11 位为 ECC_STATE 位，表示 ECC 状态；第 16～17 位为 ECC_ERRNUM 位，表示 ECC 的错误个数；其他位无效。

NANDF1ECC～NANDF4ECC(NAND Flash ECC Registers)为 NAND Flash 的 ECC 寄存器，是只读寄存器。第 0～11 位分别表示 P1E、P2E、P4E、……、P2048E；第 15～27 位分别表示 P1O、P2O、P4O、……、P2048O。

1. AWCC

AWCC(Asynchronous Wait Cycle Configuration Register)寄存器是异步外设等待周期寄存器。该寄存器和 EMA_WAIT 引脚相配合实现 DSP 和低速外设的连接。该寄存器各位的定义如图 5-29 所示。

31	29	28	27	8	7	0
Reserved		WP	Reserved		MAX_EXT_WAIT	
R-0		R/W-1	R-0		R/W-80h	

图 5-29 AWCC 寄存器各位的定义

第 0～7 位：MAX_EXT_WAIT，读写位。默认值为 0x80，该位设置最大的外部等待时钟周期。如果该位设置值为 0xAB，则等待时钟为 16×(0xAB+1)。所以最小等待周期为 16 个时钟。

第 8～27 位：预留。

第 28 位：WP，读写位。设置等待位的极性。该位和 EMA_WAIT 引脚配合，确定等待该引脚的电平计数方式。0 表示等待低电平周期数；1 表示等待高电平周期数。

第 29～31 位：预留。

2. SDCR

SDCR(SDRAM Configuration Register)是 SDRAM 配置寄存器,主要配置各种不同 SDRAM 的多个参数。该寄存器各位的定义如图 5-30 所示。

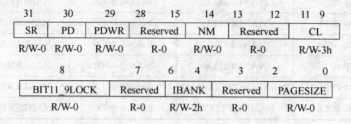

图 5-30 SDCR 寄存器各位的定义

第 0~2 位:PAGESIZE,读写位。定义所连接 SDRAM 的页大小,不同的 PAGESIZE,DSP 对 SDRAM 的初始化不同。0 表示 8 列地址(对应每行 256 个元素);1 表示 9 列地址(对应每行 512 个元素);2 表示 10 列地址(对应每行 1024 个元素);3 表示 11 列地址(对应每行 2048 个元素);其他数值无效。

第 3 位:预留。

第 4~6 位:IBANK,读写位。定义所连接 SDRAM 的 BANK 个数,不同的 BANK,DSP 对 SDRAM 的初始化不同。0 表示 1 个 BANK;1 表示 2 个 BANK;2 表示 4 个 BANK;其他数值无效。

第 7 位:预留。

第 8 位:BIT11_9LOCK,读写位。控制 CL 位功能,0 表示 CL 位不能被写;1 表示可以写 CL 位。

第 9~11 位:CL,读写位。CAS 延迟设置,2 表示 CAS 延迟 2 个 EMA_CLK;3 表示 CAS 延迟 3 个 EMA_CLK;其他数值无效。该位可以对慢速 SDRAM 进行时序调整。

第 12~13 位:预留。

第 14 位:NM,读写位。数据总线宽度设置,0 表示外设连接的是 32 位 SDRAM;1 表示外设连接的是 16 位 SDRAM。

第 15~28 位:预留。

第 29 位:PDWR,读写位。设置低功耗时自动刷新。写入 1,EMIFA 将退出低功耗模式。

第 30 位:PD,读写位。设置低功耗,0 表示 SDRAM 和 EMIFA 都退出低功耗模式;1 表示 SDRAM 和 EMIFA 都进入低功耗模式。

第 31 位:SR,读写位。刷新模式设置,0 表示 SDRAM 和 EMIFA 都退出自动刷新状态;1 表示 SDRAM 和 EMIFA 都进入自动刷新状态。

3. CExCFG

CE2CFG~CE5CFG 寄存器是 EMIFA 的 CE 空间控制寄存器,该寄存器控制 CE 空间对外设的读写建立、选通以及保持时间参数,以及外设类型的选择等。该寄存器各位的定义如图 5-31 所示。

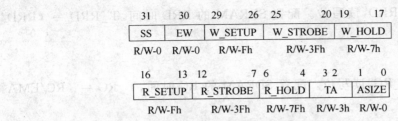

图 5-31　CExCFG 寄存器各位的定义

第 0~1 位:ASIZE,读写位。表示该 CE 空间所连接的外设类型,0 表示 8 位的外设;1 表示 16 位的外设;其他数值无效。

第 2~3 位:TA,读写位。转换时间位,该位控制读与写之间或者读与读之间的时钟周期数,以及从一个 CE 空间向另外一个 CE 空间转换的周期数。

第 4~6 位:R_HOLD,读写位。读保持位,在读选通上升沿之后,地址总线和字节选通信号还保持相应的时钟数,如果外设接的是异步器件,将在读和使能的上升沿之后保持相应的时钟数。保持的时钟数可以设置为 0~3 个 CPU 时钟。

第 7~12 位:R_STROBE,读写位。读选通位,也就是在读引脚输出读信号的时钟宽度,可以设置为 0~63 个 CPU 时钟。

第 13~16 位:R_SETUP,读写位。读建立位,在读选通上升沿之后,地址总线和字节选通信号还保持相应的时钟数,如果外设接的是异步器件,将在读上升沿之后保持相应的时钟数。保持的时钟数可以设置为 0~15 个 CPU 时钟。

第 17~19 位:W_HOLD,读写位。操作同 R_HOLD 位。

第 20~25 位:W_STROBE,读写位。操作同 R_STROBE 位。

第 26~29 位:W_SETUP,读写位。操作同 R_SETUP 位。

第 30 位:EW,读写位。扩展的等待位,一直会等到 EMA_WAIT 确认。如果硬件没有使用该引脚,则不能设置该位,否则一直处于等待状态。0 表示禁止扩展等待;1 表示使能扩展等待。

第 31 位:SS,读写位。选择控制方式位,0 表示正常模式;1 表示选择模式。

4. SDTIMR

SDTIMR(SDRAM Timing Register)是 SDRAM 时间寄存器,该寄存器控制外设 SDRAM 的各种时间参数。该寄存器各位的定义如图 5-32 所示。

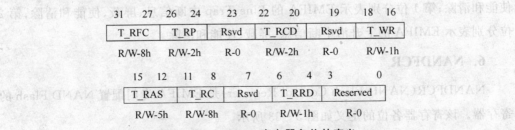

图 5-32　SDTIMR 寄存器各位的定义

第 0～3 位：预留。

第 4～6 位：T_RRD，读写位。配置 SDRAM 的 RRD 时间，T_RRD =（RRD/EMACLK）−1。

第 7 位：预留。

第 8～11 位：T_RC，读写位。配置 SDRAM 的 RC 时间，T_RC =（RC/EMACLK）−1。

第 12～15 位：T_RAS，读写位。配置 SDRAM 的 RAS 时间，T_RAS =（RAS/EMACLK）−1。

第 16～18 位：T_WR，读写位。配置 SDRAM 的 WR 时间，T_WR =（WR/EMACLK）−1。

第 19 位：预留。

第 20～22 位：T_RCD，读写位。配置 SDRAM 的 RCD 时间，T_RCD =（RCD/EMACLK）−1。

第 23 位：预留。

第 24～26 位：T_RP，读写位。配置 SDRAM 的 RP 时间，T_RP =（RP/EMACLK）−1。

第 27～31 位：T_RFC，读写位。配置 SDRAM 的 RFC 时间，T_RFC =（RFC/EMACLK）−1。

SDRAM 的自刷新时间 T_XS 在 SDSRETE 寄存器（SDRAM Self Refresh Exit Timing Register）中的第 0～4 位（XS 位）设置，T_XS =（XS/EMACLK）−1。

5. EMIFA 中断寄存器

和 EMIFA 中断相关的寄存器有 INTRAW(EMIFA Interrupt Raw Register)中断 Raw 寄存器、INTMSK(EMIFA Interrupt Masked Register)中断屏蔽寄存器、INTMSKSET(EMIFA Interrupt Mask Set Register)中断屏蔽设置寄存器以及 NTMSKCLR(EMIFA Interrupt Mask Clear Register)中断屏蔽清除寄存器。这些寄存器都是第 0～2 位有效，其他位无效。其中第 0 位分别表示 EMIFA 的异步定时中断信息、屏蔽、使能和清除；第 1 位分别表示 EMIFA 的 Line Trap 中断信息、屏蔽、使能和清除；第 2 位分别表示 EMIFA 的上升沿中断信息、屏蔽、使能和清除。

6. NANDFCR

NANDFCR(NAND Flash Control Register)是 EMIFA 专门配置 NAND Flash 的寄存器。该寄存器各位的定义如图 5−33 所示。

第 0 位：CS2NAND，读写位。使能该 CS 空间的 NAND Flash，0 表示未使用

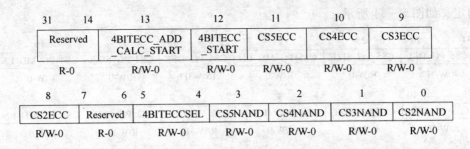

图 5-33　NANDFCR 寄存器各位的定义

NAND Flash;1 表示使用 CS2 外设连接到 NAND Flash。

第 1 位:CS3NAND,读写位。使能该 CS 空间的 NAND Flash,0 表示未使用 NAND Flash;1 表示使用 CS3 外设连接到 NAND Flash。

第 2 位:CS4NAND,读写位。使能该 CS 空间的 NAND Flash,0 表示未使用 NAND Flash;1 表示使用 CS4 外设连接到 NAND Flash。

第 3 位:CS5NAND,读写位。使能该 CS 空间的 NAND Flash,0 表示未使用 NAND Flash;1 表示使用 CS5 外设连接到 NAND Flash。

第 4~5 位:4BITECCSEL,读写位。ECC 选择,设置哪个 CS 空间进行 ECC。0 表示 CS2 空间计算 ECC;1 表示 CS3 空间计算 ECC;2 表示 CS4 空间计算 ECC;3 表示 CS5 空间计算 ECC。

第 6~7 位:预留。

第 8 位:CS2ECC,读写位。设置 ECC 的起始,0 表示停止计算 ECC;1 表示该空间开始计算 ECC。

第 9 位:CS3ECC,读写位。设置 ECC 的起始,0 表示停止计算 ECC;1 表示该空间开始计算 ECC。

第 10 位:CS4ECC,读写位。设置 ECC 的起始,0 表示停止计算 ECC;1 表示该空间开始计算 ECC。

第 11 位:CS5ECC,读写位。设置 ECC 的起始,0 表示停止计算 ECC;1 表示该空间开始计算 ECC。

第 12 位:4BITECC_START,读写位。根据 4BITECCSEL 位的设置开始计算 ECC,0 表示停止计算 ECC;1 表示该空间开始计算 ECC。

第 13 位:4BITECC_ADD_CALC_START,读写位。设置 NAND Flash 的地址错误计算,0 无意义,1 表示开始计算。

第 14~31 位:预留。

7. PMCR

PMCR(Page Mode Control Register)用于配置 NOR Flash 的页模式,该寄存器各

位的定义如图 5-34 所示。

31 26	25	24	23 18	17	16
CS5_PG_DEL	CS5_PG_SIZE	CS5_PG_MD_EN	CS4_PG_DEL	CS4_PG_SIZE	CS4_PG_MD_EN
R/W-3Fh	R/W-0	R/W-0	R/W-3Fh	R/W-0	R/W-0

15 10	9	8	7 2	1	0
CS3_PG_DEL	CS3_PG_SIZE	CS3_PG_MD_EN	CS2_PG_DEL	CS2_PG_SIZE	CS2_PG_MD_EN
R/W-3Fh	R/W-0	R/W-0	R/W-3Fh	R/W-0	R/W-0

图 5-34 PMCR 寄存器各位的定义

第 0 位:CS2_PG_MD_EN,读写位。设置页模式使能,0 表示禁止页模式;1 表示使能页面试。

第 1 位:CS2_PG_SIZE,读写位。设置页大小,0 表示每页 4 个字;1 表示每页 8 个字。

第 2~7 位:CS2_PG_DEL,读写位。设置页访问延迟,页访问延迟为(设置值+1)个 EMIFA 时钟。

第 8 位:CS3_PG_MD_EN,读写位。CS3 空间的 NOR Flash 配置,同 CS2。

第 9 位:CS3_PG_SIZE,读写位。CS3 空间的 NOR Flash 配置,同 CS2。

第 10~15 位:CS3_PG_DEL,读写位。CS3 空间的 NOR Flash 配置,同 CS2。

第 16 位:CS4_PG_MD_EN,读写位。CS4 空间的 NOR Flash 配置,同 CS2。

第 17 位:CS4_PG_SIZE,读写位。CS4 空间的 NOR Flash 配置,同 CS2。

第 18~23 位:CS4_PG_DEL,读写位。CS4 空间的 NOR Flash 配置,同 CS2。

第 24 位:CS5_PG_MD_EN,读写位。CS5 空间的 NOR Flash 配置,同 CS2。

第 25 位:CS5_PG_SIZE,读写位。CS5 空间的 NOR Flash 配置,同 CS2。

第 26~31 位:CS5_PG_DEL,读写位。CS5 空间的 NOR Flash 配置,同 CS2。

5.5.3 EMIFA 和 SDRAM 的连接

1. 硬件连接

EMIFA 支持 16 位宽度的 SDRAM(不支持 32 位),最大寻址空间为 512 Mbit,可以提供全速或者半速 DSP 的时钟周期。图 5-35 给出了 EMIFA 与 2 M×16 bit×4 bank 的 SDRAM 与 512 k×16 bit×2 bank 的 SDRAM 的连接方法。

图中,EMIFA 分别和 SDRAM 的行地址选择($\overline{\text{EMA\_RAS}}$)、列地址选择($\overline{\text{EMA\_CAS}}$)、时钟(EMA_SDCKE 和 EMA_CLK)、片选($\overline{\text{EMA\_CS[0]}}$)、写($\overline{\text{EMA\_WE}}$)等信号相连。注意:没有读信号,当写信号为高时,就表示读操作。Bank 将映射到 EMA_BA[0:1]引脚,只有 2bank 和 4bank 两种选择。SDRAM 的大小映射到地址总线 EMA_A 上,最大可以连接 512 Mbit,此时 13 根地址线均参与地址译码。如果需要连接更大的 SDRAM,则只能通过 GPIO 来区分地址。

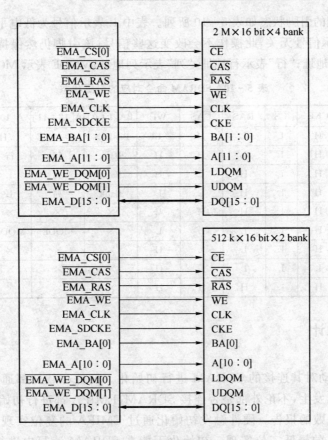

图 5-35 EMIFA 和 SDRAM 的连接

EMIFA 支持 SDRAM 的控制命令,这些命令如表 5-9 所列。

表 5-9 EMIFA 支持的 SDRAM 命令

编号	命令	功能
1	PRE	该命令可以终止打开的行
2	ACTV	激活所选中的存储器的页,并选中该页的当前行
3	READ	输入所要读的列地址,并开始读操作
4	WRT	输入所要写的列地址,并开始写操作
5	BT	关闭当前的突发读写
6	LMR	设置 SDRAM 的 MODE 寄存器
7	REFR	使用内部地址进行 SDRAM 的自动刷新
8	SLFR	设置 SDRAM 为自动刷新
9	NOP	空操作

各命令对应的引脚状态如表5-10所列。表中L表示信号为低电平；H表示信号为高电平；"×"表示信号无关，此操作不会改变这些信号，该引脚仍然保持上一次的状态；Bank表示Bank地址；"行"表示行地址；"列"表示列地址；MODE表示MODE的设置值。

表5-10 SDRAM命令对应的引脚状态

引脚	CKE	$\overline{CS}$	$\overline{RAS}$	$\overline{CAS}$	$\overline{WE}$	BA[1:0]	A[12:11]	A[10]	A[9:0]
PRE	H	L	L	H	L	Bank/×	×	L/H	×
ACTV	H	L	L	H	H	Bank	行	行	行
READ	H	L	H	L	H	Bank	列	L	列
WRT	H	L	H	L	L	Bank	列	L	列
BT	H	L	H	H	L	×	×	×	×
LMR	H	L	L	L	L	×	MODE	MODE	MODE
REFR	H	L	L	L	H	×	×	×	×
SLFR	L	L	L	L	H	×	×	×	×
NOP	H	L	H	H	H	×	×	×	×

2. 软件设计

(1) 初始化

EMIFA自动对其连接的SDRAM进行初始化。硬件和软件都通过触发初始化，一旦这两种情况发生，不论外部是否连接SDRAM，EMIFA都进行初始化工作，给出初始化成功或者失败的报告。硬件触发初始化通过EMIFA的复位实现，软件触发初始化通过写SDCR的最低三位实现。初始化不能在SDRAM读写中进行。整个初始化过程包括下面几个步骤：

① 如果是软件触发，EMIFA将地址线EMA_A[10]拉高，并发送PRE命令。关闭所有可能打开的SDRAM页，也就是停止所有的SDRAM操作。如果是硬件触发，将跳过该步骤。

② EMIFA拉高EMA_SDCKE引脚，然后不断发送NOP命令直到满足8个SDRAM的刷新时间间隔。该步骤实现不同速度SDRAM的刷新要求。

③ EMIFA将地址线EMA_A[10]拉高，并发送PRE命令。

④ 执行8个REFRESH命令。

⑤ 执行LMR命令。

⑥ 执行REFR命令，完成初始化工作。

(2) 页面边界控制

SDRAM属于分页访问存储器，EMIFA的SDRAM控制器会监测所访问SDRAM时的行(Row)地址的情况，避免访问时发生行越界。EMIFA会自动保存当前页的地址，然后与后续存取的地址进行比较。每一个CE空间的存储和比较都是独立进行的。

进行比较的地址位数取决于EMIFA的SDCR控制寄存器中PAGESIZE位的设置。如果该位为0，即该CE空间由4个8位宽的SDRAM构成，页面大小为512，则比较的逻辑地址是 25～11。如果该位为1,即该 CE 空间由 2 个 16 位宽的 SDRAM 构成,页面大小为 256,则比较的逻辑地址是 25～10。依此类推。

一旦发现存取访问发生了页面越界,EMIFA 会自动执行 PRE 操作,然后再开始新的行访问。当前存取操作的结束并不会立即关闭 SDRAM 中已经激活的行,其控制原则是维持当前激活行的打开状态,除非必须要关闭。这样做可以减少重启和关闭的切换时间,使接口在控制过程中充分利用地址信息。

(3) 访问地址的移动

因为行地址与列地址的输出使用相同的 EMIFA 引脚,所以 EMIFA 必须要对行地址与列地址进行相应的移位处理。表 5 – 11 列出了输出行地址与列地址的对应情况。

表 5 – 11 行/列地址在 EA 引脚上的映射

EMIFA	SDWID	EA	21～16	15	14	13	10	11	10	9	8	7	6	5	4	3	2
SDRAM		A	—	13	12	11	10	9	8	7	6	5	4	3	2	1	0
16 位	1	$\overline{RAS}$	—	23	22	21	20	19	18	17	16	15	14	13	12	11	10
		$\overline{CAS}$	—	23	22	21	L	19	18	9	8	7	6	5	4	3	2
8 位	0	$\overline{RAS}$	—	—	23	22	21	20	19	18	17	16	15	14	13	12	11
		$\overline{CAS}$	—	—	23	22	21	L	20	10	9	8	7	6	5	4	3	2

因为 SDRAM 输入地址也是控制信号,因此需要说明以下两点:

SDRAM 芯片页选通时的地址信号会在片内被 SDRAM 控制器锁存,以保证在执行 READ 和 WRT 命令时选通正确的页。

在 $\overline{RAS}$ 信号有效期间之外,EMIFA 一般会保持 SDA10 信号为低,但是在页访问结束后执行 PRE 命令期间,SDA10 保持为高。这是为了防止 READ 和 WRT 命令执行后,自动发生页关闭操作。

(4) 刷　新

EMIFA 在发出刷新命令之前会自动插入一个 PRE 命令,以保证刷新过程中所有选通的 SDRAM 都处于未激活状态。PRE 命令之后,EMIFA 开始按照设置的周期值进行定时刷新。刷新前后页面信息会变为无效,因此刷新周期后的第一次存取访问会产生页面丢失。

EMIFA 的 SDRAM 控制模块内部还有一个 2 位的计数器,用来监测提交的刷新申请次数,每提交一次申请,计数器加一,每次刷新周期之后,计数器减一。在复位时,计数器自动置为 11,以保证在存取访问之前先进行若干次刷新。计数器的值为 11 时,表明处于紧急刷新状态,此时页信息寄存器将变为无效,迫使控制器关闭当前的 SDRAM 页面。然后 EMIFA 的 SDRAM 控制寄存器在 PRE 命令后执行 3 次刷新命令,使计数器的值减为 0,再继续完成余下的存取操作。上述操作对所有配置为 SDRAM 的存储空间同时进行。

如果总线处于外部控制状态,则无法向 SLFRFR 位写入 1,该位仍然保持为 0;如果总线处于刷新状态,外部设备请求总线控制需要等待 16 个时钟周期后才会得到响应。

5.5.4 EMIFA 和异步设备的连接

C674x DSP 的 EMIFA 可以方便地和大部分异步设备连接,用户可以独立地设置读写周期,实现与不同速度异步器件的连接,这些异步器件包括 SRAM、NOR Flash 以及 NAND Flash 等。C674x DSP 提供 4 个单独的片选信号 $\overline{\text{EMA\_CS}[5:2]}$,可以直接和 4 个异步设备连接。如果需要连接超过 4 个的异步设备,则必须采用译码来实现。EMIFA 和异步设备的典型接法如图 5-36 所示(图中以 32 位 SRAM 为例)。

异步接口的每个读写周期由三个阶段构成:建立(setup)、触发(strobe)和保持(hold)。各自定义为:

建立:从存储器访问周期开始(片选信号和地址有效)到读写有效之前;

触发:读写信号从有效到无效的整个过程;

保持:从读写信号无效到片选信号结束。

通过设置 EMIFA 的 CE 空间控制寄存器,可以控制读写操作各个阶段的时间。注意:建立时间和保持时间可设置的最小值是 1 个 DSP 时钟周期,如果用户设置为 0,DSP 将当做 1,保持时间可以设置为 0。

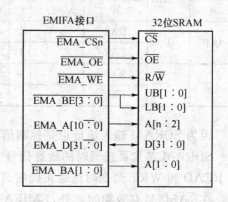

图 5-36 EMIFA 和 32 位的 SRAM 的连接

图 5-37 为 C674x 的 EMIFA 读 SRAM 的时序。从图中可以看出,读的建立设置了 2 个时钟周期,随后触发也是 2 个时钟周期。在触发和保持切换时刻,SRAM 的数据输出到数据线上,在读信号的上升沿,也就是在数据持续的中间时刻读取数据。

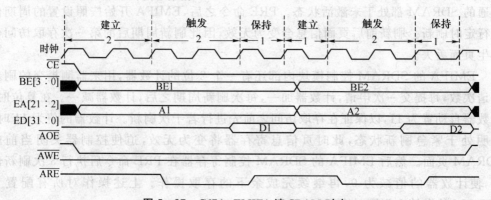

图 5-37 C674x EMIFA 读 SRAM 时序

5.6 EMIFB

EMIFB(External Memory Interface B)是 C674x DSP 和 SDRAM 的接口。在系统设计中,C674x 一般需要用到 DSP/BIOS 操作系统,可能还需要 NDK(Net Development Kit)来支持网络传输,这样程序将占用大量的存储空间。使用 EMIFB 和 SDRAM 接口,就可以方便程序在高速的 SDRAM 中运行。

5.6.1 EMIFB 概述

DSP 的 EMIFB 专门用于和 SDRAM 连接。其数据总线宽度为 32 位,可寻址空间一般都较大,可以与目前各种类型的 SDRAM 无缝连接,数据传输速度可达 133 M。EMIFB 的引脚分布及其内部结构如图 5-38 所示。

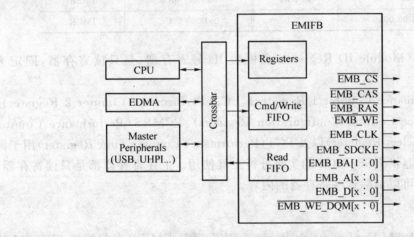

图 5-38　C674x 的 EMIFB 结构

图中 EMB_CLK 为 EMIFB 输出的时钟信号,提供给 SDRAM 使用;EMB_D[X:0]和 EMB_A[X:0]为 EMIFB 的数据和地址总线;$\overline{\text{EMB\_CS}}$ 为 EMIFB 提供的片选信号,由于只有 1 个片选信号,所以 EMIFB 最多可以直接连接 1 个 SDRAM。EMIFB 还提供和 SDRAM 设备接口的行地址选择($\overline{\text{EMB\_RAS}}$)、列地址选择($\overline{\text{EMB\_CAS}}$)、写($\overline{\text{EMB\_WE}}$)和时钟(EMB_SDCKE)等信号;此外,为了区分和 8 位或 16 位设备,EMIFB 还提供专门的 EMB_BA[1:0]信号。

为了实现 EMIFB 和 DSP 的 CPU、EDMA 以及其他模块之间的高速数据交换,EMIFB 提供寄存器列表、命令、写 FIFO 以及读 FIFO 功能。这 3 部分各自独立工作,通过交叉矩阵结构(Crossbar)和其他模块进行数据交换。

5.6.2 EMIFB 寄存器

与 EMIFB 相关的寄存器如表 5-12 所列。

表 5-12 EMIFB 寄存器

地址	名称	地址	名称
0xB000 0000	MIDR	0xB000 0044	PC2
0xB000 0008	SDCFG	0xB000 0048	PCC
0xB000 000C	SDRFC	0x6800 004C	PCMRS
0xB000 0010	SDTIM1	0x6800 0050	PCT
0xB000 0014	SDTIM2	0x6800 00C0	IRR
0xB000 001C	SDCFG2	0x6800 00C4	IMR
0xB000 0020	BPRIO	0x6800 00C8	IMSR
0xB000 0040	PC1	0xB000 00CC	IMCR

其中 MIDR(Module ID Register)为模块 ID 号寄存器,是只读寄存器,固定为 0x4033 131F。

PC1(Performance Counter 1 Register)、PC2(Performance Counter 2 Register)、PCC(Performance Counter Configuration Register)、PCMRS(Performance Counter Master Region Select Register)以及 PCT(Performance Counter Time Register)用于调试时提供统计信息供 DSP/BIOS 的实时分析工具使用。上述寄存器都是只读寄存器,只有使用复位才可以清除这些寄存器的内容。

1. SDCFG

SDCFG(SDRAM Configuration Register)寄存器是 EMIFB 专门配置 SDRAM 的寄存器。该寄存器各位的定义如图 5-39 所示。

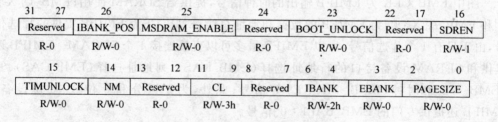

图 5-39 SDCFG 寄存器各位的定义

第 0~2 位:PAGESIZE,读写位。定义所连接 SDRAM 的页大小,不同的 PAGESIZE,DSP 对 SDRAM 的初始化不同。0 表示 8 列地址(对应每行 256 个元素);1 表示 9 列地址(对应每行 512 个元素);2 表示 10 列地址(对应每行 1 024 个元素);3 表示 11 列地址(对应每行 2 048 个元素);其他数值无效。

第 3 位:EBANK,读写位。使能 EMN_CS。对该位写,EMIFB 自动开始对 SDRAM 进行初始化。

第 4~6 位:IBANK,读写位。定义所连接 SDRAM 的 BANK 个数,不同的 BANK,DSP 对 SDRAM 的初始化不同。0 表示 1 个 BANK;1 表示 2 个 BANK;2 表示 4 个 BANK;其他数值无效。

第 7~8 位:预留。

第 9~11 位:CL,读写位。CAS 延迟设置,2 表示 CAS 延迟 2 个 EMA_CLK;3 表示 CAS 延迟 3 个 EMA_CLK;其他数值无效。该位可以对慢速 SDRAM 进行时序调整。

第 12~13 位:预留。

第 14 位:NM,读写位。数据总线宽度设置,0 表示外设连接的是 32 位 SDRAM;1 表示外设连接的是 16 位 SDRAM。

第 15 位:TIMUNLOCK,读写位。控制 CL 位功能,0 表示 CL 位不能被写;1 表示可以写 CL 位。

第 16 位:SDREN,读写位。刷新模式设置,0 表示 SDRAM 和 EMIFB 都退出自动刷新状态;1 表示 SDRAM 和 EMIFB 都进入自动刷新状态。

第 17~22 位:预留。

第 23 位:BOOT_UNLOCK,读写位。控制 SDREN 位功能,0 表示 SDREN 位不能被写;1 表示可以写 SDREN 位。

第 24 位:预留。

第 25 位:MSDRAM_ENABLE,读写位。仅仅在 BOOT_UNLOCK 为 0 时写该位,使能 Mobile SDRAM。0 表示禁止 Mobile SDRAM;1 表示使能 Mobile SDRAM。

第 26 位:IBANK_POS,读写位。仅仅在 BOOT_UNLOCK 为 0 时写该位,设置内部 BANK 的逻辑地址。

第 27~31 位:预留。

2. SDRFC

SDRFC(SDRAM Refresh Control Register)寄存器是 SDRAM 的刷新控制寄存器。该寄存器各位的定义如图 5-40 所示。

31	30	29 24	23	22 16	15 0
LP_MODE	MCLKSTOP_EN	Reserved	SR_PD	Reserved	REFRESH_RATE
R/W-0	R/W-0	R-0	R/W-0	R-0	R/W-04E2h

图 5-40 SDRFC 寄存器各位的定义

第 0~15 位:REFRESH_RATE,读写位。设置刷新时间,刷新时间和 EMIFB 的工作频率以及该位值有关,为 EMIFB 周期和该位值的比值。

第 16~22 位:预留。

第 23 位:SR_PD,读写位。设置自动刷新和低功耗模式,该位在 LP_MODE 位为 1

时有效。0设置SDRAM自动刷新;1设置SDRAM进入低功耗模式。

第24~29位:预留。

第30位:MCLKSTOP_EN,读写位。mclk停止使能,0禁止mclk停止功能;1使能mclk停止功能。

第31位:LP_MODE,读写位。低功耗模式使能,0不允许进入低功耗模式;1允许进入低功耗模式。

3. SDTIM1

SDTIM1(SDRAM Timing 1 Register)寄存器是SDRAM的时间1控制寄存器。该寄存器各位的定义如图5-41所示。

31 25	24 23	21 19	18 16	15 11	10 6	5 3	2 0
T_RFC	T_RP	T_RCD	T_WR	T_RAS	T_RC	T_RRD	Reserved
R/W-8h	R/W-2h	R/W-2h	R/W-1h	R/W-5h	R/W-8h	R/W-1h	R-0

图5-41 SDTIM1寄存器各位的定义

第0~2位:预留。

第3~5位:T_RRD,读写位。配置SDRAM的RRD时间,T_RRD = (RRD/EMBCLK)-1。

第6~10位:T_RC,读写位。配置SDRAM的RC时间,T_RC = (RC/EMBCLK)-1。

第11~15位:T_RAS,读写位。配置SDRAM的RAS时间,T_RAS = (RAS/EMBCLK)-1。

第16~18位:T_WR,读写位。配置SDRAM的WR时间,T_WR = (WR/EMBCLK)-1。

第19~21位:T_RCD,读写位。配置SDRAM的RCD时间,T_RCD = (RCD/EMBCLK)-1。

第22~24位:T_RP,读写位。配置SDRAM的RP时间,T_RP = (RP/EMBCLK)-1。

第25~31位:T_RFC,读写位。配置SDRAM的RFC时间,T_RFC = (RFC/EMBCLK)-1。

4. SDTIM2

SDTIM2(SDRAM Timing 2 Register)寄存器是SDRAM的时间2控制寄存器。该寄存器各位的定义如图5-42所示。

31	30 27	26 23	22 16	15 5	4 0
Rsvd	T_RAS_MAX	Reserved	T_XSR	Reserved	T_CKE
R-0	R/W-Eh	R-0	R/W-Ah	R/W-0	R/W-7h

图5-42 SDTIM2寄存器各位的定义

第 0~4 位:T_CKE,读写位。配置 SDRAM 的 CKE 时间,T_CKE=(CKE/EMB-CLK)-1。

第 5~15 位:预留。

第 16~22 位:T_XSR,读写位。配置 SDRAM 的 XSR 时间,T_XSR=(XSR/EMBCLK)-1。

第 23~26 位:预留。

第 27~30 位:T_RAS_MAX,读写位。配置 SDRAM 从激活到充电指令之间的最大刷新速率。

第 31 位:预留。

5. SDCFG2

SDCFG2(SDRAM Configuration 2 Register)寄存器是 EMIFB 配置 SDRAM 的第二寄存器。该寄存器各位的定义如图 5-43 所示。

31	19	18	16	15	3	2	0
Reserved		PASR		Reserved		ROWSIZE	
R-0		R/W-0		R-0		R/W-0	

图 5-43 SDCFG2 寄存器各位的定义

第 0~2 位:ROWSIZE,读写位。配置 SDRAM 的行地址位,0 表示使用 9 位行地址;1 表示使用 10 位行地址;2 表示使用 11 位行地址;3 表示使用 12 位行地址;4 表示使用 13 位行地址;5 表示使用 14 位行地址;其他数据无效。

第 3~15 位:预留。

第 16~18 位:PASR,读写位。配置 SDRAM 的部分阵列刷新方式,0 表示刷新 4 个 Bank(Bank0、Bank1、Bank2、Bank3);1 表示刷新 2 个 Bank(Bank0、Bank1);2 表示刷新 1 个 Bank(Bank0);5 表示刷新半个 Bank(Bank0);6 表示刷新 1/4 个 Bank(Bank0);其他数据无效。

第 19~31 位:预留。

6. EMIFB 中断寄存器

和 EMIFB 中断相关的寄存器有 IRR(EMIFB Interrupt Raw Register)中断 Raw 寄存器、IMR(EMIFB Interrupt Masked Register)中断屏蔽寄存器、IMSR(EMIFB Interrupt Mask Set Register)中断屏蔽设置寄存器以及 IMCR(EMIFB Interrupt Mask Clear Register)中断屏蔽清除寄存器。这些寄存器都是第 2 位有效,其他位无效,用于显示或者设置相应的中断状态。

5.6.3 EMIFB 和 SDRAM 的连接

SDRAM 相当于一个比较大的存储阵列,需要通过行地址、列地址、Bank 地址以及数据宽度来选择存储阵列的单元序列,然后从这个序列中读取或者向该序列写入数据,从而完成对 SDRAM 的操作。图 5-44 所示为 SDRAM 存储阵列示意图。

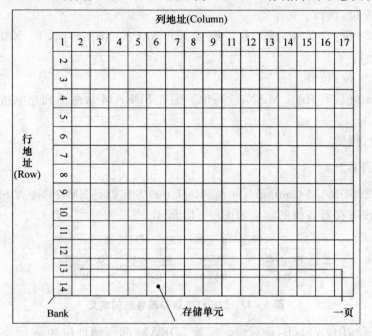

图 5-44　SDRAM 存储阵列示意图

由于 SDRAM 的工作原理限制,单一的存储阵列会造成非常严重的寻址冲突,大大降低内存效率,所以在 SDRAM 内部分割成多个块,这些块称为 Bank。因此在进行寻址时就要先确定是哪个 Bank,然后再在这个选定的 Bank 中选择相应的行与列进行寻址。可见对 SDRAM 的访问,一次只能一个 Bank 工作,其对存储阵列的访问顺序为 Bank0 的 Page0、Bank1 的 Page0……Bank7 的 Page0、Bank0 的 Page1、Bank1 的 Page1……。访问顺序如图 5-45 所示。

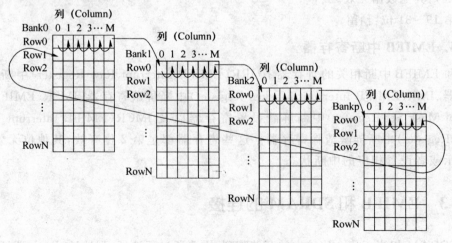

图 5-45　存储阵列访问顺序

SDRAM 对具体阵列单元的操作包括命令和数据两种。对命令和数据的管理通过 EMIFB 的内部模块完成,该模块将来自 CPU 的命令以及写数据存储到 FIFO 中,然后使用命令/数据规划器进行管理,采用先进先出的方式,对 SDRAM 进行相应的操作。同样,一个读 FITO 实现对来自 SDRAM 的数据缓冲,依次送给 CPU。整个模块功能框图如图 5-46 所示。

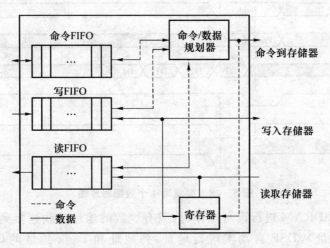

图 5-46 SDRAM 管理模块功能框图

管理模块增加了 FIFO,可以实现对 SDRAM 的突发读写,从而进一步加快 SDRAM 的读写操作。突发读写的物理时序如图 5-47、图 5-48 所示。

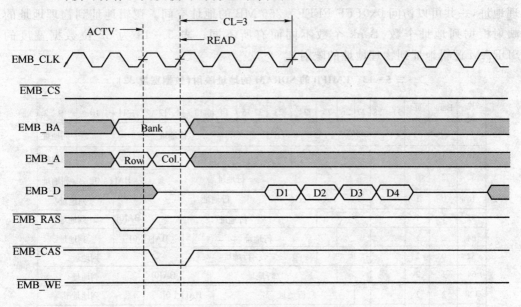

图 5-47 突发读 4 个数据时序图

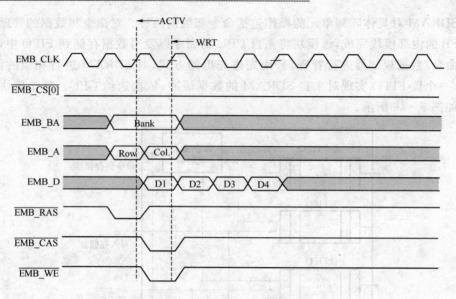

图 5-48 突发写 4 个数据时序图

当 DSP 对 SDRAM 进行读写操作时,只有少数的地址总线连接到 SDRAM(一般不超过 16 根地址),DSP 自动实现行地址、列地址和 Bank 地址的切换。C6747 的 EMIFB 逻辑地址固定为 0xC000 0000～0xCFFF FFFF,一共为 256 MB 的地址空间。其中高 4 位为 C,表示对 EMIFB 的 SDRAM 访问,DSP 会将 EMIFB 的片选信号选通,将其他所有可能冲突的外设片选信号禁止。然后低 28 位逻辑地址总线一一映射到物理地址,一共可以访问 0x0FFF FFFF=256 MB 的地址空间。逻辑地址到物理地址的映射根据列地址个数、Bank 个数不同而有所不同。表 5-13 为 32 位数据宽度的 SDRAM 逻辑地址到物理地址的映射。

表 5-13 EMIFB 的 SDRAM 的地址映射(数据宽度 32)

片M	Bank	页	31:28	27	26	25	24	23	22:15	14	13	12	11	10	9:2
8	0	0	行地址												列地址
16	1	0	行地址											BA[0]	列地址
32	2	0	行地址										BA[1:0]		列地址
16	0	1	行地址												列地址
32	1	1	行地址										BA[0]		列地址
64	2	1	行地址								BA[1:0]				列地址
32	0	2	行地址												列地址
64	1	2	行地址									BA[0]			列地址
128	2	2	行地址							BA[1:0]					列地址
64	0	3	行地址												列地址
128	1	3	行地址								BA[0]				列地址
256	2	3	行地址						BA[1:0]						列地址

从表中可以看出,各个 SDRAM 的列地址、行地址和 Bank 地址都是固定的。例如片大小为 8 M 空间的 SDRAM(表中第一行),其列地址为 A9～A2,行地址为 A22～A10,因为其 Bank 为 0,所以没有 Bank 地址。其他地址总线 A31～A23 与此无关。地址总线的 A1 和 A0 对应数据宽度,映射到 SDRAM 的 DQM[3∶0]。

表 5-14 为 16 位数据宽度的 SDRAM 逻辑地址到物理地址的映射。

表 5-14 EMIFB 的 SDRAM 的地址映射(数据宽度 16)

片 M	Bank	页	31∶27	26	25	24	23	22	21∶14	13	12	11	10	9	8∶1
4	0	0						行地址							列地址
8	1	0						行地址					BA[0]		列地址
16	2	0						行地址				BA[1∶0]			列地址
8	0	1					行地址								列地址
16	1	1					行地址					BA[0]			列地址
32	2	1					行地址				BA[1∶0]				列地址
16	0	2				行地址									列地址
32	1	2				行地址					BA[0]				列地址
64	2	2				行地址				BA[1∶0]					列地址
32	0	3			行地址										列地址
64	1	3			行地址					BA[0]					列地址
128	2	3			行地址				BA[1∶0]						列地址

16 位数据宽度的 SDRAM 和 32 位数据宽度的 SDRAM 相比,地址总线向后移动 1 位。因为地址总线的 A0 对应数据宽度,映射到 SDRAM 的 DQM[1∶0],从而节省出 A1 地址,使得其可以参与地址空间的译码。

5.7 DMA

直接存储器访问(DMA)控制器是 C67x 系列 DSP 的一种重要的数据访问方式,能够在没有 DSP 的 CPU 参与的情况下完成存储器映射区的数据传输。数据传输可以在片内存储器、片外存储器以及其他外设之间进行。C674x 系列 DSP 具有较新的 EDMA3 控制器,为了便于理解 EDMA3 控制器,本节简要介绍 DMA 的基本知识。

5.7.1 DMA 概述

DMA 的主要特点如下:
(1) 后台操作。DMA 的操作可以独立于 DSP。
(2) 多个通道。DMA 可以控制多个独立通道的数据传输。

(3) 单通道分割操作。利用单个通道可以与一个外设间进行双向数据传输,相当于两个 DMA 通道。

(4) 主机接口访问。在没有 CPU 参与的情况下,DMA 为主机接口访问 DSP 存储器提供一个专门的通道,这可以让主机接口访问更大的存储器空间(整个片内存储器)。

(5) 多帧传输。每个块传输可以包括多个大小可编程的帧。

(6) 可编程的优先级。每个通道可以独立的配置优先级。

(7) 可编程的地址产生方式。每个通道的源和目的地址寄存器都具有用于读写操作的可配置偏移量。地址可以是常量、递增、递减或者按照可编程的值进行调整。这些可编程的数值允许帧的当前数据地址与上一个数据地址相差某个偏移量,方便用于数据的排序。

(8) 全地址范围。DMA 可以访问系统的整个扩展地址范围,包括片内存储器、片内外设以及外部存储器(可选器件)。访问存储器映射的某个区域要受到器件的限制。

(9) 可编程的数据传输宽度。每个通道可以独立地配置为单字传输模式(16 位)或者双字传输模式(32 位)。

(10) 自动初始化。块传输一旦完成,DMA 通道能够为下次块传输自动重新初始化。

(11) 事件同步。每个数据的传输都可由指定的事件触发。

(12) 中断产生。在每个帧传输或者块传输完成后,每个 DMA 通道将发送一个中断给 CPU。

与 DMA 相关的术语及其含义如下:

(1) 读传输。DMA 控制器从存储器的源位置读取一个数据,源位置可以位于存储器或外设器件,也可以位于程序、数据或者 I/O 空间。

(2) 写传输。DMA 控制器把读传输期间读取的数据写到存储器的目标位置,目标位置可以位于存储器或者外设器件,也可以位于程序、数据或者 I/O 空间。

(3) 数据单元传输。单个数据读和写传输的组合。

(4) 帧传输。每个 DMA 通道传输的每个帧所包含的单元数都是独立可编程的,当帧的传输完成时,DMA 将移动一帧的所有数据单元。

(5) 块传输。每个 DMA 通道传输的每个块所包含的帧数量都是独立可编程的,当块传输完成时,DMA 将移动定义块中的所有帧。

(6) 发送数据单元的传输。在通道分割模式下,数据从源地址中读出并写入分割目的地址。

(7) 接收数据单元的传输。在通道分割模式下,数据从分割源地址中读出并写入目的地址。

C67x DSP 的 DMA 为共享 9 级深度的 FIFO 结构,如图 5-49 所示。9 级深度的 FIFO 加快了数据的读写速度,只要 FIFO 没有满,DMA 都以最快的速度将数据写入到 FIFO;只要 FIFO 没有空,DMA 都以最快的速度将数据从 FIFO 中读出。只要建立起读写流水线,9 级深度的 FIFO 结构可以消除读写中间可能产生的短暂时间延迟,包括帧结束延迟、重设置 DMA 参数延迟以及硬件延迟等。

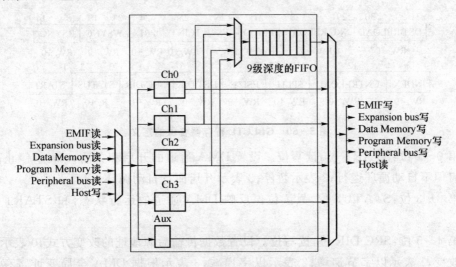

图 5-49 共享 9 级深度 FIFO 的 DMA 结构

5.7.2　DMA 寄存器

与 DMA 相关的寄存器如表 5-15 所列。

表 5-15　DMA 寄存器

地　址	名　称	地　址	名　称
0x0184 0000	PRICTL0	0x0184 003C	GBLADDRB
0x0184 0004	PRICTL2	0x0184 0040	PRICTL1
0x0184 0008	SECCTL0	0x0184 0044	PRICTL3
0x0184 000C	SECCTL2	0x0184 0048	SECCTL1
0x0184 0010	SRC0	0x0184 004C	SECCTL3
0x0184 0014	SRC2	0x0184 0050	SRC1
0x0184 0018	DST0	0x0184 0054	SRC3
0x0184 001C	DST2	0x0184 0058	DST1
0x0184 0020	XFRCNT0	0x0184 005C	DST3
0x0184 0024	XFRCNT2	0x0184 0060	XFRCNT1
0x0184 0028	GBLCNTA	0x0184 0064	XFRCNT3
0x0184 002C	GBLCNTB	0x0184 0068	GBLADDRC
0x0184 0030	GBLIDXA	0x0184 006C	GBLADDRD
0x0184 0034	GBLIDXB	0x0184 0070	AUXCTL
0x0184 0038	GBLADDRA		

1. GBLCTL

GBLCTL(DMA Channel Primary Control Register)寄存器是 DMA 通道的主控

制寄存器,用于配置 DMA 通道的主要参数。该寄存器各位的定义如图 5-50 所示。

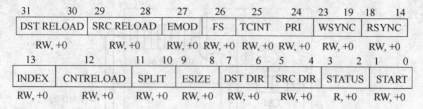

图 5-50　GBLCTL 寄存器各位的定义

第 0~1 位:START 位,读写位。设置 DMA 通道的开启和关闭,0 表示停止;1 表示开启但不自动循环运行;2 表示暂停;3 表示开启而且自动循环运行。

第 2~3 位:STATUS 位,只读位。反映 DMA 通道的运行状态,和 START 位相对应。

第 4~5 位:SRC DIR 位,读写位。设置数据传输后源地址的改变方式,0 表示源地址不改变;1 表示以字节递增;2 表示以字递减;3 表示根据 DMA 全局变址寄存器的 INDEX 位改变。

第 6~7 位:DST DIR 位,读写位。设置数据传输后目的地址的改变方式,和 SRC DIR 位的设置一样。

第 8~9 位:ESIZE 位,读写位。设置传输数据的位数,0 表示 32 位数据;1 表示 16 位数据;2 表示 8 位数据。

第 10~11 位:SPLIT 位,读写位。设置通道分割方式,0 表示禁止读写分割;1 表示使用全局地址寄存器 A 进行分割读写;2 表示使用全局地址寄存器 B 进行分割读写;3 表示使用全局地址寄存器 C 进行分割读写。

第 12 位:CNT RELOAD 位,读写位。设置自动重加载以及多帧数据传输的地址改变方式,0 表示根据全局计数重载寄存器 A 改变传输地址;1 表示根据全局计数重载寄存器 B 改变传输地址。

第 13 位:INDEX 位,读写位。选择可编程变址的全局数据寄存器类型,0 表示选择全局数据寄存器 A;1 表示选择全局数据寄存器 B。

第 14~18 位:RSYNC 位,读写位。设置读同步,全 0 表示不使用同步;非 0 表示设置同步事件。

第 19~23 位:WSYNC 位,读写位。设置写同步,全 0 表示不使用同步;非 0 表示设置同步事件。

第 24 位:PRI 位,读写位。选择 DMA 和 CPU 的优先级,0 表示 CPU 优先;1 表示 DSP 优先。

第 25 位:TCINT 位,读写位。设置传输控制的中断,0 表示禁止中断;1 表示使能中断。

第 26 位:FS 位,读写位。设置帧同步,0 表示禁止帧同步;1 表示 RSYNC 事件用于全帧的同步。

第27位:EMOD位,读写位。设置仿真方式,0表示仿真暂停时DMA保持运行状态;1表示仿真暂停时DMA也进入暂停状态。

第28~29位:SRC RELOAD位,读写位。设置自动重加载源地址方式,0表示不重载源地址;1表示根据全局地址寄存器B重载;2表示根据全局地址寄存器C重载;3表示根据全局地址寄存器D重载。

第30~31位:DST RELOAD位,读写位。设置自动重加载目的地址方式,设置同SRC RELOAD位。

2. SECCTL

SECCTL(DMA Channel Secondary Control Register)寄存器是DMA通道的辅助控制寄存器,用于配置DMA通道的其他参数。该寄存器各位的定义如图5-51所示。

31 22	21	20	19	18 16	15	14	13	12	11
Res	WSPOL	RSPOL	FSIG	DMAC	WSYNC CLR	WSYNC STAT	RSYNC CLR	RSYNC STAT	WDROP IE
R, +0	RW, +0	RW, +0	RW, +0	RW, +0	RW, +0	RW, +0	RW, +0	RW, +0	RW, +0

10	9	8	7	6	5	4	3	2	1	0
WDROP COND	RDROP IE	RDROP COND	BLOCK IE	BLOCK COND	LAST IE	LAST COND	FRAME IE	FRAME COND	SX IE	SX COND
RW, +0	RW, +0	RW, +0	RW, +0	RW, +0	RW, +0	RW, +0	RW, +0	RW, +0	RW, +0	RW, +0

图5-51 SECCTL寄存器各位的定义

第0位:SX COND位,读写位。设置是否检测分割,0表示不检测;1表示检测。

第1位:SX IE位,读写位。设置分割冲突中断使能,0表示SX禁止DMA中断;1表示SX使能DMA中断。

第2位:FRAME COND位,读写位。设置是否检测帧完成情况,0表示不检测帧;1表示检测。

第3位:FRAME IE位,读写位。设置帧完成中断,0表示禁止;1表示使能。

第4位:LAST COND位,读写位。设置是否检测最后帧完成情况,0表示不检测;1表示检测。

第5位:LAST IE位,读写位。设置最后帧完成中断,0表示禁止;1表示使能。

第6位:BLOCK COND位,读写位。设置是否检测块完成情况,0表示不检测;1表示检测。

第7位:BLOCK IE位,读写位。设置块完成中断,0表示禁止;1表示使能块。

第8位:RDROP COND位,读写位。设置是否检测读消失情况,0表示不检测;1表示检测。

第9位:RDROP IE位,读写位。设置读同步消失中断,0表示禁止;1表示使能。

第10位:WDROP COND位,读写位。设置是否检测写消失情况,0表示不检测写;1表示检测。

第11位:WDROP IE位,读写位。设置写同步消失中断,0表示禁止;1表示使能。

第 12 位：RSYNC STAT 位，读写位。读同步状态，0 表示没有收到读同步；1 表示收到读同步。

第 13 位：RSYNC CLR 位，读写位。读同步清除，对该位写入 1 将清除读同步状态。

第 14 位：WSYNC STAT 位，读写位。写同步状态，0 表示没有收到写同步；1 表示收到写同步。

第 15 位：WSYNC CLR 位，读写位。写同步清除，写入 1 将清除写同步状态。

第 16～18 位：DMAC 位，读写位。设置 DMA 事件完成后引脚状态，0 表示 DMAC 引脚为低；1 表示 DMAC 引脚为高；2 表示 DMAC 引脚和 RSYNC 状态一致；3 表示 DMAC 引脚和 WSYNC 状态一致；4 表示 DMAC 引脚和 FRAME 状态一致；5 表示 DMAC 引脚和 BLOCK 状态一致。

第 19 位：FSIG 位，读写位。水平或者边沿检测方式选择，该位为 0 表示边沿检测方式；1 表示水平检测方式。当无帧同步传输时该位设置成 0，该位在 C6201 和 C6701 中是只读位，不能设置。

第 20 位：RSPOL 位，读写位。设置读和帧同步的极性，0 表示极性为高；1 表示极性为低。该位仅在外部中断 EXT 或 INT 被使用时有效，该位在 C6201 和 C6701 中是只读位，不能设置。

第 21 位：WSPOL 位，读写位。设置写和帧同步的极性，0 表示极性为高；1 表示极性为低。该位仅在外部中断 EXT 或 INT 被使用时有效，该位在 C6201 和 C6701 中是只读位，不能设置。

第 22～31 位：预留，只读位。复位为 0。

3. XFRCNT 和 GBLCNT

XFRCNT(DMA Channel Transfer Counter Register)寄存器是 DMA 通道传输计数器寄存器，用于配置 DMA 通道传输的帧和数据计数器。GBLCNT(DMA Global Count Reload Register)寄存器是 DMA 通道传输计数重载寄存器，自动传输或重新传输时将该寄存器的值复制到 XFRCNT 寄存器中。XFRCNT 和 GBLCNT 寄存器各位的定义如图 5-52 所示。

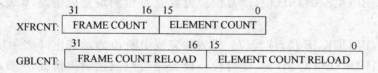

图 5-52 XFRCNT 和 GBLCNT 寄存器各位的定义

ELEMENT COUNT 位：读写位。该位记录一帧中传输的数据个数，可以设置为 0～65 535。每传输一个数据，该位减 1，一旦减到 0，该位可以从 GBLCNT 的低 16 位重新载入计数值（根据 DMA 主控制寄存器的 CNT RELOAD 位设置）。当 DMA 通道传输开始时，必须保证这两个寄存器相应位的数值一致，如果不使用 DMA 通道传输，将该位设置成 0。

FRAME COUNT 位:读写位。该位记录传输块的帧数,可以设置为 0~65 535。每传输一帧,该位减 1,一旦减到 0,该位可以从 GBLCNT 的高 16 位重新载入计数值(根据 DMA 主控制寄存器的 CNT RELOAD 位设置)。该位设置成 0 或 1 有同样的效果,都指单帧传输。

4. SRC 和 DST

SRC(DMA Channel Source Address Register)是 DMA 通道源地址寄存器,DST(DMA Channel Destination Address Register)是 DMA 通道目的地址寄存器。源地址寄存器保存 DMA 通道下一次读数据的地址,目的地址寄存器保存 DMA 通道下一次将数据写入的地址,源地址和目的地址寄存器的增加方式可以通过 DMA 通道主控制寄存器的相应位来设置。

5. GBLIDX

GBLIDX(DMA Global Index Register)寄存器是 DMA 通道全局变址寄存器,设置 DMA 通道传输的源地址或者目的地址变化的方式。在变址方式下,数据存放的地址以及帧地址的当前值都可以根据变址值来调整,调整值可以设置在 -32 768~32 767,也就是地址可以向前也可以向后调整。该寄存器各位的定义如图 5-53 所示。

31 16	15 0
FRAME INDEX	ELEMENT INDEX

图 5-53 GBLIDX 寄存器各位的定义

第 0~15 位:ELEMENT INDEX 位,读写位。数据变址位。

第 16~31 位:FRAME INDEX 位,读写位。帧变址位。

6. GBLADDR

GBLADDR(DMA Global Address Register)寄存器是 DMA 通道全局地址寄存器,在使用 DMA 通道分割方式下使用该寄存器,主要是设置分割通道的源地址和目的地址。一共有 4 个全局地址寄存器,一旦设置了源地址,目的地址就自动设置成比源地址大 1 的值。该寄存器的最低三位为只读位,一直为 0,确保分割地址的源地址为偶地址,目的地址为奇地址。

7. AUXCTL

AUXCTL(DMA Auxiliary Control Register)寄存器是 DMA 辅助通道控制寄存器,主要设置 DMA 辅助通道的有关参数。该寄存器各位的定义如图 5-54 所示。

31 5	4	3 0
Res	AUXPRI	CHPRI

图 5-54 AUXCTL 寄存器各位的定义

第 0～3 位：CH PRI 位，读写位。设置 DMA 通道的优先级，如果辅助通道用于外部扩展总线的主机方式，该位必须设置为 0，表示辅助通道具有最高优先级。该位为 1 表示辅助通道具有第二优先级；2 表示第 3 优先级；3 表示第 4 优先级；4 表示具有最低优先级。

第 4 位：AUXPRI 位，读写位。设置 DMA 和 CPU 之间的优先级，0 表示 CPU 优先级高；1 表示 DMA 优先级高。

第 5～31 位：预留，只读位。复位为 0。

5.7.3 DMA 的操作

1. 初始化

每一个 DMA 通道都可以独立启动、暂停和停止。启动可以在程序中由 DSP 完成，也可以由 DMA 自动启动。DMA 通道主控制寄存器（PRICTL）的 STATUS 位表明 DMA 通道的当前状态，START 位用于设置 DMA 的状态。一旦 START 位被设置，则只有在 STATUS 位和 START 位相同的情况下才能更改 START 的值。

(1) 手动操作

启动操作：设置好 DMA 的各种寄存器，向 DMA 主控制寄存器的 START 位写入 1 将立即启动该通道的 DMA。一旦启动，STATUS 的值会变成 1。

暂停操作：在启动后，向 START 写 2 可以暂停 DMA（写之前，START＝STATUS＝1）。暂停时，如果某个数据单元传输的读传输过程已经完成，则 DMA 通道会继续完成其对应的写传输。也就是即使向 START 写入 2 要求 DMA 暂停，DMA 也仍然会将当前正在运行的任务完成。一旦 DMA 暂停，STATUS 的当前值变为 2，和 START 保持一致。

停止操作：向 START 写 0 可以停止 DMA 控制器（写之前，START＝STATUS＝1），停止操作和暂停操作类似。除非是 DMA 工作于自动初始化模式下，否则一旦 DMA 完成当前的任务，便进入停止状态，STATUS 的当前值变为 0，和 START 保持一致。

(2) 自动初始化

向主控制寄存器的 START 位写入 3 将以自动初始化方式启动 DMA。在一次块传输任务完成后，DMA 控制器自动调用 DMA 全局数据寄存器的参数值为下一次数据块的传送操作做准备。

连续操作：通常必须在一次传送完成之后重新初始化 DMA。一旦 DMA 开始一个块的传输，其传输参数就已经确定，这时可以将下一个块传输的参数（包括源地址、目的地址以及数量等）存放到重载寄存器。这样，DMA 一旦完成当前块的传输，会马上读取重载寄存器的值进行下一个块的传输。

重复操作：是连续操作的一个特例。传送完一块后，DMA 控制器将重复前一次相同的块传输。这种情况下不需要设置重载寄存器，只需在开始传输之前设定一次重载寄存器的值。

自动初始化：向主控制寄存器的 START 位写入 3，将启动 DMA 的自动初始化。

在自动初始化情况下,DMA 完成当前块传输后,将从所选择的 DMA 通道寄存器中重载,然后自动启动下一个 DMA 通道。如果在暂停后重新启动,DMA 将默认为手动方式,除非再次向 START 写入 3,才能再次使能自动初始化。

方式的切换:DMA 通道的传输方式可以随时从自动初始化方式切换到手动方式。切换的方法很简单,首先暂停 DMA,然后写入 2 到 START 位。如果 DMA 工作在通道分割方式,则只有数据接收和发送都处于同一帧时,才可以实现自动到手动的切换。如果暂停 DMA 后发现接收和发送处于不同的帧,就必须仍然设置 DMA 为自动方式,直到接收和发送处于同一帧情况。

2. 同步事件

DMA 单元传输可由多种同步事件触发,包括 McASP 的接收或发送事件、定时器中断事件以及外部中断事件等。DMA 通道既可在同步模式下(与某一事件相关)运行,也可以在异步模式下(与任何事件无关)运行。当一个 DMA 通道与一个特定事件同步时,每个单元传输都必须等待该事件的发生才开始进行操作。如果 DMA 通道不与任何事件同步,则以尽可能快的速度进行传输。DMA 有 3 种同步方式,分别为:

(1) 读同步:每次读传输都等待选定的事件发生后再进行。
(2) 写同步:每次写传输都等待选定的事件发生后再进行。
(3) 帧同步:每一帧的传输都等待选定的事件发生后再进行。

如果使用同步传输,那么每个传输都必须要求一个同步事件。不同型号的 C6x 器件可获得的同步事件也不同。同步事件的选择由 DMA 通道主控制寄存器的 RSYNC 和 WSYNC 位控制。如果该寄存器的 FS 位为 1,那么由 RSYNC 选定的事件就作为整个帧的同步事件,此时 WSYNC 必须设置为 00000。如果该通道设置为分割模式(SPLT 位为 00),那么 RSYNC 和 WSYNC 两位必须设为非零值。

DM 通道辅助寄存器中的 STAT 和 CLR 位控制 DMA 的同步事件。当同步事件的信号由低变高时,各个通道会将该事件锁定,导致相应的 STAT 位被设置。单个事件可以用来触发多个动作。在触发事件的相关操作完成后,锁定事件的 STAT 位标志会被自动清除。事件标志应尽可能早地被清除,以使两个同步事件之间的时间间隔尽量小。通过向 STAT 和 CLR 位写入 1,可以手动设置事件的发生状态。如在块传输开始前清除刚发生的事件,可以强行让 DMA 通道等待下一个事件。DMA 同步事件触发的时序如图 5-55 所示。

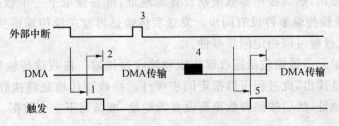

图 5-55 DMA 同步事件触发的时序

图中设置外部中断的下降沿为触发事件。在时刻 1 出现外部中断的下降沿,触发

DMA，DMA 开始数据传输。在时刻 3 再次出现外部中断的下降沿，但此时 DMA 正在传输，不会响应该触发事件。在时刻 4 DMA 完成传输，等待一段时间（32 个指令周期）后，DMA 去检测同步事件的状态。在时刻 5 检测到外部中断仍然处于低有效状态，虽然此时外部中断没有下降沿，但低有效的状态仍然触发 DMA 进行数据传输。如果该中断来自外部 AD 转换器，只要 AD 转换的中断有效，即 AD 有数据传输，DMA 就会以最快的速度将数据传输到 DSP。

3. 地址产生

DMA 控制器每个通道的读写传输都需要进行地址计算。利用不同的地址产生方式，DMA 控制器可以支持多种结构数据的传输。例如 DMA 控制器可以对来自不同数据源的数据进行归类重组，也可以对一个矩阵进行转置等。

DMA 通道的源地址寄存器和目的地址寄存器都是 32 位的，分别用于存放下次读传输和写传输的数据地址。计算传输地址有基本调整和使用全局变址调整两种方式，其中基本调整是指通过控制位 SRC DIR 和 DST DIR 来设置传输地址自增、自减或者保持不变。全局变址调整由 DMA 通道主控制寄存器的 INDEX 位选择，可以根据传输的数据是否为当前帧的最后一个来进行不同的地址调整。全局变址寄存器的低 16 位（ELEMENT INDEX）存放地址变化的当前值（也就是数据地址变化值），高 16 位（FRAME INDEX）存放帧地址变化的当前值。这两个 16 位的数据都是有符号数，范围为 $-32\,768 \sim 32\,767$。设置变址数据传输的优点在于数据传输的帧与帧之间可以实现地址跳变，使得 DMA 可以随时访问所有片内片外单元，而不像基本变址那样，只能缓慢地改变。变址数据传输方式对大容量的片外 RAM 数据传输尤其适用。

4. 通道分割

利用通道分割操作 DMA 通道可以为具有固定地址的外部或是内部外设同时提供输入和输出数据流。

为了完成单通道的双向数据传输，需要设置全局地址寄存器提供分割源地址和分割目的地址。分割通道操作分为发送数据单元的传输和接收数据单元的传输，每种传输都包括一次读操作和一次写操作。

发送数据单元的传输包括发送读传输和发送写传输。发送读传输是数据从 DMA 通道的源地址读出，然后按照参数重新设置源地址，准备读取下一个数据，数据传输计数器减 1。发送读传输事件没有同步。发送写传输是将发送读传输得到的数据写入分割目标地址，此过程可以指定同步事件。

接收数据单元的传输包括接收读传输和接收写传输。接收读传输是数据从 DMA 通道的分割地址读出，此过程可以指定同步事件。接收写传输是将接收读传输得到的数据写入目标地址，然后按照参数重新设置源地址，准备写下一个数据。接收写传输事件没有同步。

由于每个通道只有一个传输计数器，因此收发的帧数以及每帧的数据个数必须相同。为了让分割通道正常工作，RSYNC 和 WSYNC 控制位必须设为非零值，同时禁止

第 5 章 硬件系统结构

帧同步方式。

在以上过程中,发送数据单元传输并不一定必须等前一次的接收数据单元传输完成之后才进行。这意味着分割通道模式中,发送数据有可能会走在接收数据的前面。整个发送数据单元传输结束后,源地址寄存器会被重新初始化,DMA 通道的硬件会自动维持其内部状态,使发送数据单元传输的次数不会超前接收数据单元传输的次数 7 次,以避免发生不必要的传输意外。

分割通道的源地址作为输入数据的地址保存在选定的 DMA 全局地址寄存器中。而分割通道的目标地址作为输出数据地址比分裂源地址大一个字,源地址的最低 3 位必须为 0,以确保在偶数字上,从而使分裂目标地址在奇数字上。外部设备在设计地址译码时必须要符合这个规定。

5. 仲裁和优先级

DMA 在控制数据传输时,可能会与 DSP 的访问或者其他 DMA 通道产生资源冲突,片内仲裁机构根据设置的优先级确定谁优先获得资源的控制权。可能产生读写冲突的资源包括:

(1) 片内数据存储器。
(2) 片内程序存储器。
(3) 需要通过外围总线访问的片内外设寄存器。
(4) 需要通过片内外部存储器接口访问的外部存储器。
(5) 通过扩展总线访问的扩展存储器。

优先级的设置包括两个方面,分别为:

(1) DMA 与 DSP 之间通过主控制寄存器的 PRI 位决定每一个 DMA 通道与 DSP 之间的优先级,辅助控制寄存器中的 AUXPRI 位决定辅助通道和 DSP 之间的优先级。

(2) DMA 有 4 个通道的优先级是固定的,通道 0 最高,通道 3 最低。辅助通道的优先级可以任意设置,由辅助控制寄存器中 CH PRI 位设置。

通道间的优先级仲裁按每一个时钟周期独立进行。任何通道在等待同步事件期间,也就是处于空闲状态时,都会将控制权先交给较低优先级的通道,一旦该通道收到同步信号后,这个通道会重新取回控制权。分割通道模式收发两个部分的关系也是如此,发送的优先级高于接收。

如果同时有多个通道以及 DSP 请求同一资源,将首先进行 DMA 通道的仲裁,然后优先级最高的通道再和 DSP 比较。通常,如果某个通道的优先级低于 DSP,则较低优先级的通道优先级也应该低于 DSP。优先级高的通道一旦收到同步事件,就会从优先级低的通道处夺回控制权。进行通道转换时,当前通道已经进行的所有读操作允许继续完成,在 DMA 控制器决定了哪一个通道可以获得控制权之后,新的通道开始读传输,同时仍然允许前一个通道完成其剩余的写传输。

6. 通道状态

通过 DMA 通道辅助控制寄存器中的一些状态标志位可以判断 DMA 的工作情

况。DMA 中断产生由辅助控制寄存器中的中断允许位(IE)控制,如果某个 IE 位被使能,则相应的状态标志就会影响该通道的中断信号。当该通道的 TCINT 位为 1,所有的状态相或就会产生 DMA_INTx(x 为 0~3)信号送到 DSP,否则该中断无效。图 5-56 为 DMA 通道产生中断的逻辑关系。

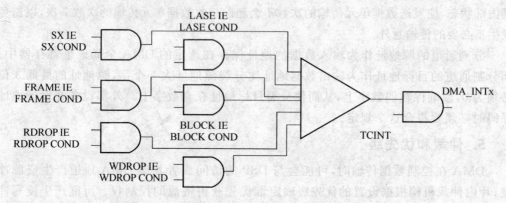

图 5-56 DMA 通道产生中断信号的逻辑关系

辅助控制寄存器中的 SX COND 位、WDROP COND 位以及 RDROP COND 位是出错警告状态位。不论 TCINT 位如何设置,一旦这些位被使能并被激活,都会立即使 DMA 通道进入暂停状态。表 5-16 所列是 DMA 的通道状态。

表 5-16 DMA 通道状态

符 号	事 件	激活条件	COND 清除方式	
			IE=1	IE=0
SX	分割传输中,发送过于超前接收	发送数据的个数超过接受数据 7 个以上	COND 位写入 0	
FRAME	帧传输结束	最后一个数据写传输完成	COND 位写入 0	两个时钟周期之后
LAST	最后一帧	块传输中,计数器准备最后一帧数据的传输	COND 位写入 0	两个时钟周期之后
WDROP RDROP	读写同步失步	上一次同步未被清除,又有新的同步事件到	COND 位写入 0	
BLOCK	块传输结束	块传输的最后一个数据写传输完成	COND 位写入 0	两个时钟周期之后

5.8 EDMA3

增强的第三代直接存储器访问(EDMA3)控制器是 C674x 系列 DSP 特有的数据访问方式。与 DMA 以及 EDMA2 相比,EDMA3 的增强之处有:提供了 32 个 DMA 通道和 8 个 QDMA 通道;通道的优先级可设置;可以实现数据传输的链接;利用 EDMA3,可以实现片内存储器、片内外设以及外部存储空间之间的数据传输。本节主要介绍 EDMA3 控制器的配置和使用方法。

5.8.1 EDMA3 概述

EDMA3 控制器在 DSP 的内存和片内外设之间传输数据,主要由传输控制器和通道控制器组成。包括内存和 EMIFA、EMIFB 之间,非 L2 内存之间以及主机和内存之间所有的数据传输均由传输控制器完成。传输控制是不可编程的,而通道控制器具有高度可编程性,用户可以设置各种传输方式,包括:1 维或者 2 维数据传输;事件、链或者 CPU 同步事件触发传输;支持地址重载;支持乒乓寻址、循环寻址、帧提取以及排序等。

EDMA3 通道控制器主要由以下 5 个部分组成:事件相关寄存器、事件选择器、参数 RAM、QDMA 检测器、结束和错误检测器等。事件寄存器完成对 EDMA3 事件的捕获,一个事件相当于一个同步信号,由它触发某个 EDMA3 通道开始数据传输。如果有多个事件同时发生,由事件选择器对它们进行识别。在 EDMA3 的参数 RAM 中存放与事件相关的传输参数,这些参数送入传输请求,进而产生对外设读写操作所需要的地址。EDMA3 的通道控制器和传输控制器结构如图 5-57、图 5-58 所示。

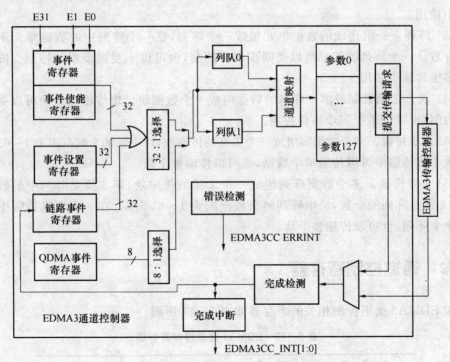

图 5-57　C674x 的 EDMA3 通道控制器结构

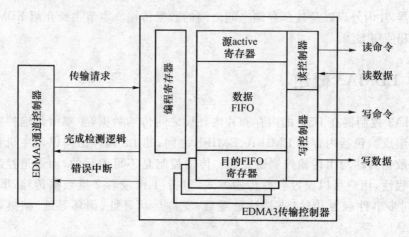

图 5-58 C674x 的 EDMA3 传输控制器结构

为了便于说明,首先定义一些和 EDMA3 相关的术语。

(1) 数据单元传输。单个数据从源地址向目的地址传输。如果需要,每一个数据单元都可以由同步事件触发传输。数据单元传输一般在 1 维传输中使用。

(2) 帧。一组数据单元组成一帧,一帧数据单元可以是相邻连续存放的,也可以是间隔存放的。帧传输可以受同步事件控制,也可以不受同步事件控制。帧一般在 1 维传输中使用。

(3) 阵列。一组连续的数据单元组成一个阵列,在一个阵列中的数据单元不允许间隔存放。一个阵列的传输可以受同步事件控制,也可以不受同步事件控制。阵列一般在多维传输中使用。

(4) 块。多帧数据或多个阵列的数据组成一个数据块。块传输的启动可以受同步事件控制,也可以不受同步事件控制。

(5) 1 维传输。多个数据帧组成一个 1 维的传输块,块中帧的个数范围为 1~65 536。在一次 1 维传输中可以传输单个数据,也可以传输整个帧。

(6) 2 维传输。多个数据阵列组成一个 2 维的传输块,第 1 维是阵列中的数据单元,第 2 维是阵列的个数,块中阵列的个数范围为 1~65 536。在一次 2 维传输中可以传输单个阵列,也可以传输整个块。

5.8.2 通道控制寄存器

和 EDMA3 通道控制相关的寄存器如表 5-17 所列。

表 5-17 EDMA3 通道控制寄存器

地 址	名 称	地 址	名 称
0x01C0 0000	REVID	0x01C0 1000	ER
0x01C0 0004	CCCFG	0x01C0 1008	ECR

第5章 硬件系统结构

续表 5-17

地 址	名 称	地 址	名 称
0x01C0 0200	QCHMAP0	0x01C0 1010	ESR
0x01C0 0204	QCHMAP1	0x01C0 1018	CER
0x01C0 0208	QCHMAP2	0x01C0 1020	EER
0x01C0 020C	QCHMAP3	0x01C0 1028	EECR
0x01C0 0210	QCHMAP4	0x01C0 1030	EESR
0x01C0 0214	QCHMAP5	0x01C0 1038	SER
0x01C0 0218	QCHMAP6	0x01C0 1040	SECR
0x01C0 021C	QCHMAP7	0x01C0 1050	IER
0x01C0 0240	DMAQNUM0	0x01C0 1058	IECR
0x01C0 0244	DMAQNUM1	0x01C0 1060	IESR
0x01C0 0248	DMAQNUM2	0x01C0 1068	IPR
0x01C0 024C	DMAQNUM3	0x01C0 1070	ICR
0x01C0 0260	QDMAQNUM	0x01C0 1078	IEVAL
0x01C0 0284	QUEPRI	0x01C0 1080	QER
0x01C0 0300	EMR	0x01C0 1084	QEER
0x01C0 0308	EMCR	0x01C0 1088	QEECR
0x01C0 0310	QEMR	0x01C0 108C	QEESR
0x01C0 0314	QEMCR	0x01C0 1090	QSER
0x01C0 0318	CCERR	0x01C0 1084	QSECR
0x01C0 031C	CCERRCLR	0x01C0 2000	ER
0x01C0 0320	EEVAL	0x01C0 2008	ECR
0x01C0 0340	DRAE0	0x01C0 2010	ESR
0x01C0 0348	DRAE1	0x01C0 2018	CER
0x01C0 0350	DRAE2	0x01C0 2020	EER
0x01C0 0358	DRAE3	0x01C0 2028	EECR
0x01C0 0380	QRAE0	0x01C0 2030	EESR
0x01C0 0384	QRAE1	0x01C0 2038	SER
0x01C0 0388	QRAE2	0x01C0 2040	SECR
0x01C0 038C	QRAE3	0x01C0 2050	IER
0x01C0 0400~0x01C0 043C	Q0E0-Q0E15	0x01C0 2058	IECR
0x01C0 0440~0x01C0 047C	Q1E0-Q1E15	0x01C0 2060	IESR
0x01C0 0600	QSTAT0	0x01C0 2068	IPR
0x01C0 0604	QSTAT1	0x01C0 2070	ICR
0x01C0 0620	QWMTHRA	0x01C0 2078	IEVAL
0x01C0 0640	CCSTAT	0x01C0 2080	QER

其中，REVID（Revision Identification Register）为模块 ID 号寄存器，是只读寄存器，固定为 0x4001 5300。其他只读寄存器介绍如下：

（1）CCCFG（EDMA3CC Configuration Register）为通道配置信息寄存器，反馈通道控制器的配置信息。

（2）EMR（Event Missed Registers）为事件丢失寄存器，用于显示错误信息。该寄存器每位对应一个事件，如果某个事件发生丢失错误，该位值显示为 1，否则为 0。使用 EMCR（Event Missed Clear Registers）可以清除这些错误。

（3）QEMR（QDMA Event Missed Register）为 QDMA 事件丢失寄存器，用于显示 QDMA 错误信息。该寄存器的低 8 位对应 8 个 QDMA 事件，如果某个 QDMA 事件发生丢失错误，该位值显示为 1，否则为 0。使用 QEMCR（QDMA Missed Clear Registers）可以清除这些错误。

（4）CCERR（EDMA3CC Error Register）为通道错误寄存器，用于显示传输代码错误、门限溢出问题信息。使用 CCERRCLR（EDMA3CC Error Clear Register）可以清除这些错误。

（5）QxEy（Event Queue Entry Registers）为事件队列入口寄存器，显示队列的入口方式和入口通道。

（6）QSTATn（Queue n Status Registers）为队列状态寄存器，显示各个队列的当前状态，包括头指针、有效数据个数以及满标志等。

（7）CCSTAT（EDMA3CC Status Register）为通道控制器状态寄存器，显示通道控制器的状态，包括 DMA 使能、QDMA 使能、传输请求、读写状态以及完成状态等。

（8）ER（Event Register）事件寄存器，该寄存器的 32 位对应 32 个 QDMA 事件，0 表示相应的事件激活。和该寄存器相关的有 ECR（Event Clear Register）事件清除寄存器、ESR（Event Ser Register）事件设置寄存器、CER（Chained Event Register）链路事件寄存器、EER（Event Enable Register）事件使能寄存器、EECR（Event Enable Clear Register）事件使能清除寄存器、EESR（Event Enable Set Register）事件使能设置寄存器、SER（Secondary Event Register）第二事件寄存器以及 SECR（Secondary Event Clear Register）第二事件清除寄存器。

（9）IER（Interrupt Enable Registers）为中断使能寄存器，每位对应一个事件中断。和该寄存器相关的有 IECR（Interrupt Enable Clear Registers）中断使能清除寄存器、IESR（Interrupt Enable Set Registers）中断使能设置寄存器、IPR（Interrupt Pending Registers）中断挂起寄存器以及 ICR（Interrupt Clear Registers）中断清除寄存器。

（10）QER（QDMA Event Register）为 QDMA 事件寄存器，该寄存器的低 8 位对应 8 个 QDMA 事件，0 表示相应的 QDMA 事件激活。和该寄存器相关的有 QEER（QDMA Event Enable Register）QDMA 事件使能寄存器、QEECR（QDMA Event Enable Clear Register）QDMA 事件使能清除寄存器、QEESR（QDMA Event Enable Set Register）QDMA 事件使能设置寄存器、QSER（QDMA Secondary Event Register）QDMA 第二事件寄存器以及 QSECR（QDMA Secondary Event Clear Register）QDMA 第二事件清除寄存器。

1. QCHMAPn

QCHMAPn(QDMA Channel n Mapping Register)寄存器用于将 QDMA 通道对应到相应的参数 RAM(PaRAM)。该寄存器各位的定义如图 5-59 所示。

31　14	13　　　5	4　　　2	1　　　0
Reserved	PAENTRY	TRWORD	Reserved
R-0	R/W-0	R/W-0	R-0

图 5-59　QCHMAPn 寄存器各位的定义

第 0~1 位:预留。

第 2~4 位:TRWORD 位,读写位。根据 PAENTRY 位定义的 PaRAM 设置指针,将该位映射到相应的 PaRAM 或者触发字。注意:写该位将导致 QDMA 事件被重新触发一次。

第 5~13 位:PAENTRY 位,读写位。设置 PaRAM,0x00~0x7F 指向 PaRAM 设置值 0~128,其他数值无效。

第 14~31 位:预留。

2. DMAQNUMn

DMAQNUMn(DMA Channel Queue Number Register n)寄存器用于将 DMA 分配到队列中,实际上每个 DMA 通道只能从队列 0 和队列 1 中选择一个。该寄存器各位的定义如图 5-60 所示。

31	30　28	27	26　24	23	22　20	19	18　16
Rsvd	En	Rsvd	En	Rsvd	En	Rsvd	En
R-0	R/W-0	R-0	R/W-0	R-0	R/W-0	R-0	R/W-0
15	14　12	11	10　8	7	6　4	3	2　0
Rsvd	En	Rsvd	En	Rsvd	En	Rsvd	En
R-0	R/W-0	R-0	R/W-0	R-0	R/W-0	R-0	R/W-0

图 5-60　DMAQNUMn 寄存器各位的定义

第 0~31 位:某一位设置成 0,则将该位对应的 DMA 联系到队列 0;设置为 1,则将该位对应的 DMA 联系到队列 1。寄存器和相应位的对应关系如表 5-18 所列。

表 5-18　DMAQNUMn 各位的映射

En 位	DMAQNUM0	DMAQNUM1	DMAQNUM2	DMAQNUM3
0~2	E0	E8	E16	E24
4~6	E1	E9	E17	E25
8~10	E2	E10	E18	E26
12~14	E3	E11	E19	E27
16~18	E4	E12	E20	E28
20~22	E5	E13	E21	E29
24~26	E6	E14	E22	E30
28~30	E7	E15	E23	E31

3. QWMTHRA

QWMTHRA(Queue Watermark Threshold A Register)寄存器设置队列水印标记。该寄存器各位的定义如图 5-61 所示。

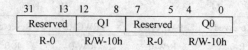

图 5-61 QWMTHRA 寄存器各位的定义

第 0~4 位:Q0,读写位。设置队列 0 的水印标记,设置值为 0~16。如果该位设置成 17,将禁止水印标志,一旦队列溢出,QDMA 不给出错误信息。

第 5~7 位:预留。

第 8~12 位:Q1,读写位。设置队列 1 的水印标记,设置值同 Q0。

第 13~31 位:预留。

5.8.3 传输控制寄存器

与 EDMA3 传输控制相关的寄存器如表 5-19 所列。传输控制寄存器大部分都是只读寄存器,用户程序一般不参与传输控制。表中给出这些寄存器的简要说明,其中基地址为 0x01C0 8000。

表 5-19 EDMA3 传输控制寄存器

偏移地址	简 称	说 明
000	REVID	模块 ID 号寄存器,固定为 0x4000 3B00
004	TCCFG	传输控制配置寄存器
100	TCSTAT	传输通道状态寄存器
120	ERRSTAT	错误状态寄存器
124	ERREN	错误使能寄存器
128	ERRCLR	错误清除寄存器
12C	ERRDET	错误说明寄存器
130	ERRCMD	错误中断命令寄存器
140	RDRATE	读命令速度寄存器
240	SAOPT	源工作选项寄存器
244	SASRC	源工作源地址寄存器
248	SACNT	源工作计数器寄存器
24C	SADST	源工作目的地址寄存器
250	SABIDX	源工作 B 索引寄存器
254	SAMPPRXY	源工作内存保护寄存器

续表 5-19

偏移地址	简 称	说 明
258	SACNTRLD	源工作重载计数器寄存器
25C	SASRCBREF	源工作源地址 B 参考寄存器
260	SADSTBREF	源工作目的地址 B 参考寄存器
280	DFCNTRLD	目的 FIFO 设置重载计数器寄存器
284	DFSRCBREF	目的 FIFO 设置源地址 B 参考寄存器
288	DFSRCBREF	目的 FIFO 设置目的地址 B 参考寄存器
300	DFOPT0	目的 FIFO 选项寄存器 0
304	DFSRC0	目的 FIFO 源地址寄存器 0
308	DFCNT0	目的 FIFO 计数器寄存器 0
30C	DFDST0	目的 FIFO 目的地址寄存器 0
310	DFBIDX0	目的 FIFOB 索引寄存器 0
314	DFMPPRXY0	目的 FIFO 内存保护寄存器 0
340	DFOPT1	目的 FIFO 选项寄存器 1
344	DFSRC1	目的 FIFO 源地址寄存器 1
248	DFCNT1	目的 FIFO 计数器寄存器 1
34C	DFDST1	目的 FIFO 目的地址寄存器 1
350	DFBIDX1	目的 FIFOB 索引寄存器 1
354	DFMPPRXY1	目的 FIFO 内存保护寄存器 1
380	DFOPT2	目的 FIFO 选项寄存器 2
384	DFSRC2	目的 FIFO 源地址寄存器 2
388	DFCNT2	目的 FIFO 计数器寄存器 2
38C	DFDST2	目的 FIFO 目的地址寄存器 2
390	DFBIDX2	目的 FIFOB 索引寄存器 2
394	DFMPPRXY2	目的 FIFO 内存保护寄存器 2
3C0	DFOPT3	目的 FIFO 选项寄存器 3
3C4	DFSRC3	目的 FIFO 源地址寄存器 3
3C8	DFCNT3	目的 FIFO 计数器寄存器 3
3CC	DFDST3	目的 FIFO 目的地址寄存器 3
3D0	DFBIDX3	目的 FIFOB 索引寄存器 3
3D4	DFMPPRXY3	目的 FIFO 内存保护寄存器 3

5.8.4 参数 RAM

EDMA3 与 DMA 的主要不同在于 DMA 控制器是基于寄存器结构的,而 EDMA3 控制器是基于参数 RAM 的。

参数 RAM 存放每个 EDMA3 通道需要的传输控制参数。另外,多组参数的入口还可以彼此链接起来,从而实现某些复杂数据流的传输,例如桶形缓冲存储、排序等。一旦某个事件被捕获到,将从参数 RAM 顶部的 64 组参数中读取该事件对应的控制参数,然后将这些参数送到地址发生器中。每个 EDMA3 事件对应一个参数组,每一组包括 8 个字(32 字节),其结构如图 5-62 所示,参数 RAM 的具体内容如表 5-20 所列。

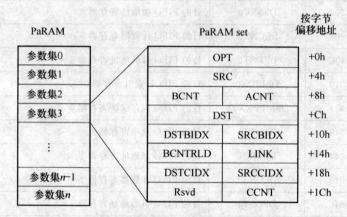

图 5-62 参数 RAM 的组织结构

表 5-20 参数 RAM 的结构与内容

偏移地址	参数说明	
	高 16 位	低 16 位
0x0000	传输配置参数	
0x0004	源地址参数	
0x0008	2 维传输计数器	1 维传输计数器
0x000C	目的地址参数	
0x0010	2 维传输目的索引参数	2 维传输源索引参数
0x0014	2 维传输重载参数	参数 RAM 链接地址
0x0018	3 维传输目的索引参数	3 维传输源索引参数
0x001C	预留	3 维传输计数器

每个通道的参数 RAM 由配置参数、源地址参数、维计数器、索引参数、目的地址参数和数据单元计数重载地址参数等部分组成。其中地址参数和计数器的设置或读取非

常简单,而配置参数的设置比较复杂。配置参数各位的定义如图 5-63 所示。

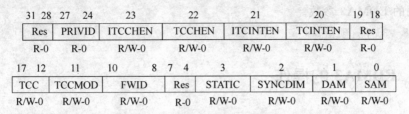

图 5-63 配置参数各位的定义

第 0 位:SAM 位,读写位。设置源地址增加方式,0 表示源地址按照索引增加,一直增加,不受 FIFO 控制,但受定义的地址个数限制;1 表示源地址在一个 FIFO 内增加,一旦增加到 FIFO 终点,将从 FIFO 起点循环增加。一般该位设置为 0,由定义的数据个数控制源地址增加。

第 1 位:DAM 位,读写位。设置目的地址增加方式。设置同 SAM 位。

第 2 位:SYNCDIM 位,读写位。设置传输同步位数,0 表示 1 维数据传输;1 表示 2 维数据传输。

第 3 位:STATIC 位,读写位。设置参数 RAM 方式,0 表示参数 RAM 非静态,可以在 TR 连接后更新参数 RAM;1 表示参数 RAM 静态,不根据其他值来更新。

第 4~7 位:预留。

第 8~10 位:FWID 位,读写位。设置 FIFO 宽度,用于源地址和目的地址的增加。0 表示宽度为 8 bit;1 表示宽度为 16 bit;2 表示宽度为 32 bit;3 表示宽度为 64 bit;4 表示宽度为 128 bit;5 表示宽度为 256 bit;写入其他值无效。

第 11 位:TCCMOD 位,读写位。设置传输结束方式,0 表示正常结束,整个的传输完成给出传输完成代码 TCC;1 表示提前完成,一旦 EDMA3 提交数据到通道控制后,就给出传输完成代码 TCC。

第 12~17 位:TCC 位,读写位。设置传输结束代码,这些位在传输结束后设置到 EDMA3 通道中断标志寄存器中,也可以设置到链路使能寄存器中,用于控制中断和通道的级联。

第 18~19 位:预留。

第 20 位:TCINTEN 位,读写位。传输完成中断使能,0 禁止传输完成中断;1 使能传输完成中断。

第 21 位:ITCINTEN 位,读写位。内部传输完成中断使能,0 禁止内部传输完成中断;1 使能内部传输完成中断。

第 22 位:TCCHEN 位,读写位。传输完成级联使能,0 禁止传输完成级联;1 使能传输完成级联。

第 23 位:ITCCHEN 位,读写位。内部传输完成级联使能,0 禁止内部传输完成级联;1 使能内部传输完成级联。

第 24～27 位:PRIVID 位,只读位。EDMA3 通道 ID,外部主机设备根据不同的 ID 设置不同的 EDMA3 参数。

第 28～31 位:预留。

5.8.5 EDMA3 的操作

1. 数据传输类型

EDMA3 的数据传输有两种类型,分别为 1 维数据传输和 2 维数据传输。1 维和 2 维数据传输在本质上是一致的,都是实现一批数据的传输,只是传输事件的同步方式以及每次触发同步事件传输数据的个数有所不同。

1 维数据由多帧的多个数据组成。每帧中数据的个数必须相等,每帧的传输都需要重新设置。帧与帧之间的地址可以是固定的、连续的或者相互之间有可变的偏移量。每帧中的数据地址可以是连续的或者相互之间有固定的偏移量。

1 维数据的传输为单个数据同步,即每个数据的传输都需要同步事件。如果传输的数据为 3 帧,每帧 4 个数据,如图 5-64 所示,则单个数据传输的过程是 10→11→12→13→20→……→33,每个数据一个同步事件,在传输一个数据后,将修改下一帧的源和目的地址。这样,传输 12 个数据需要 12 个同步事件。

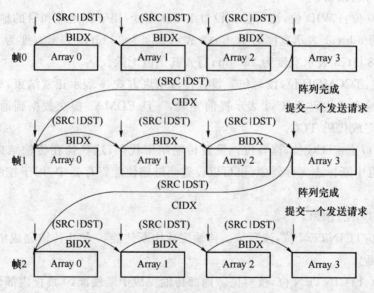

图 5-64 1 维数据传输示意图

2 维数据一般用于图像信号的采集和传输,2 维数据的阵列中数据必须是连续的,阵列之间的数据地址可以有可变的偏移。2 维数据的传输为帧同步,即每帧数据都需要同步事件,每产生 1 个同步事件都会将一帧的数据一次传输完成,在传输一帧数据后,将修改下一帧的源和目的地址。这样,传输多少帧数据就需要多少个同步事件。如果上例采用2维传输,其传输过程如图5-65所示。

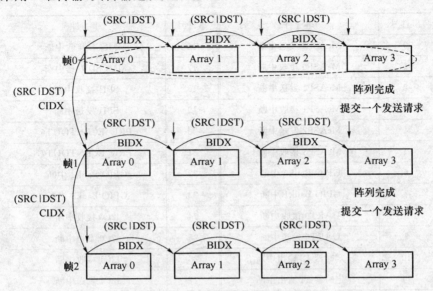

图5-65 2维数据传输示意图

2. EDMA3 的启动

EDMA3 进行数据传输时有3种启动方式:由 CPU 启动、由事件触发启动以及链触发启动。其中事件触发启动最为常用,每一个 EDMA3 通道的启动都是相互独立的。

(1) CPU 启动 EDMA3:CPU 可以通过写事件置位寄存器(ESR)启动一个 EDMA3 通道。当向 ESR 中某一位写1时,将强行触发该位所对应的事件。此时与正常的事件响应过程类似,EDMA3 的参数 RAM 中的传输参数被送入地址发生器,以完成所需的 EMIFA、L2 存储器以及外设的访问。由 CPU 启动的 EDMA3 属于非同步数据传输。在 EER 寄存器中的事件是否使能不会影响 EDMA3 传输的启动。

(2) 事件触发 EDMA3:一旦事件编码器捕获到一个触发事件并锁存在 ER 寄存器中,就会导致参数 RAM 中对应的参数被送入地址发生器中,进而执行有关的传输操作。尽管是由事件启动传输操作,但是事件本身必须先被 CPU 使能,EER 寄存器负责控制事件的使能。由事件同步触发 EDMA3 传输时,这些事件可以来源于系统、外设以及外部器件的中断等。16个(C621x/671x)或者64个(C64x)EDMA3 通道的传输分别由特定的同步事件来启动。

(3) 链触发 EDMA3:由一个 EDMA3 通道的结束触发链,启动另一个 EDMA3 通道。

C674x 的同步事件如表5-21所列。

表 5-21 C674x 的同步事件

事件号	事件	事件号	事件
0	McASP0 发送中断	16	MMSCD 接收中断
1	McASP0 接收中断	17	MMCSD 发送中断
2	McASP1 发送中断	18	SPI1 接收中断
3	McASP1 接收中断	19	SPI1 发送中断
4	McASP2 发送中断	20	PRU_ECENTOUT6
5	McASP3 接收中断	21	PRU_ECENTOUT7
6	GPIO Bank0 中断	22	GPIO Bank2 中断
7	GPIO Bank1 中断	23	GPIO Bank3 中断
8	UART0 接收中断	24	I2C0 接收中断
9	UART0 发送中断	25	I2C0 发送中断
10	定时器 12 输出中断	26	I2C1 接收中断
11	定时器 34 输出中断	27	I2C1 发送中断
12	UART1 接收中断	28	GPIO Bank4 中断
13	UART1 发送中断	29	GPIO Bank5 中断
14	SPI0 接收中断	30	UART2 接收中断
15	SPI0 发送中断	31	UART2 发送中断

从表中可以看到,EDMA3 的每一个通道关联的触发事件是固定的。因此,假设 EER 中 EVT4 为 1,那么 McASP2 发送中断信号就会启动 EDMA3 通道 4 的传输,即每一个事件指定了一个特定的通道。每一个事件的优先级可以在参数 RAM 中独立设置。

3. 计数和地址更新

EDMA3 的传输计数由 16 位无符号的数据单元计数和帧计数参数完成,另外 16 位有符号的数据单元索引和帧索引完成地址的更新。

(1) 数据单元、帧以及阵列的计数更新

对于某个事件相关的传输,数据单元和帧的计数方式取决于传输的类型以及设置的同步方式,如表 5-22 所列。

表 5-22 EDMA3 的计数方式

同步方式	传输模式	数据单元的计数	帧或者阵列的计数
数据同步	1 维	−1	−1
帧同步	1 维	无	−1
阵列同步	2 维	无	−1
块同步	2 维	无	无

数据同步的1维传输存在一种数据计数重加载的情形。在这种传输模式下,当一帧数据传输的末尾接收到数据同步事件时,EDMA3控制器在响应事件发出传输申请的同时,会利用参数 RAM 中的数据单元计数重载。EDMA3 控制器会跟踪数据单元计数的变化,并根据 SAM/DAM 参数的设置,按数据大小或者数据单元索引值对传输地址进行更新。对于其他类型的传输,16 位的数据单元计数重载字段不再有用,地址发生器硬件直接跟踪地址。

(2)源和目的地址的更新

源和目的地址的更新由 EDMA3 传输参数 RAM 的 SAM/DAM 控制。地址更新是指在一个数据块的传输过程中,源或者目的地址自动修正,由 EDMA3 控制器完成必要的地址计算。不同的地址更新模式使得用户可以创建多种数据结构。需要明确的是,因为所有的地址更新都发生在当前的传输申请发出之后,所以这一参数变化影响的是下一个事件触发的 EDMA3 的传输地址。

源和目的地址的具体更新模式与选择的数据传输类型密切相关。例如,即使是一个从 1 维到 2 维的目的传输,源地址仍然需要在帧的基础上(而不是在数据单元的基础上)进行更新,以便向目的地址提供 2 维结构的数据。只要源或者目的地址的任何一方是 2 维的,并且传输是帧同步的,就意味着整个数据块都会在帧同步事件的控制下进行传输,此时传输中没有地址更新的操作。另外,在 EDMA3 连接的过程中也不会修改地址,而是直接拷贝连接的传输参数组。源和目的地址更新方式如表 5-23 所列。

表 5-23 源和目的地址更新方式

SAM	DAM	方式	1 维	2 维
0	0	无	所有数据地址固定	同一阵列中的数据地址固定
0	1	增加	数据地址连续,地址增加	同一阵列中的数据地址连续,地址增加。阵列地址根据索引偏移
1	0	减小	数据地址连续,地址减小	同一阵列中的数据地址连续,地址减小。阵列地址根据索引偏移
1	1	索引	数据和帧地址根据索引偏移	保留

4. 链接和结束

链接可以将不同的 EDMA3 传输参数组连接起来,组成一个传输链,为同一个通道服务。在传输链中,一个传输的结束会导致自动从参数 RAM 中装载下一次传输需要的事件参数。这一功能将给很多应用(乒乓缓冲、复杂的排序以及循环缓冲等)带来方便,而且不需要 CPU 的参与。

链接由 EDMA3 参数 RAM 中的 16 位链接地址和 LINK 位控制。LINK 位决定链接的使能,链接地址用来指向传输链中下一个传输采用的参数组。链接地址只有在 LINK=1 且事件参数已经失效后才起作用。当 EDMA3 控制器完成了当前申请的整个传输之后,就意味着事件参数已经失效。被链接的传输数目并没有限制,只是传输链中最后一组传输参数的设置中必须 LINK=0,以结束整个传输链。

一旦某个事件的链接条件被满足,链接地址指向的传输就会被加载到该事件对应的 EDMA3 参数组空间中,从而开始新的 EDMA3 传输。为了尽量减少参数重装载可能的时间延迟,EDMA3 控制器在这期间不会查看事件寄存器,但这并不影响这段时间中出现的事件被正常的捕获到 ER 寄存器中,在完成参数重载后再对其进行处理。

所有的 EDMA3 通道事件的传输最终都是链接到一个空参数,从而结束该通道的数据传输。所谓空参数,就是所有的参数都为 0。空参数只需要一个,所有的其他非空参数最终都直接链接到空参数的地址。

下面的例子将参数 3 和参数 127 链接起来。其初始化参数如图 5-66 所示,图中参数 3 的链接地址设置为 0x4FE0,对应参数 127 的偏移地址;参数 127 的链接地址为 0xFFFF,表示 EDMA3 事件结束。

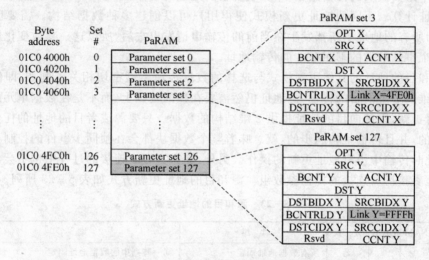

图 5-66 EDMA3 链接参数的初始化

当 EDMA3 执行完成参数 3 的事件后,将根据链接地址自动将参数 127 的 8 个参数内容全部拷贝到参数 3 的设置中。完成后,参数 3 和参数 127 的内容如图 5-67 所示,其中参数 3 复制了参数 127 的内容,参数 127 的内容不变。

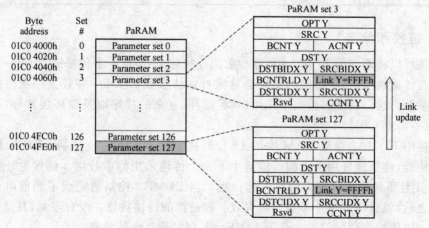

图 5-67 EDMA3 链接参数的更新

更新参数后,EDMA3 继续执行参数中的事件。由于此时参数 3 的链接地址为 0xFFFF,表示整个 EDMA3 事件结束,EDMA3 自动将参数 3 的所有内容清 0,将链接地址设置为 0xFFFF,如图 5-68 所示。注意:此时其他参数内容,包括参数 127 的内容都没有改变。

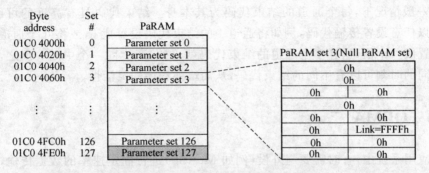

图 5-68 EDMA3 链接参数的结束

实现乒乓工作方式的参数设置如图 5-69 所示。EDMA3 的传输方式将在两种参数之间切换,并一直执行下去,除非 CPU 更改这些参数。

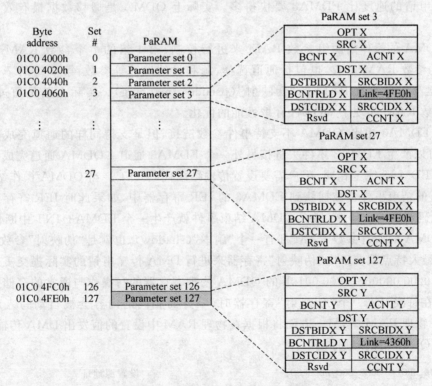

图 5-69 EDMA3 链接参数的乒乓链接

EDMA3 的链接(Linking)不同于通道连接(Chaining)。通道连接是某一个通道完成自身的数据传输结束后,可以触发另外一个通道的启动,从而实现通道到通道的连接。而 EDMA3 的链接是同一个通道参数的重载。

当一个通道的数据传输结束后,用户可以编写结束代码提交到 EDMA3 控制器,EDMA3 控制器收到结束代码后,将中断标志寄存器的相应位置 1(如果结束代码为 xx,则将 xx 位置 1)。如果中断使能寄存器的该位被使能,则产生一个 EDMA3 中断到 CPU。一般情况下,每个通道的结束代码为其本身。结束代码具有高度的可编程性,用户可以任意设置传输代码,例如将通道 1 的结束代码设置成 5,或将几个通道的结束代码设置成一个值,这样多个通道的结束代码就一致,产生同一个中断。反之,一个通道在不同的时刻可以有不同的结束代码,从而增强程序的灵活性。

5.8.6 QDMA

在应用系统中,有时需要与外设(例如 McASP)进行固定速率的数据传输,通常可以利用 DMA 或者 EDMA3 来完成这些任务,实现周期性的实时提供所需要的数据。但是在有些应用中,可能需要由 DSP 执行代码来直接控制一段数据的搬移,此时采用快速 DMA(QDMA)就非常合适。QDMA 支持几乎所有的 EDMA3 传输模式,而且提交传输申请的速度比 EDMA3 要快得多。实际上 QDMA 是搬移数据最有效的一种手段。

QDMA 的操作由两组参数 RAM 来进行控制:第 1 组的 7 个参数 RAM 和 EDMA3 的参数 RAM 一致,也包括通道选择、源和目的地址等参数;第 2 组的 7 个参数 RAM 是第 1 组参数 RAM 的"伪映射"(pseudo-mapping)。实际上正是通过"伪映射",参数 RAM 实现了 QDMA 存取性能的优化。

与 EDMA3 相比,QDMA 不支持事件参数链接,但是支持同样的通道完成中断机制,并可以产生 EDMA3 事件去链接另外一个 EDMA3 通道。QDMA 通道完成中断的控制与 EDMA3 完全相同,用户需要设置传输结束代码 TCC。当 QDMA 操作结束时,QDMA 的结束事件会被捕获到 EDMA3 的 IER 寄存器中,如果此时 IER 寄存器中与 TCC 代码对应的位使能,那么 QDMA 结束事件就产生一个 EDMA3_INT 中断信号。

QDMA 的所有参数 RAM 都有一个"副本"(shadow),也就是"伪映射"参数。QDMA 的最大特点就在于由"伪映射"寄存器来进行 DMA 传输申请的实际提交工作。对地址为 0200 0000h～0200 0010h 的 QDMA 物理寄存器的写操作与通常的存储操作一样。而在每次写入一个"伪映射"寄存器时,一方面相同的内容会被自动写入对应的 QDMA 物理 RAM 中,另一方面将根据在物理 RAM 中设置的值发出 DMA 传输申请。典型的 QDMA 操作顺序是:

```
QDMA_SRC = SOME_SRC_ADDRESS;                        设置源地址
QDMA_DST = SOME_DST_ADDRESS;                        设置目的地址
QDMA_CNT = (NUMFRAME - 1)<<16 | NUM_ELEMENTS;       设置阵列的帧计数
QDMA_IDX = 0x00000000;                              设置索引
QDMA_S_OPT = 0x21B80001;                            设置同步,维数
```

需要指出的是，每一个 QDMA 寄存器都是只写的，而且只能进行 32 位数据的写操作，读操作将返回一个无效的值。

QDMA 控制器中有多种机制保证提交 DMA 申请时的高效率。首先，对 QDMA 参数 RAM 的写入类似于通常对于 L2 缓存的写操作，而不同于对外设的写操作，快速译码使得对 QDMA 参数的写操作可以在单周期内完成。因此 QDMA 的第一个申请最快可以在 5 个周期后就被发出（5 个 QDMA 参数，每个需要一个周期）。与此相比，EDMA3 的第一个申请最快需要在 48 个周期后才能被发出（8 个 EDMA3 传输参数，每个需要 6 个周期的写操作）。所以可以将 QDMA 应用于需要紧耦合的循环算法中。

除此之外，在 QDMA 的传输申请发出之后，QDMA 物理参数 RAM 的内容保持不变。因此只要应用程序的其他地方没有修改这些参数 RAM，那么对于同样的 QDMA 传输就不需要重新设置这些寄存器。这样，以后的各次 QDMA 传输申请可以仅在 1 个周期后即被发出，仅有的 1 个周期延迟是用来写入相应的"伪映射"寄存器的。

QDMA 可能在以下情况下发生阻塞：

一旦执行了对某个"伪映射"寄存器的写入（导致发出 QDMA 传输申请），其后对于 QDMA 物理参数 RAM 的写入都会被阻塞，直到前面的传输申请完成提交工作。提交申请操作一般需要 2 个周期。因为 L2 控制器中采用了一个具有四个输入口的写缓冲器，所以这一阻塞对 CPU 是透明的。

由于 QDMA 和 L2 缓存共享一个传输申请模块，因此 L2 缓存的传输操作可能也会阻塞 QDMA 传输申请的递交。一旦发生这样的竞争，L2 控制器会被给予更高的访问优先权。与 EDMA3 类似，可以通过 QDMA_OPT 参数，在较低的两个优先级上设置 QDMA 的优先权。当 QDMA 申请和 EDMA3 申请同时发生时，QDMA 的申请将首先发出。

5.8.7　EDMA3 例程

【例 1】　块传输

整块数据的传输是 EDMA3 最基本最常用的一种数据传输方式。例子实现从外部存储空间拷贝 256 个数据到 L2 缓存中，外部存储空间的地址为 4000 0000h，L2 缓存的地址为 1180 0000h（L2 的第 0 块）。数据传输如图 5-70 所示。

4000 0000h								1180 0000h							
1	2	3	4	5	6	7	8	1	2	3	4	5	6	7	8
9	10	11	12	13	14	15	16	9	10	11	12	13	14	15	16
17	18	19	20	21	-	-	-	17	18	19	20	21	-	-	-
-	-	244	245	246	247	248		-	-	244	245	246	247	248	
249	250	251	252	253	254	255	256	249	250	251	252	253	254	255	256

图 5-70　EDMA3 的块传输

数据块传输是基本的1维数据到1维数据的传输,其实现的最快方法为QDMA传输。参数 RAM 设置为:

传输配置参数 0x0010 0008	
源地址参数 0x4000 0000	
2维传输计数器 0x0001	1维传输计数器 0x0100
目的地址参数 0x1180 0000	
2维传输目的索引参数 0x0000	2维传输源索引参数 0x0000
2维传输重载参数 0x0000	参数 RAM 链接地址 0xFFFF
3维传输目的索引参数 0x0000	3维传输源索引参数 0x0000
预留 0x0000	3维传输计数器 0x0001

【例2】 矩阵转置

矩阵转置也是常用的一种数据传输方式。例子实现从外部存储空间的 1 024 行 4 列的矩阵传输到内部转置成 1 024 列 4 行的矩阵。

由于源和目的数据的读写都是连续的,SAM 和 DAM 位设为 0(连续自增方式),源和目的数据是 1 维的。源数据依次读取 A1、A2、A3、A4、……,而目的数据根据索引改变,由于每个数据为 16 位,设置索引为 8,则读取数据存放为 A1、xx、xx、xx、A2、xx ……,从而实现源矩阵的第 1 行转置为目的矩阵的第 1 列。下一个同步事件到,修改源和目的地址后,进行第二行的转置。如图 5-71 所示。

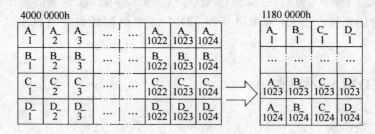

图 5-71 矩阵转置

参数 RAM 设置为:

传输配置参数 0x0090 0004	
源地址参数 0x4000 0000	
2维传输计数器 0x0400	1维传输计数器 0x0004
目的地址参数 0x1180 0000	
2维传输目的索引参数 0x0010	2维传输源索引参数 0x0001
2维传输重载参数 0x0000	参数 RAM 链接地址 0xFFFF
3维传输目的索引参数 0x0000	3维传输源索引参数 0x1000
预留 0x0000	3维传输计数器 0x0004

5.9 McASP

McASP(Multi-channel Audio Serial Port,多通道音频串口)是 C674x DSP 的基本片内外设之一。McASP 主要用于串口通信,一般用于连接串行接口的外设,例如串行 AD 和 DA、串行 EE 以及 SPI 设备等,此外 McASP 还可以实现 DSP 之间的连接。

5.9.1 McASP 概述

McASP 是专门为多通道音频应用而优化设计的串行接口。每个 McASP 都包含发送区和接收区两个部分,两者可以是同步的,也可以以不同的数据格式、不同的主时钟、不同的位时钟以及不同的帧同步完全独立地进行工作。接收区和发送区都支持时分复用的 TDM 同步传输格式。此外,发送区还支持 DIT(Digital Audio Interface)模式,数据可以被自动编码为 S/PDIF、AES-3、IEC-60958 和 CP-430 等格式进行传输。尽管 McASP 的串行数据引脚可以独立地收发数据,但属于同一发送区或同一接收区的引脚所采用的数据传输格式必须保持一致。属于不同传输区的引脚,其数据传输格式则不必相同。

McASP 还支持突发(Burst)模式以用于非音频的数据传递,例如在两个 DSP 之间传递控制信息。

McASP 支持多种不同的传输协议,发送部分支持的协议有 I2S 及相似的位流格式、2 至 32 时间槽的 TDM 流以及 S/PDIF、IEC60958-1、AES-3 格式。

接收部分支持的协议有 I2S 及相似的位流格式、2 至 32 时间槽的 TDM 流以及 384 个时间槽的 TDM 流。

对接收和发送两个部分,可以分别配置以下内容:
(1) 时钟(ACLKR/X、AHCLKR/X)和帧同步(AFSR/X)的极性。
(2) 时间槽长度,可配置为 8、12、16、20、24、28、32 bits。
(3) 字长,可配置为 8、12、16、20、24、28、32 bits,但要注意字长要小于或等于时间槽的长度。
(4) 首位数据延迟,可选延迟时间为 0、1、2 个时钟周期。
(5) 时间槽内字的排列方式。
(6) 位传输规则,可选择先传 MSB 或先传 LSB。
(7) 数据位的掩蔽(Mask)、填充(Pad)和移位(Rotate)功能。

McASP 的结构如图 5-72 所示。

DSP 向数据发送缓冲寄存器(XBUF)写入发送数据,通过发送移位寄存器(XSR)移位输出到相应的 AXR 引脚,外设从该引脚读取数据。反之,DSP 从 AXR 引脚读取

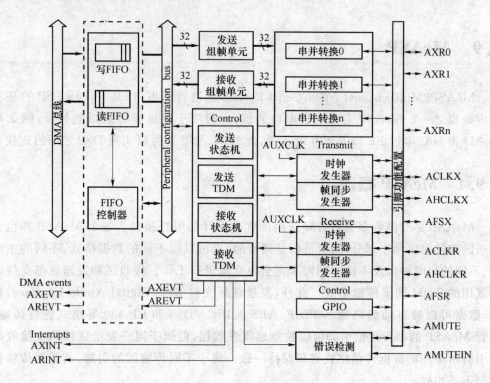

图 5-72 McASP 的结构

数据,移位后写入接收移位寄存器(RSR),然后将数据写入到数据接收缓冲寄存器(RBUF)中,最后由 CPU 读取数据。这样的多级缓冲结构使得 DSP 的片内数据读写和片外的数据通信可以同时进行。

McASP 还包括一些控制引脚,这些引脚提供数据读写的位同步和帧同步时钟信号,以及产生 DMA 控制器需要的同步事件和中断信号。控制引脚的状态一般由 McASP 的控制寄存器读取或者设置。McASP 包含的引脚有串行数据引脚 AXR[0]——AXR[n]、发送主时钟 AHCLKX、发送位时钟 ACLKX、发送帧同步(或左/右时钟)AFSX、接收主时钟 AHCLKR、接收位时钟 ACLKR、接收帧同步(或左/右时钟)AFSR、Mute 输入 AMUTEIN 和 Mute 输出 AMUTE。

5.9.2 McASP 寄存器

与 McASP 通道控制相关的寄存器如表 5-24 所列。表中以 McASP0 为例,McASP1 和 McASP2 的寄存器和 McASP0 一致,只是其偏移地址分别为 0x01D0 4000 和 0x01D0 8000。

第 5 章 硬件系统结构

表 5-24 McASP 寄存器

地 址	名 称	地 址	名 称
0x01D0 0000	REV	0x01D0 007C	RINTCTL
0x01D0 0010	PFUNC	0x01D0 0080	RSTAT
0x01D0 0014	PDIR	0x01D0 0084	RSLOT
0x01D0 0018	PDOUT	0x01D0 0088	RCLKCHK
0x01D0 001C	PDIN	0x01D0 008C	REVTCTL
0x01D0 001C	PDSET	0x01D0 00A0	XGBLCTL
0x01D0 0020	PDCLR	0x01D0 00A4	XMASK
0x01D0 0044	GBLCTL	0x01D0 00A8	XFMT
0x01D0 0048	AMUTE	0x01D0 00AC	AFSXCTL
0x01D0 004C	DLBCTL	0x01D0 00B0	ACLKXCTL
0x01D0 0050	DITCTL	0x01D0 00B4	AHCLKXCTL
0x01D0 0060	RGBLCTL	0x01D0 00B8	XTDM
0x01D0 0064	RMASK	0x01D0 00BC	XINTCTL
0x01D0 0068	RFMT	0x01D0 00C0	XSTAT
0x01D0 006C	AFSRCTL	0x01D0 00C4	XSLOT
0x01D0 0070	ACLKRCTL	0x01D0 00C8	XCLKCHK
0x01D0 0074	AHCLKRCTL	0x01D0 00CC	XEVTCTL
0x01D0 0078	RTDM	0x01D0 0200~ 0x01D0 023C	XBUF0~ XBUF15
0x01D0 0100~ 0x01D0 0114	DITCSRA0~ DITCSRA 5	0x01D0 0130~ 0x01D0 0144	DITUDRA0~ DITUDRA5
0x01D0 0118~ 0x01D0 012C	DITCSRB0~ DITCSRB5	0x01D0 0180~ 0x01D0 01BC	SRCTL0~ SRCTL15
0x01D0 0148~ 0x01D0 015C	DITUDRB0~ DITUDRB5	0x01D0 0280~ 0x01D0 02BC	RBUF0~ RBUF15

其中 REV(Revision Identification Register)为模块 ID 号寄存器,是只读寄存器,固定为 0x4430 0A02。其他只读寄存器包括 RSLOT(Current Receive TDM Time Slot Registers)当前接收 TDM 时间片寄存器和 XSLOT(Current Transmit TDM Time Slot Registers)当前发送 TDM 时间片寄存器,这两个寄存器的低 9 位表示当前操作的时间片计数器。

1. 引脚功能寄存器

与 McASP 引脚功能相关的寄存器有 PFUNC(Pin Function Register)引脚功能定义寄存器、PDIR(Pin Direction Register)引脚方向定义寄存器、PDOUT(Pin Data Output Register)引脚输出数据寄存器、PDIN(Pin Data Input Register)引脚输入数据寄存器、PDSET(Pin Data Set Register)引脚数据设置寄存器、PDCLR(Pin Data Clear Register)引脚数据清除寄存器等。这些寄存器各位定义都一致,如图 5-73 所示。

31	30	29	28	27	26	25	24 16
AFSR	AHCLKR	ACLKR	AFSX	HCLKX	ACLKX	AMUTE	Reserved
R/W-0	R/W-0	R/W-0	R/W-0	R/W-0	R/W-0	R/W-0	R-0
15	14	13	12	11	10	9	8
AXR15	AXR14	AXR13	AXR12	AXR11	AXR10	AXR9	AXR8
R/W-0	R/W-0	R/W-0	R/W-0	R/W-0	R/W-0	R/W-0	R/W-0
7	6	5	4	3	2	1	0
AXR7	AXR6	AXR5	AXR4	AXR3	AXR2	AXR1	AXR0
R/W-0	R/W-0	R/W-0	R/W-0	R/W-0	R/W-0	R/W-0	R/W-0

图 5-73 引脚功能寄存器各位的定义

上述寄存器给出了可以定义的 McASP 引脚的状态和功能。例如第 31 位 AFSR,在 PFUNC 寄存器中该位为 1,表示该引脚作为 GPIO 功能;为 0,表示该引脚作为 McASP 功能。在 PDIR 寄存器中该位为 1,表示该引脚作为输出引脚;为 0,表示该引脚作为输入引脚。在 PDOUT 寄存器中该位为 1,表示该引脚输出 1;为 0,表示该引脚输出 0。在 PDIN 寄存器中该位为 1,表示该引脚输入 1;为 0,表示该引脚输入 0。在 PDSET 寄存器中该位为 1,表示该引脚设置为 1;0 无效。在 PDCLR 寄存器中该位为 0,表示清除该引脚状态;1 无效。

2. GBLCTL

GBLCTL(Global Control Register)寄存器为全局控制寄存器。和 GBLCTL 寄存器对应的还有 RGBLCTL(Receiver Global Control Register)接收全局控制寄存器和 XGBLCTL(Transmitter Global Control Register)发送全局控制寄存器。这 3 个寄存器各位的定义一致。GBLCTL 可以设置收发,RGBLCTL 只能设置接收,XGBLCTL 只能设置发送。这些寄存器各位的定义如图 5-74 所示。

31 13	12	11	10	9	8
Reserved	XFRST	XSMRST	XSRCLR	XHCLKRST	XCLKRST
R-0	R/W-0	R/W-0	R/W-0	R/W-0	R/W-0
7 5	4	3	2	1	0
Reserved	RFRST	RSMRST	RSRCLR	RHCLKRST	RCLKRST
R-0	R/W-0	R/W-0	R/W-0	R/W-0	R/W-0

图 5-74 GBLCTL 寄存器各位的定义

第 0 位:RCLKRST,读写位。0 表示接收时钟处于复位状态;1 表示其正常运行。
第 1 位:RHCLKRST,读写位。0 表示接收时钟分频器处于复位状态;1 表示其处于工作状态。
第 2 位:RSRCLR,读写位。0 表示接收串并转换器被禁止;1 表示其被激活。

第3位:RSMRST,读写位。0表示接收状态处于复位状态;1表示其处于工作状态。

第4位:RFRST,读写位。0表示接收帧同步发生器处于复位状态;1表示其处于工作状态。

第5~7位:预留。

第8位:XCLKRST,读写位。发送时钟状态,同 RCLKRST 设置。

第9位:XHCLKRST,读写位。发送时钟分频器状态,同 RHCLKRST 设置。

第10位:XSRCLR,读写位。发送串并转换器状态,同 RSRCLR 设置。

第11位:XSMRST,读写位。发送状态机状态,同 RSMRST 设置。

第12位:XFRST,读写位。发送帧同步状态,同 RFRST 设置。

第13~31位:预留。

3. AMUTE

AMUTE(Audio Mute Control Register)寄存器为静音控制寄存器。该寄存器各位的定义如图 5-75 所示。

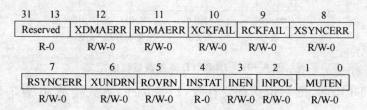

图 5-75 AMUTE 寄存器各位的定义

第0~1位:MUTEN,读写位。AMUTE 引脚使能,0 表示 AMUTE 引脚禁止,引脚进入三态;1 表示如果检测到错误,AMUTE 引脚将置高;2 表示如果检测到错误,AMUTE 引脚将拉低;3 无效。

第2位:INPOL,读写位。静音输入极性选择,0 表示极性高有效,高电平设置 INSTAT 位为 1;1 表示低电平设置 INSTAT 位为 1。

第3位:INEN,读写位。设置 AMUTEIN 错误时静音工作方式,0 表示静音和 AMUTEIN 无关;1 表示 AMUTEIN 错误时,静音工作。

第4位:INSTAT,只读位。AMUTEIN 引脚的状态,0 表示未激活;1 表示激活状态。

第5位:ROVRN,读写位。设置出现接收覆盖错误时 AMUTE 是否使能,0 表示禁止,静音和接收覆盖错误无关;1 表示激活,出现接收覆盖错误,静音工作。

第6位:XUNDRN,读写位。设置出现发送空数据错误时 AMUTE 是否使能,设置方法同 ROVRN 位。

第7位:RSYNCERR,读写位。设置出现接收同步错误时 AMUTE 是否使能,0 表示禁止,静音和接收同步错误无关;1 表示激活,出现接收同步错误,静音工作。

第8位:XSYNCERR,读写位。设置出现发送同步错误时 AMUTE 是否使能,设置方法同 RSYNCERR 位。

第 9 位：RCKFAIL，读写位。设置出现接收时钟错误时 AMUTE 是否使能，0 表示禁止，静音和接收时钟错误无关；1 表示激活，出现接收时钟错误，静音工作。

第 10 位：XCKFAIL，读写位。设置出现发送时钟错误时 AMUTE 是否使能，设置方法同 RCKFAIL 位。

第 11 位：RDMAERR，读写位。设置出现接收 DMA 错误时 AMUTE 是否使能，0 表示禁止，静音和接收 DMA 错误无关；1 表示激活，出现接收 DMA 错误，静音工作。

第 12 位：XDMAERR，读写位。设置出现发送 DMA 错误时 AMUTE 是否使能，设置方法同 RDMAERR 位。

第 13～31 位：预留。

4. DLBCTL

DLBCTL(Digital Loopback Control Register)寄存器为数据自发自收控制寄存器。该寄存器各位的定义如图 5-76 所示。

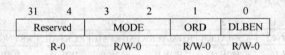

图 5-76　DLBCTL 寄存器各位的定义

第 0 位：DLBEN，读写位。自发自收(Loopback)方式使能，0 表示禁止；1 表示使能。

第 1 位：ORD，读写位。自发自收的串并转换器对应关系，0 表示奇数串并转换器发送到偶数，例如串并转换器 1 发送到串并转换器 2；1 表示偶数串并转换器发送到奇数，例如串并转换器 2 发送到串并转换器 3。

第 2～3 位：MODE，读写位。位时钟和帧同步时钟产生方式。在自发自收方式，该位必须设置为 1，表示位时钟和帧同步时钟都由发送和接收模块内部产生。

第 4～31 位：预留。

5. DITCTL

DITCTL(Digital Mode Control Register)寄存器为数据方式控制寄存器。该寄存器各位的定义如图 5-77 所示。

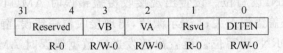

图 5-77　DITCTL 寄存器各位的定义

第 0 位：DITEN，读写位。数据方式使能控制，0 表示禁止数据方式，发送按照 TDM 或者突发方式工作；1 表示使能数据方式，发送按照该方式工作。

第1位:预留。

第2位:VA,读写位。数据方式下,偶数有效时为0。

第3位:VB,读写位。数据方式下,奇数有效时为0。

第4～31位:预留。

6. MASK 和 TDM

MASK 寄存器有 RMASK(Receive Format Unit Bit Mask Register)和 XMASK(Transmitter Format Unit Bit Mask Register);TDM 寄存器有 RTDM(Receive TDM Time Slot Register)和 XTDM(Transmitter TDM Time Slot Register)。接收和发送的设置基本一致。MASK 控制数据的屏蔽位,如果某位被设置为1,则在收发数据时该位被屏蔽,其值由 RFMT 寄存器的 RPAD 和 RPBIT 位决定。TDM 用于控制收发数据的 TDM 时间片,一共32个时间片,寄存器的每位对应一个时间片,如果某位为0,则该时间片未使能,串并转换器在该时间片不进行数据移位;如果为1,则使能该时间片,进行数据移位。以接收寄存器为例,该寄存器各位的定义如图5-78所示。

31	30	29		1	0
RMASK31	RMASK30	RMASK29		RMASK1	RMASK0
R/W-0	R/W-0	R/W-0		R/W-0	R/W-0

图5-78 MASK 和 TDM 寄存器各位的定义

7. FMT

FMT 寄存器有 RFMT(Receive Bit Stream Format Register)接收位设置寄存器和 XFMT(Transmitter Bit Stream Format Register)发送位设置寄存器。接收和发送的设置基本一致。以接收寄存器为例,该寄存器各位的定义如图5-79所示。

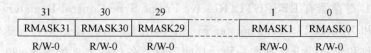

31 18	17	16	15	14 13	12 8	7 4	3	2 0
Reserved	RDATDLY	RRVRS	RPAD	RPBIT	RSSZ	RBUSEL	RROT
R-0	R/W-0	R/W-0	R/W-0	R/W-0	R/W-0	R/W-0	R/W-0

图5-79 FMT 寄存器各位的定义

第0～2位:RROT,读写位。控制接收数据向右循环移位,0表示不进行循环移位;1表示向右循环移位4位;2表示向右循环移位8位;3表示向右循环移位12位;4表示向右循环移位16位;5表示向右循环移位20位;6表示向右循环移位24位;7表示向右循环移位28位。

第3位:RBUSEL,读写位。控制读接收缓冲器的方式,0表示采用 DMA 读取;1表示采用总线直接读取。

第4～7位:RSSZ,读写位。设置分配给接收数据的时间片,3表示分配8个时间片;5表示分配12个时间片;7表示分配16个时间片;9表示分配20个时间片;11表示分配24个时间片;13表示分配28个时间片;15表示分配32个时间片;其他值无效。

第 8～12 位：RPBIT，读写位。设置某位被屏蔽时的填充数，如果该位为 x，表示屏蔽位固定填第 x 位数据。

第 13～14 位：RPAD，读写位。设置屏蔽位的填充数据，0 表示固定填 0；1 表示固定填 1；2 表示按照 RPBIT 指定的位来填充；3 无效。

第 15 位：RRVRS，读写位。接收数据模式设置，0 表示小模式，低位数据在前；1 表示大模式，高位数据在前。

第 16～17 位：RDATDLY，读写位。接收数据延迟设置，0 表示无延迟接收；1 表示延迟 1 个比特接收，用于和外部设备的准确接收；2 表示延迟 2 个比特接收；3 无效。

第 18～31 位：预留。

8. 同步寄存器

与同步相关的寄存器包括帧同步寄存器、位时钟控制寄存器和高频时钟控制寄存器。

(1) 帧同步控制寄存器 FSRCTL

FSRCTL 寄存器有 RFSRCTL(Receive Frame Sync Control Register)接收帧同步控制寄存器和 XFSRCTL(Transmitter Frame Sync Control Register)发送帧同步控制寄存器。接收和发送的设置基本一致。接收寄存器各位的定义如图 5-80 所示。

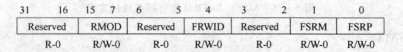

图 5-80 RFSRCTL 寄存器各位的定义

第 0 位：FSRP，读写位。设置帧标志边沿，0 表示上升沿触发帧同步；1 表示下降沿触发帧同步。

第 1 位：FSRM，读写位。设置帧同步信号产生方式，0 表示由外部设备产生接收帧同步；1 表示由 DSP 内部产生帧同步信号。

第 2～3 位：预留。

第 4 位：FRWID，读写位。设置帧同步宽度，0 表示帧同步宽度为 1 个比特时间；1 表示帧同步宽度为一个字的时间。

第 5～6 位：预留。

第 7～15 位：RMOD，读写位。设置帧同步方式，0 表示帧同步工作于突发方式；2～32 表示帧同步工作在 TDM 的第 2～32 个时间片；384 表示帧同步工作在 TDM 的第 384 个时间片上，用于 I2S 接口设备；其他值无效。

第 16～31 位：预留。

(2) 位时钟控制寄存器 ACLKCTL

ACLKCTL 寄存器有 ACLKRCTL(Receive Clock Control Register)接收位时钟控制寄存器和 ACLKXCTL(Transmitter Clock Control Register)发送位时钟控制寄存

器。接收和发送的设置基本一致。接收寄存器各位的定义如图 5-81 所示。

31	8	7	6	5	4	0
Reserved		CLKRP	Rsvd	CLKRM	CLKRDIV	
R-0		R/W-0	R-0	R/W-1	R/W-0	

图 5-81 ACLKRCTL 寄存器各位的定义

第 0～4 位:CLKRDIV,读写位。设置从 AHCLKR 时钟到 ACLKR 时钟的分频,如果该位设置为 x,则分频系数为 x+1。

第 5 位:CLKRM,读写位。设置位时钟的源,0 表示位时钟来自外部 ACLKR 引脚输入的时钟;1 表示来自内部的可编程时钟分频器。

第 6 位:预留。

第 7 位:CLKRP,读写位。设置采样数据的边沿,0 表示在位时钟的下降沿采样数据;1 表示在上升沿采样数据。在实际读写数据时,需要根据外部设备的准确时刻进行设置。

第 8～31 位:预留。

(3) 高频时钟控制寄存器 AHCLKCTL

AHCLKCTL 寄存器有 AHCLKRCTL(Receive High Frequecncy Clock Control Register)接收高频时钟控制寄存器和 AHCLKXCTL(Transmitter High Frequecncy Clock Control Register)发送高频时钟控制寄存器。接收和发送的设置基本一致。接收寄存器各位的定义如图 5-82 所示。

31	16	15	14	13	12	11	0
Reserved		HCLKRM	HCLKRP	Reserved		HCLKRDIV	
R-0		R/W-1	R/W-0	R-0		R/W-0	

图 5-82 AHCLKRCTL 寄存器各位的定义

第 0～11 位:HCLKRDIV,读写位。设置从 AUXCLK 时钟到 AHCLKR 时钟的分频,如果该位设置为 x,则分频系数为 x+1,最大分频系数为 4 096。

第 12～13 位:预留。

第 14 位:HCLKRP,读写位。设置高频时钟的极性,0 表示对 AUXCLK 时钟不进行翻转,直接进行分频;1 表示对其翻转后再进行分频。

第 15 位:HCLKRM,读写位。设置高频时钟的源,0 表示时钟来自外部 AHCLK 引脚输入的时钟;1 表示来自内部的可编程时钟分频器。

第 16～31 位:预留。

9. 中断寄存器

与中断相关的寄存器包括中断寄存器、状态寄存器和 DMA 事件控制寄存器。

(1) 中断寄存器 INTCTL

中断寄存器有 RINTCTL(Receive Interrupt Control Register)接收中断控制寄存

器和 XINTCTL(Transmitter Interrupt Control Register)发送中断控制寄存器。接收和发送的设置基本一致。接收寄存器各位的定义如图 5-83 所示。

31 8	7	6	5	4	3	2	1	0
Res	RSTAFRM	Res	RDATA	RLAST	RDMAERR	RCKFAIL	RSYNCERR	ROVRN
R-0	R/W-0	R-0	R/W-0	R/W-0	R/W-0	R/W-0	R/W-0	R/W-0

图 5-83 RINTCTL 寄存器各位的定义

第 0 位:ROVRN,读写位。接收覆盖错误中断使能,0 表示该中断使能;1 表示禁止该中断。

第 1 位:RSYNCERR,读写位。接收帧同步错误中断使能,0 表示该中断使能;1 表示禁止该中断。

第 2 位:RCKFAIL,读写位。接收位时钟错误中断使能,0 表示该中断使能;1 表示禁止该中断。

第 3 位:RDMAERR,读写位。接收 DMA 错误中断使能,0 表示该中断使能;1 表示禁止该中断。

第 4 位:RLAST,读写位。接收 TDM 时间片错误中断使能,0 表示该中断使能;1 表示禁止该中断。

第 5 位:RDATA,读写位。接收数据延迟错误中断使能,0 表示该中断使能;1 表示禁止该中断。

第 6 位:预留。

第 7 位:RSTAFRM,读写位。接收帧状态错误中断使能,0 表示该中断使能;1 表示禁止该中断。

第 8~31 位:预留。

(2) 状态寄存器 STAT

状态寄存器有 RSTAT(Receive Status Register)接收状态寄存器和 XSTAT(Transmitter Status Register)发送状态寄存器。接收和发送的设置基本一致。接收寄存器各位的定义如图 5-84 所示。

31 9	8	7	6	5
Res	RERR	RDMAERR	RSTAFRM	RDATA
R-0	R/W-0	R/W-0	R/W-0	R/W-0

4	3	2	1	0
RLAST	RTDMSLOT	RCKFAIL	RSYNCERR	ROVRN
R/W-0	R-0	R/W-0	R/W-0	R/W-0

图 5-84 RSTAT 寄存器各位的定义

第 0 位:ROVRN,读写位。接收覆盖错误标志,0 表示没有该错误发生;1 表示已经发生该错误。

第 1 位:RSYNCERR,读写位。接收帧同步错误标志,0 表示没有该错误发生;1 表示已经发生该错误。

第 2 位:RCKFAIL,读写位。接收位时钟错误标志,0 表示没有该错误发生;1 表示已经发生该错误。

第 3 位:RTDMSLOT,只读位。当前 TDM 时间片状态,0 表示当前 TDM 时间片为奇数;1 表示其为偶数。

第 4 位:RLAST,读写位。接收 TDM 时间片错误标志,0 表示没有该错误发生;1 表示已经发生该错误。

第 5 位:RDATA,读写位。接收数据延迟错误中断标志,0 表示没有该错误发生;1 表示已经发生该错误。

第 6 位:RSTAFRM,读写位。接收帧状态错误标志,0 表示没有该错误发生;1 表示已经发生该错误。

第 7 位:RDMAERR,读写位。接收 DMA 错误标志,0 表示没有该错误发生;1 表示已经发生该错误。

第 8 位:RERR,读写位。总的错误标志,是 ROVRN、RSYNCERR、RCKFAIL、RDMAERR 这 4 种错误的或操作,只要有一个错误发生,该位为 1;否则为 0。

第 9~31 位:预留。

(3) DMA 事件控制寄存器

DMA 事件控制寄存器有 REVTCTL(Receive DMA Control Register)接收 DMA 事件控制寄存器和 XEVTCTL(Transmitter DMA Control Register)发送 DMA 事件控制寄存器。接收和发送的设置都只有第 0 位有效,0 表示使能 DMA 请求;1 表示禁止 DMA 请求。其他位预留。

10. SRCTL

SRCTL(Serializer Control Register)为串并转换器控制寄存器,一共有 16 个寄存器,每个寄存器对应一个串并转换器,可以单独进行设置。该寄存器各位的定义如图 5-85 所示。

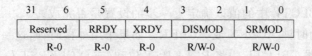

图 5-85 SRCTL 寄存器各位的定义

第 0~1 位:SRMOD,读写位。设置串并转换器工作方式,0 表示不工作;1 表示工作于发送;2 表示工作于接收;3 无效。

第 2~3 位:DISMOD,读写位。设置串并转换器引脚驱动方式,0 表示引脚处于三态状态;1 无效;2 表示引脚为低电平;3 表示引脚为高电平。

第 4 位:XRDY,只读位。发送缓冲区状态,0 表示发送缓冲区有数据;1 表示发送缓冲区为空。

第 5 位:RRDY,只读位。接收缓冲区状态,0 表示接收缓冲区有数据;1 表示接收缓冲区为空。

第6～31位:预留。

5.9.3 McASP的操作

1. McASP的初始化

McASP的初始化实际上就是设置McASP的寄存器,寄存器的设置和McASP连接的外设相关。外设不同,McASP的初始化也有所不同。如果采用的是外接时钟,那么在初始化工作进行之前要保证外接时钟已经接入并达到稳定状态。初始化的步骤如下:

第一步:设置寄存器GBLCTL=0,对McASP进行复位。

第二步:配置除GBLCTL之外的所有McASP寄存器。

(1) 配置Power Down和Emulation管理寄存器PWRDEMU。

(2) 配置接收部分的寄存器:RMASK、RFMT、AFSRCTL、ACLKRCTL、AHCLKRCTL、RTDM、RINTCTL以及RCLKCHK。

(3) 配置发送部分的寄存器:XMASK、XFMT、AFSXCTL、ACLKXCTL、AHCLKXCTL、XTDM、XINTCTL以及XCLKCHK。

(4) 配置串行转换器寄存器SRCTL[n]。

(5) 配置全局寄存器:PFUNC、PDIR、DITCTL、DLBCTL以及AMUTE。

(6) 配置DIT寄存器:DITCSRA[n]、DITCSRB[n]、DITUDRA[n]和DITUDRB[n]。

第三步:启动高频时钟AHCLKX或AHCLKR。如果采用外接时钟,这一步骤可以省略。

(1) 在寄存器GBLCTL中将RHCLKRST位和(或)XHCLKRST位置1,使内部的高频时钟分频器退出复位状态。GBLCTL中的其他位仍要保持0值。

(2) 读取GBLCTL中的值以确定上一步的设置是否完成。

第四步:启动时钟ACLKX或ACLKR。如果采用外接时钟,这一步骤可以省略。

(1) 在寄存器GBLCTL中将RCLKRST位和(或)XCLKRST位置1,使内部的时钟分频器退出复位状态。GBLCTL中的其他位要保持不变。

(2) 读取GBLCTL中的值以确定上一步的设置是否完成。

第五步:设置接口与DSP之间的数据传输方式。

(1) 如果采用EDMA或CPU中断来传递数据,要在此步骤启动EDMA或使能发送/接收中断。

(2) 如果由CPU直接进行数据读取,在此步骤不作任何设置。

第六步:启动串并转换器。

(1) 启动之前,向XSTAT和RSTAT写入FFFFh,清空发送和接收状态寄存器。

第5章 硬件系统结构

(2) 在寄存器 GBLCTL 中将 RSRCLR 位和(或)XSRCLR 位置1,使串并转换器退出复位状态。GBLCTL 中的其他位保持不变。

(3) 读取 GBLCTL 中的值以确定上一步的设置是否完成。

第七步:将状态机退出复位状态。

(1) 在寄存器 GBLCTL 中将 RSMRST 位和(或)XSMRST 位置1,使状态机退出复位状态。GBLCTL 中的其他位保持不变。

(2) 读取 GBLCTL 中的值以确定上一步的设置是否完成。

第八步:将帧同步发生器退出复位状态。注意:即使帧同步信号由外部提供,也要使内部的帧同步发生器退出复位,因为在帧同步发生器内包含帧同步错误检测逻辑。

(1) 在寄存器 GBLCTL 中将 RFRST 位和(或)XFRST 位置1,使帧同步发生器退出复位状态。GBLCTL 中的其他位保持不变。

(2) 读取 GBLCTL 中的值以确定上一步的设置是否完成。

第九步:产生第一个帧同步信号,McASP 开始数据传输。

一个简单的 McASP 初始化的代码如下:

```
……
……                                            // 包含对寄存器地址的定义
……
mcasp->regs->GBLCTL    = 0;                    // 复位
mcasp->regs->RGBLCTL   = 0;                    // 复位收
mcasp->regs->XGBLCTL   = 0;                    // 复位发
mcasp->regs->PWRDEMU   = 1;                    // 自由运行
mcasp->regs->RMASK     = 0xffffffff;           // 不填充
mcasp->regs->RFMT      = 0x00008078;           // 16 bit
mcasp->regs->AFSRCTL   = 0x00000112;           // 2 TDM
mcasp->regs->ACLKRCTL  = 0x000000AF;           // 内部上升沿
mcasp->regs->AHCLKRCTL = 0x00000000;           // 内部时钟源
mcasp->regs->RTDM      = 0x00000003;           // Slots 0,1
mcasp->regs->RINTCTL   = 0x00000000;
mcasp->regs->RCLKCHK   = 0x00FF0008;           // 256 分频

mcasp->regs->XMASK     = 0xffffffff;           // 不填充
mcasp->regs->XFMT      = 0x00008078;           // 16 bit
mcasp->regs->AFSXCTL   = 0x00000112;           // 2 TDM
mcasp->regs->ACLKXCTL  = 0x000000AF;           // 内部上升沿
mcasp->regs->AHCLKXCTL = 0x00000000;           // 外部时钟
mcasp->regs->XTDM      = 0x00000003;           // Slots 0,1
mcasp->regs->XINTCTL   = 0x00000000;
mcasp->regs->XCLKCHK   = 0x00FF0008;           // 256 分频

mcasp->regs->SRCTL5    = 0x000D;               // MCASP1.AXR1[5] --> DIN
```

```c
mcasp->regs->SRCTL0        = 0x000E;           // MCASP1.AXR1[0] <-- DOUT
mcasp->regs->PFUNC         = 0;                // All MCASPs
mcasp->regs->PDIR          = 0x14000020;       // AXR0[5], ACLKX1, AFSX1 除外

mcasp->regs->DITCTL        = 0x00000000;
mcasp->regs->DLBCTL        = 0x00000000;
mcasp->regs->AMUTE         = 0x00000000;

mcasp->regs->XGBLCTL |= GBLCTL_XHCLKRST_ON;    // HS Clk
while ( ( mcasp->regs->XGBLCTL & GBLCTL_XHCLKRST_ON ) !=
                    GBLCTL_XHCLKRST_ON );
mcasp->regs->RGBLCTL |= GBLCTL_RHCLKRST_ON;    // HS Clk
while ( ( mcasp->regs->RGBLCTL & GBLCTL_RHCLKRST_ON ) !=
                    GBLCTL_RHCLKRST_ON );

mcasp->regs->XGBLCTL |= GBLCTL_XCLKRST_ON;     // Clk
while ( ( mcasp->regs->XGBLCTL & GBLCTL_XCLKRST_ON ) !=
                    GBLCTL_XCLKRST_ON );
mcasp->regs->RGBLCTL |= GBLCTL_RCLKRST_ON;     // Clk
while ( ( mcasp->regs->RGBLCTL & GBLCTL_RCLKRST_ON ) !=
                    GBLCTL_RCLKRST_ON );

mcasp->regs->XSTAT = 0x0000ffff;               // Clear all
mcasp->regs->RSTAT = 0x0000ffff;               // Clear all

mcasp->regs->XGBLCTL |= GBLCTL_XSRCLR_ON;      // Serialize
while ( ( mcasp->regs->XGBLCTL & GBLCTL_XSRCLR_ON ) !=
                    GBLCTL_XSRCLR_ON );
mcasp->regs->RGBLCTL |= GBLCTL_RSRCLR_ON;      // Serialize
while ( ( mcasp->regs->RGBLCTL & GBLCTL_RSRCLR_ON ) !=
                    GBLCTL_RSRCLR_ON );

mcasp->regs->XBUF5 = 0;
mcasp->regs->RBUF0 = 0;

mcasp->regs->XGBLCTL |= GBLCTL_XSMRST_ON;      // State Machine
while ( ( mcasp->regs->XGBLCTL & GBLCTL_XSMRST_ON ) !=
                    GBLCTL_XSMRST_ON );
mcasp->regs->RGBLCTL |= GBLCTL_RSMRST_ON;      // State Machine
while ( ( mcasp->regs->RGBLCTL & GBLCTL_RSMRST_ON ) !=
                    GBLCTL_RSMRST_ON );

mcasp->regs->XGBLCTL |= GBLCTL_XFRST_ON;       // Frame Sync
```

```
while ( ( mcasp->regs->XGBLCTL & GBLCTL_XFRST_ON ) != GBLCTL_XFRST_ON );
mcasp->regs->RGBLCTL |= GBLCTL_RFRST_ON;          // Frame Sync
while ( ( mcasp->regs->RGBLCTL & GBLCTL_RFRST_ON ) != GBLCTL_RFRST_ON );
```

2. 时钟发生器

McASP 的时钟主要包括帧同步时钟、接收和发送位时钟。时钟发生器可以生成发送和接收两个独立的时钟，两者能够分别进行配置，并完全工作在相互异步的状态下。串行时钟的时钟源可以由多种方式提供：

（1）内部提供：通过将内部的 AUXCLK 时钟源两次分频获得。

（2）外部提供：通过 ACLKR/X 引脚由外部直接提供。

（3）混合提供：外部的高频时钟通过 AHCLKR 或 AHCLKX 引脚接入 McASP，并经分频后得到所需的时钟信号。

AHCLKR 和 AHCLKX 引脚既可以接入外部时钟供系统应用，也可以接出系统内部产生的时钟信号。如果时钟信号是经内部时钟源 AUXCLK 分频获得的，则经一次分频产生的高频时钟可以接到 AHCLKX/R 引脚上，为系统中的其他设备提供时钟信号。

帧同步有 Burst 和 TDM 两种模式，可以通过帧同步控制寄存器 AFSRCTL 和 AFSXCTL 来配置帧同步的选项，包括由内部产生或由外部产生、帧同步的极性（上升沿或下降沿）、帧同步的宽度（单位或单字）以及延迟位数（第一个数据位延迟 0、1 或 2 个时钟周期）。帧同步引脚 AFSR 和 AFSX 的一种典型应用是在立体声数据传输时携带左/右时钟信号（L/RCLK）。

发送时钟的产生流程如图 5-86 所示。

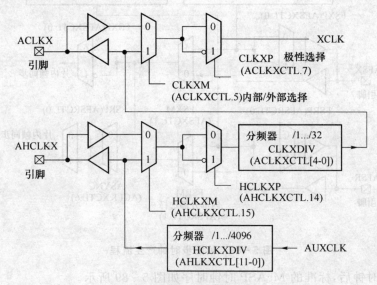

图 5-86 发送时钟产生流程

接收时钟的产生流程如图 5-87 所示。

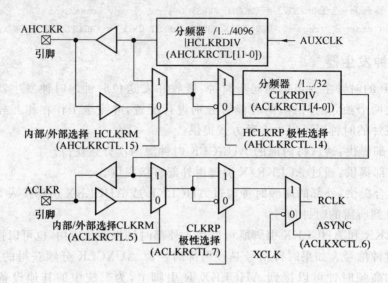

图 5-87 接收时钟产生流程

帧同步时钟的产生流程如图 5-88 所示。

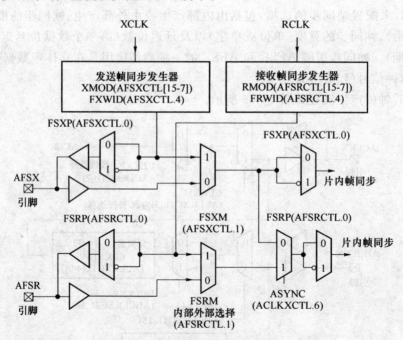

图 5-88 帧同步时钟产生流程

设置好时钟后,标准的 McASP 时钟时序如图 5-89 所示。

第5章 硬件系统结构

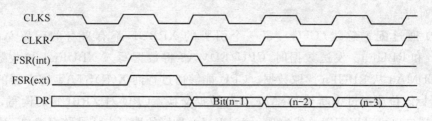

图 5-89 McASP 时钟时序

3. 标准数据收发

设置好 McASP 的各个寄存器后,就可以进行数据的收发了。数据收发的过程如图 5-90 所示。

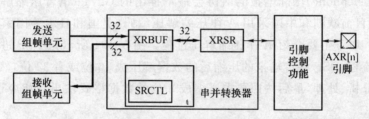

图 5-90 McASP 数据收发过程

CPU 向寄存器 XBUF 写入数据后开始 McASP 的发送操作,通过读取寄存器 RBUF 的数据来完成接收操作。进行发送操作时,XSTAT 寄存器中的 XDATA 标志位反映 XBUF 的状态。当数据从 XRBUF[n]传入 XRSR[n]中时,XDATA 标志被置 0,表明 XBUF 已空,可以接收新的数据。向 XDATA 位写 1,可以清除这个标志。一旦 XDATA 标志被置 0,就会自动产生一个 EDMA3 事件 AXEVT,用于向 EDMA3 通知 XBUF 的清空状态。如果在 XINTCTL 寄存器中使能了 XDATA 中断,则同时也会产生中断 AXINT。与发送相似,进行接收操作时,RSTAT 中的 RDATA 标志位反映 RBUF 的状态。当数据从 XRSR[n]传入 XRBUF[n]时,RDATA 标志被置 0,表明 RBUF 含有新接收的数据需要 CPU 读取。向 RDATA 位写 1,可以清除标志。RDATA 标志被置 0 时会产生 EDMA3 事件 AREVT,如果 RINTCTL 中的 RDATA 中断被使能,还会产生 ARINT 中断。

向 XRBUF 写入或从 XRBUF 读取数据,有两种方式:

(1) 通过数据端口(DAT):CPU 或 EDMA3 向所有引脚的 XRBUF 读/写数据都通过一个唯一的地址(RBUF/XBUF 数据端口),McASP 会自动将数据在各引脚之间循环存取。发送数据时,CPU/EDMA3 要向 XBUF 数据端口地址连续写入数据,数据的个数与发送引脚数目相同,并且数据的排列与引脚序号按升序相对应。例如如果将数据引脚 0、4、5、7 设为发送引脚,CPU/EDMA3 要向 XBUF 数据端口写入 4 次数据,这些数据会顺序地进入 XRBUF[0]、XRBUF[4]、XRBUF[5]和 XRBUF[7]。同理接收数据时,CPU/EDMA3 从 RBUF 数据端口地址连续读取数据,数据与接收引脚序号按升序对应。

(2)通过配置总线(CFG):每一个引脚的 XRBUF 都有自身的配置总线地址 XBUFn 和 RBUFn。发送数据时,CPU/EDMA3 将数据写入 XBUFn。接收数据时,CPU/EDMA3 从 RBUFn 读取数据。CPU 能够通过查询 X(R)STAT 寄存器的 X(R)DATA 标志位或通过中断与 McASP 进行数据交换。CPU 对 XRBUF 的读写,既可通过数据端口也可采用配置总线实现。而 EDMA 最好的读写方式是数据端口,因为其只需对一个地址进行操作,适合 EDMA 的连续数据传输。

4. μ律/A 律数据解压缩

μ律/A 律压缩解压编码是 CCITT(Consultative Committee for International Telegraph and Telephone)国际电报电话协会最早推出的 G.711 语音压缩解压编码格式的主要内容,目前欧洲和中国采用 A 律压缩解压编码,美国和日本等国家采用 μ 律压缩解压编码。以下主要介绍 A 律压缩解压过程。图 5-91 所示是 DSP 进行数据压缩解压的简单流程,DSP 将传输来的压缩后的数据解压成 16 位或者 32 位,然后对解压后的数据进行分析、处理,最后按照要求压缩成 8 位的数据格式输出到相应设备,供其他设备读取。

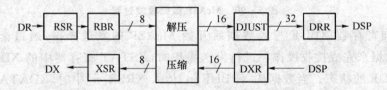

图 5-91 数据压缩解压流程图

图 5-92 所示是 DSP 将压缩的 8 位数据解压成 16 位的 DSP 通用数据格式,其中高 13 位为解压后的数据,低 3 位补 0,这是因为 G.711 的 A 律压缩只能对 13 位数据操作。DSP 将解压后的数据放在 McASP 的发送寄存器中,只要运行发送指令,McASP 就会将数据发送出去。McASP 对接收数据的解压过程和压缩过程完全相反。

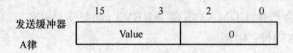

图 5-92 A 律数据解压图

DSP 内部 McBSP 模块(注意 C674x 没有该硬件模块)带有硬件实现的 μ 律/A 律压缩解压,用户只需要在相应寄存器中设置就可以了。

在进行 A 律压缩时,其默认采样后的 12 位数据最高位为符号位,压缩时要保持符号位不变,原数据的后 11 位要压缩成 7 位,这 7 位码由 3 位段落码和 4 位段内码组成,具体压缩变换后的数据根据后 11 位数据大小决定。具体的编译码表如表 5-25 所列。

表 5-25 A 律数据压缩表

12 位码(十进制)	量阶	符号位	段落码(二进制)	段内码(二进制)
0~15	1	0	000	0000~1111
16~31	1	0	001	0000~1111
32~63	2	0	010	0000~1111
64~127	4	0	011	0000~1111
128~255	8	0	100	0000~1111
256~511	16	0	101	0000~1111
512~1 023	32	0	110	0000~1111
1 024~2 047	64	0	111	0000~1111

压缩后数据的最高位(第 7 位)表示符号,量阶分别为 1、1、2、4、8、16、32 和 64,由压缩后数据的第 6 位到第 4 位决定,第三位到第 0 位是段内码。压缩后的数据有一定的失真,有些数据不能表示,只能取最接近该数据的压缩值。例如数据 125,压缩后的值为 00111111,意义如下:

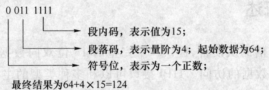

也可以使用 McBSP 实现对内部数据的压缩和解压。通过 McBSP 的自发自收功能可以实现:

(1) 将线性数据转换为相应的 μ 律或者 A 律格式;

(2) 将 μ 律或者 A 律格式的数据转换为线性数据;

(3) 通过线性数据的传输以及对这些数据的压缩和解压,评估压缩和解压过程中量化效应对数据的影响。

图 5-93 所示是利用 McBSP 对片内数据进行压缩和解压的两种实现方法,分别由 DLB 和 non-DLB 两条路径表示。

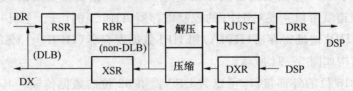

图 5-93 DSP 内部数据的压缩和解压

(1) DLB 路径。McBSP 设置为数字反馈环路,在 RCOMPAND 和 XCOMPAND 位中设定相应的压缩和解压方式。此时 DSP 仍然可以利用发送(XINT)和接收

(RINT)中断或者是 DMA 的发送(XEVT)和接收(REVT)同步事件进行数据输入输出的同步控制。在这种方式下,压缩和解压的速度取决于设置的串行波特率。

(2) non-DLB 路径。当 McBSP 的发送和接收端均复位后,DRR 和 DXR 只通过压缩和解压模块相连,数据不再经过 RBR、XSR、RSR 以及 DR 和 DX 引脚。数据按照 RCOMPAND 和 XCOMPAND 位中设定的方式进行压缩和解压,但此时不能产生 DSP 所需要的中断信号,也不能产生 DMA 需要的同步事件。这种方法直接从 DXR 到 DRR,压缩和解压的速度非常快。

5.10 HPI

主机接口(HPI)是主设备或主机处理器与 DSP 的接口。在 C674x 系列中,主机接口是一个 16 位宽度的并行端口,可以实现并行高速的数据传送。主机(也叫做上位机)掌管该接口的控制权,通过主机不仅可以直接访问 DSP 的所有存储空间,而且还可以直接访问 DSP 片内存储映射的外围设备。

5.10.1 HPI 概述

HPI 接口作为通信的从设备,提供一个完整的 16 位双向数据总线,并且一个主机传输就可以完成一个数据的访问。HPI 接口可以和多种类型的主机处理器连接。HPI 接口的主要特征有:

(1) 16 位的地址数据复用总线;

(2) 灵活的接口,包括多个选通和控制信号,适合连接各种类型的 16 位主机;

(3) 复用和非复用操作进一步提高了接口灵活性;

(4) 与 DMA 控制器同步的存储器可以访问 DSP 的所有内部存储空间;

(5) READY 引脚提供软件查询功能;

(6) 软件控制的数据锁存;

(7) 提供选通和控制信号。

HPI 接口与 DSP 存储空间的连接是通过 EDMA3 控制器实现的,这样通过 EDMA3 的辅助通道就可以实现对 HPI 的控制寄存器(HPIC)的访问,主机一方还可以通过该通道访问 HPI 地址寄存器(HPIA)和 HPI 数据寄存器(HPID)。C674x 系列 DSP 的 HPI 接口结构如图 5-94 所示。

HPI 使用 16 位的外部接口,可以为 DSP 提供 32 位的数据传输。其传输过程是:HPI 寄存器先将 32 位的数据分成两个 16 位字节数据进行传输,并由 UHPI_HHWIL 引脚决定传输的是高字节还是低字节,当接收方收到全部数据后,将按顺序将两个 16 位数据再合成为 32 位数据。当主设备使用 HPI 寄存器进行数据传输时,HPI 的控制逻辑会自动访问 DSP 的片内 RAM,完成数据传输,然后 DSP 才访问自己存储空间内

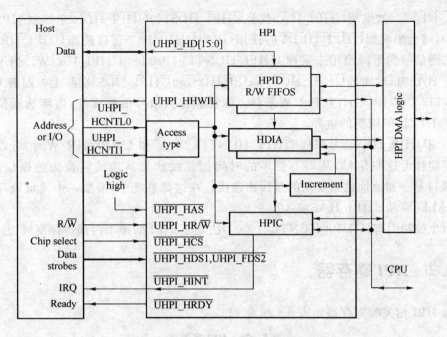

图 5-94 C674x DSP 的 HPI 结构

的数据。

DSP 和主机都可以访问 DSP 的片内 RAM。当有主机访问时 DSP 的时钟必须有效。DSP 处于复位模式时 HPI 寄存器不可用。主机访问必须与 DSP 的时钟同步,以确保能够正确仲裁片内 RAM 的访问。当 DSP 和主机对同一个存储单元进行访问时,DSP 和主机的时钟周期之间会发生冲突,此时主机访问具有优先权,DSP 则等待一个时钟周期。

HPI 接口使用较少的时序逻辑或者不使用任何时序逻辑时,都可以连接到多种主机设备上。HPI 的数据总线负责与主机交换信息,HPI 的两个控制输入引脚 HCNTL0 和 HCNTL1 用于区分要访问哪个内部 HPI 寄存器。

$\overline{\text{UHPI\_HCS}}$ 输入用于使能 HPI,$\overline{\text{UHPI\_HDS1}}$ 和 $\overline{\text{UHPI\_HDS2}}$ 信号控制 HPI 的数据传输,也可以根据需要交换它们的功能。这些信号的等效电路如图 5-95 所示。

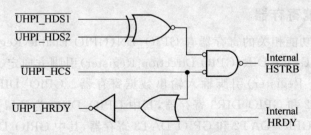

图 5-95 HPI 选通和选择逻辑

内部 HPI 选通信号来源于三个输入信号 $\overline{\text{UHPI\_HCS}}$、$\overline{\text{UHPI\_HDS1}}$ 和

UHPI_HDS2。如果用 $\overline{\text{UHPI\_HAS}}$ 代替 $\overline{\text{UHPI\_HDS1}}$ 和 $\overline{\text{UHPI\_HDS2}}$ 来控制 HPI 的访问周期，将会影响到 UHPI_HRDY 的使用（因为 $\overline{\text{UHPI\_HCS}}$ 可以使能 $\overline{\text{UHPI\_HRDY}}$）。内部选通信号的下降沿用来采样 UHPI_HCNTL[1:0] 和 UHPI_HR/$\overline{\text{W}}$。当不使用 $\overline{\text{UHPI\_HAS}}$ 时，后面的 $\overline{\text{UHPI\_HCS}}$、$\overline{\text{UHPI\_HDS1}}$ 和 $\overline{\text{UHPI\_HDS2}}$ 实际上控制着 UHPI_HCNTL[1:0] 和 UHPI_HR/$\overline{\text{W}}$ 采样。除控制输入信号的采样外，内部选通信号还定义了 HPI 访问周期的边界。

当用 $\overline{\text{UHPI\_HCS}}$ 信号采样 UHPI_HCNTL[1:0] 和 UHPI_HR/$\overline{\text{W}}$ 时，可以在访问的早期移走这些信号，从而有更多的时间把总线状态从地址转换为数据信息，使 HPI 接口易于和地址数据复用的总线相连接。在这类系统中，需要一个地址锁存使能信号（ALE）驱动 $\overline{\text{UHPI\_HAS}}$ 输入。

两个控制引脚（UHPI_HCNTL[1:0]）决定了 HPI 的哪个内部寄存器被访问。

5.10.2 HPI 寄存器

与 HPI 相关的寄存器如表 5-26 所列。

表 5-26 HPI 寄存器

地 址	名 称	地 址	名 称
0x01E1 0000	REVID	0x01E1 001C	GPIO_DAT2
0x01E1 0004	PWREMU_MGMT	0x01E1 0020	GPIO_DIR3
0x01E1 000C	GPIO_EN	0x01E1 0024	GPIO_DAT3
0x01E1 0010	GPIO_DIR1	0x01E1 0030	HPIC
0x01E1 0014	GPIO_DAT1	0x01E1 0034	HPIAW
0x01E1 0018	GPIO_DIR2	0x01E1 0038	HPIAR

其中，REV（Revision Identification Register）为模块 ID 号寄存器，是只读寄存器，固定为 0x4421 210A。PWREMU_MGMT（Power and Emulation Management Register）为仿真时控制寄存器。

1. 引脚功能寄存器

与 HPI 引脚功能相关的寄存器有 GPIO_EN（GPIO Enable Register）引脚 GPIO 功能使能寄存器、GPIO_DIR（GPIO Direction Register）引脚方向定义寄存器、GPIO_DAT（GPIO Data Register）引脚输入输出数据寄存器。GPIO_DIR 又分成 GPIO_DIR1、GPIO_DIR2 和 GPIO_DIR3 寄存器，其中 GPIO_DIR3 为预留。GPIO_DAT 分成 GPIO_DAT1、GPIO_DAT2 和 GPIO_DAT3 寄存器，其中 GPIO_DAT3 为预留。

(1) GPIO_EN

GPIO_EN 寄存器用于配置 HPI 引脚的功能。该寄存器各位的定义如图 5-96 所示。

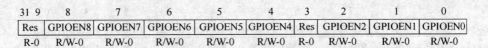

图 5-96　GPIO_EN 寄存器各位的定义

第 0 位：GPIOEN0，读写位。设置 $\overline{UHPI\_HCS}$、$\overline{UHPI\_HDS1}$、$\overline{UHPI\_HDS2}$ 和 $UHPI\_HR/\overline{W}$ 引脚功能，0 表示使能 HPI 功能；1 表示使能 GPIO 功能。

第 1 位：GPIOEN1，读写位。设置 UHPI_HCNTL[1:0] 引脚功能，0 表示使能 HPI 功能；1 表示使能 GPIO 功能。

第 2 位：GPIOEN2，读写位。设置 $\overline{UHPI\_HAS}$ 引脚功能，0 表示使能 HPI 功能；1 表示使能 GPIO 功能。

第 3 位：预留。

第 4 位：GPIOEN4，读写位。设置 UHPI_HHWIL 引脚功能，0 表示使能 HPI 功能；1 表示使能 GPIO 功能。

第 5 位：GPIOEN5，读写位。设置 UHPI_HRDY 引脚功能，0 表示使能 HPI 功能；1 表示使能 GPIO 功能。

第 6 位：GPIOEN6，读写位。设置 $\overline{UHPI\_HINT}$ 引脚功能，0 表示使能 HPI 功能；1 表示使能 GPIO 功能。

第 7 位：GPIOEN7，读写位。设置 UHPI_HD[7:0] 引脚功能，0 表示使能 HPI 功能；1 表示使能 GPIO 功能。

第 8 位：GPIOEN8，读写位。设置 UHPI_HD[15:8] 引脚功能，0 表示使能 HPI 功能；1 表示使能 GPIO 功能。

第 9~31 位：预留。

(2) GPIO_DIR

GPIO_DIR 用于控制引脚作为 GPIO 功能时的方向。相应寄存器位为 0 表示作为输入引脚；为 1 表示作为输出引脚。GPIO_DIR1 和 GPIO_DIR2 寄存器各位的定义如图 5-97 所示。

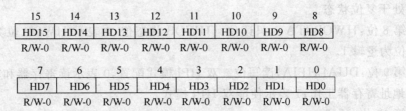

图 5-97　GPIO_DIR1 寄存器各位的定义

(3) GPIO_DAT

GPIO_DAT 用于设置或者读取引脚用作 GPIO 功能时的状态。相应寄存器位为 0 表示低电平；为 1 表示高电平。该寄存器各位的定义和 GPIO_DIR 一样。

9	8	7	6	5	4	3	2	1	0
HRDY	HINTZ	HCNTL0	HCNTL1	HHWIL	HRW	HDS2Z	HDS1Z	HCSZ	HASZ
R/W-0	R/W-0	R/W-0	R/W-0	R/W-0	R/W-0	R/W-0	R/W-0	R/W-0	R/W-0

图 5-98 GPIO_DIR2 寄存器各位的定义

2. HPIC

HPIC(Host Port Interface Control Register)为接口控制寄存器。寄存器各位的定义如图 5-99 所示。

31 12	11	10	9	8
Res	HPIASEL	Res	DUALHPIA	HWOBSTAT
R-0	R/W-0	R/W-0	R/W-0	R-0

7	6 5	4	3	2	1	0
HPIRST	Res	FETCH	Res	HINT	DSPINT	HWOB
R-1	R-2h	R/W-0	R-1	R/W1 C-0	R/W-0	R/W-0

图 5-99 HPIC 寄存器各位的定义

第 0 位:HWOB,读写位。地址和数据寄存器半字节顺序选择位,0 表示低字节首先传输;1 表示高字节首先传输。

第 1 位:DSPINT,读写位。主机到 DSP 的中断,主机向 DSPINT 位写 1 可以中断 DSP。主机和 DSP 读该位总是为 0,DSP 写该位无效。

第 2 位:HINT,读写位。DSP 到主机的中断,DSP 向 HINT 写 1 产生一个主机中断,HINT 位是 HINT 引脚的反向逻辑电平。主机或 DSP 向 HINT 位写 0 无效。

第 3 位:预留。

第 4 位:FETCH,读写位。主机数据获取请求,主机向该位写 1 时,HPIA 寄存器所指定地址的数据被获取,并被加载到 HPID。主机和 DSP 读该位的值总是 0。

第 5~6 位:预留。

第 7 位:HPIRST,只读位。HPI 复位状态,0 表示 HPI 处于正常运行状态;1 表示 HPI 处于复位状态。

第 8 位:HWOBSTAT,只读位。HWOB 状态位,0 表示 HWOB 位为逻辑 0;1 表示该位为逻辑 1。

第 9 位:DUALHPIA,读写位。双 HPI 模式配置,0 表示读寄存器和写寄存器两个 HPI 地址寄存器工作;1 表示使能双 HPI 模式。

第 10 位:预留。

第 11 位:HPIASEL,读写位。HPI 地址寄存器选择,0 表示选择写地址寄存器;1 表示选择读地址寄存器。

第 12~31 位:预留。

HPI 接口的寄存器有地址寄存器、数据寄存器和控制寄存器,如表 5-27 所列。

表 5－27 C674x 的 HPI 寄存器

简 称	名 称	主机访问方式	DSP 访问方式	DSP 访问地址
HPID	数据寄存器	可读写	不能访问	没有地址
HPIAW	写地址寄存器	可读写	可读写	0x0188 0004
HPIAR	读地址寄存器	可读写	可读写	0x0188 0008
HPIC	控制寄存器	可读写	可读写	0x0188 0000

HPI 通信时首先设置好控制寄存器，然后将需要读写的地址写入地址寄存器，DSP 收到地址寄存器后将该地址的内容传送到数据寄存器，完成一次读写。

实际上 HPI 控制寄存器的高 16 位和低 16 位是完全相等的，在 DSP 内部对应的也是同一个物理存储区，因此高 16 位和低 16 位的内容一样。因此在写 HPI 控制寄存器时，必须保证写入数据的高 16 位和低 16 位的内容一致，否则将不能正确初始化控制寄存器。

HPIA 是一个 30 位有效的地址寄存器，最低 2 位总是 0。在 C674x 中地址寄存器分成读地址寄存器和写地址寄存器，分别映射到 DSP 中，使 DSP 和主机都可以读写该寄存器，并且在一次通信中可以读写不同的寄存器内容。

在 HPI 通信中，HCNTL1 和 HCNTL0 引脚的当前状态决定了哪个寄存器被读写。寄存器和该引脚的关系如表 5－28 所列。

表 5－28 输入控制信号和寄存器之间的关系

HCNTL0	HCNTL1	功能描述
0	0	主机读写 HPI 控制寄存器
0	1	主机读写 HPI 地址寄存器
1	0	主机读写 HPI 数据寄存器，HPIA 在每次读操作后增加 1，在每次写操作前增加 1（地址自增方式）
1	1	主机读写 HPI 数据寄存器，HPIA 不受影响

5.10.3 HPI 的操作

HPI 接口的通信由 16 位数据总线完成，数据总线传输的数据包括控制寄存器的设置值、初始化的访问地址、访问后的地址以及地址单元中的内容（也就是数据）。HPI 接口数据传输的协议首先是进行控制寄存器和地址寄存器的初始化，然后是数据的传输，每传输一个数据将进行地址寄存器的修改。地址寄存器的修改包括手动修改和自动修改两种方式。

1. 寄存器的初始化

主机和 DSP 进行数据传输之前必须初始化控制寄存器和地址寄存器。C674x 的主机和 DSP 都可以初始化地址寄存器。由于 HPI 为 16 位数据总线,而其内部数据宽度为 32 位,所以必须设置控制寄存器中的 HWOB 位主机才能初始化地址寄存器。HWOB 位决定高低字节的输入顺序,设置 HWOB 为 1 或 0 时 HPI 接口寄存器的初始化过程如表 5-29、表 5-30 所列。

表 5-29 寄存器初始化过程(设置 HWOB 为 1)

步骤	数据总线	读写	HCNTL	HHWIL	HPIC	HPIA	HPID
写 HPIC 首字节	0001	0	00	0	00090009	xxxxxxxx	xxxxxxxx
写 HPIC 次字节	0001	0	00	1	00090009	xxxxxxxx	xxxxxxxx
写 HPIA 首字节	1234	0	01	0	00090009	56781234	xxxxxxxx
写 HPIA 次字节	5678	0	01	1	00090009	56781234	xxxxxxxx

注:"x"表示未知的位,HPIC 的 HRDY 位在写 HPIC 首字节时已经被设置。

表 5-30 寄存器初始化过程(设置 HWOB 为 0)

步骤	数据总线	读写	HCNTL	HHWIL	HPIC	HPIA	HPID
写 HPIC 首字节	0000	0	00	0	00080008	xxxxxxxx	xxxxxxxx
写 HPIC 次字节	0000	0	00	1	00080008	xxxxxxxx	xxxxxxxx
写 HPIA 首字节	1234	0	01	0	00080008	12345678	xxxxxxxx
写 HPIA 次字节	5678	0	01	1	00080008	12345678	xxxxxxxx

注:"x"表示未知的位,HPIC 的 HRDY 位在写 HPIC 首字节时已经被设置。

2. 固定地址的读取

控制寄存器和地址寄存器初始化完成后,主机就可以从 DSP 读取数据。为了便于说明,假设主机需要读取 DSP 的 80001234h 地址中的内容 56781234h,其数据传输过程如表 5-31 所列。

表 5-31 固定地址数据读传输过程(设置 HWOB 为 1)

步骤	数据总线	读写	HCNTL	HHWIL	HRDY	HPIC	HPIA	HPID
读 HPID 首字节 (数据未准备)	xxxx	1	11	0	1	00010001	80001234	xxxxxxxx
读 HPID 首字节 (数据准备好)	1234	1	11	0	0	00090009	80001234	56781234
读 HPID 次字节	5678	1	11	1	0	00090009	80001234	56781234

注:"x"表示未知的位,HPIC 的 HRDY 位在写 HPIC 首字节时已经被设置。

第一次读取时数据未准备好，$\overline{\text{UHPI\_HRDY}}$ 信号为高，此时 HPI 表现为 HPID 数据未知、数据总线状态不定，虽然其他状态正确，但主机不会读取任何数据；第二次读取时，由于上一次未完成数据的读取，各种控制信息仍然保持，尤其是 HHWIL 状态。此时数据准备好，$\overline{\text{UHPI\_HRDY}}$ 信号为低，HPID 数据准备好，根据 HHWIL 的状态低字节的数据 1234 已经被送到数据总线上，主机读取数据总线的值并保存，从而完成低字节数据的读写；第三次读取高字节，$\overline{\text{UHPI\_HRDY}}$ 信号为低，和第二次读取类似，主机从数据总线读取高字节数据 5678 并保存，完成一个 32 位字数据的读取。

HWOB 为 0 时的数据读取和 HWOB 为 1 时的区别仅仅在于高低字节读取的顺序，其他控制信息和时序完全一样。

3. 地址自增的读取

所有的 HPI 外设都具有提高 HPI 数据吞吐量的特性，称为地址自增方式。在当前访问完成后，HPI 预先获取数据并指向下一个高位数据单元，该特性自动修改 HPIA 寄存器。要使用地址自增方式，需要设置 HCNTL0 和 HCNTL1 模式为 01。

地址自增方式便于访问一段连续的片内 RAM。当使能地址自增后，每完成一次数据访问，HPIA 寄存器能够自动为下一次访问增加数据地址。虽然访问次数不变，但在访问存储器期间，由于主机不需要更新 HPIA 的值，所以极大地提高了系统的性能。使能地址自增后，因为 HPIA 在每次读操作后增加 1，在每次写操作前增加 1，所以在进行写操作时 HPIA 寄存器的值应该初始化为目标地址减 1。地址自增功能会影响 HPIA 寄存器所有的 32 位，对具有扩展片内 RAM 的器件，地址自增功能也会影响扩展寻址。例如如果 HPIA 被初始化为 0FFFFFFFFh，并且使能地址自增，那么下次访问将把 HPI 的地址变为 0100000000h，由于一些芯片的地址自增功能不影响扩展 HPI 地址，上面的例子将把其 HPI 地址变为 00000000h。

由于地址自增模式具有预先获取的特性，所以预先修改的读访问可能会使主机读取无效的数据。如在主机执行一次读访问后，DSP 更新了下一个数据所在位置的高位，由于预获取和预修改的特性，主机所读取的下一个数据并不是更新后的数据。如果主机和 DSP 都向同一个位置执行写操作，最好在读访问之前先执行一次 FETCH 操作，然后再开始读取数据。在从 HPI 读取数据之前，先读取 HPIC 寄存器来确定 $\overline{\text{UHPI\_HRDY}}$ 的状态。对于使用自动增模式的初始读操作和没有使用自动增模式的其他读操作，在访问开始时 $\overline{\text{UHPI\_HRDY}}$ 信号并没有处于准备好的状态，接下来的读操作(增模式)才执行数据预获取。

表 5-32 列出了 C674x 主机地址自增的数据读传输过程。首先设置 HCNTL1 和 HCNTL0 引脚为 10 状态，表示地址自增读数据。一旦 $\overline{\text{UHPI\_HRDY}}$ 信号为 0，主机利用两次读周期读取一个 32 位数据，之后 HPIA 寄存器地址增加 1 个字，也就是 4 个字节，从 80001234 增加到 80001238，同时该地址的内容写入到 HPID 寄存器，为主机下一次读取数据做好准备。

表 5-32 地址自增数据读传输过程（设置 HWOB 为 1）

步骤	数据总线	读写	HCNTL	HHWIL	HRDY	HPIC	HPIA	HPID
读 HPID 首字节（数据未准备好）	xxxx	1	10	0	1	00010001	80001234	xxxxxxxx
读 HPID 首字节（数据准备好）	1234	1	10	0	0	00090009	80001234	56781234
读 HPID 次字节（数据准备好）	5678	1	10	1	0	00090009	80001234	56781234
取址（数据未准备好）	xxxx	x	xx	x	1	00010001	80001238	56781234
取址（数据准备好）	xxxx	x	xx	x	0	00090009	80001238	67892345

注："x"表示未知的位，HPIC 的 HRDY 位在写 HPIC 首字节时已经被设置。

HWOB 为 0 时的数据读取和 HWOB 为 1 时的区别仅仅在于高低字节读取的顺序，其他控制信息和时序完全一样。

4. DSPINT 和 HINT

主机和 DSP 使用 HPIC 寄存器中的位相互申请中断。

(1) 主机使用 DSPINT 向 DSP 申请中断

主机向 HPIC 的 DSPINT 位写入 1 时产生一个 DSP 的中断，该中断可以把 DSP 从空闲状态唤醒。主机和 DSP 读取该位的值总为 0，DSP 不能对该位写。如果需要再次产生一个中断，仍然向该位写 1（不要将该位清 0 再写 1，因为向该位写 0 总是无效的）。

(2) DSP 使用 HINT 来中断主机设备

当 DSP 向 HPIC 的 HINT 位写 1 时，$\overline{UHPI\_HINT}$ 输出引脚变低，HINT 位的读出值为 1，即 $\overline{UHPI\_HINT}$ 信号可以作为主机设备低有效的中断源。主机向该位写入 1，可以清除该中断和 $\overline{UHPI\_HINT}$ 信号，同时清除 HINT 位，$\overline{UHPI\_HINT}$ 信号变高。如果 DSP 或主机向 HINT 位写入 0，HINT 位保持不变。

5.11 EMAC

EMAC 是 C674x 系列 DSP 提供的网络模块，该模块配置一个物理层芯片就可以实现 DSP 和 10 M/100 M 网络的通信。为了方便用户对该模块的使用，TI 公司提供免费的 NDK(Net Development Kit)。该软件包实现了物理层、驱动层和协议层传输协议，用户只需要在其上编写应用层即可。

5.11.1 EMAC 概述

C674x 的网络功能由 EMAC 控制模块、EMAC 模块和 MDIO 模块组成,如图 5-100 所示。

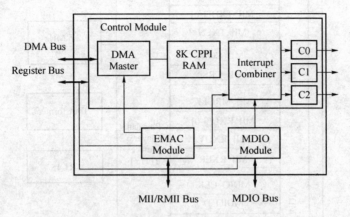

图 5-100 EMAC 结构

EMAC(Ethernet Media Access Controller)控制模块是 CPU 与 EMAC 模块、MDIO 模块之间的接口,控制 DSP 到 PHY(Physical Layer)层的数据。EMAC 控制模块包含使用 DSP 存储器必需的组件,用于控制网络模块的复位、中断和存储器接口的优先权。存储器的优先权控制用来平衡 EMAC 设备和 DSP 外围设备对存储器的操作。EMAC 控制模块的外围总线接口允许 EMAC 模块通过 DSP 的存储控制器读写内部和外部的存储器,EMAC 控制模块内部具有 8 KB 的随机存储器用来保存信息包的缓冲描述符。

EMAC 模块提供 CPU 与网络之间的高效接口,具备 8 条传输队列用来发送和接收网络信息包。EMAC 模块支持 10/100 Mb/s 模式,能工作在半双工或全双工模式下,具有硬件流控制及服务质量保证(QOS)支持。为避免传输数据错误,采用 CRC 校验码确保数据帧的有效性。

MDIO 模块通过双根信号线,采用满足 802.3 规范的串行接口控制器对以太网的物理层进行监视和控制。主机软件通过 MDIO 模块配置每个基于 EMAC 模块的物理层自适应参数和检索自适应参数,并且配置使 MEAC 模块正常运作的参数。同时该模块提供透明的接口操作。因为不需要软件参与,所以通过 MDIO 可以非常方便的判断物理层芯片是否正确工作。

EMAC 控制模块、EMAC 模块和 MDIO 模块都具备控制寄存器,这些寄存器都通过 DSP 的结构化总线映射到存储空间。同这些寄存器一样,控制模块内部的随机存储器也被映射到这块存储空间。EMAC 和 MDIO 的中断合并为控制模块中的一个中断,控制模块的中断又作为 DSP 中断的一部分,所以应用程序只响应控制模块的中断。

典型的 EMAC 和物理层芯片的 MII(Media Independent Interface)连接如图 5-101 所

示。MII为介质无关接口,或称为媒体独立接口,它是IEEE-802.3定义的以太网行业标准。它包括一个数据接口以及一个MAC和PHY之间的管理接口,数据接口包括分别用于发送器和接收器的两条独立信道,每条信道都有自己的数据、时钟和控制信号。

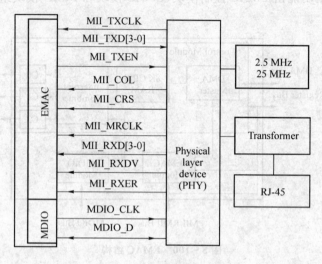

图5-101 EMAC的MII连接

RMII(Reduced Media Independant Interface)接口提供更少的连线。RMII是简化的MII接口,在数据的收发上比MII接口少一半信号线,一般要求50 M的总线时钟。RMII一般用在多端口的交换机上,不是每个端口安排收、发两个时钟,而是所有的数据端口公用一个时钟用于所有端口的收发,从而节省了不少的端口数目。和MII一样,RMII支持10 M和100 M的总线接口速度。RMII用于传输以太网包,因为RMII接口是2 bit的,所以在以太网的PHY里需要做串并转换、编解码等才能在双绞线和光纤上进行传输,其帧格式遵循IEEE 802.3(10 M)/IEEE 802.3u(100 M)/IEEE 802.1q(VLAN)规范。典型的EMAC和物理层芯片的RMII连接如图5-102所示。

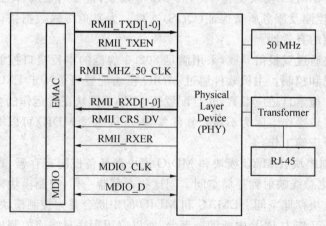

图5-102 EMAC的RMII连接

5.11.2 NDK

NDK 是 TI 公司专门针对 DSP 推出的网络开发套件，基于 TCP/IP 协议，为开发人员提供了具有丰富功能的网络接口，使用起来非常方便、灵活。NDK 在系统运行过程中占用极小的系统资源，对程序存储空间的占用最大不超过 250 KB，对数据存储空间仅占用 95 KB，非常利于嵌入式系统开发。

NDK 的主要组件包括：

(1) 支持 TCP/IP 协议栈程序库。其中主要包含支持 TCP/IP 网络工具的库、支持 TCP/IP 协议栈与 DSP/BIOS 平台的库以及网络控制与线程调度的库（包括协议栈的初始化以及网络相关任务的调度）。

(2) 示范程序。其中主要包括 DHCP/Telnet 客户端和 HTTP/数据服务器示范等。

(3) 支持文档。包括用户手册、程序员手册和平台适应手册。

NDK 主要由五个模块组成，分别是 STACK.LIB、NETTOOL.LIB、OS.LIB、HAL.LIB 和 NETCTRL.LIB。如图 5-103 所示。

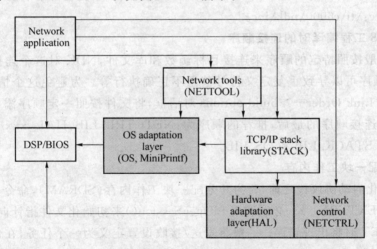

图 5-103 NDK 组成结构

STACK.LIB 是 TCP/IP 网络协议栈的主要组成部分，包含了从顶层的 SOCKET 到底层的 PPP。这个库以 DSP/BIOS 为平台，可移植性很好，可以从操作系统实现和底层驱动分离。

NETTOOL.LIB 包含了所有 NDK 提供的基于网络服务的 SOCKET 以及用来开发网络应用的工具。其中最常用的是标签配置系统，该系统用来控制每个协议栈和服务的上层接口，配置的参数可以存储到 RAM 中，在 BOOT 启动时自动读取。

OS.LIB 是处于操作系统和 DSP/BIOS 之间的支持库，通过编程实现 NDK 和

DSP/BIOS 之间的协调。主要包括任务线程管理、存储器分配、缓冲区管理、打印、登录以及 CACHE 一致等。

HAL.LIB 包含了外围底层设备和 TCP/IP 协议栈之间的接口,同时支持计数器、LED 显示器、以太网设备和串行接口。

NETCTRL.LIB 在协议栈中具有核心作用,控制 TCP/IP 协议栈和外界的联系。在所有的模块中,最重要的是操作 TCP/IP 协议栈。其任务包括:①初始化 TCP/IP 协议栈和底层设备驱动;②通过配置服务提供者的回调功能引导和启动系统;③连接低一级的设备驱动和安排调用 TC/IP 协议栈的驱动时间;④卸载系统配置和驱动并退出。

在 CCS 下使用 NDK 需要注意以下几点:

(1) 设置 DSP/BIOS

PRD 设置主时钟。硬件抽象层的时钟驱动需要一个 100 ms 启动一次的 PRD 函数作为主时钟,函数名是 llTimerTick()。HOOK 为 TCP/IP 协议栈设置保存的空间,OS 库的任务调度模块需要调用 hook 来保存和调用 TCP/IP 协议栈的环境变量指针,这两个 hook 函数分别是 NDK_hookInit() 和 NDK_hookCreate()。

(2) 包含文件和库文件

必须把工程项目的 Include Searching Path 指向 NDK 安装目录下的 inc 文件夹,一般默认为 c:\ti\c6000\ndk\inc。

(3) CCS 工程编译时的连接顺序

CCS 一般按照特定的顺序来连接目标函数和库文件,NDK 对这个连接顺序很敏感,错误的顺序可以导致重复定义符号甚至不正确执行等。为避免这个情况,可以在 CCS 里选择 Link Order—>build options 对话框,将文件按照一定顺序添加并且将库文件添置到连接顺序的最后,推荐的顺序为:NETCTRL.LIB、HAL_xxx.LIB、NETTOOL.LIB、STACK.LIB 和 OS.LIB。

(4) 分配一块工作内存

在初始化启动协议栈之前,要为其分配一块工作内存(SDRAM),命令是 _mmBulkAllocSeg(EXTERN1)。必须调用 fdOpenSession() 来初始化文件指针向量表,否则创建 SOCKET 时将出现错误。一般将发送/接收设置定义为一个任务,在创建任务句柄前应该用 NC_SystemOpen() 打开网络功能并进行设置,在系统关闭前也要进行相应的处理。

(5) 创建三个内存块

在使用 NDK 的过程中 OS 和 HAL 会创建三个内存段,分别是 PACKETMEM、MMBUFFER 和 OBJMEM,必须在 CMD 文件中为这三个段在内存中分配存储空间,至少要使用 32KB 的 cache,否则应用程序会产生不可预料的错误。

使用 NDK 提供的 SOCKET API 函数需要注意下面一些问题:

(1) NDK 中 SOCKET API 通过一个文件指针接口与操作系统相连接,因此要调用文件指针向量表初始化函数和关闭函数对文件系统进行相应操作。

(2) NDK 中并没有提供类似 Windows API 中强大的 select 函数,但是可以用 fds-elect 实现一些相应的工程。相互对应的 API 函数还有 NDK 中的 fdclose 和标准的 close,NDK 中的 fderror 和标准的 errno。

(3) NDK 提供了很多网络工具的支持函数,如和 DNS 相关的一些函数可以代替标准 API 中的 getpeername 和 gethostname 等,另外还有 IGMP 的一些函数可以用来支持组播,但只能作为组播用户而不能作为组播服务器。

在任何 SOCKET 应用程序建立之前,TCP/IP 堆栈必须正确的配置然后初始化。通常可以动态创建或者在 DSP/BIOS 中静态创建一个堆栈初始化任务,不管应用程序中建立了多少 SOCKET,在整个系统中只能有一个堆栈初始化任务,并且该任务会成为整个网络任务的唯一调度者,在应用程序结束前不会返回。

堆栈初始化过程:

(1) 使用 NC_SystemOpen() 函数为所有网络应用程序建立堆栈和内存环境;

(2) 使用 CfgNew() 函数创建一个配置句柄,利用该句柄使用 CfgAddEntry() 函数可以添加 DHCP、DNS、HTTP 等服务并配置 SOCKET 缓冲区大小与 ARP 超时参数;

(3) 使用 NC_NetStart() 函数根据前面的配置参数启动网络,并创建三个回调函数,分别是网络启动时只运行一次的函数、网络被关闭时只运行一次的函数以及当 IP 地址改变时运行的函数。通常会在启动函数里面创建自己的应用程序线程,在关闭函数里面删除创建的应用程序线程。

5.11.3 SOCKET

SOCKET(套接字)是一个通用接口,支持不同的网络结构,同时也是一个内部进程间通信机制。一个套接字描述了一个连结的端点,因此两个互联的进程都有一个描述他们之间连接的套接字。套接字可以看做一种特殊的管道,并且这种管道对于所包含的数据量没有限制。

套接字有不同的类型。套接字类型即通信服务类型,由创建套接字的应用程序确定。同一协议族可能提供多种服务类型,比如 TCP/IP 协议族提供虚电路与数据报两种不同的通信服务类型。网络的 SOCKET 数据传输是一种特殊的 IO,SOCKET 也是一种文件描述符。SOCKET 具有一个类似于打开文件的调用函数 SOCKET(),该函数返回一个整型的 SOCKET 描述符,随后连接建立、数据传输等操作都通过该 SOCKET 实现。

常用的 SOCKET 类型有两种:流式 SOCKET(SOCK_STREAM)和数据报式 SOCKET(SOCK_DGRAM)。流式 SOCKET 是一种面向连接的 SOCKET,对应于面向连接的 TCP 服务应用;数据报式 SOCKET 是一种无连接的 SOCKET,对应于面向无连接的 UDP 服务应用。

在计算机中数据存储有两种优先顺序:高位字节优先或者低位字节优先。Internet

上数据以高位字节优先顺序在网络上传输,所以在内部以低位字节优先方式存储数据的机器,在 Internet 上传输数据时就需要进行字节顺序转换。

如果系统只采用一个 SOCKET 对象实现数据收发,则相当于是单向通信模式,无法实现数据同时收发。例如 DSP 端正在运行 recv 函数,如果 PC 端还没有发送数据,则链路处在等待状态,这时 DSP 端就不能发送数据。为了解决上述问题,一般系统至少创建 2 个 SOCKET 对象来分别负责数据的收发操作,确保需要同步执行的操作之间互不影响。

SOCKET 接口的部分常用函数如下:

(1) struct sockaddr

该类型用来保存 SOCKET 信息。其结构定义为:

```
struct sockaddr {
    unsigned short sa_family;      /*地址族,AF_XXX*/
    char sa_data[14];              /*14字节的协议地址*/
};
```

sa_family 一般为 AF_INET;data 包含 SOCKET 的 IP 地址和端口号。

(2) struct sockaddr_in

该结构定义为:

```
struct sockaddr_in{
    short int sin_family;              /*地址族*/
    unsigned short int sin_port;       /*端口号*/
    struct in_addr sin_addr;           /*IP地址*/
    unsigned chat sin_zero[8];         /*填充0,保持与struct sock_addr大小一致*/
};
```

sin_zero 用来将 sockaddr_in 结构填充到与 surtct sock_addr 同样的长度,可以用 bzero() 函数或 memset() 函数将其置零。指向 sockaddr_in 的指针和指向 sock_addr 的指针可以互换。

(3) int socket(int domain, int type, int protocal)

domain 参数指定 SOCKET 的类型为 SOCK_STREAM 或者 SOCK_DGRAM,protocol 参数一般赋值为 0。在调用函数时一般不将端口号置为小于 1 024 的值,因为 1~1 024 为保留端口号,可以使用大于 1 024 的任何一个没有被占用的端口号。

(4) int listen(int sockfd, int backlog)

listen 函数用来监听是否有服务请求。sockfd 表示 SOCKET 系统调用返回的 SOCKET 描述符,backlog 指定在请求队列中允许的最大请求数,进入的连接请求将在队列中等待 accept() 函数接受。backlog 对队列中等待服务请求的数目进行限制,大多数系统默认值为 20。当 listen 遇到错误时返回-1,错误码 errno 被置为相应的值。

(5) int connect(int soekfd, struct sockaddr * sery_addr, int addrlen)

客户端建立套接字之后,要利用函数 comnet() 与远端服务器建立一个 TCP 连接，之后就可以接收和发送数据。sockfd 是目的服务器的 sock 描述符，sery_addr 是包含目的机 IP 地址和端口号的指针。遇到错误时返回-1，errno 中包含相应的错误码。客户端程序无需调用 bind()，因为这种情况下只需知道服务器的 IP 地址，而不关心客户通过哪个端口与服务器建立连接，内核会自动选择一个未被占用的端口供客户端使用。

(6) accept()

连接端口的服务请求。当某个客户端试图与服务器监听的端口连接时，连接请求将排队等待服务器调用 accept() 函数接受它。如果程序调用 accept() 函数为该请求建立一个连接，accept() 函数就返回一个新的 SOCKET 描述符供其使用。而服务器可以继续在以前那个 SOCKET 上监听，同时可以在新的 SOCKET 描述符上进行数据 send() 发送和 recv() 接收操作。如果客户端不需要监听，则在建立一个目标终端套接字之后即可发送和接收数据，此时客户端也可为一个或几个终端发送和接收数据。

(7) int send(int sockfd, const void * msg, int len, int flgas)

sockfd 用来传输数据的 SOCKET 描述符，msg 是指向要发送数据的指针，len 是以字节为单位的数据长度，flags 一般情况下置为 0。send() 函数返回实际上发送出的字节数，可能会少于希望发送的数据，所以需对 send() 的返回值进行测量。当 send() 返回值与 len 不匹配时，应进行相应的处理。

(8) int recv(int sockfd, void * buf, int len, unsigned int flags)

sockfd 是接收数据的 SOCKET 描述符，buf 是存放接收数据的缓冲区，len 是缓冲的长度，flags 一般被置 0。函数 recv() 返回实际上接受的字节数，当出现错误时返回-1 并置相应的 errno 值。

(9) close()

当所有的数据操作结束后，调用 close() 函数释放 SOCKET，从而停止在该 SOCKET 上的任何数据操作，调用方法为 close(sockfd)。

5.11.4　EMAC 寄存器

EMAC 寄存器包括 EMAC 控制寄存器、EMAC 模块寄存器和 MDIO 模块寄存器（见表5-33～表5-35）。实际上，对 EMAC 的操作就是对这些寄存器的读写。NDK 就是通过对这些寄存器的设置实现了网络通信功能。由于 NDK 的帮助，用户无须去面向寄存器操作，而可以直接面向 NDK 编程。但如果用户对网络的传输效率有特别要求或者要实现特殊的功能，而 NDK 没有提供相应机制，用户就需要直接对寄存器进行编程。本节只给出这些寄存器的简要说明，详细说明可以参考 TMS320C674x/OMAP-L1x Processor Ethernet Media Access Controller (EMAC)/Management Data Input/Output (MDIO) Module User's Guide, Texas Instruments Incorporated, www.ti.com。

表 5-33 EMAC 控制寄存器

偏移地址	简 称	全 称	意 义
0h	REVID	EMAC Control Module Revision ID Register	ID 号
4h	SOFTRESET	EMAC Control Module Software Reset Register	软件复位
Ch	INTCONTROL	EMAC Control Module Interrupt Control Register	中断控制
10h	C0RXTHRESHEN	EMAC Control Module Interrupt Core 0 Receive Threshold Interrupt Enable Register	接收门限中断使能（核0）
14h	C0RXEN	EMAC Control Module Interrupt Core 0 Receive Interrupt Enable Register	接收中断使能（核0）
18h	C0TXEN	EMAC Control Module Interrupt Core 0 Transmit Interrupt Enable Register	发送中断使能（核0）
1Ch	C0MISCEN	EMAC Control Module Interrupt Core 0 Miscellaneous Interrupt Enable Register	其他中断使能（核0）
20h	C1RXTHRESHEN	EMAC Control Module Interrupt Core 1 Receive Threshold Interrupt Enable Register	接收门限中断使能（核1）
24h	C1RXEN	EMAC Control Module Interrupt Core 1 Receive Interrupt Enable Register	接收中断使能（核1）
28h	C1TXEN	EMAC Control Module Interrupt Core 1 Transmit Interrupt Enable Register	发送中断使能（核1）
2Ch	C1MISCEN	EMAC Control Module Interrupt Core 1 Miscellaneous Interrupt Enable Register	其他中断使能（核1）
30h	C2RXTHRESHEN	EMAC Control Module Interrupt Core 2 Receive Threshold Interrupt Enable Register	接收门限中断使能（核2）
34h	C2RXEN	EMAC Control Module Interrupt Core 2 Receive Interrupt Enable Register	接收中断使能（核2）
38h	C2TXEN	EMAC Control Module Interrupt Core 2 Transmit Interrupt Enable Register	发送中断使能（核2）
3Ch	C2MISCEN	EMAC Control Module Interrupt Core 2 Miscellaneous Interrupt Enable Register	其他中断使能（核2）
40h	C0RXTHRESHSTAT	EMAC Control Module Interrupt Core 0 Receive Threshold Interrupt Status Register	接收门限中断状态（核0）
44h	C0RXSTAT	EMAC Control Module Interrupt Core 0 Receive Interrupt Status Register	接收中断状态（核0）
48h	C0TXSTAT	EMAC Control Module Interrupt Core 0 Transmit Interrupt Status Register	发送中断状态（核0）

续表 5-33

偏移地址	简 称	全 称	意 义
4Ch	C0MISCSTAT	EMAC Control Module Interrupt Core 0 Miscellaneous Interrupt Status Register	其他中断状态（核0）
50h	C1RXTHRESHSTAT	EMAC Control Module Interrupt Core 1 Receive Threshold Interrupt Status Register	接收门限中断状态（核1）
54h	C1RXSTAT	EMAC Control Module Interrupt Core 1 Receive Interrupt Status Register	接收中断状态（核1）
58h	C1TXSTAT	EMAC Control Module Interrupt Core 1 Transmit Interrupt Status Register	发送中断状态（核1）
5Ch	C1MISCSTAT	EMAC Control Module Interrupt Core 1 Miscellaneous Interrupt Status Register	其他中断状态（核1）
60h	C2RXTHRESHSTAT	EMAC Control Module Interrupt Core 2 Receive Threshold Interrupt Status Register	接收门限中断状态（核2）
64h	C2RXSTAT	EMAC Control Module Interrupt Core 2 Receive Interrupt Status Register	接收中断状态（核2）
68h	C2TXSTAT	EMAC Control Module Interrupt Core 2 Transmit Interrupt Status Register	发送中断状态（核2）
6Ch	C2MISCSTAT	EMAC Control Module Interrupt Core 2 Miscellaneous Interrupt Status Register	其他中断状态（核2）
70h	C0RXIMAX	EMAC Control Module Interrupt Core 0 Receive Interrupts Per Millisecond Register	每 ms 接收中断（核0）
74h	C0RXIMAX	EMAC Control Module Interrupt Core 0 Transmit Interrupt Per Millisecond Register	每 ms 发送中断（核0）
78h	C1RXIMAX	EMAC Control Module Interrupt Core 1 Receive Interrupt Per Millisecond Register	每 ms 接收中断（核1）
7Ch	C1RXIMAX	EMAC Control Module Interrupt Core 1 Transmit Interrupt Per Millisecond Register	每 ms 发送中断（核1）
80h	C2RXIMAX	EMAC Control Module Interrupt Core 2 Receive Interrupt Per Millisecond Register	每 ms 接收中断（核2）
84h	C2RXIMAX	EMAC Control Module Interrupt Core 2 Transmit Interrupt Per Millisecond Register	每 ms 发送中断（核2）

表 5-34 MDIO 模块寄存器

偏移地址	简称	全称	意义
0h	REVID	MDIO Revision ID Register	ID 号
4h	CONTROL	MDIO Control Register	控制
8h	ALIVE	PHY Alive Status register	PHY 工作状态
Ch	LINK	PHY Link Status Register	PHY 连接状态
10h	LINKINTRAW	MDIO Link Status Change Interrupt (Unmasked) Register	状态变化中断（不可屏蔽）
14h	LINKINTMASKED	MDIO Link Status Change Interrupt (Masked) Register	状态变化中断（可屏蔽）
20h	USERINTRAW	MDIO User Command Complete Interrupt (Unmasked) Register	用户命令中断（不可屏蔽）
24h	USERINTMASKED	MDIO User Command Complete Interrupt (Masked) Register	用户命令中断（可屏蔽）
28h	USERINTMASKSET	MDIO User Command Complete Interrupt Mask Set Register	用户命令中断设置
2Ch	USERINTMASKCLEAR	MDIO User Command Complete Interrupt Mask Clear Register	用户命令中断清除
80h	USERACCESS0	MDIO User Access Register 0	用户接入 0
84h	USERPHYSEL0	MDIO User PHY Select Register 0	用户 PHY 选择 0
88h	USERACCESS1	MDIO User Access Register 1	用户接入 1
8Ch	USERPHYSEL1	MDIO User PHY Select Register 1	用户 PHY 选择 1

表 5-35 EMAC 模块寄存器

偏移地址	简称	全称	意义
0h	TXREVID	Transmit Revision ID Register	发送 ID
4h	TXCONTROL	Transmit Control Register	发送控制
8h	TXTEARDOWN	Transmit Teardown Register	发送退出
10h	RXREVID	Receive Revision ID Register	接收 ID
14h	RXCONTROL	Receive Control Register	接收控制
18h	RXTEARDOWN	Receive Teardown Register	接收退出
80h	TXINTSTATRAW	Transmit Interrupt Status (Unmasked) Register	发送中断状态（不可屏蔽）
84h	TXINTSTATMASKED	Transmit Interrupt Status (Masked) Register	发送中断状态（可屏蔽）

续表 5-35

偏移地址	简 称	全 称	意 义
88h	TXINTMASKSET	Transmit Interrupt Mask Set Register	发送中断设置
8Ch	TXINTMASKCLEAR	Transmit Interrupt Clear Register	发送中断清除
90h	MACINVECTOR	MAC Input Vector Register	MAC 输入向量
94h	MACEOIVECTOR	MAC End Of Interrupt Vector Register	MAC 中断结束
A0h	RXINTSTATRAW	Receive Interrupt Status (Unmasked) Register	接收中断状态（不可屏蔽）
A4h	RXINTSTATMASKED	Receive Interrupt Status (Masked) Register	接收中断状态（可屏蔽）
A8h	RXINTMASKSET	Receive Interrupt Mask Set Register	接收中断设置
ACh	RXINTMASKCLEAR	Receive Interrupt Mask Clear Register	接收中断清除
B0h	MACINTSTATRAW	MAC Interrupt Status (Unmasked) Register	MAC 中断状态（不可屏蔽）
B4h	MACINTSTATMASKED	MAC Interrupt Status (Masked) Register	MAC 中断状态（可屏蔽）
B8h	MACINTMASKSET	MAC Interrupt Mask Set Register	MAC 中断设置
BCh	MACINTMASKCLEAR	MAC Interrupt Mask Clear Register	MAC 中断清除
100h	RXMBPENABLE	Receive Multicast/Broadcast/Promiscuous Channel Enable Register	接收通道使能
104h	RXUNICASTSET	Receive Unicast Enable Set Register	接收 Uni 使能设置
108h	RXUNICASTCLEAR	Receive Unicast Clear Register	接收 Uni 清除
10Ch	RXMAXLEN	Receive Maximum Length Register	接收最大长度
110h	RXBUFFEROFFSET	Receive Buffer Offset Register	接收缓冲偏移
114h	RXFILTER-LOWTHRESH	Receive Filter Low Priority Frame Threshold Register	接收滤波优先级
120h	RX0FLOWTHRESH	Receive Channel 0 Flow Control Threshold Register	接收通道 0 控制
124h	RX1FLOWTHRESH	Receive Channel 1 Flow Control Threshold Register	接收通道 1 控制
128h	RX2FLOWTHRESH	Receive Channel 2 Flow Control Threshold Register	接收通道 2 控制
12Ch	RX3FLOWTHRESH	Receive Channel 3 Flow Control Threshold Register	接收通道 3 控制
130h	RX4FLOWTHRESH	Receive Channel 4 Flow Control Threshold Register	接收通道 4 控制
134h	RX5FLOWTHRESH	Receive Channel 5 Flow Control Threshold Register	接收通道 5 控制
138h	RX6FLOWTHRESH	Receive Channel 6 Flow Control Threshold Register	接收通道 6 控制
13Ch	RX7FLOWTHRESH	Receive Channel 7 Flow Control Threshold Register	接收通道 7 控制

续表 5-35

偏移地址	简 称	全 称	意 义
140h	RX0FREEBUFFER	Receive Channel 0 Free Buffer Count Register	接收通道 0 缓冲计数
144h	RX1FREEBUFFER	Receive Channel 1 Free Buffer Count Register	接收通道 1 缓冲计数
148h	RX2FREEBUFFER	Receive Channel 2 Free Buffer Count Register	接收通道 2 缓冲计数
14Ch	RX3FREEBUFFER	Receive Channel 3 Free Buffer Count Register	接收通道 3 缓冲计数
150h	RX4FREEBUFFER	Receive Channel 4 Free Buffer Count Register	接收通道 4 缓冲计数
154h	RX5FREEBUFFER	Receive Channel 5 Free Buffer Count Register	接收通道 5 缓冲计数
158h	RX6FREEBUFFER	Receive Channel 6 Free Buffer Count Register	接收通道 6 缓冲计数
15Ch	RX7FREEBUFFER	Receive Channel 7 Free Buffer Count Register	接收通道 7 缓冲计数
160h	MACCONTROL	MAC Control Register	MAC 控制
164h	MACSTATUS	MAC Status Register	MAC 状态
168h	EMCONTROL	Emulation Control Register	仿真控制
16Ch	FIFOCONTROL	FIFO Control Register	FIFO 控制
170h	MACCONFIG	MAC Configuration Register	MAC 配置
174h	SOFTRESET	Soft Reset Register	软件复位
1D0h	MACSRCADDRLO	MAC Source Address Low Bytes Register	MAC 源地址
1D4h	MACSRCADDRHI	MAC Source Address High Bytes Register	MAC 源地址
1D8h	MACHASH1	MAC Hash Address Register 1	MAC Ha 地址
1DCh	MACHASH2	MAC Hash Address Register 2	MAC Ha 地址
1E0h	BOFFTEST	Back Off Test Register	回发测试
1E4h	TPACETEST	Transmit Pacing Algorithm Test Register	发送步进测试
1E8h	RXPAUSE	Receive Pause Timer Register	接收暂停时间
1ECh	TXPAUSE	Transmit Pause Timer Register	发送暂停时间
500h	MACADDRLO	MAC Address Low Bytes Register, Used in Receive Address Matching	MAC 地址（接收匹配）
504h	MACADDRHI	MAC Address High Bytes Register, Used in Receive Address Matching	MAC 地址（接收匹配）

续表 5-35

偏移地址	简称	全称	意义
508h	MACINDEX	MAC Index Register	MAC 索引
600h	TX0HDP	Transmit Channel 0 DMA Head Descriptor Pointer Register	发送通道 0DMA 头指针
604h	TX1HDP	Transmit Channel 1 DMA Head Descriptor Pointer Register	发送通道 1DMA 头指针
608h	TX2HDP	Transmit Channel 2 DMA Head Descriptor Pointer Register	发送通道 2DMA 头指针
60Ch	TX3HDP	Transmit Channel 3 DMA Head Descriptor Pointer Register	发送通道 3DMA 头指针
610h	TX4HDP	Transmit Channel 4 DMA Head Descriptor Pointer Register	发送通道 4DMA 头指针
614h	TX5HDP	Transmit Channel 5 DMA Head Descriptor Pointer Register	发送通道 5DMA 头指针
618h	TX6HDP	Transmit Channel 6 DMA Head Descriptor Pointer Register	发送通道 6DMA 头指针
61Ch	TX7HDP	Transmit Channel 7 DMA Head Descriptor Pointer Register	发送通道 7DMA 头指针
620h	RX0HDP	Receive Channel 0 DMA Head Descriptor Pointer Register	接收通道 0DMA 头指针
624h	RX1HDP	Receive Channel 1 DMA Head Descriptor Pointer Register	接收通道 1DMA 头指针
628h	RX2HDP	Receive Channel 2 DMA Head Descriptor Pointer Register	接收通道 2DMA 头指针
62Ch	RX3HDP	Receive Channel 3 DMA Head Descriptor Pointer Register	接收通道 3DMA 头指针
630h	RX4HDP	Receive Channel 4 DMA Head Descriptor Pointer Register	接收通道 4DMA 头指针
634h	RX5HDP	Receive Channel 5 DMA Head Descriptor Pointer Register	接收通道 5DMA 头指针
638h	RX6HDP	Receive Channel 6 DMA Head Descriptor Pointer Register	接收通道 6DMA 头指针
63Ch	RX7HDP	Receive Channel 7 DMA Head Descriptor Pointer Register	接收通道 7DMA 头指针
640h	TX0CP	Transmit Channel 0 Completion Pointer Register	发送通道 0 完成指针
644h	TX1CP	Transmit Channel 1 Completion Pointer Register	发送通道 1 完成指针
648h	TX2CP	Transmit Channel 2 Completion Pointer Register	发送通道 2 完成指针

续表 5-35

偏移地址	简 称	全 称	意 义
64Ch	TX3CP	Transmit Channel 3 Completion Pointer Register	发送通道 3 完成指针
650h	TX4CP	Transmit Channel 4 Completion Pointer Register	发送通道 4 完成指针
654h	TX5CP	Transmit Channel 5 Completion Pointer Register	发送通道 5 完成指针
658h	TX6CP	Transmit Channel 6 Completion Pointer Register	发送通道 6 完成指针
65Ch	TX7CP	Transmit Channel 7 Completion Pointer Register	发送通道 7 完成指针
660h	RX0CP	Receive Channel 0 Completion Pointer Register	接收通道 0 完成指针
664h	RX1CP	Receive Channel 1 Completion Pointer Register	接收通道 1 完成指针
668h	RX2CP	Receive Channel 2 Completion Pointer Register	接收通道 2 完成指针
66Ch	RX3CP	Receive Channel 3 Completion Pointer Register	接收通道 3 完成指针
670h	RX4CP	Receive Channel 4 Completion Pointer Register	接收通道 4 完成指针
674h	RX5CP	Receive Channel 5 Completion Pointer Register	接收通道 5 完成指针
678h	RX6CP	Receive Channel 6 Completion Pointer Register	接收通道 6 完成指针
67Ch	RX7CP	Receive Channel 7 Completion Pointer Register	接收通道 7 完成指针
200h	RXGOODFRAMES	Good Receive Frames Register	接收正确帧
204h	RXBCASTFRAMES	Broadcast Receive Frames Register	接收广播帧
208h	RXMCASTFRAMES	Multicast Receive Frames Register	接收多级帧
20Ch	RXPAUSEFRAMES	Pause Receive Frames Register	接收暂停帧
210h	RXCRCERRORS	Receive CRC Errors Register	接收 CRC 错误
214h	RXALIGNCODEERRORS	Receive Alignment/Code Errors Register	接收编码错误
218h	RXOVERSIZED	Receive Oversized Frames Register	接收溢出
21Ch	RXJABBER	Receive Jabber Frames Register	接收 Jan 帧
220h	RXUNDERSIZED	Receive Undersized Frames Register	接收未识别帧
224h	RXFRAGMENTS	Receive Frame Fragments Register	接收碎片帧

续表 5-35

偏移地址	简 称	全 称	意 义
228h	RXFILTERED	Filtered Receive Frames Register	接收被滤帧
22Ch	RXQOSFILTERED	Receive QOS Filtered Frames Register	接收 QOS 帧
230h	RXOCTETS	Receive Octet Frames Register	接收 Octet 帧
234h	TXGOODFRAMES	Good Transmit Frames Register	发送正确帧
238h	TXBCASTFRAMES	Broadcast Transmit Frames Register	发送广播帧
23Ch	TXMCASTFRAMES	Multicast Transmit Frames Register	发送多级帧
240h	TXPAUSEFRAMES	Pause Transmit Frames Register	发送暂停帧
244h	TXDEFERRED	Deferred Transmit Frames Register	发送延迟帧
248h	TXCOLLISION	Transmit Collision Frames Register	发送冲突
24Ch	TXSINGLECOLL	Transmit Single Collision Frames Register	发送单冲突
250h	TXMULTICOLL	Transmit Multiple Collision Frames Register	发送多级冲突
254h	TXEXCESSIVECOLL	Transmit Excessive Collision Frames Register	发送扩展冲突
258h	TXLATECOLL	Transmit Late Collision Frames Register	发送后冲突
25Ch	TXUNDERRUN	Transmit Underrun Error Register	发送覆盖错误
260h	TXCARRIERSENSE	Transmit Carrier Sense Errors Register	发送载波检测错误
264h	TXOCTETS	Transmit Octet Frames Register	发送 Octet 帧
268h	FRAME64	Transmit and Receive 64 Octet Frames Register	收发 64Octet 帧
26Ch	FRAME65T127	Transmit and Receive 65 to 127 Octet Frames Register	收发 127Octet 帧
270h	FRAME128T255	Transmit and Receive 128 to 255 Octet Frames Register	收发 255Octet 帧
274h	FRAME256T511	Transmit and Receive 256 to 511 Octet Frames Register	收发 511Octet 帧
278h	FRAME512T1023	Transmit and Receive 512 to 1023 Octet Frames Register	收发 1023Octet 帧
27Ch	FRAME1024TUP	Transmit and Receive 1024 to RXMAXLEN Octet Frames Register	收发最大值 Octet 帧
280h	NETOCTETS	Network Octet Frames Register	网络 Octet 帧
284h	RXSOFOVERRUNS	Receive FIFO or DMA Start of Frame Overruns Register	接收 FIFO 或 DMA 头覆盖
288h	RXMOFOVERRUNS	Receive FIFO or DMA Middle of Frame Overruns Register	接收 FIFO 或 DMA 中覆盖
28Ch	RXDMAOVERRUNS	Receive DMA Overruns Register	接收 DMA 覆盖

第 6 章

硬件系统开发

6.1 TMS320C674x 系列引脚说明

TMS320C674x 系列的 DSP 有球面封装和 TQFP 表贴封装两种芯片。本节主要介绍 C674x DSP 的引脚信号。C674x DSP 的封装形式有 ZKB 和 PTP 两种形式，图 6-1 所示为 ZKB 封装形式。DSP 引脚的标号用两个坐标点表示，其中纵坐标以字母表示，从 A 到 T，为了避免书写形式上的接近，有些字母没有使用，例如字母 I、O、Q、S 等；横坐标以数字表示，从 1~16。各引脚的意义如表 6-1 所列。表中的 I 表示输入，O 表示输出，G 表示地，Z 表示高阻态，P 表示电源，A 表示模拟信号。

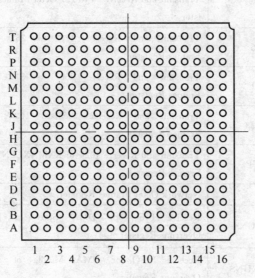

图 6-1 引脚排列

第 6 章　硬件系统开发

表 6-1　引脚说明

名　称	IO	说　明
时钟和 PLL 引脚		
EMA_CLK/OBSCLK AHCLKR2/GP1[15]	O	锁相环观测时钟。从该引脚查看锁相电路是否正常，也可以用于 EMA 以及音频口的时钟
OSCIN	I	1.2 V 时钟输入
OSCOUT	O	1.2 V 时钟输出
OSCVSS	G	1.2 V 时钟地，仅用于电源滤波器
PLLO_VDDA	P	锁相电路模拟电源
PLLO_VSSA	G	锁相电路模拟地
RTC_CVDD	P	实时时钟电源
RTC_XI	I	32.768 kHz 时钟输入
RTC_XO	O	32.768 kHz 时钟驱动
RTC_Vss	G	实时时钟地
复位和 JTAG 引脚		
$\overline{\text{RESET}}$	I	复位引脚。$\overline{\text{RESET}}$ 使 DSP 终止运行当前程序，同时使程序指针指向 00H 处，并从 00H 开始运行程序。$\overline{\text{RESET}}$ 会影响各种寄存器和状态位，DSP 上电时必须给该引脚一段持续的低电平
TMS	I	IEEE 标准 1149.1 测试方式选择，具有内部上拉电阻。在 TCK 的上升沿，这个串行控制输入锁定到 TAP 控制器
TDO	OZ	IEEE 标准 1149.1 测试数据输出。在 TCK 的下降沿，把所选定的寄存器（指令寄存器或数据寄存器）内容从 TDO 中移出。除了进行数据的扫描以外，其余周期 TDO 呈高阻态
TDI	I	IEEE 标准 1149.1 测试数据输入，内部具有上拉电阻。在 TCK 的上升沿，TDI 被锁定到所选定的 TAP 控制器、指令寄存器或数据寄存器
TCK	I	IEEE 标准 1149.1 测试时钟。一般是占空比为 50% 的时钟信号。在 TCK 的上升沿，把输入信号 TMS 和 TDI 的变化锁定到 TAP 控制器、指令寄存器或所选定的数据寄存器。在 TCK 的下降沿把输出信号（TDO）的变化锁定到 TAP 控制器
$\overline{\text{TRST}}$	I	IEEE 标准 1149.1 测试复位。当 $\overline{\text{TRST}}$ 为高电平时，器件的操作控制交给 IEEE 标准 1149.1 扫描系统。当该引脚不接或为低电平时，器件忽略 IEEE 标准 1149.1 信号，维持原有的工作状态
EMU0/GP7[15]	IOZ	仿真中断引脚 0。当 $\overline{\text{TRST}}$ 为低电平时，为了保证 EMU 的有效性，EMU0 必须为高电平。当 $\overline{\text{TRST}}$ 为高电平时，EMU0 可被用作仿真系统的中断信号，且由 IEEE 标准 1149.1 扫描系统来确定是输入还是输出

续表 6-1

名 称	IO	说 明
	EMIFA 接口引脚
EMA_D[15~0]	IO	EMIFA 接口的 16 根数据总线
EMA_A[12~0]	O	EMIFA 接口的 13 根地址总线
EMA_BA[1~0]	O	EMIFA 接口的 2 根字节选择信号
EMA_CLK	O	EMIFA 接口的时钟信号
EMA_SDCKE	O	EMIFA 接口的 SDRAM 时钟使能
EMA_RAS	O	EMIFA 接口的 SDRAM 行地址选择
EMA_CAS	O	EMIFA 接口的 SDRAM 列地址选择
EMA_CS[5~0]	O	EMIFA 接口的 5 个片选信号,这 5 个引脚互斥,注意没有 EMA_CS[1]
EMA_WE	O	EMIFA 接口的 SDRAM 写信号
EMA_WE_DQM[1]	O	EMIFA 接口的数据高字节使能
EMA_WE_DQM[0]	O	EMIFA 接口的数据低字节使能
EMA_OE	O	EMIFA 接口的输出使能
EMA_WAIT[0]	I	EMIFA 接口的等待中断
	EMIFB 接口引脚
EMB_D[31~0]	IO	EMIFB 接口的 SDRAM 的 32 根数据总线
EMB_A[12~0]	O	EMIFB 接口的 SDRAM 的 13 根行/列地址总线
EMB_BA[1~0]	O	EMIFB 接口的 SDRAM 的页地址
EMB_CLK	O	EMIFB 接口的 SDRAM 时钟信号
EMB_SDCKE	O	EMIFB 接口的 SDRAM 时钟使能
EMB_RAS	O	EMIFB 接口的 SDRAM 行地址选择
EMB_CAS	O	EMIFB 接口的 SDRAM 列地址选择
EMB_CS[0]	O	EMIFB 接口的 SDRAM 片选信号
EMB_WE	O	EMIFB 接口的 SDRAM 写信号
EMA_WE_DQM[3]	O	EMIFB 接口的数据最高字节使能
EMA_WE_DQM[2]	O	EMIFB 接口的数据次高字节使能
EMA_WE_DQM[1]	O	EMIFB 接口的数据次低字节使能
EMA_WE_DQM[0]	O	EMIFB 接口的数据最低字节使能
	SPI0/SPI1 引脚(以 SPI0 为例)
SPI0_SCS[0]	IO	SPI0 片选
SPI0_ENA	IO	SPI0 使能
SPI0_CLK	IO	SPI0 时钟
SPI0_SIMO	IO	SPI0 数据,主出从入
SPI0_SOMI	IO	SPI0 数据,主入从出

续表 6-1

名 称	IO	说 明
eCAP 引脚		
ECAP0/APWM0	IO	增强捕获 0 输出/PWM0 输出
ECAP1/ APWM1	IO	增强捕获 1 输出/PWM1 输出
ECAP 2/ APWM2	IO	增强捕获 2 输出/PWM2 输出
eHRPWM0、eHRPWM1 和 eHRPWM2 引脚(以 eHRPWM0 为例)		
EPWM0A	IO	高分辨率 eHRPWM0 A 口输出
EPWM0B	IO	eHRPWM0 B 口输出
EPWMTZ	IO	eHRPWM0 Trip 区输入
EPWMSYNCI/CO	IO	eHRPWM0 的同步输入,或者为 PWM 的同步输出。eHRPWM1 和 eHRPWM2 接口没有该引脚
eQEP0、eQEP1 引脚(以 eQEP0 为例)		
EQEP0A	I	eQEP0A 的积分输入
EQEP0B	I	eQEP0B 的积分输入
EQEP0I	I	eQEP0 索引
EQEP0S	I	eQEP0 strobe
UART0、UART1、UART2 引脚(以 UART0 为例)		
UART0_RXD	I	UART0 数据接收
UART0_TXD	O	UART0 数据发送
UART0_RTS	O	UART0 数据准备好输出,UART1 和 UART2 没有该引脚
UART0_CTS	I	UART0 清发送输入,UART1 和 UART2 没有该引脚
I2C0、I2C1 引脚(以 I2C0 为例)		
I2C0_SDA	IO	I2C0 串行数据
I2C0_SCL	IO	I2C0 串行时钟
TIMER0、TIMER1 定时器引脚(以 TIMER0 为例)		
TM64P0_IN12	I	定时器 0 输入
TM64P0_OUT12	O	定时器 0 输出
UHPI 主机接口		
UHPI_HINT	O	UHPI 主机中断。DSP 向 UHPIC 的 HINT 位写 1,可以中断主机处理器。在发生下次中断前,主机必须将 UHPIC 的 HINT 位写入 1,以便清除前一个中断。复位时该引脚为高电平
UHPI_HCNTL[1~0]	I	UHPI 访问控制类型控制信号。它们的组合决定当前传输的访问模式,00 表示主机可以读写 UHPIC;01 表示主机可以读写 UHPID,UHPIA 在每次读操作后或者读之前增加 1;10 表示主机可以读写 HPIA;11 表示主机可以读写 UHPID,UHPIA 不受影响

续表 6-1

名称	IO	说明
UHPI_HHWIL	IO	主机半字选择引脚
UHPI_HR/$\overline{W}$	I	UHPI 读写信号。1 表示是读 UHPI；0 表示是写 UHPI
UHPI_HD[15~0]	IO	UHPI 的 16 根数据总线
$\overline{\text{UHPI\_HAS}}$	I	UHPI 地址选通引脚，仅在复用模式时使用。复用地址数据总线的主机把它连接到 ALE 引脚
$\overline{\text{UHPI\_HCS}}$	I	UHPI 的片选信号
$\overline{\text{UHPI\_HDS}}$[1,2]	I	UHPI 数据选通信号。用于选通 HPI 模块的数据输入或输出
$\overline{\text{UHPI\_HRDY}}$	O	UHPI 准备好信号。1 表示当前传输已完成；0 表示 HPI 还没有为下次的传输准备好
McASP0、McASP1、McASP2 多通道音频串口引脚（以 McASP0 为例）		
AXR0[15~0]	IO	McASP0 串行数据，一共可以控制 16 个串口设备
AHCLKX0	IO	McASP0 发送主时钟。该时钟用于数据从 XSR（缓冲串口发送移位寄存器）到 BDX（数据发送引脚）的时序控制
ACLKX0	IO	McASP0 发送位时钟
AFSX0	IO	McASP0 发送帧同步时钟
AHCLKR0	IO	McASP0 接收主时钟
ACLKR0	IO	McASP0 接收位时钟
AFSR0	IO	McASP0 接收帧同步时钟
AMUTE0	O	McASP0 静音输出
USB2.0 引脚		
USB0_DM	A	USB0 差分数据负
USB0_DP	A	USB0 差分数据正
USB0_VDDA33	P	USB0 的 3.3 V 供电
USB0_VDDA18	P	USB0 的 1.8 V 供电
USB0_VDDA12	P	USB0 的 1.2 V 供电
USB0_ID	A	USB0 的识别 ID
USB0_VBUS	A	USB0 的总线供电
USB0_DRVVBUS	O	USB0 控制器 VBUS 控制器输出
USB_REFCLKIN	I	可选的 USB 的时钟输入
USB1.1 引脚		
USB1_DM	A	USB1 差分数据负
USB1_DP	A	USB1 差分数据正
USB1_VDDA33	P	USB1 的 3.3 V 供电
USB1_VDDA18	P	USB1 的 1.8 V 供电

续表 6-1

名称	IO	说明
USB_REFCLKIN	I	可选的 USB 的时钟输入
EMAC 引脚		
RMII_MHZ_50_CLK	IO	EMAC 的 50 MHz 时钟输入或者输出
RMII_RXER	I	EMAC 的 RMII 接收错误信号
RMII_RXD[1~0]	I	EMAC 的 RMII 接收数据
RMII_CRS_DV	I	EMAC 的 RMII 载波监听数据
RMII_TXEN	O	EMAC 的 RMII 接收发送使能
RMII_TXD[1~0]	O	EMAC 的 RMII 发送数据
MDIO_D	IO	EMAC 的 MDIO 数据
MDIO_CLK	O	EMAC 的 MDIO 时钟
其他引脚		
BOOT[15~0]	I	16 个启动引脚,启动时决定各种模块的工作状态
GP7[14]	IO	唯一的专用 GPIO 引脚
RSV1	P	预留引脚,必须悬空
RSV2	P	预留引脚,必须连接到 CVDD
RSV3	P	预留引脚,必须连接到 CVDD
RSV4	I	预留引脚,可以接低电平或者高电平
NC	—	空脚,必须悬空
NC	—	空脚,必须悬空
电源和地		
DVDD	S	I/O 电源
RVDD	S	RAM 电源
CVDD	S	核电源
VSS	—	地

6.2 最小系统设计

最小系统指驱动 DSP 芯片正常工作的最小配置。最小系统是软硬件设计的第一步,主要包括电源设计、时钟设计、仿真接口设计和复位电路设计等。严格来说,最小系统还应该包括自加载电路。随着 DSP 系统功能的逐渐扩展,在后期的设计中可以逐步加入其他硬件设计。

6.2.1 JTAG 接口

JTAG 是 Joint Test Action Group 的简称,用于连接最小系统板和仿真器,从而实现仿真器对 DSP 的访问。JTAG 接口的连接需要和仿真器上的接口一致,不论什么型号的仿真器,其 JTAG 接口都满足 IEEE1149.1 的标准。IEEE1149.1 标准的 JTAG 接口有 3 种引脚,分别为 14 引脚、20 引脚和 60 引脚。其中 60 引脚的 JTAG 接口提供的功能最多,但常用的为 14 引脚的接口,以下以 14 引脚为例说明。满足 IEEE1149.1 标准的 14 引脚 JTAG 接口如图 6-2 所示。

TMS	1	2	TRST	
TDI	3	4	GND	
V_{cc}	5	6	NC	引脚间隔:0.100英寸
TDO	7	8	GND	引脚宽度:0.025英寸
TCK_RET	9	10	GND	引脚长度:0.235英寸
TCK	11	12	GND	
EMU0	13	14	EMU1	

图 6-2 14 引脚 JTAG 接口

各个引脚的含义请参照 DSP 的引脚说明。一般情况下,最小系统板需要引出双排的 14 引脚插针,即和图 6-2 中的一致。在大多数情况下,如果板子和仿真器之间的连接电缆不超过 6 英寸,可以采用如图 6-3 所示的接法。注意:图 6-3 为 DSP 的普通接法,对于不同型号的 DSP,如 C6727、C6747 和 C6455,JTAG 的接法有所不同。标准的 C6747 的接法如图 6-4 所示,上面部分为双排插针的连接,下面部分是 DSP 部分的连接。

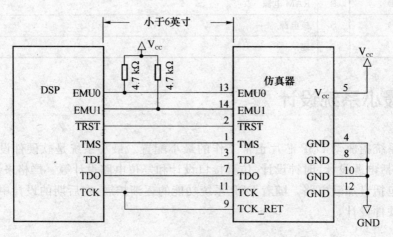

图 6-3 小于 6 英寸的 JTAG 连接方法

第6章 硬件系统开发

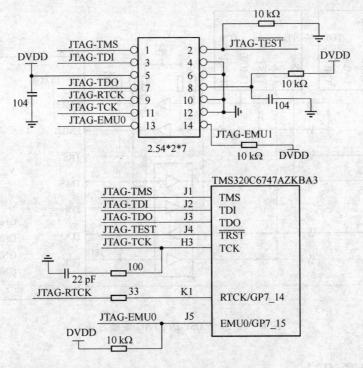

图 6-4　C6747 的 JTAG 连接方法

需要注意的是 DSP 的 EMU0 和 EMU1 引脚都需要上拉电阻，推荐阻值为 4.7 kΩ 或者 10 kΩ。C674x 系列 DSP 没有提供 EMU1 引脚，该引脚仅上拉就可以了。

如果 DSP 和仿真器之间的连接电缆超过 6 英寸，则必须采用如图 6-5 所示的接法，在数据传输引脚加上驱动。

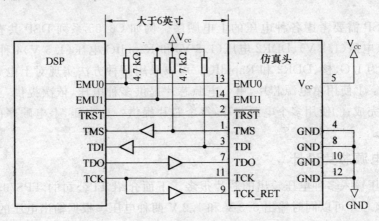

图 6-5　大于 6 英寸的 JTAG 连接方法

如果系统板子上有多个 DSP，则它们之间的 JTAG 接口采用菊花链的方式连接在一起，接法如图 6-6 所示。

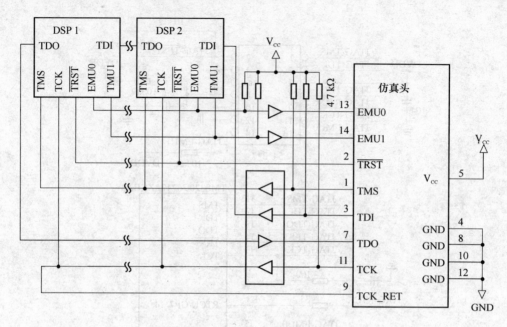

图 6-6 多个 DSP 的 JTAG 连接方法

6.2.2 电源设计

C674x DSP 采用 3.3 V 和 1.2 V 电压供电,其中 I/O 采用 3.3 V 电压,芯片内核采用 1.5 V 电压,如果需要使用 C674x 的网口,其网口需要单独的 3.3 V 供电。常用的电压一般为 5 V,所以必须采用电压转换芯片将 5 V 电压转换成 3.3 V 和 1.2 V,供 DSP 使用。

很多 DSP 需要考虑各种电压的上电顺序。例如 C6455 系列 DSP 共有 I/O 电压(3.3 V)、核电压(1.2 V)、DDR2 电压(1.8 V)和 RapidIO 电压(1.5 V)4 种电压,其上电顺序依次为 I/O、核、DDR2 和 RapidIO。可以采用两种方法实现对上电顺序有严格要求的 DSP:①使用单电源芯片,单个电源芯片提供多种电压,依次提供,上电顺序由该芯片自身完成;②使用多个电源芯片,每个芯片提供一种电压,上电顺序由时序和使能配合完成。

1. 单电源芯片设计

单个电压输入多种电压输出的芯片很多。下面介绍 TI 公司的 TPS703xx 系列单电源芯片,该芯片可以同时输出 3.3 V 和 1.2 V 两种电压。根据输出电压的不同,该系列芯片共有 5 种型号,如表 6-2 所列。

第6章 硬件系统开发

表 6-2 TPS703xx 系列电源芯片

温度范围	第1种电压/V	第2种电压/V	封装	型号
−40～120℃	3.3	1.2	PWP	TPS70345
	3.3	1.5	PWP	TPS70348
	3.3	1.8	PWP	TPS70351
	3.3	2.5	PWP	TPS70358
	1.22～5.5	1.22～5.5	PWP	TPS70302

下面以 TPS70345 为例,介绍单电源芯片硬件设计方法,TPS70345 的引脚分布如图 6-7 所示。

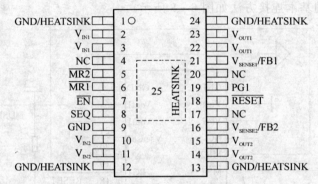

图 6-7 TPS70345 的引脚分布

TPS70345 各个引脚的意义如表 6-3 所列。

表 6-3 TPS70345 引脚

名 称	编 号	I/O	意 义
$\overline{EN}$	7	I	使能引脚。如果为高电平则关闭电压转换
GND	1、9、12、13、24	—	地
$\overline{MR1}$	6	I	手动复位引脚1。芯片内部已经上拉
$\overline{MR2}$	5	I	手动复位引脚2。芯片内部已经上拉
NC	4、17、20	—	空引脚
PG1	19	O	第1输出电压检测引脚。如果第1输出电压低于额定值的95%,芯片将自动复位。该引脚一般与$\overline{MR2}$引脚连接
$\overline{RESET}$	18	O	复位引脚。上电自动复位
SEQ	8	I	输出电压先后选择。如果为高电平,则第2输出电压达到额定电压的83%时,才开始输出第1输出电压
V_{IN1}	2、3	I	电压输入引脚1。连接到 5 V
V_{IN2}	10、11	I	电压输入引脚2。连接到 5 V

续表 6-3

名 称	编 号	IO	意 义
V_{OUT1}	22、23	O	第1输出电压。3.3 V
V_{OUT2}	14、15	O	第2输出电压。1.2 V
V_{SENSE2} FB2	16	I	第2输出电压调整
V_{SENSE1} FB1	21	I	第1输出电压调整
HEATSINK	25	—	导热区。连接到地

TPS70345 的基本连接方法如图 6-8 所示。

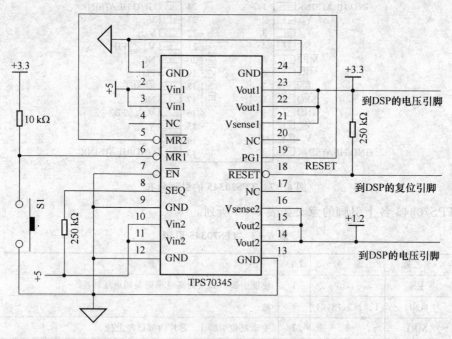

图 6-8　TPS70345 的基本连接方法

2. 双电源芯片设计

单电源芯片使用一个芯片分别提供 3.3 V 和 1.2 V 电压，但一个芯片提供两种电源，芯片的输出电流不是很大。如果 DSP 系统需要较大的电流，例如超过 3 A，则一般采用两个电源芯片提供不同的电压。下面介绍 TI 公司的 PT64xx 系列电源模块，根据输出电压的不同，该系列芯片一共有 6 种型号，如表 6-4 所列。

由于 PT64xx 系列电源模块的输出电流较大，所以模块上有较大的散热片，这导致整个模块的体积很大，如图 6-9 所示。从图中可以看出 PT64xx 只有 12 个引脚，以标准的 SIP 封装排列。

表 6-4 PT64xx 系列电源模块

温度范围/℃	输出最大电流/A	输出电压/V	型 号
−40～120	5	1.5	PT6404
		3.3	PT6405
		1.8	PT6406
		2.1	PT6407
		1.2	PT6408
		2.5	PT6409

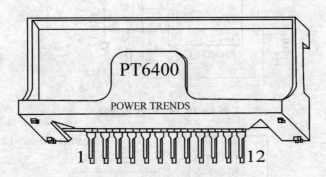

图 6-9 PT64xx 的外形

PT64xx 的第 1 引脚为定位脚,第 2～4 引脚为输入电压引脚,第 5～8 引脚为地引脚,第 9～11 引脚为输出电压引脚,第 12 引脚为调节输出电压引脚。如果使用电源的默认输出电压,则无需使用第 12 引脚。有时为了调节输出电压,可以使用一个电阻去改变输出电压的值,如加入一个 12.4 kΩ 的电阻将输出电压调节到 1.8 V。但因为 PT64xx 系列电源模块提供各种电压值,所以一般无需进行输出电压的调节。调节电阻的计算公式为:

$$R = \frac{12.45(2V_n - V_o)}{V_o - V_n} - 49.9$$

式中,V_n 为新的输出电压值,V_o 为原始的输出电压值,计算后电阻的单位为 kΩ。图 6-10 所示为 PT64xx 的连接。

6.2.3 时钟和复位设计

C674x 系列 DSP 的工作时钟引脚为 OSCIN、OSCOUT 和 OSCVSS。如果采用无源晶振,则将 OSCIN 和 OSCOUT 引脚连接到晶振的两个引脚。C674x 还可以接收标准的实时时钟供其内部的 RTC 模块使用,其接法和工作时钟类似。如果不使用实时时钟,则可以不连接这些引脚。这两个时钟的接法如图 6-11 所示。

为了确保输入时钟的稳定性,时钟和 PLL 的电压在 DSP 工作时需要保持恒定。

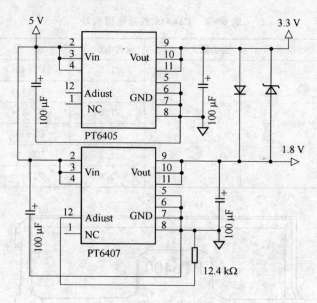

图 6-10　PT64xx 的连接

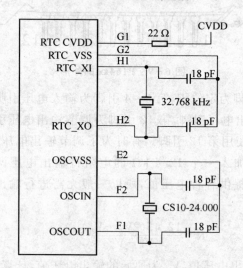

图 6-11　工作和实时时钟的连接

因此一般将 PLL 电路的 PLL0_VDDA 连接到电源滤波器的输出端。C674x 芯片内部已经进行了时钟电源的处理，外部只需要连接 50 Ω 阻抗的磁珠就可以了，其接法如图 6-12 所示。

DSP 的复位电路一般由电源芯片提供，TI 公司的大多数电源芯片都提供复位信号到 DSP，使用电源芯片提供复位信号可以省去专门的复位电路。此外也可以在电源芯片相应引脚上连接复位按键，提供手动复位功能。电源芯片复位信号可以自动监测电源的电压情况，当电压出现波动并超过预定的值时，电源芯片将使 DSP 自动复位，以确保 DSP 不在高电压和低电压的情况下工作。

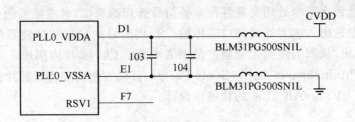

图 6-12　PLL 电源滤波电路的连接

6.2.4　其他引脚和测试

(1) 上拉电阻或者下拉引脚

DSP 芯片的有些引脚必须接各种阻值的上拉电阻,不同型号的芯片这些引脚有所不同,一般情况下这些引脚包括 READY(数据准备好输入引脚)、$\overline{\text{HOLD}}$(保持输入引脚)、EMU0(仿真中断引脚 0)、EMU1(仿真中断引脚 1)、BOOT(启动引脚)、一些保留未使用的 RSV 引脚等。

(2) 信号灯

系统板上可加入信号灯用于指示最小系统的电源情况。当电源指示灯出现异常情况时可及时断电,以保护电路不被损坏。信号指示灯一般有:+5 V 的电源指示灯(电路板供电正常);电压转换输出 3.3 V 指示灯(I/O 供电正常);电压转换输出 1.8 V 指示灯(核供电正常);其他信号指示灯。

(3) 测试孔

如果使用 BGA 封装 DSP,则一旦完成焊接将很难测量每个引脚的状态,为此必须将一些可能需要测试的引脚通过连线引出。同时也可以将设计时不能确定的引脚引出,这样确保在以后的改动中可以直接从这些测试孔跳线。

可以按照如下步骤测试最小系统:

① 焊接完成后,上电前检测电源和地是否短路,查看关键引脚相关的阻容器件是否存在虚焊、错焊以及漏焊现象。

② 上电后检测电压是否正常。如果正常,进入下一步;否则检查电源部分电路。

③ 测量时钟输出引脚,查看是否有时钟信号输出以及时钟信号的频率是否和设置一样。若 CLKOUT 信号正确,进入下一步;否则检查时钟和复位信号。

④ 连接好仿真器,查看是否能打开仿真软件 CCS。如果可以打开 CCS,进入下一步;否则检查 JTAG 接口电路和上拉电阻。

⑤ 下载程序到 DSP 中运行,查看运行结果。

6.3　音频接口设计

音频信号的采集和播放是音频信号处理的基础。DSP 通过控制音频模/数转换器采集信号,通过数字信号处理实现各种音频信号处理的算法,对变换后的信号经过音频数/模转换器发送出去或者通过网口等传输。音频信号的采集和播放器件一般集成在一个芯片内完成,从而为便携式音频产品节省空间。C674x 片内集成 3 个多通道音频接口 McASP(Multichannel Audio Serial Ports),可以方便的和音频芯片连接。本节介绍 C674x 和 TLV320aAIC3106 的软硬件设计。

6.3.1 TLV320AIC3106

TLV320AIC3106(以下简称 AIC3106)是 TI 公司生产的一款集成有 A/D 和 D/A 的芯片,DSP 与音频 AIC3106 连接后,可以只使用一个音频口来同时实现数据的采集和输出,从而节省硬件开销。

AIC3106 使用过采样(over sampling)∑-Δ 技术提供从模拟信号到数字信号(A/D)和数字信号到模拟信号(D/A)的高分辨率低速信号转换。该器件包括两个串行的同步转换通道(用于各自的数据传输),在 D/A 之前有一个插值滤波器(interpolation filter),在 A/D 之后有一个抽取滤波器(decimation filter),通过插值和抽取来获得高采样带来的信噪比增益。此外,AIC3106 还具有片内时序和控制功能。

AIC3106 特点如下:
(1) AD 信噪比达到 92 dBA,DA 信噪比达到 102 dBA。
(2) AD 采样频率支持 8~96 kHz 的标准音频采样频率。
(3) 3.3 V 模拟供电下,功耗低于 20 mW。
(4) 16、20、24、32 位数据格式均可以采用 2 的补码数据格式表示。
(5) A/D 为 64 倍过采样,D/A 为 256 倍过采样。

AIC3106 有 48 脚分布的 GFN 封装和 80 脚分布的 BGA 封装两种,图 6-13 所示为 GFN 封装。表 6-5 所列为两种封装的引脚说明。

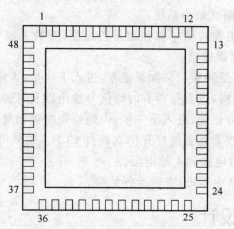

图 6-13 AIC3106 的引脚分布

表 6-5　AIC3106 的引脚说明

引脚名称	编号 QFN	编号 BGA	说明
MICBIAS	13	A2	麦克风偏置电压输出
MIC3R	14	A1	MIC3 输入
AVSS_ADC	15	C2,D2	ADC 地
DRVDD	16,17	B1,C1	ADC 电压
HPLOUT	18	D1	左声道高功率输出驱动负
HPLCOM	19	E1	左声道高功率输出驱动正
DRVSS	20,21	E2,F2	模拟输出地
HPRCOM	22	F1	右声道高功率输出驱动负
HPROUT	23	G1	右声道高功率输出驱动正
DRVDD	24	H1	ADC 电压
AVDD_DAC	25	J1	DAC 电压
AVSS_DAC	26	G2,H2	DAC 地
MONO_LOP	27	J2	单音线路输出正
MONO_LOM	28	J3	单音线路输出负
LEFT_LOP	29	J4	左声道线路输出正
LEFT_LOM	30	J5	左声道线路输出负
RIGHT_LOP	31	J6	右声道线路输出正
RIGHT_LOM	32	J7	右声道线路输出负
RESET	33	H8	复位端。复位功能用来将内部的寄存器初始化为默认值。相应地,串行口可被配置成默认状态
GPIO2	34	J8	通用 GPIO2
GPIO1	35	J9	通用 GPIO1
DVDD	36	H9	数字核电压
MCLK	37	G8	主机时钟。MCLK 输出 Σ—Δ 模拟接口电路的内部时钟
BCLK	38	G9	移位时钟。在帧同步时间间隔内,BCLK 使数据在其同步下从 DIN 或者 DOUT 引脚读写数据
WCLK	39	F9	字节时钟。表示一个字的开始
DIN	40	E9	数据输入端。和 BCLK 的同步信号配合使用,该引脚从处理器接收数字信号,并转换成模拟信号输出
DOUT	41	F8	数据输出端。和 BCLK 的同步信号配合使用,该引脚从信号源接收模拟信号,并转换成数字信号输出

续表 6-5

引脚 名称	编号 QFN	编号 BGA	说明
DVSS	42	D9	数字地
SELECT	43	E8	模式选择引脚
IOVDD	44	C9	IO 电压
MFP0	45	B8	多功能引脚 0。SPI 片选/GPIO/IIC 地址 0
MFP1	46	B9	多功能引脚 1。SPI 时钟/GPIO/IIC 地址 1
MFP2	47	A8	多功能引脚 2。SPI 主入从出/GPIO
MFP3	48	A9	多功能引脚 3。SPI 主出从入/GPIO/音频串行数据输入
SCL	1	C8	IIC 总线时钟
SDA	2	D8	IIC 总线数据
LINE1LP	3	A6	MIC1 或者线路 1 模拟输入(左正)
LINE1LM	4	A5	MIC1 或者线路 1 模拟输入(左负)
LINE1RP	5	B7	MIC1 或者线路 1 模拟输入(右正)
LINE1RM	6	B6	MIC1 或者线路 1 模拟输入(右负)
LINE2LP	7	A4	MIC2 或者线路 2 模拟输入(左正)
LINE2LM	8	B5	MIC2 或者线路 2 模拟输入(左负)
LINE2RP	9	B4	MIC2 或者线路 2 模拟输入(右正)
LINE2RM	10	A3	MIC2 或者线路 2 模拟输入(右负)
MIC3L	11	B3	MIC3 输入
MICDET	12	B2	麦克风检测引脚

6.3.2 硬件设计

音频信号采集和播放系统的硬件设计主要包括音频信号的输入/输出模拟通道、DSP 和 AIC3106 的连接、复位和时钟电路等。

语言信号的前后端处理包括两个电路：音频输入模拟信号处理电路和音频输出模拟信号处理电路。这两个电路的主要作用是对信号进行处理，使之更加符合 A/D 和 D/A 的要求，尽量避免由于输入输出引入的噪声。同时还可以调整输入输出的放大系数，使音频信号适合各种不同的功放和喇叭，得到最佳的音频效果。

AIC3106 的模拟信号一般采用差分输入方式，如果传输信号来源于标准线路输入或者 MIC 输入，可以直接采用图 6-14 所示的接法。

如果模拟信号来自单端信号，则可以使用两个运算放大器将单端输入信号转换成差分输入信号，信号一正一负同时进入采集系统，如果此时有随机噪声出现，通过正负

第 6 章 硬件系统开发

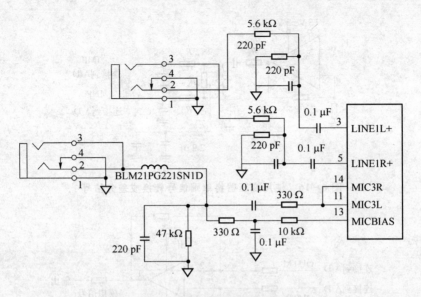

图 6-14 线路和 MIC 模拟信号输入

信号的加减可以有效消除部分噪声。单端输入信号经过两个 $22~\mu F$ 的隔直电容送入运算放大器的反相端,输出反相信号 IMP,IMP 再输入到另一个信号的反相端,输出同相信号 INP,从而形成差分输入信号 INP 和 IMP。电路接法如图 6-15 所示,图中电阻值均为 $10~k\Omega$,未标电容值均为 $0.1~\mu F$。

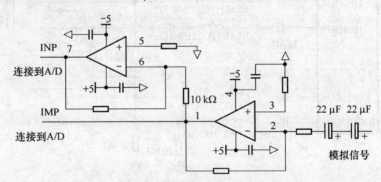

图 6-15 AIC3106 单端信号转换成差分信号

也可以使用变压器将单端信号转换成差分信号,如图 6-16 所示。图中推荐 R_t 的值为 $50~\Omega$,R_{in} 为 $22~\Omega$,C_{in} 为 $10~pF$,这些元件的值也可以根据具体的信号进行调整,一般情况下电阻值在 $10\sim100~\Omega$ 之间,电容值在 $10\sim200~pF$ 之间。图中未标电容值均为 $0.1~\mu F$。

AIC3106 的 D/A 输出为差分信号,可以直接驱动 $600~\Omega$ 的负载。D/A 输出处理电路如图 6-17 所示,图中电阻值均为 $10~k\Omega$,电容值均为 $0.1~\mu F$。

如果 D/A 输出连接标准耳机或者喇叭设备,可以使用图 6-18 所示连接方法。

• 305 •

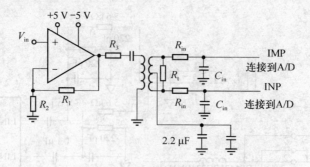

图 6-16 使用变压器将单端信号转换成差分信号

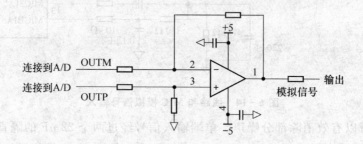

图 6-17 AIC3106 的 D/A 后端输出信号处理

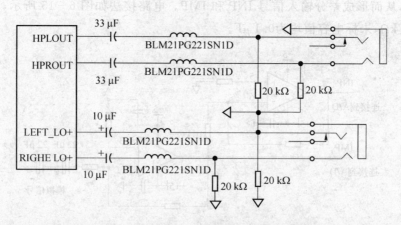

图 6-18 AIC3106 的 D/A 连接标准设备

使用 DSP 的 McASP 连接 AIC3106 的方法如图 6-19 所示,其中 DSP 为主设备,AIC3106 为从设备。AIC3106 的数据输入引脚 DIN 和数据输出引脚 DOUT 分别接 McASP0 的 AXR0 和 AXR1 引脚,AIC3106 的移位时钟输出 BCLK 连接 DSP 的 ACLKR0 和 ACLKX0(McASP0 的接收和发送时钟)、帧同步信号 WCLK 连接 DSP 的 AFSR0 和 AFSX0(McASP0 的接收和发送帧时钟)。

AIC3106 通过 IIC 总线设置其片内寄存器(将 IIC 的数据和时钟直接连接到 DSP 的 IIC 接口即可),如果传输距离稍远,可以在这两根线上加上上拉电阻,确保 IIC 通信正常。为了正确地输出数据,DSP 和 AIC3106 应具有相同的时钟,即两个芯片都从同一个时钟分频到其需要的各种时钟信号。

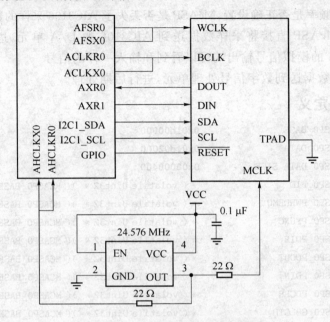

图 6-19 AIC3106 和 DSP 的连接

6.3.3 软件设计

AIC3106 是音频信号处理芯片。其处理过程为：声音信号直接从 AIC3106 的模拟信号输入端输入，经过 AIC3106 采样后，将数据传送到 DSP；DSP 应用相应的算法对数据进行处理，并将处理后的数据传送到 AIC3106 的 D/A 输入端；AIC3106 对收到的数据进行数/模转换，变成声音信号后输出到相应的后端处理电路输入端；最后由后端处理电路将输入的声音信号转变成声音输出到音响设备。

软件设计包括以下 6 部分：

(1) 对 DSP 寄存器以及 McASP 进行初始化。初始化 McASP 时，工作于主设备方式，输出帧同步和位同步信号。完成初始化后在 DSP 的相应引脚可以看到连续输出的信号。

(2) 通过 DSP 的 IIC 总线对 AIC3106 进行初始化，设置正确后，AIC3106 开始采样数据。此时用示波器检测 AIC3106 的 DOUT 引脚，可以发现该引脚有连续的数字信号输出。

(3) 设置 DSP 的中断，从 McASP 读取数据。如果此时在 McASP 连续读取数据，就可在仿真软件 CCS 中查看读取的数据是否正确。如果每次读取的数据都是 0 或者是同一个数值，则表示 AIC3106 没有正常工作。注意：如果整个电路的屏蔽和噪声未处理好，即使正确设置好 AIC3106，也可能导致 AIC3106 不能正常工作。

(4) 可以将 McASP 读取的数据存放到 DSP 的 RAM 单元。连续存放 500 或者

1 000 个数据,通过 CCS 的图形功能判断 AIC3106 采样的数据是否正确,此时主要判断 AIC3106 的采样频率是否正确设置,McASP 是否丢失了 AIC3106 采样的数据等问题。

(5)通过 McASP 直接将采样数据送到 AIC3106 的 D/A 单元,进行数/模转换。这时从 AIC3106 的模拟信号输出端可以看到和输入一样的信号。

(6)将采样数据送到数字信号处理单元,进行后期处理。

1. 寄存器定义

```
#define MCASP0_BASE              0x01d00000
#define MCASP0_DATA              0x01d02000
#define MCASP0_DATA_SIZE         0x00000400
#define MCASP0_PID               *( volatile Uint32 * )( MCASP0_BASE + 0x0 )
#define MCASP0_PWRDEMU           *( volatile Uint32 * )( MCASP0_BASE + 0x4 )
#define MCASP0_PFUNC             *( volatile Uint32 * )( MCASP0_BASE + 0x10 )
#define MCASP0_PDIR              *( volatile Uint32 * )( MCASP0_BASE + 0x14 )
#define MCASP0_PDOUT             *( volatile Uint32 * )( MCASP0_BASE + 0x18 )
#define MCASP0_PDIN              *( volatile Uint32 * )( MCASP0_BASE + 0x1c )
#define MCASP0_PDCLR             *( volatile Uint32 * )( MCASP0_BASE + 0x20 )
#define MCASP0_GBLCTL            *( volatile Uint32 * )( MCASP0_BASE + 0x44 )
#define MCASP0_AMUTE             *( volatile Uint32 * )( MCASP0_BASE + 0x48 )
#define MCASP0_DLBCTL            *( volatile Uint32 * )( MCASP0_BASE + 0x4c )
#define MCASP0_DITCTL            *( volatile Uint32 * )( MCASP0_BASE + 0x50 )
#define MCASP0_RGBLCTL           *( volatile Uint32 * )( MCASP0_BASE + 0x60 )
#define MCASP0_RMASK             *( volatile Uint32 * )( MCASP0_BASE + 0x64 )
#define MCASP0_RFMT              *( volatile Uint32 * )( MCASP0_BASE + 0x68 )
#define MCASP0_AFSRCTL           *( volatile Uint32 * )( MCASP0_BASE + 0x6c )
#define MCASP0_ACLKRCTL          *( volatile Uint32 * )( MCASP0_BASE + 0x70 )
#define MCASP0_AHCLKRCTL         *( volatile Uint32 * )( MCASP0_BASE + 0x74 )
#define MCASP0_RTDM              *( volatile Uint32 * )( MCASP0_BASE + 0x78 )
#define MCASP0_RINTCTL           *( volatile Uint32 * )( MCASP0_BASE + 0x7c )
#define MCASP0_RSTAT             *( volatile Uint32 * )( MCASP0_BASE + 0x80 )
#define MCASP0_RSLOT             *( volatile Uint32 * )( MCASP0_BASE + 0x84 )
#define MCASP0_RCLKCHK           *( volatile Uint32 * )( MCASP0_BASE + 0x88 )
#define MCASP0_XGBLCTL           *( volatile Uint32 * )( MCASP0_BASE + 0xa0 )
#define MCASP0_XMASK             *( volatile Uint32 * )( MCASP0_BASE + 0xa4 )
#define MCASP0_XFMT              *( volatile Uint32 * )( MCASP0_BASE + 0xa8 )
#define MCASP0_AFSXCTL           *( volatile Uint32 * )( MCASP0_BASE + 0xac )
#define MCASP0_ACLKXCTL          *( volatile Uint32 * )( MCASP0_BASE + 0xb0 )
#define MCASP0_AHCLKXCTL         *( volatile Uint32 * )( MCASP0_BASE + 0xb4 )
#define MCASP0_XTDM              *( volatile Uint32 * )( MCASP0_BASE + 0xb8 )
#define MCASP0_XINTCTL           *( volatile Uint32 * )( MCASP0_BASE + 0xbc )
#define MCASP0_XSTAT             *( volatile Uint32 * )( MCASP0_BASE + 0xc0 )
#define MCASP0_XSLOT             *( volatile Uint32 * )( MCASP0_BASE + 0xc4 )
```

```c
#define MCASP0_XCLKCHK        *(volatile Uint32 *)(MCASP0_BASE + 0xc8)
#define MCASP0_DITCSRA0       *(volatile Uint32 *)(MCASP0_BASE + 0x100)
#define MCASP0_DITCSRA1       *(volatile Uint32 *)(MCASP0_BASE + 0x104)
#define MCASP0_DITCSRA2       *(volatile Uint32 *)(MCASP0_BASE + 0x108)
#define MCASP0_DITCSRA3       *(volatile Uint32 *)(MCASP0_BASE + 0x10c)
#define MCASP0_DITCSRA4       *(volatile Uint32 *)(MCASP0_BASE + 0x110)
#define MCASP0_DITCSRA5       *(volatile Uint32 *)(MCASP0_BASE + 0x114)
#define MCASP0_DITCSRB0       *(volatile Uint32 *)(MCASP0_BASE + 0x118)
#define MCASP0_DITCSRB1       *(volatile Uint32 *)(MCASP0_BASE + 0x11c)
#define MCASP0_DITCSRB2       *(volatile Uint32 *)(MCASP0_BASE + 0x120)
#define MCASP0_DITCSRB3       *(volatile Uint32 *)(MCASP0_BASE + 0x124)
#define MCASP0_DITCSRB4       *(volatile Uint32 *)(MCASP0_BASE + 0x128)
#define MCASP0_DITCSRB5       *(volatile Uint32 *)(MCASP0_BASE + 0x12c)
#define MCASP0_DITUDRA0       *(volatile Uint32 *)(MCASP0_BASE + 0x130)
#define MCASP0_DITUDRA1       *(volatile Uint32 *)(MCASP0_BASE + 0x134)
#define MCASP0_DITUDRA2       *(volatile Uint32 *)(MCASP0_BASE + 0x138)
#define MCASP0_DITUDRA3       *(volatile Uint32 *)(MCASP0_BASE + 0x13c)
#define MCASP0_DITUDRA4       *(volatile Uint32 *)(MCASP0_BASE + 0x140)
#define MCASP0_DITUDRA5       *(volatile Uint32 *)(MCASP0_BASE + 0x144)
#define MCASP0_DITUDRB0       *(volatile Uint32 *)(MCASP0_BASE + 0x148)
#define MCASP0_DITUDRB1       *(volatile Uint32 *)(MCASP0_BASE + 0x14c)
#define MCASP0_DITUDRB2       *(volatile Uint32 *)(MCASP0_BASE + 0x150)
#define MCASP0_DITUDRB3       *(volatile Uint32 *)(MCASP0_BASE + 0x154)
#define MCASP0_DITUDRB4       *(volatile Uint32 *)(MCASP0_BASE + 0x158)
#define MCASP0_DITUDRB5       *(volatile Uint32 *)(MCASP0_BASE + 0x15c)
#define MCASP0_SRCTL0         *(volatile Uint32 *)(MCASP0_BASE + 0x180)
#define MCASP0_SRCTL1         *(volatile Uint32 *)(MCASP0_BASE + 0x184)
#define MCASP0_SRCTL2         *(volatile Uint32 *)(MCASP0_BASE + 0x188)
#define MCASP0_SRCTL3         *(volatile Uint32 *)(MCASP0_BASE + 0x18c)
#define MCASP0_XBUF0          *(volatile Uint32 *)(MCASP0_BASE + 0x200)
#define MCASP0_XBUF0_16BIT    *(volatile Uint16 *)(MCASP0_BASE + 0x200)
#define MCASP0_XBUF0_32BIT    *(volatile Uint32 *)(MCASP0_BASE + 0x200)
#define MCASP0_XBUF1          *(volatile Uint32 *)(MCASP0_BASE + 0x204)
#define MCASP0_XBUF1_16BIT    *(volatile Uint16 *)(MCASP0_BASE + 0x204)
#define MCASP0_XBUF1_32BIT    *(volatile Uint32 *)(MCASP0_BASE + 0x204)
#define MCASP0_XBUF2          *(volatile Uint32 *)(MCASP0_BASE + 0x208)
#define MCASP0_XBUF2_16BIT    *(volatile Uint16 *)(MCASP0_BASE + 0x208)
#define MCASP0_XBUF2_32BIT    *(volatile Uint32 *)(MCASP0_BASE + 0x208)
#define MCASP0_XBUF3          *(volatile Uint32 *)(MCASP0_BASE + 0x20c)
#define MCASP0_XBUF3_16BIT    *(volatile Uint16 *)(MCASP0_BASE + 0x20c)
#define MCASP0_XBUF3_32BIT    *(volatile Uint32 *)(MCASP0_BASE + 0x20c)
#define MCASP0_RBUF0          *(volatile Uint32 *)(MCASP0_BASE + 0x280)
#define MCASP0_RBUF0_16BIT    *(volatile Uint16 *)(MCASP0_BASE + 0x280)
```

```
#define MCASP0_RBUF0_32BIT      *( volatile Uint32 *)( MCASP0_BASE + 0x280 )
#define MCASP0_RBUF1            *( volatile Uint32 *)( MCASP0_BASE + 0x284 )
#define MCASP0_RBUF1_16BIT      *( volatile Uint16 *)( MCASP0_BASE + 0x284 )
#define MCASP0_RBUF1_32BIT      *( volatile Uint32 *)( MCASP0_BASE + 0x284 )
#define MCASP0_RBUF2            *( volatile Uint32 *)( MCASP0_BASE + 0x288 )
#define MCASP0_RBUF2_16BIT      *( volatile Uint16 *)( MCASP0_BASE + 0x288 )
#define MCASP0_RBUF2_32BIT      *( volatile Uint32 *)( MCASP0_BASE + 0x288 )
#define MCASP0_RBUF3            *( volatile Uint32 *)( MCASP0_BASE + 0x28c )
#define MCASP0_RBUF3_16BIT      *( volatile Uint16 *)( MCASP0_BASE + 0x28c )
#define MCASP0_RBUF3_32BIT      *( volatile Uint32 *)( MCASP0_BASE + 0x28c )
```

2. 变量定义

```
typedef struct {
    volatile Uint32 PID;
    volatile Uint32 PWRDEMU;
             Uint32 rsvd_08_0c[2];
    volatile Uint32 PFUNC;
    volatile Uint32 PDIR;
    volatile Uint32 PDOUT;
    volatile Uint32 PDIN;
    volatile Uint32 PDCLR;
             Uint32 rsvd_24_40[8];
    volatile Uint32 GBLCTL;
    volatile Uint32 AMUTE;
    volatile Uint32 DLBCTL;
    volatile Uint32 DITCTL;
             Uint32 rsvd_54_5c[3];
    volatile Uint32 RGBLCTL;
    volatile Uint32 RMASK;
    volatile Uint32 RFMT;
    volatile Uint32 AFSRCTL;
    volatile Uint32 ACLKRCTL;
    volatile Uint32 AHCLKRCTL;
    volatile Uint32 RTDM;
    volatile Uint32 RINTCTL;
    volatile Uint32 RSTAT;
    volatile Uint32 RSLOT;
    volatile Uint32 RCLKCHK;
             Uint32 rsvd_8c_9c[5];
    volatile Uint32 XGBLCTL;
    volatile Uint32 XMASK;
    volatile Uint32 XFMT;
    volatile Uint32 AFSXCTL;
```

```c
    volatile Uint32 ACLKXCTL;
    volatile Uint32 AHCLKXCTL;
    volatile Uint32 XTDM;
    volatile Uint32 XINTCTL;
    volatile Uint32 XSTAT;
    volatile Uint32 XSLOT;
    volatile Uint32 XCLKCHK;
             Uint32 rsvd_cc_fc[13];
    volatile Uint32 DITCSRA0;
    volatile Uint32 DITCSRA1;
    volatile Uint32 DITCSRA2;
    volatile Uint32 DITCSRA3;
    volatile Uint32 DITCSRA4;
    volatile Uint32 DITCSRA5;
    volatile Uint32 DITCSRB0;
    volatile Uint32 DITCSRB1;
    volatile Uint32 DITCSRB2;
    volatile Uint32 DITCSRB3;
    volatile Uint32 DITCSRB4;
    volatile Uint32 DITCSRB5;
    volatile Uint32 DITUDRA0;
    volatile Uint32 DITUDRA1;
    volatile Uint32 DITUDRA2;
    volatile Uint32 DITUDRA3;
    volatile Uint32 DITUDRA4;
    volatile Uint32 DITUDRA5;
    volatile Uint32 DITUDRB0;
    volatile Uint32 DITUDRB1;
    volatile Uint32 DITUDRB2;
    volatile Uint32 DITUDRB3;
    volatile Uint32 DITUDRB4;
    volatile Uint32 DITUDRB5;
             Uint32 rsvd_160_17c[8];
    volatile Uint32 SRCTL0;
    volatile Uint32 SRCTL1;
    volatile Uint32 SRCTL2;
    volatile Uint32 SRCTL3;
    volatile Uint32 SRCTL4;
    volatile Uint32 SRCTL5;
             Uint32 rsvd_190_1fc[26];
    volatile Uint32 XBUF0;
    volatile Uint32 XBUF1;
    volatile Uint32 XBUF2;
```

```c
        volatile Uint32 XBUF3;
        volatile Uint32 XBUF4;
        volatile Uint32 XBUF5;
                Uint32 rsvd_210_27c[26];
        volatile Uint32 RBUF0;
        volatile Uint32 RBUF1;
        volatile Uint32 RBUF2;
        volatile Uint32 RBUF3;
        volatile Uint32 RBUF4;
        volatile Uint32 RBUF5;
} MCASP_REGS;

#define PDSET            PDIN
#define SRCTL_BASE       SRCTL0
#define XBUF_BASE        XBUF0
#define RBUF_BASE        RBUF0


typedef struct {
    Uint16 id;
    MCASP_REGS * regs;
} MCASP_OBJ;

static MCASP_OBJ MCASP_MODULE_0 =
                        { MCASP_0, ( MCASP_REGS * )MCASP0_BASE };
static MCASP_OBJ MCASP_MODULE_1 =
                        { MCASP_1, ( MCASP_REGS * )MCASP1_BASE };
static MCASP_OBJ MCASP_MODULE_2 =
                        { MCASP_2, ( MCASP_REGS * )MCASP2_BASE };

typedef MCASP_OBJ * MCASP_Handle;
```

3. 复位程序

```c
Int16 EVMOMAPL137_AIC3106_rset( Uint16 regnum, Uint16 regval )
{
    Uint8 cmd[2];
    cmd[0] = regnum & 0x007F;       // 7-bit Device Address
    cmd[1] = regval;                // 8-bit Register Data

    return EVMOMAPL137_I2C_write( AIC3106_I2C_ADDR, cmd, 2 );
}
```

4. LoopBack 程序

```c
Int16 aic3106_loop_linein( )
```

```
{
    Int16 msec, sec;
    Int16 sample;
    Int32 sample_data = 0;

    EVMOMAPL137_AIC3106_rset(  3, 0x22 );      // 5 PLL A
    EVMOMAPL137_AIC3106_rset(  4, 0x20 );      // 4 PLL B
    EVMOMAPL137_AIC3106_rset(  5, 0x6E );      // 5 PLL C
    EVMOMAPL137_AIC3106_rset(  6, 0x23 );      // 6 PLL D
    EVMOMAPL137_AIC3106_rset(  7, 0x0A );      // 7 Codec Datapath Setup
    EVMOMAPL137_AIC3106_rset(  8, 0x00 );      // 8 Audio Interface Control A
    EVMOMAPL137_AIC3106_rset(  9, 0x00 );      // 9 Audio Interface Control B
    EVMOMAPL137_AIC3106_rset( 10, 0x00 );      // 10 Audio Interface Control C
    EVMOMAPL137_AIC3106_rset( 15, 0 );         // 15 Left ADC PGA Gain
    EVMOMAPL137_AIC3106_rset( 16, 0 );         // 16 Right ADC PGA Gain
    EVMOMAPL137_AIC3106_rset( 19, 0x04 );      // 19 LINE1L to Left ADC
    EVMOMAPL137_AIC3106_rset( 22, 0x04 );      // 22 LINE1R to Right ADC
    EVMOMAPL137_AIC3106_rset( 27, 0 );         // 27 Left AGC B
    EVMOMAPL137_AIC3106_rset( 30, 0 );         // 30 Right AGC B
    EVMOMAPL137_AIC3106_rset( 37, 0xE0 );      // 37 DAC Power & Output Dvr
    EVMOMAPL137_AIC3106_rset( 38, 0x10 );      // 38 High Power Output Dvr
    EVMOMAPL137_AIC3106_rset( 43, 0 );         // 43 Left DAC Digital Volume
    EVMOMAPL137_AIC3106_rset( 44, 0 );         // 44 Right DAC Digital Volume
    EVMOMAPL137_AIC3106_rset( 47, 0x80 );      // 47 DAC_L1 to HPLOUT Volume
    EVMOMAPL137_AIC3106_rset( 51, 0x09 );      // 51 HPLOUT Output
    EVMOMAPL137_AIC3106_rset( 58, 0 );         // 58 HPLCOM Output
    EVMOMAPL137_AIC3106_rset( 64, 0x80 );      // 64 DAC_R1 to HPROUT Volume
    EVMOMAPL137_AIC3106_rset( 65, 0x09 );      // 65 HPROUT Output
    EVMOMAPL137_AIC3106_rset( 72, 0 );         // 72 HPRCOM Output
    EVMOMAPL137_AIC3106_rset( 82, 0x80 );      // 82 DAC_L1 to LEFT_LOP
    EVMOMAPL137_AIC3106_rset( 86, 0x09 );      // 83 LINE2R to LEFT_LOP
    EVMOMAPL137_AIC3106_rset( 92, 0x80 );      // 92 DAC_R1 to RIGHT_LOP/
    EVMOMAPL137_AIC3106_rset( 93, 0x09 );      // 93 RIGHT_LOP/M Output
    EVMOMAPL137_AIC3106_rset( 101, 0x01 );     // 101 GPIO Control Register B
    EVMOMAPL137_AIC3106_rset( 102, 0 );        // 102 Clock Generation Control

    /* Initialize MCASP1 */
    mcasp = &MCASP_MODULE_1;

    mcasp->regs->GBLCTL  = 0;       // Reset
    mcasp->regs->RGBLCTL = 0;       // Reset RX
    mcasp->regs->XGBLCTL = 0;       // Reset TX
    mcasp->regs->PWRDEMU = 1;       // Free-running
```

```c
mcasp->regs->RMASK     = 0xffffffff;
mcasp->regs->RFMT      = 0x00008078;
mcasp->regs->AFSRCTL   = 0x00000112;
mcasp->regs->ACLKRCTL  = 0x000000AF;
mcasp->regs->AHCLKRCTL = 0x00000000;
mcasp->regs->RTDM      = 0x00000003;
mcasp->regs->RINTCTL   = 0x00000000;
mcasp->regs->RCLKCHK   = 0x00FF0008;  /

mcasp->regs->XMASK     = 0xffffffff;
mcasp->regs->XFMT      = 0x00008078;
mcasp->regs->AFSXCTL   = 0x00000112;
mcasp->regs->ACLKXCTL  = 0x000000AF;
mcasp->regs->AHCLKXCTL = 0x00000000;
mcasp->regs->XTDM      = 0x00000003;
mcasp->regs->XINTCTL   = 0x00000000;
mcasp->regs->XCLKCHK   = 0x00FF0008;

mcasp->regs->SRCTL5    = 0x000D;
mcasp->regs->SRCTL0    = 0x000E;
mcasp->regs->PFUNC     = 0;
mcasp->regs->PDIR      = 0x14000020;

mcasp->regs->DITCTL    = 0x00000000;   // Not used
mcasp->regs->DLBCTL    = 0x00000000;   // Not used
mcasp->regs->AMUTE     = 0x00000000;   // Not used

/* Starting sections of the McASP */
mcasp->regs->XGBLCTL |= GBLCTL_XHCLKRST_ON;
while ( ( mcasp->regs->XGBLCTL & GBLCTL_XHCLKRST_ON )
                    != GBLCTL_XHCLKRST_ON );
mcasp->regs->RGBLCTL |= GBLCTL_RHCLKRST_ON;
while ( ( mcasp->regs->RGBLCTL & GBLCTL_RHCLKRST_ON )
                    != GBLCTL_RHCLKRST_ON );

mcasp->regs->XGBLCTL |= GBLCTL_XCLKRST_ON;
while ( ( mcasp->regs->XGBLCTL & GBLCTL_XCLKRST_ON )
                    != GBLCTL_XCLKRST_ON );
mcasp->regs->RGBLCTL |= GBLCTL_RCLKRST_ON;
while ( ( mcasp->regs->RGBLCTL & GBLCTL_RCLKRST_ON )
                    != GBLCTL_RCLKRST_ON );
```

第 6 章 硬件系统开发

```c
mcasp->regs->XSTAT = 0x0000ffff;       // Clear all
mcasp->regs->RSTAT = 0x0000ffff;       // Clear all

mcasp->regs->XGBLCTL |= GBLCTL_XSRCLR_ON;
while ( ( mcasp->regs->XGBLCTL & GBLCTL_XSRCLR_ON )
                                != GBLCTL_XSRCLR_ON );
mcasp->regs->RGBLCTL |= GBLCTL_RSRCLR_ON;
while ( ( mcasp->regs->RGBLCTL & GBLCTL_RSRCLR_ON )
                                != GBLCTL_RSRCLR_ON );

/* Write a 0, so that no underrun occurs after releasing the state machine */
mcasp->regs->XBUF5 = 0;
mcasp->regs->RBUF0 = 0;

mcasp->regs->XGBLCTL |= GBLCTL_XSMRST_ON;
while ( ( mcasp->regs->XGBLCTL & GBLCTL_XSMRST_ON ) != GBLCTL_XSMRST_ON );
mcasp->regs->RGBLCTL |= GBLCTL_RSMRST_ON;
while ( ( mcasp->regs->RGBLCTL & GBLCTL_RSMRST_ON ) != GBLCTL_RSMRST_ON );

mcasp->regs->XGBLCTL |= GBLCTL_XFRST_ON;
while ( ( mcasp->regs->XGBLCTL & GBLCTL_XFRST_ON ) != GBLCTL_XFRST_ON );
mcasp->regs->RGBLCTL |= GBLCTL_RFRST_ON;
while ( ( mcasp->regs->RGBLCTL & GBLCTL_RFRST_ON ) != GBLCTL_RFRST_ON );


/* Start by sending a dummy write */
while( ! ( mcasp->regs->SRCTL5 & 0x10 ) );    // Check for Tx ready
mcasp->regs->XBUF5 = 0;

/* Play Tone */
for ( sec = 0 ; sec < 5 ; sec++ )
{
    for ( msec = 0 ; msec < 1000 ; msec++ )
    {
        for ( sample = 0 ; sample < 48 ; sample++ )
        {
            /* Read then write the left sample */
            while ( ! ( MCASP1_SRCTL0 & 0x20 ) );
                sample_data = MCASP1_RBUF0_32BIT;
            while ( ! ( MCASP1_SRCTL5 & 0x10 ) );
                MCASP1_XBUF5_32BIT =  sample_data;

            /* Read then write the left sample */
```

```
            while ( ! ( MCASP1_SRCTL0 & 0x20 ) );
                sample_data = MCASP1_RBUF0_32BIT;
            while ( ! ( MCASP1_SRCTL5 & 0x10 ) );
                MCASP1_XBUF5_32BIT = sample_data;
        }
    }
}

/* Close McASP */
mcasp->regs->SRCTL0 = 0;              // Serializers
mcasp->regs->SRCTL1 = 0;
mcasp->regs->SRCTL2 = 0;
mcasp->regs->SRCTL3 = 0;
mcasp->regs->GBLCTL = 0;              // Global Reset
return 0;
}
```

6.4 Flash 接口设计

Flash 又称闪速存储器，是一种高速的、电擦除、可改写的非易失性存储器。因其具有速度快、容量大、功耗低以及成本低等优点，所以在电子、计算机、通信、军事以及航空航天等领域得到了广泛应用。

选择 Flash 主要考虑以下因素：

(1) 可靠性。闪速存储器的可擦除编程次数和数据的保存时间是选购的重要标准之一，一般选择可重复擦写的次数在 10 万次以上，保存时间在 100 年以上的芯片。

(2) 容量。根据系统的要求选择合适的大小。容量和价格成正比，容量越大，价格越高。

(3) 读写时间。读写时间是关键性指标，一般选择和 DSP 能达到最佳配合的芯片。读写速度和价格成正比，读写速度越快，价格越高。

(4) 写周期和擦除周期功耗。

(5) 和 DSP 芯片的兼容性。包括速度、电压、时钟以及硬件连接等方面。

根据以上原则本节选择美国 SST 公司的 4M×16 位的闪速存储器 SST39VF6401 为例进行讲解。

6.4.1 SST39VF6401

SST39VF6401 是 SST 公司 39 系列 4M×16 位的多用途闪速存储器，其主要特点和技术指标如下：

(1) 高可靠性。可承受 10 万次擦写、数据保持时间大于 100 年。

(2) 快速写操作。每页 2K 字,页擦除时间为 18 ms(典型值),块擦除时间为 18 ms (典型值),片擦除时间为 40 ms(典型值),字写周期是 7 μs(典型值)。

(3) 低功耗。工作时功耗为 10 mA,休眠时功耗为 10 μA。

(4) 兼容型好。兼容 TTL 电平和 CMOS 电平。

(5) 单一 3.3 V 电压供电,可以直接和 DSP 连接。

SST39VF6401 的引脚分布如图 6-20 所示,其引脚说明如表 6-6 所列。

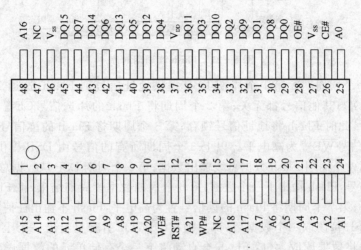

图 6-20 SST39VF6401 引脚分布

表 6-6 SST39VF6401 的引脚说明

名　称	类　型	描　述	功　能
CE#	I	芯片使能	低电平时激活芯片
OE#	I	输出使能	控制读操作,低电平有效
WE#	I	写使能	控制写操作,低电平有效
DQ0~DQ15	I/O	数据总线	读写数据
A0~A21	I	地址总线	Flash 的地址
V_{DD}	POWER	电源	3.3 V
V_{SS}	GND	地	—
RST#	I	复位	复位 Flash
WP#	I	写保护	保护 Flash 某一段数据不被擦除
NC	—	空引脚	—

6.4.2　Flash 的操作

1. Flash 的读操作

Flash 的读操作与普通的存储器读操作基本一致,具体的读周期时序如图 6-21 所示。

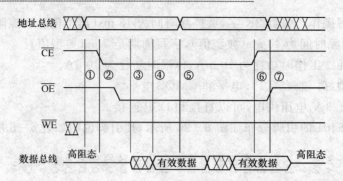

图 6-21 Flash 读周期时序

图中有 7 个读周期。第 1 个周期 DSP 提供地址信号到 Flash，选通 Flash 的数据单元，这个周期与其他信号都无关；第 2 个周期将 Flash 的片选信号 $\overline{CE}$ 置为低电平，选通 Flash 芯片，此时 Flash 将地址信号锁存；第 3 个周期将 Flash 的读信号 $\overline{OE}$ 置为低电平，同时将写信号 $\overline{WE}$ 置为高电平。以上 3 个周期所有的信号由 DSP 提供，Flash 被动接受信号。第 4 个周期 Flash 数据总线输出数据；第 5 个周期 DSP 从数据总线读取数据，并改变地址信号，Flash 输出下一个数据；第 6 个周期数据读周期结束，将 Flash 的片选信号置为高电平；第 7 个周期将 Flash 的读信号置为高电平，Flash 不输出任何数据。

注意：DSP 每读取一个数据后，都必须在 $\overline{CE}$ 或 $\overline{OE}$ 引脚上给出一个上升沿标志，通知 Flash 已经将数据读取，之后 Flash 会自动将下一个存储单元的数据送到数据线上。

2. Flash 的写操作

Flash 的写操作相对复杂，需要一串命令字序列写入 Flash 的命令寄存器来完成相应的命令，并逐页进行编程，同时清除已有的数据。具体过程为：接收到三字节的命令字后，Flash 确认下一步将进行哪种操作，从而防止产生误写；然后载入所要操作的页地址，在 $\overline{WE}$ 或 $\overline{CE}$ 中的上升沿初始化写周期，写入相应数据；之后 Flash 必须等待一定的时间 T_{BP} 才可以进行下一页的写入。写操作的具体时序图如图 6-22 所示。

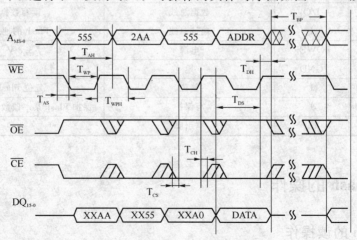

图 6-22 Flash 写周期时序

不同的命令字对应的 Flash 操作如表 6-7 所列。

表 6-7 SST39VF6401 的操作说明

命令字	周期1		周期2		周期3		周期4		周期5		周期6	
	地址	数据	地址	数据	地址	数据	地址	数据	地址	数据	地址	数据
写操作	555	AA	2AA	55	555	A0	WA	DATA	—	—	—	—
页擦除	555	AA	2AA	55	555	80	555	AA	2AA	55	SA	50
块擦除	555	AA	2AA	55	555	80	555	AA	2AA	55	BA	30
片擦除	555	AA	2AA	55	555	80	555	AA	2AA	55	555	10
擦除挂起	XX	B0	—	—	—	—	—	—	—	—	—	—
擦除恢复	XX	30	—	—	—	—	—	—	—	—	—	—
QSID	555	AA	2AA	55	555	88						
USID-W	555	AA	2AA	55	555	A5	WA	DATA				
USDE-L	555	AA	2AA	55	555	85	XX	0000				
SID	555	AA	2AA	55	555	90	—	—				
CFI-Q	555	AA	2AA	55	555	98						
SID-E1	555	AA	2AA	55	555	F0						
SID-E2	XX	F0										

其中 XX 表示无关的数据；—表示不需要写入数据；WA 表示写入的地址；SA 表示页擦除地址；BA 表示块擦除地址。QSID 为 Query Sec ID；USID-W 为 User Security ID Word-Program；USDE-L 为 User Security ID Program Lock-Out；SID 为 Software ID Entry；CFI-Q 为 CFI Query Entry；SID-E 为 Software ID Exit。

3. 写状态检测

为优化系统写循环时间，SST39VF6401 提供了两种检测写循环完成的方式，即检测 Data Polling(DQ7) 和 Toggle(DQ6) 状态。一般情况下，非易失性写与系统是异步的，所以上述两位的读写可能会同时发生。一旦发生这种情况，系统将会得到一个错误的结果。为避免这种错误，当检测到错误结果时，软件程序将重复读两次，如果两次读都是有效的，表明写周期完成，否则继续。

6.4.3 硬件设计

闪速存储器 SST39VF6401 可以连接到 C6747 作为其外部程序存储器，可以保存数据，也可以保存程序代码。如果保存程序代码，DSP 上电时 BOOTLOAD 将自动从 Flash 中读取代码载入 DSP 中运行。C6747 与 SST39VF6401 的连接如图 6-23 所示。

Flash 的地址和数据总线连接到 C6747 的 EMIFA 接口总线上，片选信号连接到 DSP 的 CE2 引脚，配置成 DSP 的 CE2 空间，CE2 引脚在上电复位后为低电平。Flash

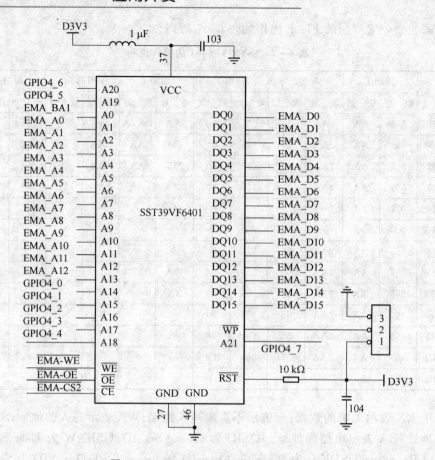

图 6-23 SST39VF6401 和 C6747 的连接

的读写信号分别连接到 EMIFA 接口的读写信号引脚上。由于 Flash 具有较多的地址总线,而 DSP 没有相应的地址总线相连,所以只能使用 DSP 的 GPIO 引脚进行高位地址的选择,如图中的地址 A13～A21。

6.4.4 软件设计

Flash 的软件设计主要包括整片擦除、页擦除、字节编程以及页编程等功能。Flash 软件设计的优点是对时间的要求不是很高,没有太严格的时序要求。调试 Flash 过程中,完成对某一个地址写入一个数据,然后从该地址可以读取写入的数据,就基本实现对 Flash 的操作了。

SST39VF6401 的部分 Flash 程序如下:

```
void Erase_Flash_ALL()                // 整片擦除
{
    *(unsigned volatile char *)FLASH_ADR1 = 0x00AA;
    *(unsigned volatile char *)FLASH_ADR2 = 0x0055;
```

```c
    *(unsigned volatile char *)FLASH_ADR1 = 0x0080;
    *(unsigned volatile char *)FLASH_ADR1 = 0x00AA;
    *(unsigned volatile char *)FLASH_ADR2 = 0x0055;
    *(unsigned volatile char *)FLASH_ADR1 = 0x0010;

    Delay_1ms(100);                      // 延时确保擦除成功
}

void Erase_Flash_Sector(u32 Address )    // 页擦除
{
    FLASH_START1 = 0x00AA;
    FLASH_START2 = 0x0055;
    FLASH_START1 = 0x0080;
    FLASH_START1 = 0x00AA;
    FLASH_START2 = 0x0055;
    (*(volatile u32 *)Address) = 0x50;// 50H 是页擦除 2 KW(2 k * 16 bit)

    Delay_1ms(50);
}


void  Write_Flash_Word(u32 Address, u16 Data)    // 字写入
{                                        // Address 为写入地址
    FLASH_START1 = 0xAA;                 // Data 为写入数据
    FLASH_START2 = 0x55;
    FLASH_START1 = 0xA0;
    (*(volatile u16 *)Address) = Data;
    Delay_1us(30);
}

void  Write_Flash_Sector(u16 *src_ptr,  u16 *flash_ptr,u16 length)   // 页写入
{                                        // src_ptr 为准备写入的数据源地址指针
    u16 i;                               // flash_ptr 为写入 flash 的数据目的地址指针

    for(i=0; i<length; i++)              // length 为写入的数据个数
    {
        FLASH_START1 = 0xAA;
        FLASH_START2 = 0x55;
        FLASH_START1 = 0xA0;
        *flash_ptr++ = *src_ptr++;
        Delay_1us(100);
    }
}
```

在写入之后,应对 Flash 写入数据的正确性进行自动检查。把整个源数据的校验和编程后与从 Flash 中读出数据的校验和进行比较,相同则编程成功,不相同则编程失败。校验函数如下:

start_address:所要校验的起始地址
size_in_byte:所要校验的 Flash 数据字节数
lchecksum:校验和
/* -- */
int flash_checksum(int start_address,int size_in_byte)
{
    int i;
    int lchecksum;
    unsigned volatile char * flash_ptr = (unsigned volatile char *)
    start_address;
    int temp;
    i = 0;
    lchecksum = 0;
    while(i＜size_in_byte - 4)
        {
        temp = * flash_ptr ++ ;
        temp& = 0xff;
        lchecksum = lchecksum + temp;
        i ++ ;
        }
    return lchecksum;
}

6.4.5 应用 FlashBurn 擦写 Flash

FlashBurn 软件是 TI 公司提供的专门用于擦写 Flash 的工具。该软件使用方便,可以对 24、54 和 6x 系列 DSP 带有的片外 Flash 进行操作。该软件的操作方法说明如下。

将主板与仿真器连接好,将仿真器的 USB 接口与 PC 相接。硬件连接完毕后,将主板上电。此时打开所给的烧写文件夹,单击文件夹中的可执行文件 FlashBurn.exe,则会出现如图 6-24 所示的主窗口界面。

在主窗口中选择 File→Open,出现打开文件对话框,单击文件夹中的 Blink6713.cdd 文件。该文件专门针对 6713 型号的 DSP,如果是其他型号的 DSP,选择其他对应的文件,文件可以从 TI 网站下载。Blink6713.cdd 文件主要功能是对 DSP 型号进行配置,使得软件擦写 Flash 时了解 Flash 的物理地址、空间配置、和 DSP 的连接口等相关信息。

第6章 硬件系统开发

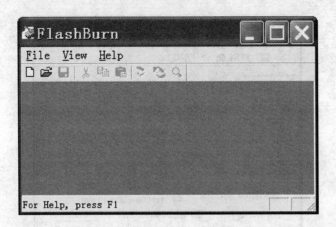

图6-24 FlashBurn软件主窗口

图6-25 打开型号配置文件

如果DSP板没有上电或者仿真器连接错误,则无法打开Blink6713.cdd文件。实际上,Flash Burn软件是一个简化版或者专用版的CCS软件,其驱动仿真器和JTAG接口的方法与CCS完全一样。如果不能正确打开该软件,一般会报告端口号设置错误、电源未打开或JTAG未正确连接等信息。如果主板已经上电,并且仿真器连接正确,则会出现如图6-26所示对话框。

File To Burn一栏对应的文件路径是所要烧写的hex文件,而Processor Type则是对应的DSP芯片类型(可选项从24到6x),最后两栏则是烧写的物理地址和烧写所用的地址空间。

单击Program下拉菜单的Show Memory选项,将会显示Flash芯片已有的内容,

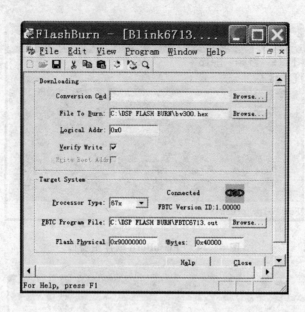

图 6-26　正确打开 FlashBurn 对话框

如果该 Flash 从来没有被写过，则显示 FFFF。

选择 Program 下拉菜单中的 Erase Flash，则开始擦除 Flash。Flash 擦除完毕，选择 Program 下拉菜单中的 Show Memory，可以看到 Flash 中的数据全部是 FF，这标志着擦除操作成功。

擦除成功后选择 Program 下拉菜单中的 Program Flash，就会出现如图 6-27 所示的编程界面。

图 6-27　编程 Flash 对话框

等待烧写完毕,单击 Program 下拉菜单中的 Show Memory,可以看到 Flash 里面已经存入了新的数据,即完成了 Flash 的烧写。

6.5 SDRAM 接口设计

在大部分数字系统中存储器的性能至关重要,是决定整个系统性能的关键因素之一。存储技术的发展相当迅速,其中 DDR(Dual Date Rate) SDRAM、DDR2 SDRAM 和 DDR3 SDRAM 以高速度、大容量、高性价比和运行稳定等一系列优点而成为目前存储器的主流。DSP 可以方便的和这些设备进行连接。SDRAM 的主要指标如下:

1. 时钟周期

代表 SDRAM 所能运行的最高频率,该数字越小,说明 SDRAM 芯片所能运行的频率就越高。对于一片普通的 SDRAM,芯片标识-10 代表了它的运行时钟周期为 10 ns,即可以在 100 MHz 的频率下正常工作。

2. 存取时间

对于 EDO 和 FPMDRAM,存取时间代表了读取数据所延迟的时间。目前大多数 SDRAM 芯片的存取时间为 5/6/7/8/10 ns。存取时间与系统时钟频率有本质的区别,例如一种 SDRAM 芯片上的标识为-7J 或-7K,表示它的存取时间为 7 ns,但该芯片支持的系统时钟频率依然是 10 ns,工作频率仍然为 100 MHz。

3. CAS 的延迟时间

这是列地址脉冲的反应时间,也是在一定频率下衡量支持不同规范的内存的重要标志之一。例如大多数的 SDRAM 在工作频率为 100 MHz 时都能运行在 CAS Latency=2 或 3 的模式下,也就是说这时它们读取数据的延迟时间是 2 个时钟周期或 3 个时钟周期,当然在延迟时间为 2 个时钟周期时 SDRAM 会有更高的效率。

6.5.1 IS42S32800B

IS42S32800B 是 ISSI(Integrated Silicon Solution Inc.)公司的 2 M×32 位×4 Bank(256 Mbit)的同步动态 RAM。其主要特点和技术指标如下:

(1) 时钟周期达到 166/143 MHz,内部采用流水结构。
(2) CAS 延迟为 2 或者 3。
(3) 突发读写长度可以为 1 页、2 页、4 页、8 页或者所有页。
(4) 可以自动刷新或者手动刷新,刷新周期小于 64 ms。
(5) 单一 3.3 V 供电,可以和 DSP 直接连接。
IS42S32800B 的引脚信号如图 6-28 所示,其引脚说明如表 6-8 所列。

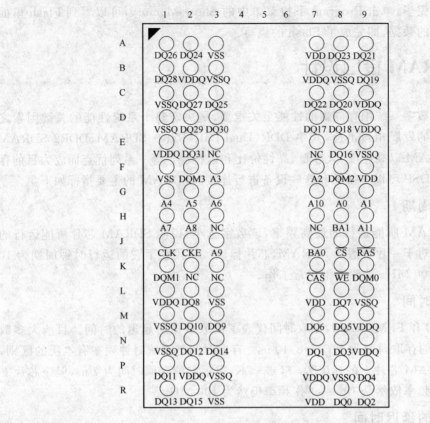

图 6-28 IS42S32800B 引脚分布

表 6-8 IS42S32800B 的引脚说明

名称	类型	描述	功能
CS#	I	芯片使能	低电平时激活芯片
CLK	I	同步时钟	读写的时钟信号
CKE	I	时钟使能	使能读写时钟
RAS#	I	行地址使能	地址作为行地址
CAS#	I	列地址使能	地址作为列地址
WE#	I	写使能	控制写操作,低电平有效
DQ0~DQ31	I/O	数据总线	读写数据
A0~A11	I	行地址总线	控制行地址
A0~A8	I	列地址总线	控制列地址
BA1~BA0	I	页地址总线	控制页地址
DQM0~DQM3	I	字节使能	使能某个字节输入输出
VDDQ	POWER	电源	3.3 V
VSS	GND	地	—
VDD	POWER	电源	3.3 V
VSSQ	GND	地	—
NC	—	空引脚	—

6.5.2 硬件设计

DSP 的 EMIFB 和 SDRAM 之间采用标准的硬件连接方法。32 位的 SDRAM 芯片 IS42S32800B 和 C674x 的 EMIFB 接口的硬件连接如图 6-29 所示。如果连接 16 位的 SDRAM，则数据线为 DQ[0：15]，字节使能为 DQM[0：1]，其他连接不变。

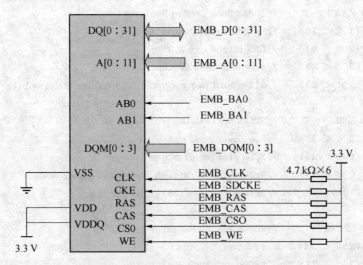

图 6-29 IS42S32800B 和 EMIFB 的连接

硬件设计需要注意以下几点：

（1）数据线和地址线在 DSP 和 SDRAM 芯片附近，各自串联 33 Ω 的电阻，可以降低电压波动和振铃现象，也方便调试。

（2）字节使能引脚、读写引脚、时钟引脚和行列地址使能引脚都需要上拉，使用 4.7 kΩ 或者 10 kΩ 电阻。

（3）VDD 和 VDDQ 尽量保持同步上电，并做好滤波电路（图 6-29 中未画出滤波电路）。

（4）布线时，数据总线和地址总线尽量等长，否则会降低 SDRAM 的通信速度。

6.5.3 软件设计

SDRAM 的软件设计包括 EMIFB 接口的初始化以及 SDRAM 的各种操作。将这些软件操作写成函数，在使用中调用相应的函数即可。

1. EMIFB 初始化程序

```
#define BASE             0xB0000000                       // 基地址
#define EMIFB_SDSTAT     *(unsigned int *)( BASE + 0x04)  // Status Register
#define EMIFB_SDCFG      *(unsigned int *)( BASE + 0x08)  //Bank Config Register
```

```c
#define EMIFB_SDREF     *(unsigned int *)( BASE + 0x0C)  // Refresh Control Register
#define EMIFB_SDTIM1    *(unsigned int *)( BASE + 0x10)  // Timing Register
#define EMIFB_SDTIM2    *(unsigned int *)( BASE + 0x14)  // Timing Register

void Setup_EMIFB(void)
{
                            //ISSI IS42S32800B-6BL SDRAM, 2M x 32bit x 4 , 133MHz
    EMIFB_SDCFG = 0         //SDRAM Bank Config Register
        |(1 << 15)          //Unlock timing registers
        |(2 << 9)           //CAS latency is 2
        |(2 << 4)           //4 bank SDRAM devices
        |(1 << 0);          //512-word pages requiring 9 column address bits

    EMIFB_SDREF = 0         //SDRAM Refresh Control Register
        |(0 << 31)          //Low power mode disabled
        |(0 << 30)          //MCLK stoping disabled
        |(0 << 23)          //Selects self refresh instead of power down
        |(1040 << 0);       //Refresh rate = 7812.5ns / 7.5ns

    EMIFB_SDTIM1 = 0        //SDRAM Timing Register 1
        |(25<< 25)          //(67.5ns / 7.55ns) - 1 = TRFC @ 133MHz
        |(2 << 22)          //(20ns / 7.5ns) - 1 = TRP
        |(2 << 19)          //(20ns / 7.5ns) - 1 = TRCD
        |(1 << 16)          //(14ns / 7.5ns) - 1 = TWR
        |(5 << 11)          //(45ns / 7.5ns) - 1 = TRAS
        |(8 << 6)           //(67.5ns / 7.5ns) - 1 = TRC
        |(2 << 3);          //(((4*14ns)+(2*7.5ns))/(4*7.5ns))-1 = TRRD

    EMIFB_SDTIM2 = 0        //SDRAM Timing Register 2
        |(14<< 27)
        |(9 << 16)          //(70 / 7.5) - 1
        |(5 << 0);          //(45 / 7.5) - 1

    EMIFB_SDCFG = 0         //SDRAM Bank Config Register
        |(1 << 16)
        |(0 << 15)          //Unlock timing registers
        |(2 << 9)           //CAS latency is 2
        |(2 << 4)           //4 bank SDRAM devices
        |(1 << 0);          //512-word pages requiring 9 column address bits
}
```

2. SDRAM 读写程序

```c
Uint32 memfill32( Uint32 start, Uint32 len, Uint32 val )
```

```c
{
    Uint32 i;
    Uint32 end = start + len;
    Uint32 errorcount = 0;
    Uint32 *pdata;
                    /* Write Pattern */
    pdata = (Uint32 *)start;
    for ( i = start; i < end; i += 4 )
    {
        *pdata++ = val;
    }
                    /* Read Pattern */
    pdata = (Uint32 *)start;
    for ( i = start; i < end; i += 4 )
    {
        if ( *pdata++ != val )
        {
            errorcount++;
            break;
        }
    }
    return errorcount;
}

Uint32 memaddr32( Uint32 start, Uint32 len )
{
    Uint32 i;
    Uint32 end = start + len;
    Uint32 errorcount = 0;
    Uint32 *pdata;
                    /* Write Pattern */
    pdata = (Uint32 *)start;
    for ( i = start; i < end; i += 16 )
    {
        *pdata++ = i;
        *pdata++ = i + 4;
        *pdata++ = i + 8;
        *pdata++ = i + 12;
    }
                    /* Read Pattern */
    pdata = (Uint32 *)start;
    for ( i = start; i < end; i += 4 )
    {
```

```
            if ( * pdata++ != i )
            {
                errorcount++;
                break;
            }
        }
        return errorcount;
    }


    Uint32 meminvaddr32( Uint32 start, Uint32 len )
    {
        Uint32 i;
        Uint32 end = start + len;
        Uint32 errorcount = 0;
        Uint32 * pdata;
                            /* Write Pattern */
        pdata = (Uint32 *)start;
        for ( i = start; i < end; i += 4 )
        {
            * pdata++ = ~i;
        }
                            /* Read Pattern */
        pdata = (Uint32 *)start;
        for ( i = start; i < end; i += 4 )
        {
            if ( * pdata++ != ~i )
            {
                errorcount++;
                break;
            }
        }
        return errorcount;
    }
```

3. SDRAM 测试程序

```
Uint32 sdram_test( )
{
    Int16 i, errors = 0;
    ddr_base = 0xc0004000;            // DDR memory
    ddr_size = 0x00010000;            // 1 MB


    printf( "  > Data test (quick)\n" );
```

```c
        if ( memfill32( ddr_base, ddr_size, 0xFFFFFFFF ) )
            errors += 1;
        if ( memfill32( ddr_base, ddr_size, 0xAAAAAAAA ) )
            errors += 2;
        if ( memfill32( ddr_base, ddr_size, 0x55555555 ) )
            errors += 4;
        if ( memfill32( ddr_base, ddr_size, 0x00000000 ) )
            errors += 8;
        if ( errors )
           printf( "        > Error = 0x%x\n", errors );

#if(1)
    ddr_base = 0xc0004000;              // DDR memory
    ddr_size = 0x03FFC000;              // 63 MB +

    printf( "   > Addr test (quick)\n    " );
    for ( i = 0; i < 11; i++ )
    {
        printf("A%d ", i + 16);
        if ( memaddr32( ddr_base + (0x10000 << i), 0x10000 ) )
        {
            printf("(X) ");
            errors += 16;
        }
    }
    printf("\n");

    printf( "   > Inv addr test (quick)\n    " );
    for ( i = 0; i < 11; i++ )
    {
        printf("A%d ", i + 16);
        if ( meminvaddr32( ddr_base + (0x10000 << i), 0x10000 ) )
        {
            printf("(X) ");
            errors += 16;
        }
    }
    printf("\n");
#endif
    return errors;
}
```

4. 工程配置程序

```
-l rts64plus.lib

-stack     0x00000800      /* Stack Size */
-heap      0x00000800      /* Heap Size */

MEMORY
{
    VECS:       o = 0xFFFF0000   l = 0x00000080
    ARMRAM:     o = 0xFFFF0080   l = 0x00001f80
    DSPRAM:     o = 0x11800000   l = 0x00040000
    SHAREDRAM:  o = 0x80000000   l = 0x00020000
    SDRAM:      o = 0xC0000000   l = 0x20000000
}

SECTIONS
{
    .bss        >   SHAREDRAM
    .cinit      >   SHAREDRAM
    .cio        >   SHAREDRAM
    .const      >   SHAREDRAM
    .stack      >   SHAREDRAM
    .sysmem     >   SHAREDRAM
    .text       >   SHAREDRAM
    .switch     >   SHAREDRAM
    .far        >   SHAREDRAM
}
```

6.6 I2C 接口设计

I2C BUS(Inter IC BUS)是 Philips 公司推出的芯片间串行传输总线,用两根连线实现了全双工同步数据传送,可以方便地构成多机系统和外围器件扩展系统。I2C 总线采用器件地址的硬件设置方法,通过软件寻址避免了器件的片选线寻址方法,从而使硬件系统能够简单灵活地扩展。由于具有严格、完整的规范和独立的系统结构,I2C 总线器件的编程操作十分简便。目前 I2C 总线技术已经被很多产品集成到片内,这使得 I2C 的应用更加方便。C674x DSP 中集成了两个 I2C 模块。

I2C 总线的时钟线和数据线是双向传输的,当总线空闲时 SDA 和 SCL 必须保持高电平,只有关闭 I2C 总线时才使 SCL 钳位在低电平,所以这两条线路都要通过一个电流源或上拉电阻连接到正的电源电压。系统中的所有外围器件及模块都是总线上的节点,如图 6-30 所示。

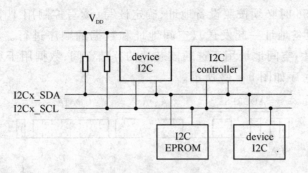

图 6-30 I2C 总线结构

其中由单片机或微处理器构成的节点为主器件节点,如图中的 I2C controller。当 I2C 工作时,任何一个主器件节点都能对总线实现控制,当某个主器件节点控制了总线时,该主器件节点就成为主控制器。系统中所有节点都采用器件地址或引脚地址的编址方法,主控制器对任何节点的寻址都采用纯软件寻址方法,若有地址编码冲突可通过改变地址引脚的电平设置来解决。为了最大限度简化总线连接线,I2C 总线规定起始信号后的第一个字节为寻址字节,用来寻址被控器件,并规定了数据的传送方向。

6.6.1 24WC256

24WC256 是 CATALYSY 公司的一款 I2C 接口的 EEPROM 设备,主要特点包括容量为 256 kbit、读写速度为 1 MHz、CMOS 制造工艺、1.8~6 V 宽范围工作电压、具有写保护功能、可以编程 10 万次以及存储时间 100 年以上。

24WC256 的引脚分布和硬件连接非常简单,如图 6-31 所示。

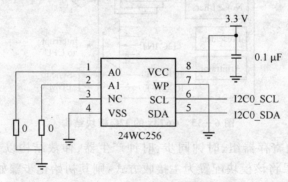

图 6-31 24WC256 的连接

A0、A1 为地址输入引脚;SDA、SCL 为 I2C 串行数据和时钟输入引脚;WP 为写保护输入引脚;VCC 为输入电源引脚;VSS 为地。

24WC256 的地址可以根据 A0 和 A1 引脚的状态确定。引脚状态影响地址的低两位,所以 24W256 的地址可以是 0x50、0x51、0x52 和 0x53。一个 I2C 结构最多可以同时连接 4 片 24W256。

读写 24WC256 时必须按照设备地址、确定读写(读写控制用 1 个 bit 表示,1 表示写,0 表示读,和设备地址一起发送)、空间地址和数据的顺序进行。其中,设备地址用于选通具体的芯片;空间地址用于选通该芯片的存储空间;数据用于对该地址空间的操作。具体的读写时序如图 6-32 所示。

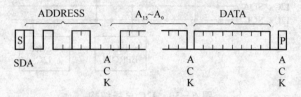

图 6-32 I2C 读写时序

6.6.2 C674x 的 I2C 设计

C674x DSP 内部集成了 I2C 模块,该模块支持 I2C v2.1 及其以下版本的通信协议、支持 7 位或者 10 位的地址设备、支持 10 kb 到 400 kb 的读写速度、可以使用 DMA 方式读写 I2C 设备并且支持 I2C 接收和发送中断。该模块内部结构如图 6-33 所示。

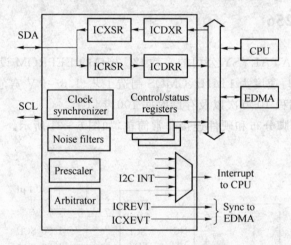

图 6-33 C674x 的 I2C 模块结构

I2C 模块主要由寄存器组、时钟同步、时钟产生器、仲裁结构以及 DMA 同步事件和中断等组成。如果将该模块配置为主接收方式,则其初始化步骤如下:

(1) 如果 I2C 处于低功耗状态,激活 I2C 时钟。

(2) 将 I2C 模块复位,在以下整个初始化过程中 I2C 模块都处于复位状态。

(3) 配置 I2C 的控制寄存器,主要配置 I2C 为主方式、接收使能、7 位或者 10 位地址选择、禁止重发机制、禁止自发自收以及设置发送的 bit 数等。

(4) 配置从 I2C 设备的地址。

(5) 配置 I2C 的工作时钟,从 DSP 的 CPU 主时钟分频得到。

(6) 清除可能由于启动、复位、状态切换等异常现象被挂起的 I2C 中断。
(7) 设置 I2C 控制器开始工作。
(8) 延迟一段时间,等待启动工作。一旦忙状态为 0,则表示启动工作完成。
(9) 完成 I2C 模块的配置,等待外设发送数据。

ICMDR 为 I2C 方式控制寄存器,是设置 I2C 模块的关键,该寄存器各位定义如图 6-34 所示。

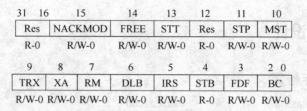

图 6-34 ICMDR 寄存器各位的定义

第 0~2 位:BC,读写位。数据位计数。设置接收或者发送数据时一个字节的位数,一般为 8 位,如果不足 8 位,将按照右对齐方式发送。设置 0 表示 8 位;1~7 分别表示 1~7 位。

第 3 位:FDF,读写位。设置 Free 数据格式。0 表示禁止 Free 数据格式;1 表示使能 Free 数据格式。

第 4 位:STB,读写位。主机方式下设置 START 字节方式,从机方式该位设置无效。0 表示 I2C 运行在非 START 方式;1 表示运行于 START 字节方式。

第 5 位:IRS,读写位。设置 I2C 复位。0 设置 I2C 处于复位状态;1 设置 I2C 脱离复位状态,进入工作状态。

第 6 位:DLB,读写位。数据自发自收方式。0 表示禁止数据自发自收;1 表示使能自发自收。一般自发自收方式用于调试软硬件。

第 7 位:RM,读写位。主机方式下设置重发方式,从机方式该位设置无效。0 表示非重发方式;1 表示重发方式。

第 8 位:XA,读写位。设置扩展地址。0 表示 7 位地址方式,发送时地址为 7 位,相应外接的 I2C 设备也是 7 位地址;1 表示 10 位地址方式,发送时地址为 10 位,相应外接的 I2C 设备也是 10 位地址。

第 9 位:TRX,读写位。设置收发模式。0 表示接收模式;1 表示发送模式。

第 10 位:MST,读写位。设置主从机方式。0 表示从机;1 表示主机。

第 11 位:STP,读写位。设置停止条件。0 表示非停止方式,如果有停止条件产生,立即清除;1 表示按照设定的条件停止工作。

第 12 位:预留。

第 13 位:STT,读写位。主机方式下设置 START 条件,从机方式该位设置无效。0 表示非 START 工作方式,如果满足 START 的条件产生,立即清除;1 表示 START 工作方式,满足条件后,I2C 将发送 START 状态到总线。

第14位:FREE,读写位。设置仿真时I2C工作方式。0表示仿真软件断点时I2C停止,将状态上报到仿真软件;1表示仿真时I2C自由运行,不受断点控制。

第15位:NACKMOD,读写位。设置应答方式,该位仅仅在接收时有效。如果设置为0,表示I2C在每个字节都发送ACK;如果设置为1,表示I2C在每个字节都发送NACK。

第16~31位:预留。

6.6.3 软件设计

1. I2C 寄存器定义

```
#define I2C_BASE            0x01C22000
#define I2C_OAR             *( volatile Uint32 * )( I2C_BASE + 0x00 )
#define I2C_ICIMR           *( volatile Uint32 * )( I2C_BASE + 0x04 )
#define I2C_ICSTR           *( volatile Uint32 * )( I2C_BASE + 0x08 )
#define I2C_ICCLKL          *( volatile Uint32 * )( I2C_BASE + 0x0C )
#define I2C_ICCLKH          *( volatile Uint32 * )( I2C_BASE + 0x10 )
#define I2C_ICCNT           *( volatile Uint32 * )( I2C_BASE + 0x14 )
#define I2C_ICDRR           *( volatile Uint32 * )( I2C_BASE + 0x18 )
#define I2C_ICSAR           *( volatile Uint32 * )( I2C_BASE + 0x1C )
#define I2C_ICDXR           *( volatile Uint32 * )( I2C_BASE + 0x20 )
#define I2C_ICMDR           *( volatile Uint32 * )( I2C_BASE + 0x24 )
#define I2C_ICIVR           *( volatile Uint32 * )( I2C_BASE + 0x28 )
#define I2C_ICEMDR          *( volatile Uint32 * )( I2C_BASE + 0x2C )
#define I2C_ICPSC           *( volatile Uint32 * )( I2C_BASE + 0x30 )
#define I2C_ICPID1          *( volatile Uint32 * )( I2C_BASE + 0x34 )
#define I2C_ICPID2          *( volatile Uint32 * )( I2C_BASE + 0x38 )

/* I2C Field Definitions */
#define ICOAR_MASK_7        0x007F
#define ICOAR_MASK_10       0x03FF
#define ICSAR_MASK_7        0x007F
#define ICSAR_MASK_10       0x03FF
#define ICOAR_OADDR         0x007f
#define ICSAR_SADDR         0x0050


#define ICSTR_SDIR          0x4000
#define ICSTR_NACKINT       0x2000
#define ICSTR_BB            0x1000
#define ICSTR_RSFULL        0x0800
#define ICSTR_XSMT          0x0400
#define ICSTR_AAS           0x0200
```

```
#define ICSTR_AD0            0x0100
#define ICSTR_SCD            0x0020
#define ICSTR_ICXRDY         0x0010
#define ICSTR_ICRRDY         0x0008
#define ICSTR_ARDY           0x0004
#define ICSTR_NACK           0x0002
#define ICSTR_AL             0x0001

#define ICMDR_NACKMOD        0x8000
#define ICMDR_FREE           0x4000
#define ICMDR_STT            0x2000
#define ICMDR_IDLEEN         0x1000
#define ICMDR_STP            0x0800
#define ICMDR_MST            0x0400
#define ICMDR_TRX            0x0200
#define ICMDR_XA             0x0100
#define ICMDR_RM             0x0080
#define ICMDR_DLB            0x0040
#define ICMDR_IRS            0x0020
#define ICMDR_STB            0x0010
#define ICMDR_FDF            0x0008
#define ICMDR_BC_MASK        0x0007
```

2. 24WC256 初始化程序

```
Int16   EVMOMAPL137_I2C_init( )
{
    I2C_ICMDR   = 0;                // Reset I2C
    I2C_ICPSC   = 23;               // Prescale to get 1MHz I2C internal
    I2C_ICCLKL  = 20;               // Config clk LOW for 20kHz
    I2C_ICCLKH  = 20;               // Config clk HIGH for 20kHz
    I2C_ICMDR   |= ICMDR_IRS;       // Release I2C from reset
    return 0;
}


Int16 EVMOMAPL137_I2C_close( )
{
        I2C_ICMDR = 0;              // Reset I2C
        return 0;
}


Int16 EVMOMAPL137_I2C_reset( )
{
    EVMOMAPL137_I2C_close( );
```

```
        EVMOMAPL137_I2C_init( );
        return 0;
}
```

3. 24WC256 读写程序

```
Int16 EVMOMAPL137_I2C_write( Uint16 i2c_addr, Uint8 * data, Uint16 len )
{
    Int32 timeout, i;

        I2C_ICCNT = len;                                    // Set length
        I2C_ICSAR = i2c_addr;                               // Set I2C slave address
        I2C_ICMDR = ICMDR_STT                               // Set for Master Write
                  | ICMDR_TRX
                  | ICMDR_MST
                  | ICMDR_IRS
                  | ICMDR_FREE;
        EVMOMAPL137_wait( 10 );                             // Short delay
        for ( i = 0 ; i < len ; i++ )
        {
            I2C_ICDXR = data[i];                            // Write
            timeout = i2c_timeout;
            do
            {
                if ( timeout-- < 0 )
                {
                    EVMOMAPL137_I2C_reset( );
                    return -1;
                }
            } while ( ( I2C_ICSTR & ICSTR_ICXRDY ) == 0 );// Wait for Tx Ready
        }
        I2C_ICMDR |= ICMDR_STP;                             // Generate STOP
        return 0;
}


Int16 EVMOMAPL137_I2C_read( Uint16 i2c_addr, Uint8 * data, Uint16 len )
{
    Int32 timeout, i;
    I2C_ICCNT = len;                                        // Set length
    I2C_ICSAR = i2c_addr;                                   // Set I2C slave address
    I2C_ICMDR = ICMDR_STT                                   // Set for Master Read
              | ICMDR_MST
```

```c
                    | ICMDR_IRS
                    | ICMDR_FREE;
    EVMOMAPL137_wait( 10 );                             // Short delay
    for ( i = 0 ; i < len ; i++ )
    {
        timeout = i2c_timeout;
        do
        {
            if ( timeout-- < 0 )
            {
                EVMOMAPL137_I2C_reset( );
                return -1;
            }
        } while ( ( I2C_ICSTR & ICSTR_ICRRDY ) == 0 );  // Wait for Rx Ready
        data[i] = I2C_ICDRR;                            // Read
    }
        return 0;
}


Int16 EVMOMAPL137_I2C_read_variable( Uint16 i2c_addr, Uint8 * data, Uint16 len )
{
    Int32 timeout, i;

    I2C_ICCNT = len;                                    // Set length
    I2C_ICSAR = i2c_addr;                               // Set I2C slave address
    I2C_ICMDR = ICMDR_STT                               // Set for Master Read
                | ICMDR_MST
                | ICMDR_IRS
                | ICMDR_FREE;
    EVMOMAPL137_wait( 10 );                             // Short delay
    for ( i = 0 ; i < len ; i++ )
    {
        if ( i == 1 )
        {
            len = data[0];
            I2C_ICCNT = len;                            // Set length
        }

        timeout = i2c_timeout;
        do
        {
```

```c
            if ( timeout -- < 0 )
            {
                EVMOMAPL137_I2C_reset( );
                return -1;
            }
        } while ( ( I2C_ICSTR & ICSTR_ICRRDY ) == 0 );    // Wait for Rx Ready

        data[i] = I2C_ICDRR;                              // Read
    }
    I2C_ICMDR |= ICMDR_STP;                               // Generate STOP
    return 0;
}
```

4. 测试程序

```c
static Uint8 tx[4][EEPROM_PAGE_SIZE];
static Uint8 rx[4][EEPROM_PAGE_SIZE];

Int16 eeprom_test( )
{
    Int16 i, j;
    Int16 errors = 0;
    Uint16 pages = 4;
    Uint16 page_size = EEPROM_PAGE_SIZE;
    Uint8 *p8;
    Uint32 src, dst;

    p8 = ( Uint8 * )tx;
    for ( i = 0 ; i < pages * page_size ; i++ )
        *p8++ = i;
    p8 = ( Uint8 * )rx;
    for ( i = 0 ; i < pages * page_size ; i++ )
        *p8++ = 0;

    for ( i = 0 ; i < pages ; i++ )
    {
        src = ( Uint32 )&tx[i];
        dst = i * page_size;
        if ( EVMOMAPL137_EEPROM_write( src, dst, page_size ) )
            return 1;
        EVMOMAPL137_wait( 25000 );
    }
```

```
    for ( i = 0 ; i < pages ; i++ )
    {
        src = i * page_size;
        dst = ( Uint32 )&rx[i];
        if ( EVMOMAPL137_EEPROM_read( src, dst, page_size ) )
            return 2;
        EVMOMAPL137_wait( 25000 );
    }

    for ( i = 0 ; i < pages ; i++ )
    {
        errors = 0;
        for ( j = 0 ; j < page_size ; j++ )
            if ( tx[i][j] != rx[i][j] )
                errors++;
        if ( errors == 0 )
            printf( "    Page %d: PASS\n", i );
        else
            printf( "    Page %d: FAIL\n", i );
    }
    return errors;
}
```

6.7 Uart 接口设计

Uart(Universal Asynchronous Receiver/Transmitter)为通用异步串口,遵循 EIA-RS-232C 标准(简称 RS232)。其中 EIA 表示美国电子工业协会,RS 表示推荐标准,232 是标识号,C 表示 RS232 的最新一次修改(1969 年)。在 C 版本之前,有 RS232A 和 RS232B 协议,A 和 B 版本规定连接电缆、机械、电气特性、信号功能及传送过程等内容。C 版本定义了按位串行传输的数据终端设备(DTE)和数据通信设备(DCE)之间的接口信息。标准的 RS232 提供 9 针引脚接口,其中有联络控制信号,包括数据准备好、请求发送、允许发送、振铃指示以及接收检测等。精简的 RS232 只有 3 针引脚,称为收发地,收表示接收数据信号,发表示发送数据信号,地表示共地。

6.7.1 MAX3232

Uart 一般和 PC 机的串口连接。因为 PC 机的串口电压为 12 V,而 DSP 的串口电压为 3.3 V,所以为了实现 12 V 和 3.3 V 电压之间的数据传输,需要使用串口电压转换芯片 MAX3232。MAX3232 的引脚分布如图 6-35 所示,其引脚说明如表 6-9 所列。

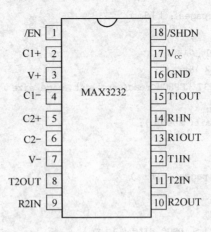

图 6-35 MAX3232 的引脚分布

表 6-9 MAX3232 的引脚说明

名 称	功 能	名 称	功 能
/EN	低电平时激活芯片	R2OUT	第 2 路接收数据输出
C1+	第 1 路双电压充电电容正向输入	T2IN	第 2 路发送数据输入
V+	5.5 V 电荷泵正向输入	T1IN	第 1 路发送数据输入
C1-	第 1 路双电压充电电容负向输入	R1OUT	第 1 路接收数据输出
C2+	第 2 路双电压充电电容正向输入	R1IN	第 1 路接收数据输入
C2-	第 2 路双电压充电电容负向输入	T1OUT	第 1 路发送数据输出
V-	5.5 V 电荷泵负向输入	GND	地
T2OUT	第 2 路发送数据输出	V_{cc}	3.3 V
R2IN	第 2 路接收数据输入	/SHDN	待机状态

MAX3232 的硬件电路设计如图 6-36 所示。MAX3232 提供双串口连接，如果仅仅使用单路串口，则可只使用其 1 路信号。DSP 和 PC 的连接过程为：将 DSP 的发送数据引脚连接到 T1IN，然后将 T1OUT 连接到 PC 机的接收引脚；将 PC 的数据发送引脚连接到 R1IN，然后将 R1OUT 连接到 DSP 的接收引脚。

6.7.2　C674x 的 Uart 设计

C674x DSP 内部集成 Uart 模块。该模块遵循异步串行通信标准，配置电压转换芯片后就可以直接和标准串行接口设备连接。该模块内部结构如图 6-37 所示。

Uart 模块主要由数据收发部分、波特率部分和控制部分组成。数据收发部分包括发送和接收的控制寄存器、数据 FIFO 以及数据缓冲等；波特率部分包括时钟分频以及波特率生成器等；控制部分包括中断控制、中断产生、DMA 事件、电源和仿真控制等。

第 6 章 硬件系统开发

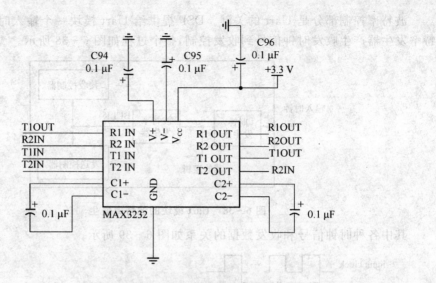

图 6-36 MAX3232 的硬件设计

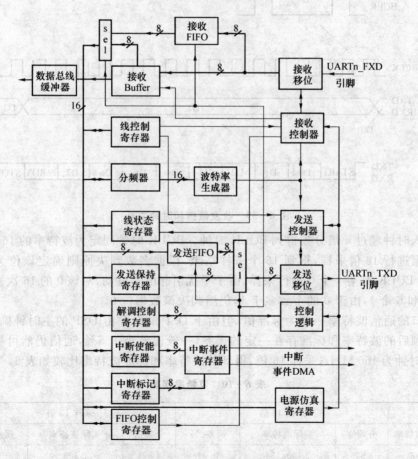

图 6-37 C674x 的 Uart 模块结构

波特率控制部分是 Uart 的关键。DSP 提供给 Uart 模块一个输入时钟,该时钟波特率发生器产生收发时钟信号到收发控制,整个过程如图 6-38 所示。

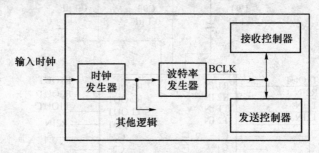

图 6-38　Uart 模块的波特率发生

其中各种时钟信号和收发数据的关系如图 6-39 所示。

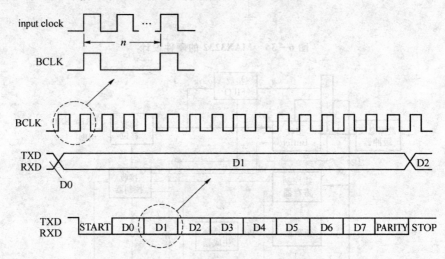

图 6-39　收发数据和时钟关系

输入时钟经过 n 倍分频得到 BCLK 时钟。BCLK 时钟固定为波特率的 16 倍,对某一位数据进行 16 倍采样,得到 16 个采样结果,根据多数判决原则确定该位为 0 还是 1。例如 BCLK 对某一个 0 进行采样,由于干扰引起电平波动,对该 0 的 16 次采样出现 10 个 0 和 6 个 1,由于 0 的个数多于 1,仍然判决该数据位 0。

串口的通信波特率一般为标准值,但由于 DSP 的分频由 DSP 的主时钟确定,所以最终分频后的波特率和标准存在一定的误差,一般误差小于 5%,通信仍然可靠。如果 DSP 主时钟为 150 MHz,采样 16 倍,得到的波特率和标准波特率比较如表 6-10 所列。

表 6-10　波特率误差

标准波特率	采样 16 倍			采样 13 倍		
	分频值	实际波特率	误差/%	分频值	实际波特率	误差/%
2 400	3 906	2 400.154	0.01	4 804	2 399	−0.01
4 800	1 953	4 800.372	0.01	2 404	4 799.646	−0.01

续表 6-10

标准波特率	采样 16 倍			采样 13 倍		
	分频值	实际波特率	误差/%	分频值	实际波特率	误差/%
9 600	977	9 595.701	−0.04	1 202	9 599.386	−0.01
19 200	488	19 211.066	0.06	601	19 198.771	−0.01
38 400	244	38 422.131	0.06	300	38 461.538	0.16
56 000	167	56 137.725	0.25	206	56 011.949	0.02
128 000	73	129 807.7	0.33	90	128 205.128	0.16
3 000 000	3	3 125 000	4.00	4	2 884 615.385	−4.00

6.7.3 软件设计

1. Uart 寄存器定义

```
#define UART0_BASE              0x01C42000
#define UART0_RBR               *(volatile Uint32 *)(UART0_BASE + 0x00)
#define UART0_THR               *(volatile Uint32 *)(UART0_BASE + 0x00)
#define UART0_IER               *(volatile Uint32 *)(UART0_BASE + 0x04)
#define UART0_IIR               *(volatile Uint32 *)(UART0_BASE + 0x08)
#define UART0_FCR               *(volatile Uint32 *)(UART0_BASE + 0x08)
#define UART0_LCR               *(volatile Uint32 *)(UART0_BASE + 0x0C)
#define UART0_MCR               *(volatile Uint32 *)(UART0_BASE + 0x10)
#define UART0_LSR               *(volatile Uint32 *)(UART0_BASE + 0x14)
#define UART0_DLL               *(volatile Uint32 *)(UART0_BASE + 0x20)
#define UART0_DLH               *(volatile Uint32 *)(UART0_BASE + 0x24)
#define UART0_PID1              *(volatile Uint32 *)(UART0_BASE + 0x28)
#define UART0_PID2              *(volatile Uint32 *)(UART0_BASE + 0x2C)
#define UART0_PWREMU_MGMT       *(volatile Uint32 *)(UART0_BASE + 0x30)

#define UART1_BASE              0x01D0C000
#define UART1_RBR               *(volatile Uint32 *)(UART1_BASE + 0x00)
#define UART1_THR               *(volatile Uint32 *)(UART1_BASE + 0x00)
#define UART1_IER               *(volatile Uint32 *)(UART1_BASE + 0x04)
#define UART1_IIR               *(volatile Uint32 *)(UART1_BASE + 0x08)
#define UART1_FCR               *(volatile Uint32 *)(UART1_BASE + 0x08)
#define UART1_LCR               *(volatile Uint32 *)(UART1_BASE + 0x0C)
#define UART1_MCR               *(volatile Uint32 *)(UART1_BASE + 0x10)
#define UART1_LSR               *(volatile Uint32 *)(UART1_BASE + 0x14)
#define UART1_DLL               *(volatile Uint32 *)(UART1_BASE + 0x20)
#define UART1_DLH               *(volatile Uint32 *)(UART1_BASE + 0x24)
```

```c
#define UART1_PID1            *( volatile Uint32 * )( UART1_BASE + 0x28 )
#define UART1_PID2            *( volatile Uint32 * )( UART1_BASE + 0x2C )
#define UART1_PWREMU_MGMT     *( volatile Uint32 * )( UART1_BASE + 0x30 )

#define UART2_BASE            0x01D0D000
#define UART2_RBR             *( volatile Uint32 * )( UART2_BASE + 0x00 )
#define UART2_THR             *( volatile Uint32 * )( UART2_BASE + 0x00 )
#define UART2_IER             *( volatile Uint32 * )( UART2_BASE + 0x04 )
#define UART2_IIR             *( volatile Uint32 * )( UART2_BASE + 0x08 )
#define UART2_FCR             *( volatile Uint32 * )( UART2_BASE + 0x08 )
#define UART2_LCR             *( volatile Uint32 * )( UART2_BASE + 0x0C )
#define UART2_MCR             *( volatile Uint32 * )( UART2_BASE + 0x10 )
#define UART2_LSR             *( volatile Uint32 * )( UART2_BASE + 0x14 )
#define UART2_DLL             *( volatile Uint32 * )( UART2_BASE + 0x20 )
#define UART2_DLH             *( volatile Uint32 * )( UART2_BASE + 0x24 )
#define UART2_PID1            *( volatile Uint32 * )( UART2_BASE + 0x28 )
#define UART2_PID2            *( volatile Uint32 * )( UART2_BASE + 0x2C )
#define UART2_PWREMU_MGMT     *( volatile Uint32 * )( UART2_BASE + 0x30 )

#define UART_RBR              ( 0x00 )
#define UART_THR              ( 0x00 )
#define UART_IER              ( 0x04 )
#define UART_IIR              ( 0x08 )
#define UART_FCR              ( 0x08 )
#define UART_LCR              ( 0x0C )
#define UART_MCR              ( 0x10 )
#define UART_LSR              ( 0x14 )
#define UART_DLL              ( 0x20 )
#define UART_DLH              ( 0x24 )
#define UART_PID1             ( 0x28 )
#define UART_PID2             ( 0x2C )
#define UART_PWREMU_MGMT      ( 0x30 )
```

2. 变量定义

```c
typedef struct {
    volatile Uint32 RBR;
    volatile Uint32 IER;
    volatile Uint32 IIR;
    volatile Uint32 LCR;
    volatile Uint32 MCR;
    volatile Uint32 LSR;
    Uint32 rsvd_18;
    Uint32 rsvd_1c;
```

```c
        volatile Uint32 DLL;
        volatile Uint32 DLH;
        volatile Uint32 PID1;
        volatile Uint32 PID2;
        volatile Uint32 PWREMU_MGMT;
    } UART_REGS;

    #define THR     RBR
    #define FCR     IIR

    typedef struct {
        UART_REGS * regs;
    } UART_OBJ;

    static UART_OBJ UART_MODULE_0 = { ( UART_REGS * )UART0_BASE };
    static UART_OBJ UART_MODULE_1 = { ( UART_REGS * )UART1_BASE };
    static UART_OBJ UART_MODULE_2 = { ( UART_REGS * )UART2_BASE };

    typedef UART_OBJ * UART_Handle;

UART_Handle   EVMOMAPL137_UART_open( Uint16 id, Uint32 baudrate );
Int16         EVMOMAPL137_UART_close( UART_Handle UartHandle );

Int16 EVMOMAPL137_UART_xmtReady( UART_Handle UartHandle );
Int16 EVMOMAPL137_UART_rcvReady( UART_Handle UartHandle );

Int16 EVMOMAPL137_UART_putChar( UART_Handle UartHandle, Uint8 data );
Int16 EVMOMAPL137_UART_getChar( UART_Handle UartHandle, Uint8 * data );
```

3. Uart 初始化程序

```c
UART_Handle EVMOMAPL137_UART_open( Uint16 id, Uint32 baudrate )
{
    UART_Handle uart_handle;
    Uint32 divisor;
    volatile Uint16 dummy;
    divisor = 24000000 / ( baudrate * 16 );

    switch ( id )
    {
        case 0:
            uart_handle = ( UART_Handle )&UART_MODULE_0;
            break;
        case 1:
```

```
                uart_handle = ( UART_Handle )&UART_MODULE_1;
                break;
            case 2:
                uart_handle = ( UART_Handle )&UART_MODULE_2;
                break;
            default:
                return ( UART_Handle ) - 1;
    }


    uart_handle->regs->PWREMU_MGMT = 0;
    EVMOMAPL137_wait( 100 );

    uart_handle->regs->DLL = (divisor & 0xff);      // 设置波特率
    uart_handle->regs->DLH = (divisor >> 8);

    uart_handle->regs->FCR = 0x0007;      // 清空收发 FIFOs
    uart_handle->regs->FCR = 0x0000;      // 设置非 FIFO 方式
    uart_handle->regs->IER = 0x0007;      // 中断使能
    uart_handle->regs->LCR = 0x0003;      // 8 位数据方式,1 位停止位
    uart_handle->regs->MCR = 0x0000;      // 禁止 RTS,CTS
    uart_handle->regs->PWREMU_MGMT = 0xE001;
    dummy = uart_handle->regs->THR;
    return uart_handle;
}
```

4. 收发和关闭程序

```
Int16 EVMOMAPL137_UART_close( UART_Handle uart_handle  )
{
    return 0;
}


Int16 EVMOMAPL137_UART_xmtReady( UART_Handle uart_handle )
{
    Uint8 lsr_status;

    lsr_status = uart_handle->regs->LSR;
    if (lsr_status & 0x60)
        return 0;    // Ready to transmit
    else
        return 1;
}
```

```c
Int16 EVMOMAPL137_UART_putChar( UART_Handle uart_handle, Uint8 data )
{
    uart_handle->regs->THR = data;
    return 0;
}

Int16 EVMOMAPL137_UART_rcvReady( UART_Handle uart_handle )
{
    Uint8 lsr_status;

    lsr_status = uart_handle->regs->LSR;
    if (lsr_status & 0x1)
        return 0;   // Data ready
    else
        return 1;
}

Int16 EVMOMAPL137_UART_getChar( UART_Handle uart_handle, Uint8 * data )
{
    *data = uart_handle->regs->THR;

    return 0;
}
```

5. 测试程序

```c
Uint8 uart_rx[256];
Uint8 uart_tx[256];

Int16 uart_test()
{
    Int16 i, errors = 0;
    UART_Handle uart0;
    Int32 timeout = 0;
    Int32 test_timeout = 0x100000;

    uart0 = EVMOMAPL137_UART_open( 2, 115200 );

    if ( uart0 == ( UART_Handle )-1 )
        return -1;

    for ( i = 0 ; i < 0x100 ; i++ )
    {
```

```
        uart_tx[i] = i;
        uart_rx[i] = 0;
    }

    for ( i = 64 ; i < 96 ; i++ )
    {
        timeout = test_timeout;
        while( EVMOMAPL137_UART_xmtReady( uart0 ) )
        {
            if ( timeout -- < 0 )
                return -1;
        }

        EVMOMAPL137_UART_putChar( uart0, uart_tx[i] );
        timeout = test_timeout;
        while( EVMOMAPL137_UART_rcvReady( uart0 ) )
        {
            if ( timeout -- < 0 )
                return -1;
        }

        EVMOMAPL137_UART_getChar( uart0, &uart_rx[i] );
    }

    for ( i = 64 ; i < 96 ; i++ )
        if ( uart_tx[i] != uart_rx[i] )
            errors ++ ;

    return errors;
}
```

6.8 SPI 接口设计

串行外围接口 SPI(Serial Peripheral Interface)是 Motorola 公司推出的一种同步串行外围接口,具有 I/O 资源占用少、协议实现简单以及传输速度快等优点,已得到很多半导体生产厂商的支持和认可。目前大多数的 MCU 和 DSP 芯片以及很多的 Flash、A/D 器件都支持 SPI 总线接口。SPI 的传输速率可以很容易地达到 5 Mb/s,如果使用工作频率高的 DSP 或者 MCU,传输速率可以达到 50 Mb/s,甚至 100 Mb/s。SPI 接口要求按照主从方式进行配置,且同一时间内总线上只能有一个主器件。一般情况下,实现 SPI 接口需要 3~4 根信号线,其中同步时钟 SCLK 线用于同步主器件和从器件之间的串行数据,由主器件输出并决定传输速率;主输出从输入 MOSI 线用于主器件的输出从器件的输入;主输入从输出 MISO 线用于从器件的输出主器件的输入;另外还有从选择 SS 线,用于使能从器件。

SPI 主要的不足是从器件不能主动发起传输,同时接收方无法判断数据传输何时结束。这些问题需要在具体应用中通过协议层和应用层来解决。

6.8.1 W25x64

W25x64 是 WinBond 公司的一款 SPI 接口的 Flash 芯片,容量为 64 Mbit,其中每页 4 KB,每块 64 KB。采样双口快读方式,最高支持 150 Mb/s 的传输速率。W25x64 的引脚分布如图 6-40 所示,其引脚说明如表 6-11 所列。

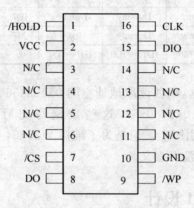

图 6-40 W25x64 的引脚分布

表 6-11 W25x64 的引脚说明

名 称	方 向	功 能	名 称	方 向	功 能
/HOLD	I	保持输入	CLK	I	串行时钟输入
/CS	I	片选	/WP	I	写保护
DO	O	数据输出	GND	—	地
DIO	I/O	数据输入输出	VCC	—	3.3 V 电源
N/C	—	空脚			

W25x64 通过不同命令来区分进行哪一种操作,这些操作包括对 Flash 的读写、擦除、使能以及其他控制功能。命令说明如表 6-12 所列。

表 6-12 W25x64 的命令说明

	字节 1	字节 2	字节 3	字节 4	字节 5	字节 6	字节 7
写使能	0x06						
写禁止	0x04						
读状态寄存器	0x05	S7~S0					

续表 6-12

	字节 1	字节 2	字节 3	字节 4	字节 5	字节 6	字节 7
写状态寄存器	0x01	S7~S0					
读数据	0x03	A23~A16	A15~A8	A7~A0	D7~D0	下字节	连续
快速读	0x0B	A23~A16	A15~A8	A7~A0	Dummy	D7~D0	下字节
双速高速读	0x3B	A23~A16	A15~A8	A7~A0	Dummy	D7~D0	下字节
页编程	0x02	A23~A16	A15~A8	A7~A0	D7~D0	下字节	下字节
块擦除	0xD8	A23~A16	A15~A8	A7~A0			
页擦除	0x20	A23~A16	A15~A8	A7~A0			
芯片擦除	0xC7						
低功耗	0xB9						
唤醒	0xAB	Dummy	Dummy	Dummy	ID7~ID0		
设备 ID	0x90	Dummy	Dummy	0x00	M7~M0	ID7~ID0	
JEDED ID	0x9F	M7~M0	ID15~ID8	ID7~ID0			

如果读 W25x64 的数据,例如读取地址空间 0x123456 起始的 100 个数据,将首先向 W25x64 写 0x03 0x12 0x34 0x56,这些数据写完后,W25x64 就开始从地址 0x123456 中取出数据送到引脚上。但是为了维持 W25x64 的 SPI 时钟,此时主机仍然需要写数据,不过数据本身没有意义。

6.8.2 C674x 的 SPI 设计

C674x DSP 内部集成了 SPI 模块,该模块支持 2~16 位的数据格式、支持 150 MHz 以上的传输速率、可以使用 DMA 方式读写 SPI 设备并且支持 SPI 接收和发送中断。其主要功能有:

(1) 16 位收缓冲器、16 位发缓冲器以及 16 位移位寄存器,可以实现 2~16 位的数据收发,支持大部分 SPI 设备。

(2) 支持 3 线、4 线和 5 线制的 SPI 协议。串行时钟可编程,最高可以支持 150 MHz 的移位时钟。

(3) 支持主机和从机方式。在任何方式下接收和发送数据的延迟可设置,支持 Hold 保持模式。

(4) 引脚具有复用功能,不使用 SPI 时可以将引脚作为通用 I/O 使用。

SPI 模块主要包括模式和时钟产生逻辑单元、数据收单元和数据发单元 3 个部分,其内部结构如图 6-41 所示。

图中 x 表示 0 或 1,虚线表示 DSP 作为从机时数据的传输路径。

SPI 模块相互之间的连接有 3 线制、4 线制和 5 线制,最常用的 4 线制又分为片选 4 线制和使能 4 线制两个。其中片选 4 线制连接以及通信时序如图 6-42 所示。

在片选信号低有效时,SPI 的时钟输出,此时接收方和发送方都可以按照时钟输出

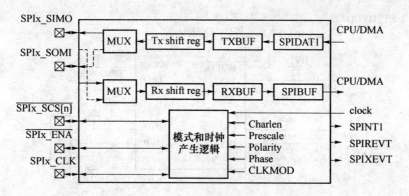

图 6-41　C674x 的 SPI 模块结构

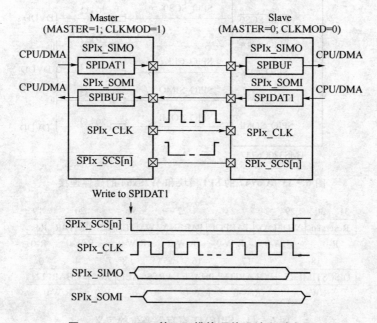

图 6-42　C674x 的 SPI 模块硬件设计和时序图

数据。一般主机在上升沿发送数据,从机延迟半个时钟周期,在下降沿发送数据。

C6747 的 SPI 模块和 W25x64 的硬件连接如图 6-43 所示。

图中 6-43 采用 4 线制接口方式,为了提高通信的可靠性,将时钟和片选信号上拉,数据线根据信号方向进行上拉或者下拉。由于未采用使能信号,所以将使能引脚固定接地。

SPIFMT 为 SPI 数据格式寄存器,是设置 SPI 模块的关键,该寄存器各位定义如图 6-44 所示。

第 0~4 位:CHARLEN,读写位。设置 SPI 传输位数,可以设置为 2~16 位。

第 5~7 位:预留。

第 8~15 位:PRESCALE,读写位。设置分频数,可以设置为 2~255,如果设置值

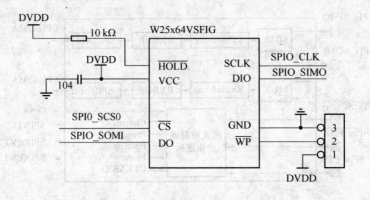

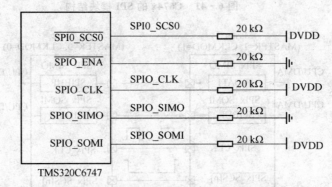

图 6-43 C6747 的 SPI 模块和 W25x64 的硬件连接

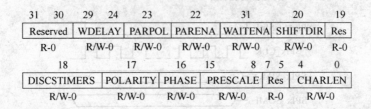

图 6-44 SPIFMT 寄存器各位的定义

为 x,则分频为主时钟/(x+1)。

第 16 位:PHASE,读写位。设置 SPI 的 CLK 延迟,0 表示 CLK 和数据之间没有延迟;1 表示 CLK 和数据之间有半个时钟的延迟。

第 17 位:POLARITY,读写位。设置 SPI 的 CLK 停止通信时的极性,0 表示 CLK 为低电平;1 表示为高电平。

第 18 位:DISCSTIMERS,读写位。设置片选时间,0 表示片选有效时间包括 C2TDELAY 和 T2CDELAY 定义的时钟周期;1 表示片选时间不包括这些位定义的时钟周期。

第 19 位:预留。

第 20 位:SHIFTDIR,读写位。设置数据移位方向,0 表示最高位首先移出,发送或者接收时最高位在前;1 表示最低位首先移出。

第 21 位:WAITENA,读写位。主机时该位有效,从机时该位无意义。设置主机是否等待从机的使能,0 表示主机不关心从机的使能,直接发送数据;1 表示主机只有收到从机的使能信号后,才发送数据。

第 22 位:PARENA,读写位。设置奇偶校验,0 表示禁止奇偶校验;1 表示使能奇偶校验。在传输结束时,发送方读取接收方的奇偶校验结果,并和自身奇偶校验进行比较,如果错误,将 PARERR 位置高。

第 23 位:PARPOL,读写位。设置校验方式,0 表示进行偶校验;1 表示进行奇校验。

第 24~29 位:WDELAY,读写位。设置两次发送之间的延迟时间,根据从机的响应速度确定延迟时间。

第 30~31 位:预留。

6.8.3 软件设计

1. SPI 寄存器定义

```
#define SPI_BASE              0x01C41000
#define SPI_SPIGCR0           *(volatile Uint32 *)(SPI_BASE + 0x0)
#define SPI_SPIGCR1           *(volatile Uint32 *)(SPI_BASE + 0x4)
#define SPI_SPIINT            *(volatile Uint32 *)(SPI_BASE + 0x8)
#define SPI_SPILVL            *(volatile Uint32 *)(SPI_BASE + 0xc)
#define SPI_SPIFLG            *(volatile Uint32 *)(SPI_BASE + 0x10)
#define SPI_SPIPC0            *(volatile Uint32 *)(SPI_BASE + 0x14)
#define SPI_SPIPC2            *(volatile Uint32 *)(SPI_BASE + 0x1c)
#define SPI_SPIDAT1_TOP       *(volatile Uint16 *)(SPI_BASE + 0x3c)
#define SPI_SPIDAT1           *(volatile Uint32 *)(SPI_BASE + 0x3c)
#define SPI_SPIDAT1_PTR16     *(volatile Uint16 *)(SPI_BASE + 0x3e)
#define SPI_SPIDAT1_PTR8      *(volatile Uint8  *)(SPI_BASE + 0x3f)
#define SPI_SPIBUF            *(volatile Uint32 *)(SPI_BASE + 0x40)
#define SPI_SPIBUF_PTR16      *(volatile Uint16 *)(SPI_BASE + 0x42)
#define SPI_SPIBUF_PTR8       *(volatile Uint8  *)(SPI_BASE + 0x43)
#define SPI_SPIEMU            *(volatile Uint32 *)(SPI_BASE + 0x44)
#define SPI_SPIDELAY          *(volatile Uint32 *)(SPI_BASE + 0x48)
#define SPI_SPIDEF            *(volatile Uint32 *)(SPI_BASE + 0x4c)
#define SPI_SPIFMT0           *(volatile Uint32 *)(SPI_BASE + 0x50)
#define SPI_SPIFMT1           *(volatile Uint32 *)(SPI_BASE + 0x54)
#define SPI_SPIFMT2           *(volatile Uint32 *)(SPI_BASE + 0x58)
#define SPI_SPIFMT3           *(volatile Uint32 *)(SPI_BASE + 0x5c)
#define SPI_INTVEC0           *(volatile Uint32 *)(SPI_BASE + 0x60)
#define SPI_INTVEC1           *(volatile Uint32 *)(SPI_BASE + 0x64)
```

2. W25x64 变量定义

```
#define spiflash_SIZE           0x400000
#define spiflash_BASE           0x00000000
#define spiflash_PAGESIZE       256
#define spiflash_PAGEMASK       0xffffff00
#define spiflash_SECTORSIZE     4096
#define spiflash_SECTORMASK     0xfffff000

/*    SPI Flash Commands    */

#define spiflash_CMD_WREN       0x06
#define spiflash_CMD_WRDI       0x04
#define spiflash_CMD_RDSR       0x05
#define spiflash_CMD_WRSR       0x01
#define spiflash_CMD_READ       0x03
#define spiflash_CMD_WRITE      0x02
#define spiflash_CMD_ERASEBLK   0xD8
#define spiflash_CMD_ERASESEC   0x20
#define spiflash_CMD_ERASECHIP  0xC7
#define spiflash_CMD_MFGID      0x90
```

3. W25x64 初始化程序

```
static Uint8 spiflashbuf[spiflash_PAGESIZE + 6];
static Uint8 statusbuf[8];
static Uint32 spidat1;

void spiflash_init( )
{
    SPI_SPIGCR0 = 0;
    EVMOMAPL137_wait( 1000 );

    SPI_SPIGCR0 = 1;

    /* SPI 4 - Pin Mode setup */
    SPI_SPIGCR1 = 0
        | ( 0 << 24 )
        | ( 0 << 16 )
        | ( 1 << 1 )
        | ( 1 << 0 );

    SPI_SPIPC0 = 0
        | ( 1 << 11 )    // DI
```

```
        | ( 1 << 10 )        // DO
        | ( 1 << 9 )         // CLK
        | ( 1 << 1 )         // EN1
        | ( 1 << 0 );        // EN0

    SPI_SPIFMT0 = 0
        | ( 0 << 20 )        // SHIFTDIR
        | ( 0 << 17 )        // Polarity
        | ( 1 << 16 )        // Phase
        | ( 4 << 8 )         // Prescale to 30MHz
        | ( 8 << 0 );        // Char Len

    spidat1 = 0
        | ( 1 << 28 )        // CSHOLD
        | ( 0 << 24 )        // Format [0]
        | ( 2 << 16 )        // CSNR   [only CS0 enbled]
        | ( 0 << 0 );        //

    SPI_SPIDAT1 = spidat1;

    SPI_SPIDELAY = 0
        | ( 8 << 24 )        // C2TDELAY
        | ( 8 << 16 );       // T2CDELAY

    SPI_SPIDEF = 0
        | ( 1 << 1 )         // EN1 inactive high
        | ( 1 << 0 );        // EN0 inactive high

    SPI_SPIINT = 0
        | ( 0 << 16 )        //
        | ( 0 << 8 )         //
        | ( 0 << 6 )         //
        | ( 1 << 4 );        //

    SPI_SPILVL = 0
        | ( 0 << 8 )         // EN0
        | ( 0 << 6 )         // EN0
        | ( 0 << 4 );        // EN0


    /* Enable SPI */
    SPI_SPIGCR1 |= ( 1 << 24 );
}
```

4. W25x64 操作程序

```c
void spiflash_cycle(Uint8 * buf, Uint16 len)
{
    Uint16 i;

    SPI_SPIBUF;

    for (i = 0; i <= len; i++)
    {
        while( SPI_SPIBUF & 0x10000000 );
        if ( i == len )
            SPI_SPIDAT1 = (spidat1 & 0x0ffcffff) | buf[i];
        else
            SPI_SPIDAT1 = spidat1 | buf[i];

        while ( SPI_SPIBUF & ( 0x80000000 ) );
        buf[i] = SPI_SPIBUF;
    }
}

Uint8 spiflash_status( )
{
    statusbuf[0] = spiflash_CMD_RDSR;
    statusbuf[1] = 0;

    spiflash_cycle(statusbuf, 2);
    return statusbuf[1];
}

void spiflash_read( Uint32 src, Uint32 dst, Uint32 length )
{
    Int32 i;
    Uint8 * psrc, * pdst;

    spiflashbuf[0] = spiflash_CMD_READ;
    spiflashbuf[1] = ( src >> 16);
    spiflashbuf[2] = ( src >> 8 );
    spiflashbuf[3] = ( src >> 0 );

    spiflash_cycle(spiflashbuf, length + 5);

    pdst = ( Uint8 * )dst;
```

```c
    psrc = spiflashbuf + 4;
    for ( i = 0 ; i < length ; i++ )
        *pdst++ = *psrc++;
}

void spiflash_erase( Uint32 base, Uint32 length )
{
    Int32 bytes_left, bytes_to_erase, eraseaddr;
    Int32 temp0,tenp1;

    eraseaddr = base;
    bytes_left = length;

    while (bytes_left > 0 )
    {
        bytes_to_erase = bytes_left;
        if (bytes_to_erase > spiflash_SECTORSIZE)
            bytes_to_erase = spiflash_SECTORSIZE;

        temp0 = eraseaddr & spiflash_SECTORSIZE;
        temp1 = (eraseaddr + bytes_to_erase) & spiflash_SECTORMASK;
        if (temp0 != temp1)
            bytes_to_erase -= (eraseaddr + bytes_to_erase);
            bytes_to_erase -= ((eraseaddr + bytes_to_erase) & spiflash_SECTORMASK);

        spiflashbuf[0] = spiflash_CMD_WREN;
        spiflash_cycle(spiflashbuf, 0);

        spiflashbuf[0] = spiflash_CMD_ERASESEC;
        spiflashbuf[1] = ( Uint8 )( eraseaddr >> 16 );
        spiflashbuf[2] = ( Uint8 )( eraseaddr >> 8 );
        spiflashbuf[3] = ( Uint8 )( eraseaddr );
        spiflash_cycle(spiflashbuf, 3);

        while( ( spiflash_status( ) & 0x01 ) );

        bytes_left -= bytes_to_erase;
        eraseaddr += bytes_to_erase;
    }
}

void spiflash_write( Uint32 src, Uint32 dst, Uint32 length )
{
```

```c
    Uint32 i;
    Uint32 bytes_left;
    Uint32 bytes_to_program;
    Uint8 * psrc;

    psrc = ( Uint8 * )src;
    bytes_left = length;

    while ( bytes_left > 0 )
    {
        bytes_to_program = bytes_left;

        if ( bytes_to_program > spiflash_PAGESIZE )
            bytes_to_program = spiflash_PAGESIZE;

    if ( ( dst & spiflash_PAGEMASK ) != ( ( dst + bytes_to_program ) & spiflash_PAGEMASK ) )
        bytes_to_program - = ( dst + bytes_to_program );
        bytes_to_program - = ( ( dst + bytes_to_program ) & spiflash_PAGEMASK );

        spiflashbuf[0] = spiflash_CMD_WREN;
        spiflash_cycle(spiflashbuf, 0);

        spiflashbuf[0] = spiflash_CMD_WRITE;
        spiflashbuf[1] = ( Uint8 )( dst >> 16 );
        spiflashbuf[2] = ( Uint8 )( dst >> 8 );
        spiflashbuf[3] = ( Uint8 )( dst );

        for ( i = 0 ; i < bytes_to_program ; i++ )
            spiflashbuf[4 + i] = * psrc ++ ;

        spiflash_cycle(spiflashbuf, bytes_to_program + 3 );

        while( ( spiflash_status( ) & 0x01 ) );

        bytes_left - = bytes_to_program;
        dst += bytes_to_program;
    }
}
```

5. 测试程序

```c
Int16 spiflash_test( )
{
    Int16 i, j;
```

```c
    Uint8 * p8;

    spiflash_init( );
    spiflash_init( );

    spiflash_erase( 0, 4 * spiflash_PAGESIZE );

    for ( i = 0 ; i < 4 ; i++ )
    {
        p8 = ( Uint8 * )tx;
        for ( j = 0 ; j < spiflash_PAGESIZE ; j++ )
            * p8++ = ( Uint8 )( j + i + 8 );
        spiflash_write( ( Uint32 )tx, i * spiflash_PAGESIZE, spiflash_PAGESIZE );
    }

    for ( j = 0 ; j < spiflash_PAGESIZE ; j++ )
        rx[j] = 0;

    for ( i = 0 ; i < 4 ; i++ )
    {
        spiflash_read( i * spiflash_PAGESIZE, ( Uint32 )rx, spiflash_PAGESIZE );
        p8 = ( Uint8 * )rx;
        for ( j = 0 ; j < spiflash_PAGESIZE ; j++ )
            if ( ( * p8++ ) != ( Uint8 )( i + j + 8 ) )
                return 1;    // Fail
    }
    return 0;
}
```

6.9 BOOT 设计

C6747 内部没有集成存储单元,断电后其内部所有单元的数据都会丢失。自引导启动(BOOT)就是指由 DSP 系统上电之后,系统在脱离仿真环境之下,通过外部设备将程序装入内部存储器之中,实现程序的引导启动。大部分 DSP 都带有从 Flash 自启动的功能,有些 DSP 在片内集成了 Flash。

6.9.1 BOOT 过程

C6747 提供多种 BOOT 方式,这些 BOOT 程序在芯片出厂时已经固化在 DSP 的 ROM 中,存储在起始地址为 0x1170 0000 的单元内,用户可以使用 CCS 软件查看。

BOOT 程序支持很多方式，上电时 BOOT 引脚的状态确定采用哪种方式 BOOT。C6747 为了提高兼容和扩展功能，提供了 BOOT[15～0]共 16 个引脚，但实际发挥作用的只有 5 个引脚，这些引脚的上电状态对应的启动方式如表 6-13 所列。

表 6-13 引脚上电状态对应的 BOOT 方式

BOOT[7]	BOOT[2]	BOOT[1]	BOOT[0]	BOOT[3]	BOOT 方式
0	0	0	1	0 或 1	NOR
0	0	1	0	0 或 1	HPI
0	1	0	1	0 或 1	SPI0 Flash
0	1	1	0	0 或 1	SPI1 Flash
0	1	1	1	0 或 1	NAND 8
1	0	0	0	0	NAND 16
0	0	0	0	0	I2C0 Master
0	0	0	0	1	I2C0 Slave
0	0	1	1	0	I2C1 Master
0	0	1	1	1	I2C1 Slave
0	1	0	0	0	SPI0 EEPROM
0	1	0	0	1	SPI1 EEPROM
1	0	0	0	1	SPI0 Slave
1	0	0	1	1	SPI1 Slave
1	0	1	0	1	Uart 0
1	0	1	1	1	Uart 1
1	1	0	1	0	Uart 2
1	1	1	1	0	Debug

这些方式中，串口和 HPI 方式直接从 PC 机（或者其他主机）启动，硬件设计中不需要 Flash 芯片，但硬件必须支持这两种通信方式。其他的启动方式都需要 Flash 芯片。所以用户必须将代码写入 Flash 中，才能进行 BOOT。

把代码写入 Flash 的办法有以下几种：
(1) 使用通用烧写器写入；
(2) 使用 CCS 中自带的 FlashBurn 工具；
(3) 用户自己编写烧写 Flash 的程序，由 DSP 将内存映像写入 Flash。

其中使用通用烧写器烧写需要将内存映像转换为二进制格式的文件，而且要求 Flash 器件是可插拔封装的。这将导致器件的体积较大，给用户的设计带来不便。使用 TI 公司提供的 FlashBurn 工具的好处在于直观方便，其提供的图形界面可以方便地对 Flash 执行擦除、编程和查看内容等操作，但这种方法也有一定的缺点。首先 Flash-Burn 工具运行时需要下载一个.out 镜像 FBTC（FlashBurn Target Component）到

DSP 系统中,然后由上位 PC 机通过仿真器发送消息(指令和数据)给下位 DSP,具体对 Flash 的操作由 FBTC 执行(FBTC 实际上就是一个简化的 CCS)。然而,这个 FBTC 一般是针对 TI 公司提供的 DSK 专门编写的,与板上使用的接口宽度、操作关键字(因生产厂商不同而各异)都有关,所以不一定适合用户自己制作的硬件。如果用户的电路板上使用的是与 DSK 同品牌的 Flash 芯片,接口为大一倍,那么使用 FlashBurn 工具烧写将只有一半的 Flash 容量能够被使用,这就造成了 Flash 存储器资源的浪费,同时限制了用户开发的灵活性。TI 公司提供了 FBTC 的源代码供有需要的用户修改,但需要去了解 FBTC 的运行机制及其与上位机的通信协议,并对 Flash 烧写函数进行修改。用户可能需要修改的地方包括:Flash 编程的关键字和地址以及 BurnFlash 函数中的数据指针和接口的配置。这就给用户开发带来了不便,使用户把开发时间浪费在了解一个并不算简单的 Flash 烧写工具上。

　　用户自己编程烧写 Flash 的方法较为灵活,避免了文件格式转换的繁琐。不过此方法要求用户对自己使用的 Flash 芯片较为熟悉。通常采用的 Flash 烧写程序是单独建立一个工程,先把用户应用程序(包含二级 Bootloader)编译生成的 .out 文件装载到目标 DSP 系统的 RAM 中,再把烧写 Flash 的工程编译生成的 .out 文件装载到目标 DSP 系统 RAM 的另一地址范围,执行 Flash 烧写程序,完成对 Flash 的烧写。这个办法要注意避免两次装载可能产生的地址覆盖,防止第 2 次装载修改了应该写入 Flash 的第 1 次装载的内容。实际上,可以将 Flash 烧写程序嵌入到用户主程序代码中,这些代码主要包括 Flash 地址、读取数据大小、存储地址以及返回地址等。一般采用汇编完成,因为在所有程序 BOOT 之前,C 语言的架构还没有构建好,所以 C 语言无法使用。由于 C6747 不需要进行此项工作,所以这里给出 C6455 关于启动的汇编代码。

```
            .title   "Flash bootup utility for 6455 "
            .option  D,T
            .length  102
            .width   140

COPY_TABLE  .equ     0xB0000400

            .sect    ".boot_load"
            .global  _boot

_boot:
            zero B1
_myloop:    ;[!B1] B _myloop
            nop 5
_myloopend: nop

;****************************************************************
;* Copy code sections
```

```
; ****************************************************************************
            mvkl    COPY_TABLE, a3      ; load table pointer
            mvkh    COPY_TABLE, a3

            ldw     *a3++, b1           ; Load entry point

copy_section_top:
            ldw     *a3++, b0           ; byte count
            ldw     *a3++, a4           ; ram start address
            nop     3

[!b0]       b       copy_done           ; have we copied all sections?
            nop     5

copy_loop:
            ldb     *a3++, b5
            sub     b0,1,b0             ; decrement counter
[b0]        b       copy_loop           ; setup branch if not done
[!b0]       b       copy_section_top
            zero    a1
[!b0]       and     3,a3,a1
            stb     b5, *a4++
[!b0]       and     -4,a3,a5            ; round address up to next multiple of 4
[a1]        add     4,a5,a3             ; round address up to next multiple of 4


; ****************************************************************************
; * Jump to entry point
; ****************************************************************************
copy_done:
            b       .S2 b1
            nop     5
            nop     5
```

6.9.2 BOOT 工具

为了简化用户的工作,TI 公司针对 C674x 系列的 DSP 专门开发了一个 AISgen 软件工具,该软件可以免费从 TI 网站得到。下载安装运行后,主界面如图 6-45 所示。

主界面下的 Boot mode 下拉后出现如图 6-46 所示界面。

每一种启动方式都有相应的设置,主要包括 PLL、EMIFA 以及 EMIFB 等。

AISgen 需要从 DSP Application 窗口输入工程编译后生成的. out 文件,运行软件后,从 AIS File 窗口输出. bin 文件。这个过程实际上节省了用户的 BOOT 编程,不需

第 6 章 硬件系统开发

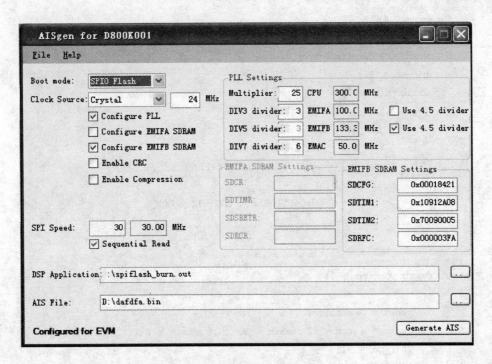

图 6-45 AISgen 主界面

图 6-46 BOOT mode 选项

要在用户工程中加入汇编代码来实现两次启动了。同时,用户也不用关心每种接口的启动配置。生成 .bin 文件后,用户使用软件将该文件写入到 Flash 中即可。为了确保写入数据的可靠性,AISgen 提供对数据的 CRC 校验,其校验程序如下:

// data_ptr :校验数据的首地址,必须以 00 结尾,也就是首地址是 4 的倍数
// size :校验数据个数,校验数据位数固定为 32 位
// crc :承袭上次的校验,如果没有承袭,则为 0

·365·

```
        for (size / 4)
        {
            word = * dataPtr ++ ;
            bit_no = 31;
            while (bit_no >= 0)
            {
                bit_no -- ;
                msb_bit = crc & 0x80000000;
                crc = ((word >> bit_no) & 0x1)^(crc << 1);
                if (msb_bit)
                    crc ^= 0x04C11DB7; // CRC-32 多项式
            }
        }

        if (remain = size % 4)
        {
            word = * dataPtr;
            word = (word << remain * 8) >> remain * 8;
            bit_no = 31;
            while (bit_no >= 0)
            {
                bit_no -- ;
                msb_bit = crc & 0x80000000;
                crc = ((word >> bit_no) & 0x1)^(crc << 1);
                if (msb_bit)
                    crc ^= 0x04C11DB7; // CRC-32 多项式
            }
        }
```

6.9.3 软件设计

1. 编程程序

```
#define FILE2FLASH  "11.bin"
#include <stdio.h>
#include <stdlib.h>
#include "evmc6747/evmc6747.h"
#include "spiflash.h"
#include "init.h"

void main( void )
{
```

```c
Uint32 i = 0;
Uint32 error = 0;
Uint32 length_to_burn = 0;
Uint32 length_left = 0;
FILE * fp;
Uint32 dst = 0;
Uint8 tx[spiflash_PAGESIZE];
Uint8 rx[spiflash_PAGESIZE];
int file_start,file_end,file_length;
int pos = 0;

Setup_System_Config( );
Setup_PLL();
Setup_Psc_All_On( );
Setup_EMIFA();
Setup_EMIFB();

printf("Start to write the SPI Flash...\n");

//step1:检测待写入文件是否存在
if((fp = fopen(FILE2FLASH,"rb")) = = NULL)
{
    printf("\tThe file is not exsit! \n");
    exit(0);
}
printf("\tstep(1/3):file checking:ok\n\n");

//step2:检测文件大小,擦除 flash
fseek(fp,0,0);
fgetpos(fp,&file_start);
fseek(fp,0,2);
fgetpos(fp,&file_end);
file_length = file_end - file_start;

printf("\tstep(2/3):flash erase start...\n");
for(i = 0;i<1 + file_length/(64 * 1024);i + + )
    spiflash_block_erase(i);
printf("\t\tflash erase:ok\n\n");

//step3:将文件写入 Flash
printf("\tstep(3/3):Flashing,wait.....\n");
length_left = file_length;
rewind(fp);
fgetpos(fp,&pos);
```

```c
    while(pos!= file_end)
    {
        if (length_left>256)
            length_to_burn = 256;
        else
            length_to_burn = length_left;
        fread(tx,1,length_to_burn,fp);
        fgetpos(fp,&pos);
        spiflash_write((Uint32)tx,(Uint32)dst,length_to_burn);
        spiflash_read((Uint32)dst,(Uint32)rx,length_to_burn);
        for(i = 0;i<length_to_burn;i++)
        {
            if (tx[i]!= rx[i])
                error++;
        }
        dst+= length_to_burn;
        length_left = length_left - length_to_burn;
    }

    fclose(fp);

    if(error)
        printf("\t\tburn failed\n");
    else
        printf("congratulations!!! \n");
}
```

2. SPI 快速擦除程序

```c
void spiflash_sector_erase(Uint32 sector_num)   //0<= sector_num<1024 for 32 Mb spi flash
{
    Uint32 eraseaddr = spiflash_SECTORSIZE * sector_num;

    spiflashbuf[0] = spiflash_CMD_WREN;
    spiflash_cycle(spiflashbuf, 1);

    spiflashbuf[0] = spiflash_CMD_ERASESEC;
    spiflashbuf[1] = ( Uint8 )( eraseaddr >> 16 );
    spiflashbuf[2] = ( Uint8 )( eraseaddr >> 8 );
    spiflashbuf[3] = ( Uint8 )( eraseaddr );
    spiflash_cycle(spiflashbuf, 4);

    while( ( spiflash_status( ) & 0x01 ) );
}
```

```c
void spiflash_block_erase(Uint32 block_num)   //0 =<block_num<64 for 32 Mb spi flash
{
    Uint32 eraseaddr = spiflash_BLOCKSIZE * block_num;

    spiflashbuf[0] = spiflash_CMD_WREN;
    spiflash_cycle(spiflashbuf, 1);

    spiflashbuf[0] = spiflash_CMD_ERASEBLK;
    spiflashbuf[1] = ( Uint8 )( eraseaddr >> 16 );
    spiflashbuf[2] = ( Uint8 )( eraseaddr >> 8 );
    spiflashbuf[3] = ( Uint8 )( eraseaddr );
    spiflash_cycle(spiflashbuf, 4);

    while( ( spiflash_status( ) & 0x01 ) );
}

void spiflash_chip_erase()
{
    spiflashbuf[0] = spiflash_CMD_WREN;
    spiflash_cycle(spiflashbuf, 1);

    spiflashbuf[0] = spiflash_CMD_ERASECHIP;
    spiflash_cycle(spiflashbuf, 1);

    while( ( spiflash_status( ) & 0x01 ) );
}
```

3. 中断向量程序

```
.global _vectors
.global _c_int00
.global _vector1
.global _vector2
.global _vector3
.global _emac_isr_tx
.global _emac_isr_rx
.global _vector6
.global _vector7
.global _vector8
.global _vector9
.global _vector10
.global _vector11
.global _vector12
```

```
        .global _vector13
        .global _vector14      ; Hookup the c_int14 ISR in main()
        .global _vector15

        .ref _c_int00
        .ref _emac_isr_tx
        .ref _emac_isr_rx

VEC_ENTRY .macro addr
    STW   B0, * --B15
    MVKL  addr,B0
    MVKH  addr,B0
    B     B0
    LDW   *B15++,B0
    NOP   2
    NOP
    NOP
    .endm


_vec_dummy:
    B     B3
    NOP   5


.sect ".vecs"
.align 1024

_vectors:
_vector0:   VEC_ENTRY _c_int00      ;RESET
_vector1:   VEC_ENTRY _vec_dummy    ;NMI
_vector2:   VEC_ENTRY _vec_dummy    ;RSVD
_vector3:   VEC_ENTRY _vec_dummy
_vector4:   VEC_ENTRY _emac_isr_tx
_vector5:   VEC_ENTRY _emac_isr_rx
_vector6:   VEC_ENTRY _vec_dummy
_vector7:   VEC_ENTRY _vec_dummy
_vector8:   VEC_ENTRY _vec_dummy
_vector9:   VEC_ENTRY _vec_dummy
_vector10:  VEC_ENTRY _vec_dummy
_vector11:  VEC_ENTRY _vec_dummy
_vector12:  VEC_ENTRY _vec_dummy
_vector13:  VEC_ENTRY _vec_dummy
_vector14:  VEC_ENTRY _vec_dummy
_vector15:  VEC_ENTRY _vec_dummy
```

第6章 硬件系统开发

4. 配置文件

-l rtslib/fastrts67x.lib

-l rtslib/rts6740.lib

-l evmc6747/evmc6747bsl.lib

-l dsplib674x/dsplib674x.lib

```
-stack         0x00001000        /* Stack Size */
-heap          0x00001000        /* Heap Size */

MEMORY
{
    VECS:      o = 0x80000000    l = 0x00000200
    ARMRAM:    o = 0xFFFF0080    l = 0x00001f80
    DSPRAM:    o = 0x11800000    l = 0x00040000
    SHAREDRAM: o = 0x80000200    l = 0x0001fe00
    SDRAM:     o = 0xC0000000    l = 0x20000000
}

SECTIONS
{
    .vecs      >    VECS
    .bss       >    DSPRAM
    .cinit     >    DSPRAM
    .cio       >    DSPRAM
    .const     >    DSPRAM
    .stack     >    DSPRAM
    .sysmem    >    DSPRAM
    .text      >    DSPRAM
    .switch    >    DSPRAM
    .far       >    DSPRAM
}
```

6.10 EMAC接口设计

EMAC为DSP的网络接口,如果DSP有信息需要交互(例如DSP有数据需要分发或者远程用户控制DSP),则必须有访问路径。EMAC接口能够将DSP连接到网络上,通过电缆(双绞线、同轴电缆或光纤)发送信号或者使用无线技术(红外线、微波或无线电波)进行通信。EMAC接口的作用是准备数据并向另一用户发送数据以及接收另一用户的数据。

为了实现DSP和互联网的连接,需要实现各个层次的软硬件设计。一般除了物理层,其他层都由 DSP 的软件(NDK 和用户应用程序)完成。物理层一般通过专用芯片实现。提供物理层驱动芯片的厂家很多,下面介绍 KSZ8001 和 C6747DSP 的软硬件连接。

6.10.1 KSZ8001

KSZ8001 是 WinBond 公司的一款网络物理层接口芯片,支持 10/100 M 传输速率,支持 MII、RMII 以及 SMII 等 3 种接口方式,遵循 IEEE802.3 协议,功耗仅 250 mW。KSZ8001 的引脚分布如图 6-47 所示,其引脚说明如表 6-14 所列。

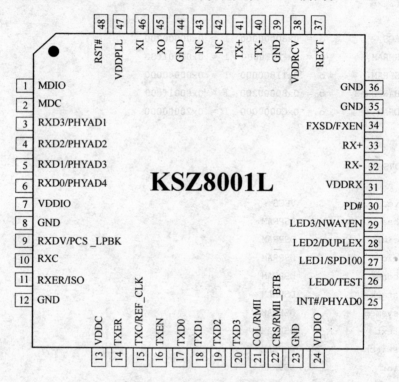

图 6-47 KSZ8001 的引脚分布

表 6-14 KSZ8001 的引脚说明

名称	功能	名称	功能
MDIO	MII 接口的数据引脚	COL	MII 冲突检测输出
MDC	MII 接口的时钟引脚	CRS	MII 载波检测输出
RXD[3:0]	MII 接口的收数据引脚	LED[3:0]	信号灯输出
TXD[3:0]	MII 接口的发数据引脚	FXSD	光纤模式使能
RXDV	接收数据有效标志	REXT	连接 6.65 K 电阻到地
RXC	输出时钟	RX+	差分接收引脚+

续表 6-14

名 称	功 能	名 称	功 能
TXC	发送时钟	RX−	差分接收引脚−
RXER	接收错误标志	TX+	差分发送引脚+
TXER	发送错误标志	TX−	差分发送引脚−
TXEN	发送使能输出	XO	晶体时钟输出
INT#	MII 接口中断输出	XI	晶体时钟输入
RST#	芯片复位	PD#	芯片低功耗设置
VDDPLL	1.8 V 锁相环电源	VDDRX	1.8 V 模拟电源
VDDRCV	3.3 V 模拟电源	VDDIO	3.3 V 数字电源
VDDC	1.8 V 数字电源	GND	地
NC	空引脚		

KSZ8001 主要由接收/发送器、脉冲整形、编/解码器、并串/串并转换、时钟恢复、自动协调以及引脚驱动等模块组成,如图 6-48 所示。

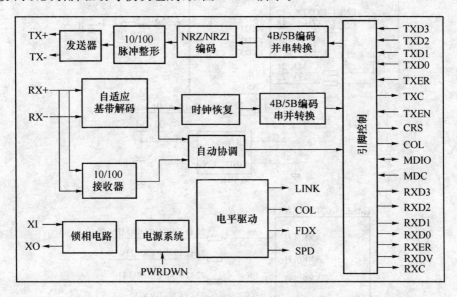

图 6-48 KSZ8001 的内部结构图

KSZ8001 为 DSP 和网络提供传送数据的通路,主要实现了以下功能:

(1) 设计了符合协议标准的接口线的信号电平、发生器的输出阻抗、接收器的输入阻抗等电气参数,其外网络接口直接和网络变压器连接即可。

(2) 实现了收发数据的编码和解码,主要是实现 8/10(或者 4/5)编码,以及将接收的串行数据转换成并行数据(发送并行数据转换成串行数据)功能。

(3) 实现和链路层(这里链路层就是 DSP)的无缝连接。

6.10.2 硬件设计

KSZ8001 和 C6747 的连接如图 6-49 所示。为了可靠通信,KSZ8001 和 C6747 的 MAC 模块需要共用一个时钟源,图中使用 50 MHz 晶振分别连接到 C6747 和 KSZ8001。

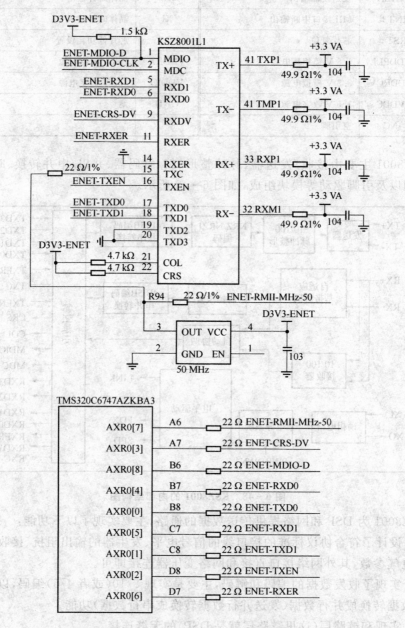

图 6-49 KSZ8001 和 C6747 的连接

KSZ8001 的电源和地的引脚设计如图 6-50 所示。其中电源引脚需要考虑锁相环的 1.8 V 电源输入以及芯片的 3.3 V 和 1.8 V 输入,这些输入一般采用稳压电源设计,从而提高数据通信的可靠性和通信速度。

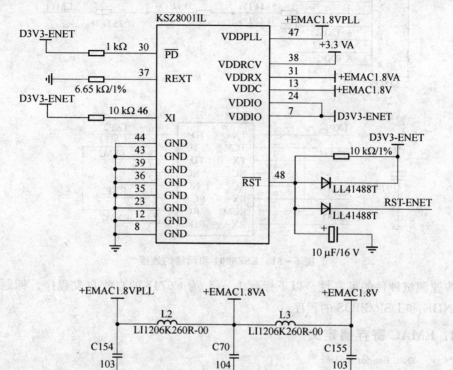

图 6-50 KSZ8001 的电源和地设计

KSZ8001 和网络的接口需要采用 H1188 进行电压转换,也可以使用其他电压转换器。其连接都是标准接法,如图 6-51 所示。

6.10.3 软件设计

EMAC 的软件设计一般采用 NDK 编写,而 NDK 需要在 DSP/BIOS 或者 SYS/BIOS 下实现。为了方便快速测试,可以脱离 NDK 编写 EMAC 的自发自收程序,从而

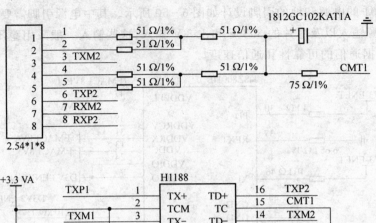

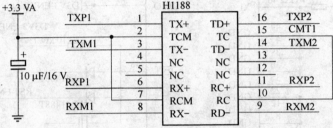

图 6-51　KSZ8001 和网络的连接

可以快速测试硬件的可靠性。以下标题 1.~4. 为 C6747 的自收自发程序。标题 5. 为基于 NDK 和 DSP/BIOS 的程序。

1. EMAC 寄存器定义

```
// *   EMAC Header file

#ifndef EMAC_
#define EMAC_

#ifdef __cplusplus
extern "C" {
#endif

typedef struct _EMAC_Desc {
    struct _EMAC_Desc * pNext;       // Pointer to next descriptor
    Uint8 * pBuffer;                 // Pointer to data buffer
    Uint32 BufOffLen;                // Buffer Offset(MSW) and Length(LSW)
    Uint32 PktFlgLen;                // Packet Flags(MSW) and Length(LSW)
} EMAC_Desc;

//   EMAC Controller
#define EMAC_BASE                    0x01e23000
#define EMAC_TXIDVER                 *( volatile Uint32 * )( EMAC_BASE + 0x000 )
#define EMAC_TXCONTROL               *( volatile Uint32 * )( EMAC_BASE + 0x004 )
```

```c
#define EMAC_TXTEARDOWN         *(volatile Uint32 *)(EMAC_BASE + 0x008)
#define EMAC_RXIDVER            *(volatile Uint32 *)(EMAC_BASE + 0x010)
#define EMAC_RXCONTROL          *(volatile Uint32 *)(EMAC_BASE + 0x014)
#define EMAC_RXTEARDOWN         *(volatile Uint32 *)(EMAC_BASE + 0x018)
#define EMAC_TXINTSTATRAW       *(volatile Uint32 *)(EMAC_BASE + 0x080)
#define EMAC_TXINTSTATMASKED    *(volatile Uint32 *)(EMAC_BASE + 0x084)
#define EMAC_TXINTMASKSET       *(volatile Uint32 *)(EMAC_BASE + 0x088)
#define EMAC_TXINTMASKCLEAR     *(volatile Uint32 *)(EMAC_BASE + 0x08c)
#define EMAC_MACINVECTOR        *(volatile Uint32 *)(EMAC_BASE + 0x090)
#define EMAC_RXINTSTATRAW       *(volatile Uint32 *)(EMAC_BASE + 0x0A0)
#define EMAC_RXINTSTATMASKED    *(volatile Uint32 *)(EMAC_BASE + 0x0A4)
#define EMAC_RXINTMASKSET       *(volatile Uint32 *)(EMAC_BASE + 0x0A8)
#define EMAC_RXINTMASKCLEAR     *(volatile Uint32 *)(EMAC_BASE + 0x0Ac)
#define EMAC_MACINTSTATRAW      *(volatile Uint32 *)(EMAC_BASE + 0x0B0)
#define EMAC_MACINTSTATMASKED   *(volatile Uint32 *)(EMAC_BASE + 0x0B4)
#define EMAC_MACINTMASKSET      *(volatile Uint32 *)(EMAC_BASE + 0x0B8)
#define EMAC_MACINTMASKCLEAR    *(volatile Uint32 *)(EMAC_BASE + 0x0Bc)
#define EMAC_RXMBPENABLE        *(volatile Uint32 *)(EMAC_BASE + 0x100)
#define EMAC_RXUNICASTSET       *(volatile Uint32 *)(EMAC_BASE + 0x104)
#define EMAC_RXUNICASTCLEAR     *(volatile Uint32 *)(EMAC_BASE + 0x108)
#define EMAC_RXMAXLEN           *(volatile Uint32 *)(EMAC_BASE + 0x10c)
#define EMAC_RXBUFFEROFFSET     *(volatile Uint32 *)(EMAC_BASE + 0x110)
#define EMAC_RXFILTERLOWTHRESH  *(volatile Uint32 *)(EMAC_BASE + 0x114)
#define EMAC_RX0FLOWTHRESH      *(volatile Uint32 *)(EMAC_BASE + 0x120)
#define EMAC_RX1FLOWTHRESH      *(volatile Uint32 *)(EMAC_BASE + 0x124)
#define EMAC_RX2FLOWTHRESH      *(volatile Uint32 *)(EMAC_BASE + 0x128)
#define EMAC_RX3FLOWTHRESH      *(volatile Uint32 *)(EMAC_BASE + 0x12c)
#define EMAC_RX4FLOWTHRESH      *(volatile Uint32 *)(EMAC_BASE + 0x130)
#define EMAC_RX5FLOWTHRESH      *(volatile Uint32 *)(EMAC_BASE + 0x134)
#define EMAC_RX6FLOWTHRESH      *(volatile Uint32 *)(EMAC_BASE + 0x138)
#define EMAC_RX7FLOWTHRESH      *(volatile Uint32 *)(EMAC_BASE + 0x13c)
#define EMAC_RX0FREEBUFFER      *(volatile Uint32 *)(EMAC_BASE + 0x140)
#define EMAC_RX1FREEBUFFER      *(volatile Uint32 *)(EMAC_BASE + 0x144)
#define EMAC_RX2FREEBUFFER      *(volatile Uint32 *)(EMAC_BASE + 0x148)
#define EMAC_RX3FREEBUFFER      *(volatile Uint32 *)(EMAC_BASE + 0x14c)
#define EMAC_RX4FREEBUFFER      *(volatile Uint32 *)(EMAC_BASE + 0x150)
#define EMAC_RX5FREEBUFFER      *(volatile Uint32 *)(EMAC_BASE + 0x154)
#define EMAC_RX6FREEBUFFER      *(volatile Uint32 *)(EMAC_BASE + 0x158)
#define EMAC_RX7FREEBUFFER      *(volatile Uint32 *)(EMAC_BASE + 0x15c)
#define EMAC_MACCONTROL         *(volatile Uint32 *)(EMAC_BASE + 0x160)
#define EMAC_MACSTATUS          *(volatile Uint32 *)(EMAC_BASE + 0x164)
#define EMAC_EMCONTROL          *(volatile Uint32 *)(EMAC_BASE + 0x168)
#define EMAC_FIFOCONTROL        *(volatile Uint32 *)(EMAC_BASE + 0x16c)
```

```c
#define EMAC_MACCONFIG     *( volatile Uint32 * )( EMAC_BASE + 0x170 )
#define EMAC_SOFTRESET     *( volatile Uint32 * )( EMAC_BASE + 0x174 )
#define EMAC_MACSRCADDRLO  *( volatile Uint32 * )( EMAC_BASE + 0x1d0 )
#define EMAC_MACSRCADDRHI  *( volatile Uint32 * )( EMAC_BASE + 0x1d4 )
#define EMAC_MACHASH1      *( volatile Uint32 * )( EMAC_BASE + 0x1d8 )
#define EMAC_MACHASH2      *( volatile Uint32 * )( EMAC_BASE + 0x1dc )
#define EMAC_BOFFTEST      *( volatile Uint32 * )( EMAC_BASE + 0x1e0 )
#define EMAC_TPACETEST     *( volatile Uint32 * )( EMAC_BASE + 0x1e4 )
#define EMAC_RXPAUSE       *( volatile Uint32 * )( EMAC_BASE + 0x1e8 )
#define EMAC_TXPAUSE       *( volatile Uint32 * )( EMAC_BASE + 0x1ec )
#define EMAC_MACADDRLO     *( volatile Uint32 * )( EMAC_BASE + 0x500 )
#define EMAC_MACADDRHI     *( volatile Uint32 * )( EMAC_BASE + 0x504 )
#define EMAC_MACINDEX      *( volatile Uint32 * )( EMAC_BASE + 0x508 )
#define EMAC_TX0HDP        *( volatile Uint32 * )( EMAC_BASE + 0x600 )
#define EMAC_TX1HDP        *( volatile Uint32 * )( EMAC_BASE + 0x604 )
#define EMAC_TX2HDP        *( volatile Uint32 * )( EMAC_BASE + 0x608 )
#define EMAC_TX3HDP        *( volatile Uint32 * )( EMAC_BASE + 0x60c )
#define EMAC_TX4HDP        *( volatile Uint32 * )( EMAC_BASE + 0x610 )
#define EMAC_TX5HDP        *( volatile Uint32 * )( EMAC_BASE + 0x614 )
#define EMAC_TX6HDP        *( volatile Uint32 * )( EMAC_BASE + 0x618 )
#define EMAC_TX7HDP        *( volatile Uint32 * )( EMAC_BASE + 0x61c )
#define EMAC_RX0HDP        *( volatile Uint32 * )( EMAC_BASE + 0x620 )
#define EMAC_RX1HDP        *( volatile Uint32 * )( EMAC_BASE + 0x624 )
#define EMAC_RX2HDP        *( volatile Uint32 * )( EMAC_BASE + 0x628 )
#define EMAC_RX3HDP        *( volatile Uint32 * )( EMAC_BASE + 0x62c )
#define EMAC_RX4HDP        *( volatile Uint32 * )( EMAC_BASE + 0x630 )
#define EMAC_RX5HDP        *( volatile Uint32 * )( EMAC_BASE + 0x634 )
#define EMAC_RX6HDP        *( volatile Uint32 * )( EMAC_BASE + 0x638 )
#define EMAC_RX7HDP        *( volatile Uint32 * )( EMAC_BASE + 0x63c )
#define EMAC_TX0CP         *( volatile Uint32 * )( EMAC_BASE + 0x640 )
#define EMAC_TX1CP         *( volatile Uint32 * )( EMAC_BASE + 0x644 )
#define EMAC_TX2CP         *( volatile Uint32 * )( EMAC_BASE + 0x648 )
#define EMAC_TX3CP         *( volatile Uint32 * )( EMAC_BASE + 0x64c )
#define EMAC_TX4CP         *( volatile Uint32 * )( EMAC_BASE + 0x650 )
#define EMAC_TX5CP         *( volatile Uint32 * )( EMAC_BASE + 0x654 )
#define EMAC_TX6CP         *( volatile Uint32 * )( EMAC_BASE + 0x658 )
#define EMAC_TX7CP         *( volatile Uint32 * )( EMAC_BASE + 0x65c )
#define EMAC_RX0CP         *( volatile Uint32 * )( EMAC_BASE + 0x660 )
#define EMAC_RX1CP         *( volatile Uint32 * )( EMAC_BASE + 0x664 )
#define EMAC_RX2CP         *( volatile Uint32 * )( EMAC_BASE + 0x668 )
#define EMAC_RX3CP         *( volatile Uint32 * )( EMAC_BASE + 0x66c )
#define EMAC_RX4CP         *( volatile Uint32 * )( EMAC_BASE + 0x670 )
#define EMAC_RX5CP         *( volatile Uint32 * )( EMAC_BASE + 0x674 )
```

```c
#define EMAC_RX6CP                *( volatile Uint32 * )( EMAC_BASE + 0x678 )
#define EMAC_RX7CP                *( volatile Uint32 * )( EMAC_BASE + 0x67c )
#define EMAC_RXGOODFRAMES         *( volatile Uint32 * )( EMAC_BASE + 0x200 )
#define EMAC_RXBCASTFRAMES        *( volatile Uint32 * )( EMAC_BASE + 0x204 )
#define EMAC_RXMCASTFRAMES        *( volatile Uint32 * )( EMAC_BASE + 0x208 )
#define EMAC_RXPAUSEFRAMES        *( volatile Uint32 * )( EMAC_BASE + 0x20c )
#define EMAC_RXCRCERRORS          *( volatile Uint32 * )( EMAC_BASE + 0x210 )
#define EMAC_RXALIGNCODEERRORS    *( volatile Uint32 * )( EMAC_BASE + 0x214 )
#define EMAC_RXOVERSIZED          *( volatile Uint32 * )( EMAC_BASE + 0x218 )
#define EMAC_RXJABBER             *( volatile Uint32 * )( EMAC_BASE + 0x21c )
#define EMAC_RXUNDERSIZED         *( volatile Uint32 * )( EMAC_BASE + 0x220 )
#define EMAC_RXFRAGMENTS          *( volatile Uint32 * )( EMAC_BASE + 0x224 )
#define EMAC_RXFILTERED           *( volatile Uint32 * )( EMAC_BASE + 0x228 )
#define EMAC_RXQOSFILTERED        *( volatile Uint32 * )( EMAC_BASE + 0x22c )
#define EMAC_RXOCTETS             *( volatile Uint32 * )( EMAC_BASE + 0x230 )
#define EMAC_TXGOODFRAMES         *( volatile Uint32 * )( EMAC_BASE + 0x234 )
#define EMAC_TXBCASTFRAMES        *( volatile Uint32 * )( EMAC_BASE + 0x238 )
#define EMAC_TXMCASTFRAMES        *( volatile Uint32 * )( EMAC_BASE + 0x23c )
#define EMAC_TXPAUSEFRAMES        *( volatile Uint32 * )( EMAC_BASE + 0x240 )
#define EMAC_TXDEFERRED           *( volatile Uint32 * )( EMAC_BASE + 0x244 )
#define EMAC_TXCOLLISION          *( volatile Uint32 * )( EMAC_BASE + 0x248 )
#define EMAC_TXSINGLECOLL         *( volatile Uint32 * )( EMAC_BASE + 0x24c )
#define EMAC_TXMULTICOLL          *( volatile Uint32 * )( EMAC_BASE + 0x250 )
#define EMAC_TXEXCESSIVECOLL      *( volatile Uint32 * )( EMAC_BASE + 0x254 )
#define EMAC_TXLATECOLL           *( volatile Uint32 * )( EMAC_BASE + 0x258 )
#define EMAC_TXUNDERRUN           *( volatile Uint32 * )( EMAC_BASE + 0x25c )
#define EMAC_TXCARRIERSENSE       *( volatile Uint32 * )( EMAC_BASE + 0x260 )
#define EMAC_TXOCTETS             *( volatile Uint32 * )( EMAC_BASE + 0x264 )
#define EMAC_FRAME64              *( volatile Uint32 * )( EMAC_BASE + 0x268 )
#define EMAC_FRAME65T127          *( volatile Uint32 * )( EMAC_BASE + 0x26c )
#define EMAC_FRAME128T255         *( volatile Uint32 * )( EMAC_BASE + 0x270 )
#define EMAC_FRAME256T511         *( volatile Uint32 * )( EMAC_BASE + 0x274 )
#define EMAC_FRAME512T1023        *( volatile Uint32 * )( EMAC_BASE + 0x278 )
#define EMAC_FRAME1024TUP         *( volatile Uint32 * )( EMAC_BASE + 0x27c )
#define EMAC_NETOCTETS            *( volatile Uint32 * )( EMAC_BASE + 0x280 )
#define EMAC_RXSOFOVERRUNS        *( volatile Uint32 * )( EMAC_BASE + 0x284 )
#define EMAC_RXMOFOVERRUNS        *( volatile Uint32 * )( EMAC_BASE + 0x288 )
#define EMAC_RXDMAOVERRUNS        *( volatile Uint32 * )( EMAC_BASE + 0x28c )

/* EMAC Control */
#define ECTRL_BASE                0x01e22000
#define ECTRL_REV                 *( volatile Uint32 * )( ECTRL_BASE + 0x0000 )
#define ECTRL_SOFTRESET           *( volatile Uint32 * )( ECTRL_BASE + 0x0004 )
```

```c
#define ECTRL_INTCONTROL        *( volatile Uint32 * )( ECTRL_BASE + 0x000C )
#define ECTRL_C0RXEN            *( volatile Uint32 * )( ECTRL_BASE + 0x1014 )
#define ECTRL_C0TXEN            *( volatile Uint32 * )( ECTRL_BASE + 0x1018 )

/* EMAC RAM */
#define EMAC_RAM_BASE           0x01e20000
#define EMAC_RAM_LEN            0x00002000

/* Packet Flags */
#define EMAC_DSC_FLAG_SOP       0x80000000
#define EMAC_DSC_FLAG_EOP       0x40000000
#define EMAC_DSC_FLAG_OWNER     0x20000000
#define EMAC_DSC_FLAG_EOQ       0x10000000
#define EMAC_DSC_FLAG_TDOWNCMPLT 0x08000000
#define EMAC_DSC_FLAG_PASSCRC   0x04000000

/* The following flags are RX only */
#define EMAC_DSC_FLAG_JABBER    0x02000000
#define EMAC_DSC_FLAG_OVERSIZE  0x01000000
#define EMAC_DSC_FLAG_FRAGMENT  0x00800000
#define EMAC_DSC_FLAG_UNDERSIZED 0x00400000
#define EMAC_DSC_FLAG_CONTROL   0x00200000
#define EMAC_DSC_FLAG_OVERRUN   0x00100000
#define EMAC_DSC_FLAG_CODEERROR 0x00080000
#define EMAC_DSC_FLAG_ALIGNERROR 0x00040000
#define EMAC_DSC_FLAG_CRCERROR  0x00020000
#define EMAC_DSC_FLAG_NOMATCH   0x00010000

/* Interrupts */
#define EMAC_MACINVECTOR_USERINT   0x01000000
#define EMAC_MACINVECTOR_LINKINT   0x02000000
#define EMAC_MACINVECTOR_HOSTPEND  0x04000000
#define EMAC_MACINVECTOR_STATPEND  0x08000000
#define EMAC_MACINVECTOR_RXPEND    0x000000FF
#define EMAC_MACINVECTOR_TXPEND    0x001F0000

#ifdef __cplusplus
}
#endif

#endif
```

2. MDIO 寄存器定义

```c
#ifndef MDIO_
```

```c
#define MDIO_

#ifdef __cplusplus
extern "C" {
#endif

#define MDIO_BASE                  0x01e24000
#define MDIO_CONTROL               *( volatile Uint32 * )( MDIO_BASE + 0x04 )
#define MDIO_ALIVE                 *( volatile Uint32 * )( MDIO_BASE + 0x08 )
#define MDIO_LINK                  *( volatile Uint32 * )( MDIO_BASE + 0x0c )
#define MDIO_LINKINTRAW            *( volatile Uint32 * )( MDIO_BASE + 0x10 )
#define MDIO_LINKINTMASKED         *( volatile Uint32 * )( MDIO_BASE + 0x14 )
#define MDIO_USERINTRAW            *( volatile Uint32 * )( MDIO_BASE + 0x20 )
#define MDIO_USERINTMASKED         *( volatile Uint32 * )( MDIO_BASE + 0x24 )
#define MDIO_USERINTMASKSET        *( volatile Uint32 * )( MDIO_BASE + 0x28 )
#define MDIO_USERINTMASKCLEAR      *( volatile Uint32 * )( MDIO_BASE + 0x2c )
#define MDIO_USERACCESS0           *( volatile Uint32 * )( MDIO_BASE + 0x80 )
#define MDIO_USERPHYSEL0           *( volatile Uint32 * )( MDIO_BASE + 0x84 )
#define MDIO_USERACCESS1           *( volatile Uint32 * )( MDIO_BASE + 0x88 )
#define MDIO_USERPHYSEL1           *( volatile Uint32 * )( MDIO_BASE + 0x8c )

#ifdef __cplusplus
}
#endif

#endif
```

3. EMAC 中断服务程序

```c
volatile Int32 RxCount = 0;          // RX count
volatile Int32 TxCount = 0;          // TX count
volatile Int32 ErrCount = 0;         // Error count
volatile Int32 ErrCode = 0;          // Error Code
volatile EMAC_Desc * pDescRx;        // Next descriptors to ACK in ISR
volatile EMAC_Desc * pDescTx;        // Next descriptors to ACK in ISR

void EMAC_isr( )
{
    Uint32 intr_flags;
    Uint32 tmp;

    ECTRL_C0RXEN = 0x00000000;       // Disable RX interrupts
    ECTRL_C0TXEN = 0x00000000;       // Disable TX interrupts
```

```c
        intr_flags = EMAC_MACINVECTOR;          // Check interrupt flag

    if ( intr_flags & EMAC_MACINVECTOR_HOSTPEND )
    {
        ErrCode = EMAC_MACSTATUS;        // Error code
        ErrCount ++ ;
        return;
    }

    if ( intr_flags & EMAC_MACINVECTOR_STATPEND )
    {
        ErrCode = EMAC_MACSTATUS;        // Error code
        ErrCount ++ ;
        return;
    }

    if ( intr_flags & EMAC_MACINVECTOR_TXPEND )
    {
        tmp = EMAC_TX0CP;
        EMAC_TX0CP = tmp;

        while ( tmp != ( Uint32 )pDescTx )
        {
            if ( pDescTx - >PktFlgLen & EMAC_DSC_FLAG_OWNER )
            {
                ErrCount ++ ;
                return;
            }
            pDescTx ++ ;
            TxCount ++ ;
        }
        if ( pDescTx - >PktFlgLen & EMAC_DSC_FLAG_OWNER )
        {
            ErrCount ++ ;
            return;
        }
        pDescTx ++ ;
        TxCount ++ ;
    }


    if ( intr_flags & EMAC_MACINVECTOR_RXPEND )
    {
        tmp = EMAC_RX0CP;
```

第6章 硬件系统开发

```
        EMAC_RX0CP = tmp;

        while ( tmp != ( Uint32 )pDescRx )
        {
            pDescRx ++ ;
            RxCount ++ ;
            if (RxCount == 1)
                break;
        }
        pDescRx ++ ;
        RxCount ++ ;
    }

    ECTRL_C0RXEN = 0x00000001;          // Enable Channel 0 RX interrupts
    ECTRL_C0TXEN = 0x00000001;          // Enable Channel 0 TX interrupts
    return;
}
```

4. 测试程序

```
#define TX_BUF      128
#define RX_BUF      128

static Uint8 packet_data[TX_BUF];

static Uint8 packet_buffer1[RX_BUF];
static Uint8 packet_buffer2[RX_BUF];
static Uint8 packet_buffer3[RX_BUF];
static Uint8 packet_buffer4[RX_BUF];
static Uint8 packet_buffer5[RX_BUF];
static Uint8 packet_buffer6[RX_BUF];
static Uint8 packet_buffer7[RX_BUF];
static Uint8 packet_buffer8[RX_BUF];
static Uint8 packet_buffer9[RX_BUF];
static Uint8 packet_buffer10[RX_BUF];

static EMAC_Desc * pDescBase = ( EMAC_Desc * )EMAC_RAM_BASE;

extern volatile Int32 RxCount;
extern volatile Int32 TxCount;
extern volatile Int32 ErrCount;
extern volatile EMAC_Desc * pDescRx;
extern volatile EMAC_Desc * pDescTx;
```

·383·

```c
Uint8 i2cdata[8];

static Int16 verify_packet( EMAC_Desc * pDesc, Uint32 size, Uint32 flagCRC );

Uint8 data[256];

Uint16 phy_getReg( Int16 phynum, Int16 regnum )
{
    Uint16 value;

    MDIO_USERACCESS0 = 0                    // Read Phy Id 1
        | ( 1 << 31 )                       // [31] Go
        | ( 0 << 30 )                       // [30] Read
        | ( 0 << 29 )                       // [29] Ack
        | ( regnum << 21 )                  // [25 - 21] PHY register address
        | ( phynum << 16 )                  // [20 - 16] PHY address
        | ( 0 << 0 );                       // [15 - 0] Data

    while( MDIO_USERACCESS0 & 0x80000000 ); // Wait for Results

    value = MDIO_USERACCESS0;
    return value;
}

void phy_setReg( Int16 phynum, Int16 regnum, Uint16 data )
{
    MDIO_USERACCESS0 = 0                    // Read Phy Id 1
        | ( 1 << 31 )                       // [31] Go
        | ( 1 << 30 )                       // [30] Write
        | ( 0 << 29 )                       // [29] Ack
        | ( regnum << 21 )                  // [25 - 21] PHY register address
        | ( phynum << 16 )                  // [20 - 16] PHY address
        | ( data << 0 );                    // [15 - 0] Data

    while( MDIO_USERACCESS0 & 0x80000000 ); // Wait for Results
}

void phy_dumpRegs( )
{
    printf( "PHY1[0]   =  % 04x\n", phy_getReg( 1, 0 ) );
    printf( "PHY1[1]   =  % 04x\n", phy_getReg( 1, 1 ) );
    printf( "PHY2[0]   =  % 04x\n", phy_getReg( 2, 0 ) );
    printf( "PHY2[1]   =  % 04x\n", phy_getReg( 2, 1 ) );
```

```c
    printf( "\n" );
}

Int16 emac_init( )
{
    Int16 i;
    volatile Uint32 * pReg;

    data[0] = 0x01;
    data[1] = 0x23;
    EVMOMAPL137_I2C_write(0x5f, data, 2);

    /* 0. Reset Ethernet */
    EMAC_SOFTRESET = 1;
    while( EMAC_SOFTRESET != 0 );
    EVMOMAPL137_waitusec( 100 );

    MDIO_CONTROL = 0x40000020;              // Enable MII interface ( MDIOCLK < 5 MHz )

    EVMOMAPL137_waitusec( 1000 );

    printf( "   Waiting for link...\n" );
    while( ( (phy_getReg( 1, 1 ) & 0x4 ) == 0) && ((phy_getReg( 2, 1 ) & 0x4 ) == 0) );
    printf( "   Link Detected\n" );

    phy_dumpRegs();

    /* 1. Disable RX/TX interrupts */
    ECTRL_C0RXEN = 0x00000000;
    ECTRL_C0TXEN = 0x00000000;

    /* 2. Clear the MAC control, receive control, & transmit control. */
    EMAC_MACCONTROL = 0;
    EMAC_RXCONTROL = 0;
    EMAC_TXCONTROL = 0;

    /* 3. Initialize all 16 header descriptor pointers RXnHDP & TXnHDP to zero */
    EMAC_RX0HDP = 0;
    EMAC_RX1HDP = 0;
    EMAC_RX2HDP = 0;
    EMAC_RX3HDP = 0;
    EMAC_RX4HDP = 0;
    EMAC_RX5HDP = 0;
```

```c
EMAC_RX6HDP = 0;
EMAC_RX7HDP = 0;

EMAC_TX0HDP = 0;
EMAC_TX1HDP = 0;
EMAC_TX2HDP = 0;
EMAC_TX3HDP = 0;
EMAC_TX4HDP = 0;
EMAC_TX5HDP = 0;
EMAC_TX6HDP = 0;
EMAC_TX7HDP = 0;

/* 4. Clear all 36 statistics registers by writing 0 */
pReg = &EMAC_RXGOODFRAMES;
for ( i = 0 ; i < 36 ; i++ )
    *pReg++ = 0;

/* 5. Setup the local Ethernet MAC address.  Be sure to program all 8 MAC addresses */
EMAC_MACINDEX   = 0x00;
EMAC_MACADDRHI  = 0x03020100;         // Needs to be written only the first time
EMAC_MACADDRLO  = 0x0504;
EMAC_MACINDEX   = 0x01;
EMAC_MACADDRLO  = 0x1504;
EMAC_MACINDEX   = 0x02;
EMAC_MACADDRLO  = 0x2504;
EMAC_MACINDEX   = 0x03;
EMAC_MACADDRLO  = 0x3504;
EMAC_MACINDEX   = 0x04;
EMAC_MACADDRLO  = 0x4504;
EMAC_MACINDEX   = 0x05;
EMAC_MACADDRLO  = 0x5504;
EMAC_MACINDEX   = 0x06;
EMAC_MACADDRLO  = 0x6504;
EMAC_MACINDEX   = 0x07;
EMAC_MACADDRLO  = 0x7504;

/* 6. Initialize the receive channel N */

/* 7. No multicast addressing */
EMAC_MACHASH1 = 0;
EMAC_MACHASH2 = 0;
```

```
/* 8. Set RX buffer offset to 0.  Valid data always begins on the 1st byte */
EMAC_RXBUFFEROFFSET = 0;

/* 9. Enable Unicast RX on channel 0 - 7 */
EMAC_RXUNICASTSET = 0xFF;

/* 10. Setup the RX( M )ulticast ( B )roadcast ( P )romiscuous channel */
EMAC_RXMBPENABLE = 0x01e02020;

/* 11. Set the appropriate configuration bits in MACCONTROL */
EMAC_MACCONTROL = 0
    | ( 1 << 15 )           // 100MHz RMII
    | ( 0 << 9 )            // Round robin
    | ( 0 << 6 )            // TX pacing disabled
    | ( 0 << 5 )            // GMII RX & TX
    | ( 0 << 4 )            // TX flow disabled
    | ( 0 << 3 )            // RX flow disabled
    | ( 0 << 1 )            // Loopback disabled
    | ( 1 << 0 );           // full duplex

/* 12. Clear all unused channel interrupt bits */
EMAC_RXINTMASKCLEAR = 0xFF;
EMAC_TXINTMASKCLEAR = 0xFF;

/* 13. Enable the RX & TX channel interrupt bits. */
EMAC_RXINTMASKSET = 0xFF;
EMAC_TXINTMASKSET = 0xFF;

EMAC_MACINTMASKSET = 0
    | ( 1 << 1 )            // Host Error interrupt mask
    | ( 1 << 0 );           // Statistics interrupt mask

/* 14. Initialize the receive and transmit descriptor list queues. */

/* 15. Prepare receive by writing a pointer to the head of the receive buffer descriptor */
EMAC_MACSRCADDRLO = 0x03020100;    /* bytes 0, 1 */
EMAC_MACSRCADDRHI = 0x0405;        /* bytes 2 - 5 - channel 0 ??? */

/* 16. Enable the RX & TX DMA controllers. Then set GMIIEN */
EMAC_RXCONTROL = 1;
EMAC_TXCONTROL = 1;
EMAC_MACCONTROL |= ( 1 << 5 );
```

```c
    /* 17. Enable the device interrupt in ECTRL. */
    ECTRL_C0RXEN       = 0x00000001; // Enable receive interrupts on channel 0
    ECTRL_C0TXEN       = 0x00000001; // Enable transmit interrupts on channel 0

    return 0;
}

static Int16 verify_packet( EMAC_Desc * pDesc, Uint32 size, Uint32 flagCRC )
{
    Int16 i;
    Uint32 SizeCRC      = ( flagCRC ) ? size + 4 : size;
    Uint32 packet_flags = pDesc->PktFlgLen;

    if ( packet_flags & EMAC_DSC_FLAG_OWNER )
        return 1;

    if ( ( packet_flags & ( EMAC_DSC_FLAG_SOP | EMAC_DSC_FLAG_EOP ) )
                    != ( EMAC_DSC_FLAG_SOP | EMAC_DSC_FLAG_EOP ) )
        return 2;

    /* If flagCRC is set, it must have a CRC */
    if ( flagCRC )
        if ( ( packet_flags & EMAC_DSC_FLAG_PASSCRC ) !=
                                        EMAC_DSC_FLAG_PASSCRC )
            return 3;

    if ( ( packet_flags & 0xFFFF ) != SizeCRC )
        return 5;

    if ( pDesc->BufOffLen != SizeCRC )
        return 6;

    for ( i = 6; i < size; i++ )
        if ( pDesc->pBuffer[i] != i )
            return 7;
    return 0;
}

Int16 test_packet( )
{
    Int32 i;
    Int16 errors = 0;
    Uint32 status;
```

```c
Int32 emac_timeout = 0x100000;
Int32 timeout;
EMAC_Desc * pDesc;


memset( packet_buffer1, 0xcc, 64 );
memset( packet_buffer2, 0xcc, 64 );

pDesc              = pDescBase;
pDesc->pNext       = pDescBase + 1;
pDesc->pBuffer     = packet_buffer1;
pDesc->BufOffLen   = RX_BUF;
pDesc->PktFlgLen   = EMAC_DSC_FLAG_OWNER;

pDesc              = pDescBase + 1;
pDesc->pNext       = pDescBase + 2;
pDesc->pBuffer     = packet_buffer2;
pDesc->BufOffLen   = RX_BUF;
pDesc->PktFlgLen   = EMAC_DSC_FLAG_OWNER;

pDesc              = pDescBase + 2;
pDesc->pNext       = pDescBase + 3;
pDesc->pBuffer     = packet_buffer3;
pDesc->BufOffLen   = RX_BUF;
pDesc->PktFlgLen   = EMAC_DSC_FLAG_OWNER;

pDesc              = pDescBase + 3;
pDesc->pNext       = pDescBase + 4;
pDesc->pBuffer     = packet_buffer4;
pDesc->BufOffLen   = RX_BUF;
pDesc->PktFlgLen   = EMAC_DSC_FLAG_OWNER;

pDesc              = pDescBase + 4;
pDesc->pNext       = pDescBase + 5;
pDesc->pBuffer     = packet_buffer5;
pDesc->BufOffLen   = RX_BUF;
pDesc->PktFlgLen   = EMAC_DSC_FLAG_OWNER;

pDesc              = pDescBase + 5;
pDesc->pNext       = pDescBase + 6;
pDesc->pBuffer     = packet_buffer6;
pDesc->BufOffLen   = RX_BUF;
pDesc->PktFlgLen   = EMAC_DSC_FLAG_OWNER;
```

```c
    pDesc              = pDescBase + 6;
    pDesc->pNext       = pDescBase + 7;
    pDesc->pBuffer     = packet_buffer7;
    pDesc->BufOffLen   = RX_BUF;
    pDesc->PktFlgLen   = EMAC_DSC_FLAG_OWNER;

    pDesc              = pDescBase + 7;
    pDesc->pNext       = pDescBase + 8;
    pDesc->pBuffer     = packet_buffer8;
    pDesc->BufOffLen   = RX_BUF;
    pDesc->PktFlgLen   = EMAC_DSC_FLAG_OWNER;

    pDesc              = pDescBase + 8;
    pDesc->pNext       = pDescBase + 9;
    pDesc->pBuffer     = packet_buffer9;
    pDesc->BufOffLen   = RX_BUF;
    pDesc->PktFlgLen   = EMAC_DSC_FLAG_OWNER;

    pDesc              = pDescBase + 9;
    pDesc->pNext       = 0;
    pDesc->pBuffer     = packet_buffer10;
    pDesc->BufOffLen   = RX_BUF;
    pDesc->PktFlgLen   = EMAC_DSC_FLAG_OWNER;

    pDescRx            = pDescBase;
    EMAC_RX0HDP        = ( Uint32 )pDescRx;

    for ( i = 0 ; i < TX_BUF ; i++ )
        packet_data[i] = i;
    packet_data[0] = 0xff;
    packet_data[1] = 0xff;
    packet_data[2] = 0xff;
    packet_data[3] = 0xff;
    packet_data[4] = 0xff;
    packet_data[5] = 0xff;

    pDesc              = pDescBase + 10;
    pDesc->pNext       = pDescBase + 11;
    pDesc->pBuffer     = packet_data;
    pDesc->BufOffLen   = 60;
    pDesc->PktFlgLen   = EMAC_DSC_FLAG_OWNER
                       | EMAC_DSC_FLAG_SOP
```

```
                         | EMAC_DSC_FLAG_EOP
                         | 60;

pDesc               = pDescBase + 11;
pDesc->pNext        = 0;
pDesc->pBuffer      = packet_data;
pDesc->BufOffLen    = TX_BUF;
pDesc->PktFlgLen    = EMAC_DSC_FLAG_OWNER
                         | EMAC_DSC_FLAG_SOP
                         | EMAC_DSC_FLAG_EOP
                         | TX_BUF;


TxCount = 0;
RxCount = 0;
pDescTx = pDescBase + 10;
EMAC_TX0HDP = ( Uint32 )pDescTx;


EVMOMAPL137_waitusec( 500000 );
EMAC_isr( );


timeout = emac_timeout;

while ( ( TxCount != 2 ) || ( RxCount != 2 ) )
{
    if ( ErrCount )
        errors++;
    if ( timeout-- < 0 )
        break;
}

if ( ( timeout == 0 ) || ( errors != 0 ) )
    return 1000;

if ( pDescRx != pDescBase + 2 )               // Check # of packets
    errors++;
if ( verify_packet( pDescBase, 60, 0 ) )      // Verify Size + Contents
    errors++;
if ( verify_packet( pDescBase + 1, TX_BUF, 0 ) ) // Verify Size + Contents
    errors++;
if ( ( status = EMAC_FRAME64 ) != 2 )         // Check # of 64 byte frames
    errors++;
EMAC_FRAME64 = status;
```

```c
    if ( ( status = EMAC_FRAME128T255 ) != 2 )      // Check # of 128 - 255 byte frames
        errors++;
    EMAC_FRAME128T255 = status;

    if ( ( status = EMAC_RXGOODFRAMES ) != 2 )      // Check # of Good RX frames
        errors++;
    EMAC_RXGOODFRAMES = status;

    if ( ( status = EMAC_TXGOODFRAMES ) != 2 )      // Check # of Good TX frames
        errors++;
    EMAC_TXGOODFRAMES = status;

    return errors;
}

Int16 emac_test()
{
    Int16 errors = 0;
    Int16 i;
    emac_init( );
    for ( i = 0 ; i < 1 ; i++ )
        errors += test_packet( );
    return errors;
}
```

5. NDK 的 tcf 文件

```
utils.loadPlatform("ti.platforms.evm6747");
utils.importFile("helloWorld.tci");

// Setup the L2 Cache and MAR bits
bios.GBL.C64PLUSL2CFG = "256k";
bios.GBL.C64PLUSMAR128to159 = 0x00000001;
bios.GBL.C64PLUSMAR160to191 = 0x00000001;
bios.GBL.C64PLUSMAR192to223 = 0x00000001;
bios.GBL.C64PLUSMAR224to255 = 0x00000001;

// Board specific settings
bios.MEM.instance("IRAM").len = 0x0002ffff;

// Create a heap in external memory
bios.MEM.instance("SDRAM").base = 0xc0000000;
bios.MEM.instance("SDRAM").len = 0x1fffffff;
bios.MEM.instance("SDRAM").createHeap = 1;
```

```
bios.MEM.instance("SDRAM").heapSize = 0x00010000;
bios.MEM.BIOSOBJSEG = prog.get("SDRAM");
bios.MEM.MALLOCSEG = prog.get("SDRAM");

// Configure Board
bios.GBL.CLKOUT = 300.0000;
bios.GBL.CALLUSERINITFXN = 1;
bios.GBL.USERINITFXN = prog.extern("EVM_Init");

//Configure Logging servic for instrumentation
//bios.LOG.TS = true;
bios.LOG.create("DVTEvent_Log");
bios.LOG.instance("DVTEvent_Log").bufSeg = prog.get("SDRAM");
bios.LOG.instance("DVTEvent_Log").bufLen = 8192;
bios.LOG.instance("DVTEvent_Log").comment = "DVT";

// Configure timer
bios.CLK.TIMERSELECT = "Timer 0";
bios.CLK.RESETTIMER = true;

// Move all sections to external memory
bios.setMemCodeSections(prog, prog.get("SDRAM"));
bios.setMemDataHeapSections(prog, prog.get("SDRAM"));
bios.setMemDataNoHeapSections(prog, prog.get("SDRAM"));

// Remove IRAM since we've set L2 to be cache
bios.IRAM.destroy();

// Enable ECM too for NDK interrupt manager to use
// if required.
bios.ECM.ENABLE = 1;

bios.TSK.create("setupTSK");
bios.TSK.instance("setupTSK").order = 1;
bios.TSK.instance("setupTSK").fxn = prog.extern("setup");
bios.HWI.instance("HWI_INT5").interruptSelectNumber = 54;
bios.HWI.instance("HWI_INT5").fxn = prog.extern("fpga_isr");
bios.HWI.instance("HWI_INT5").useDispatcher = 1;
bios.HWI.instance("HWI_INT6").interruptSelectNumber = 52;
bios.HWI.instance("HWI_INT6").useDispatcher = 1;
bios.HWI.instance("HWI_INT6").fxn = prog.extern("ddc_isr");
bios.HST.HOSTLINKTYPE = "NONE";
bios.RTDX.ENABLERTDX = 0;
```

```
bios.HWI.instance("HWI_INT6").fxn = prog.extern("HWI_unused", "asm");
bios.HWI.instance("HWI_INT6").interruptSelectNumber = 6;
bios.HWI.instance("HWI_INT6").useDispatcher = 0;
bios.HWI.instance("HWI_INT6").fxn = prog.extern("HWI_unused", "asm");
bios.HWI.instance("HWI_INT6").useDispatcher = 0;
bios.HWI.instance("HWI_INT6").interruptSelectNumber = 52;
bios.HWI.instance("HWI_INT6").fxn = prog.extern("ddc_isr");
bios.HWI.instance("HWI_INT6").useDispatcher = 1;
bios.HWI.instance("HWI_INT6").interruptMask = "all";
bios.HWI.instance("HWI_INT5").interruptMask = "all";
bios.HWI.instance("HWI_INT5").interruptSelectNumber = 0;
bios.HWI.instance("HWI_INT5").interruptSelectNumber = 5;
bios.HWI.instance("HWI_INT6").interruptSelectNumber = 6;
bios.HWI.instance("HWI_INT5").interruptSelectNumber = 54;
bios.HWI.instance("HWI_INT5").fxn = prog.extern("ddc_isr");
bios.HWI.instance("HWI_INT5").useDispatcher = 1;
bios.HWI.instance("HWI_INT5").interruptMask = "self";
bios.HWI.instance("HWI_INT6").useDispatcher = 0;
bios.HWI.instance("HWI_INT6").fxn = prog.extern("HWI_unused", "asm");
bios.HWI.instance("HWI_INT5").interruptSelectNumber = 52;
bios.HWI.instance("HWI_INT6").fxn = prog.extern("ddc_isr");
bios.HWI.instance("HWI_INT6").interruptSelectNumber = 52;
bios.HWI.instance("HWI_INT5").fxn = prog.extern("HWI_unused", "asm");
bios.HWI.instance("HWI_INT5").interruptSelectNumber = 5;
bios.HWI.instance("HWI_INT5").useDispatcher = 0;
bios.HWI.instance("HWI_INT6").useDispatcher = 1;
bios.HWI.instance("HWI_INT6").interruptMask = "self";
bios.HWI.instance("HWI_INT8").fxn = prog.extern("ddc_isr");
bios.HWI.instance("HWI_INT8").interruptSelectNumber = 52;
bios.HWI.instance("HWI_INT8").useDispatcher = 1;
bios.HWI.instance("HWI_INT6").fxn = prog.extern("HWI_unused", "asm");
bios.HWI.instance("HWI_INT6").interruptSelectNumber = 6;
bios.HWI.instance("HWI_INT6").useDispatcher = 0;
bios.PRD.instance("prdNdk").period = 1000;
bios.PRD.instance("prdNdk").period = 100;
bios.TSK.instance("TSK_idle").order = 1;
bios.TSK.instance("tskNdkStackTest").order = 2;
bios.TSK.instance("setupTSK").order = 3;
bios.TSK.instance("demTSK").order = 4;
bios.TSK.instance("fftTSK").destroy();
bios.HWI.instance("HWI_INT8").interruptMask = "all";
bios.TSK.instance("demTSK").order = 3;
bios.TSK.instance("setupTSK").destroy();
```

```
bios.TSK.create("sendTSK");
bios.TSK.instance("sendTSK").order = 4;
bios.TSK.instance("sendTSK").fxn = prog.extern("net_send");
bios.TSK.instance("sendTSK").order = 1;
bios.TSK.instance("TSK_idle").order = 2;
bios.TSK.instance("tskNdkStackTest").order = 3;
bios.TSK.instance("demTSK").order = 4;
bios.TSK.instance("sendTSK").priority = 2;
bios.TSK.instance("TSK_idle").order = 1;
bios.TSK.instance("tskNdkStackTest").order = 2;
bios.TSK.instance("demTSK").order = 3;
bios.TSK.instance("sendTSK").destroy();
bios.TSK.instance("demTSK").destroy();
bios.SEM.instance("demSEM").destroy();
bios.TSK.create("send_TSK");
bios.TSK.instance("send_TSK").order = 5;
bios.TSK.instance("send_TSK").fxn = prog.extern("send");
bios.TSK.instance("send_TSK").fxn = prog.extern("send_data");
bios.TSK.instance("send_TSK").order = 3;
bios.TSK.instance("send_TSK").order = 1;
bios.TSK.instance("TSK_idle").order = 2;
bios.TSK.instance("tskNdkStackTest").order = 3;
bios.TSK.instance("send_TSK").priority = 4;
bios.TSK.instance("send_TSK").priority = -1;
bios.TSK.instance("send_TSK").priority = 4;
bios.TSK.instance("send_TSK").priority = 5;
bios.TSK.instance("send_TSK").priority = 4;
bios.TSK.instance("send_TSK").priority = 6;
bios.TSK.instance("send_TSK").priority = 4;
bios.TSK.instance("TSK_idle").order = 1;
bios.TSK.instance("tskNdkStackTest").order = 2;
bios.TSK.instance("send_TSK").destroy();
bios.TSK.instance("TSK_idle").order = 2;
bios.TSK.instance("tskNdkStackTest").order = 3;
bios.HWI.instance("HWI_INT10").interruptSelectNumber = 49;
bios.HWI.instance("HWI_INT10").fxn = prog.extern("fpga_fft_isr");
bios.HWI.instance("HWI_INT10").useDispatcher = 1;
bios.HWI.instance("HWI_INT10").interruptMask = "all";
bios.HWI.instance("HWI_INT10").fxn = prog.extern("HWI_unused", "asm");
bios.HWI.instance("HWI_INT10").interruptSelectNumber = 10;
// ! GRAPHICAL_CONFIG_TOOL_SCRIPT_INSERT_POINT!
if (config.hasReportedError == false) {
    prog.gen();
}
```

6. NDK 的 cmd 文件

```
-i ".\evmc6747_v1\dsp\lib"
-i ".\ndk_2_0_0\packages\ti\ndk\lib\C64plus"
-i ".\ndk_2_0_0\packages\ti\ndk\lib\C64plus\all_stk"
-i ".\ndk_2_0_0\packages\ti\ndk\lib\C64plus\hal"
-i ".\ndk_2_0_0\packages\ti\ndk\lib\hal\evm6747"
-i ".\c674x\dsplib_v12"

-l evmc6747bsl.lib
-l hal_eth_c6747.lib
-l hal_ser_stub.lib
-l hal_timer_bios.lib
-l hal_userled_stub.lib
-l miniPrintf.lib
-l netctrl_jumbo.lib
-l nettool_jumbo.lib
-l os_jumbo.lib
-l os_sem_jumbo.lib
-l hal_eth_stub_jumbo.lib
-l stack.lib
-l dsplib674x.lib

-l evmboardcfg.cmd
```

7. NDK 的 EMAC 线程

```
char * VerStr = "\nTCP/IP Stack 0000 Application\n\n";

static void    NetworkOpen();
static void    NetworkClose();
static void    NetworkIPAddr( IPN IPAddr, uint IfIdx, uint fAdd );
static void    ServiceReport( uint Item, uint Status, uint Report, HANDLE hCfgEntry );

//---------------------------------------------------------------
#if 0
// Configuration
char * HostName          = "tidsp";
//char LocalIPAddr[20] = "200.200.180.103";      // Set to "0.0.0.0" for DHCP
//char LocalIPMask[20] = "255.255.255.0";        // Not used when using DHCP
char LocalIPAddr[20] = "";                       // Set to "0.0.0.0" for DHCP   //done
char LocalIPMask[20] = "";                       // Not used when using DHCP    //done
char * GatewayIP        = "0.0.0.0";             // Not used when using DHCP
char * DomainName       = "demo.net";            // Not used when using DHCP
```

```
    char   *DNSServer      = "0.0.0.0";            // Used when set to anything but zero
    int    LocalPort       = 0x1683;
    #else
    char   *HostName       = "tidsp";
    char   *LocalIPAddr    = "200.200.180.103";    // Set to "0.0.0.0" for DHCP
    char   *LocalIPMask    = "255.255.254.0";      // Not used when using DHCP
    char   *GatewayIP      = "0.0.0.0";            // Not used when using DHCP
    char   *DomainName     = "demo.net";           // Not used when using DHCP
    char   *DNSServer      = "0.0.0.0";            // Used when set to anything but zero

    #endif
    HANDLE hRx = 0;
    HANDLE hTx = 0;

    int StackTest()
    {
        int                rc;
        HANDLE             hCfg;
        unsigned int tmp = 10240;

        // THIS MUST BE THE ABSOLUTE FIRST THING DONE IN AN APPLICATION!!
        rc = NC_SystemOpen( NC_PRIORITY_LOW, NC_OPMODE_INTERRUPT );
        if( rc )
        {
            printf("NC_SystemOpen Failed ( %d)\n",rc);
            for(;;);
        }

        // Print out our banner
        printf(VerStr);

        // Create a new configuration
        hCfg = CfgNew();
        if( !hCfg )
        {
            printf("Unable to create configuration\n");
            goto main_exit;
        }

        // We better validate the length of the supplied names
        if( strlen( DomainName ) >= CFG_DOMAIN_MAX || strlen( HostName ) >= CFG_HOSTNAME
_MAX )
        {
```

```c
            printf("Names too long\n");
            goto main_exit;
        }

        // Add our global hostname to hCfg (to be claimed in all connected domains)
        CfgAddEntry( hCfg, CFGTAG_SYSINFO, CFGITEM_DHCP_HOSTNAME, 0, strlen(HostName),
(UINT8 *)HostName, 0 );

        // If the IP address is specified, manually configure IP and Gateway
        if( inet_addr(LocalIPAddr) )
        {
            CI_IPNET NA;
            CI_ROUTE RT;
            IPN      IPTmp;

            // Setup manual IP address
            bzero( &NA, sizeof(NA) );
            NA.IPAddr  = inet_addr(LocalIPAddr);
            NA.IPMask  = inet_addr(LocalIPMask);
            strcpy( NA.Domain, DomainName );
            NA.NetType = 0;

            // Add the address to interface 1
            CfgAddEntry( hCfg, CFGTAG_IPNET, 1, 0,sizeof(CI_IPNET), (UINT8 *)&NA, 0 );

            // Add the default gateway. Since it is the default, the destination address and
mask are both zero (we go ahead
            // and show the assignment for clarity).
            bzero( &RT, sizeof(RT) );
            RT.IPDestAddr = 0;
            RT.IPDestMask = 0;
            RT.IPGateAddr = inet_addr(GatewayIP);

            // Add the route
            CfgAddEntry( hCfg, CFGTAG_ROUTE, 0, 0,sizeof(CI_ROUTE), (UINT8 *)&RT, 0 );

            // Manually add the DNS server when specified
            IPTmp = inet_addr(DNSServer);
            if( IPTmp )
                CfgAddEntry( hCfg, CFGTAG_SYSINFO, CFGITEM_DHCP_DOMAINNAMESERVER,0, sizeof
(IPTmp), (UINT8 *)&IPTmp, 0 );

        }
```

```c
    // Else we specify DHCP
    else
    {
        CI_SERVICE_DHCPC dhcpc;

        // Specify DHCP Service on IF-1
        bzero( &dhcpc, sizeof(dhcpc) );
        dhcpc.cisargs.Mode   = CIS_FLG_IFIDXVALID;
        dhcpc.cisargs.IfIdx  = 1;
        dhcpc.cisargs.pCbSrv = &ServiceReport;
        CfgAddEntry( hCfg, CFGTAG_SERVICE, CFGITEM_SERVICE_DHCPCLIENT, 0,sizeof(dhcpc), (UINT8 *)&dhcpc, 0 );
    }
    //
    // Configure IPStack/OS Options

    // We don't want to see debug messages less than WARNINGS

    CfgAddEntry(hCfg, CFGTAG_IP, CFGITEM_IP_IPREASMMAXSIZE,CFG_ADDMODE_UNIQUE, sizeof(uint), (UINT8 *) &tmp, 0);
    rc = DBG_WARN;
    CfgAddEntry( hCfg, CFGTAG_OS, CFGITEM_OS_DBGPRINTLEVEL,CFG_ADDMODE_UNIQUE, sizeof(uint), (UINT8 *)&rc, 0 );
    // This code sets up the TCP and UDP buffer sizes
    // (Note 8192 is actually the default. This code is here to
    // illustrate how the buffer and limit sizes are configured.)
    // UDP Receive limit
    rc = 10240;
    CfgAddEntry( hCfg, CFGTAG_IP, CFGITEM_IP_SOCKUDPRXLIMIT,
                 CFG_ADDMODE_UNIQUE, sizeof(uint), (UINT8 *)&rc, 0 );
    // Boot the system using this configuration
    // We keep booting until the function returns 0. This allows
    // us to have a "reboot" command.
    do
    {
        rc = NC_NetStart( hCfg, NetworkOpen, NetworkClose, NetworkIPAddr );
    } while( rc > 0 );

    // Delete Configuration
    CfgFree( hCfg );

    // Close the OS
main_exit:
```

```c
    NC_SystemClose();
    return(0);
}


//static HANDLE hReceive = 0;

// NetworkOpen This function is called after the configuration has booted
static void NetworkOpen()
{
    hRx = TaskCreate( UDP_perform_receive, "PerformRX", 4, 0x1400, 0, 0, 0 );
}


// This function is called when the network is shutting down,or when it no longer has any IP
// addresses assigned to it.
static void NetworkClose()
{
    TaskDestroy( hRx );
    TaskDestroy( hTx );
}


// This function is called whenever an IP address binding is added or removed from the system.
static void NetworkIPAddr( IPN IPAddr, uint IfIdx, uint fAdd )
{
    IPN IPTmp;

    if( fAdd )
        printf("Network Added: ");
    else
        printf("Network Removed: ");

    // Print a message
    IPTmp = ntohl( IPAddr );
    printf("If - %d:%d.%d.%d.%d\n", IfIdx,
            (UINT8)(IPTmp>>24)&0xFF, (UINT8)(IPTmp>>16)&0xFF,
            (UINT8)(IPTmp>>8)&0xFF, (UINT8)IPTmp&0xFF );
}


// Service Status Reports
```

```c
// Here's a quick example of using service status updates
static char *TaskName[]   = { "Telnet","HTTP","NAT","DHCPS","DHCPC","DNS" };
static char *ReportStr[]  = { "","Running","Updated","Complete","Fault" };
static char *StatusStr[]  = { "Disabled","Waiting","IPTerm","Failed","Enabled" };
static void ServiceReport( uint Item, uint Status, uint Report, HANDLE h )
{
    printf( "Service Status: %-9s: %-9s: %-9s: %03d\n",
            TaskName[Item-1], StatusStr[Status],
            ReportStr[Report/256], Report&0xFF );

    if( Item == CFGITEM_SERVICE_DHCPCLIENT &&
        Status == CIS_SRV_STATUS_ENABLED &&
        (Report == (NETTOOLS_STAT_RUNNING|DHCPCODE_IPADD) ||
         Report == (NETTOOLS_STAT_RUNNING|DHCPCODE_IPRENEW)) )
    {
        IPN IPTmp;

        // Manually add the DNS server when specified
        IPTmp = inet_addr(DNSServer);
        if( IPTmp )
            CfgAddEntry( 0, CFGTAG_SYSINFO, CFGITEM_DHCP_DOMAINNAMESERVER,
                         0, sizeof(IPTmp), (UINT8 *)&IPTmp, 0 );
    }
}
```

第 7 章
算法设计

7.1 函数运算

函数是程序的基本单位,函数运算对这些函数进行计算,并给出计算结果。因为在一段程序中可能会多次调用同一个函数,所以对函数的快速实现是提高 DSP 程序运行效率的重要方法之一。

7.1.1 设计原理

各系列的 DSP 都提供十分丰富的函数运行支持库,这些库函数包含了对数、开方、三角函数以及指数等常用的函数,可以在应用程序中直接调用这些函数。例如在库函数中,定义三角正弦函数 sin( )的程序如下。

```
#include <math.h>
    float  sin(float  x);
```

在 C 程序中按如下方式调用。

```
float x,y;
x = 5.0;
y = sin(x);
```

可以看出,库函数中的三角正弦函数 sin( )要求输入值为浮点数,返回值也为浮点数,完全可以保证运算的精度。直接调用库函数非常方便,但由于运算量大,所以很难在实时 DSP 中得到应用。

可以通过降低一定的运算精度来实现快速运行函数,如查表法就是快速实现函数运算常用的方法之一。采用查表法必须根据函数自变量的范围和精度要求制作一张表格,函数自变量的范围越大,应变量的精度要求越高,所需的表格就越大,存储量也就越大。查表法求值所需的计算就是根据输入值确定表的地址,然后根据地址得到相应的值,因而运算量较小。查表法适用于周期函数或函数的输入值范围已知这两种情况。

例如已知余弦函数 $y=\cos(x)$,制作一个 512 点表格,并说明查表方法。

由于余弦函数是周期函数,函数值在 $-1 \sim +1$ 之间,用查表法比较合适。Q15 表示范围的绝对值为 $2^{-15} \sim 2^{-1}$ 之间。

(1) 产生 512 点值的 C 语言程序如下。

```
#define      N      512
#define      pi     3.14159
int          sin_tab[512];
void   main( )
{
    int i;
    for(i = 0;i<N;i++) sin_tab[i] = (int)(32767 * sin(2 * pi * i/N));
}
```

(2) 查　表

查表实际上就是根据输入值确定表的地址。设输入 x 在 $0 \sim 2\pi$ 之间,则 x 对应于 512 点表的地址为 index $=$ (int)$(512*x/2\pi)$,$y = \sin(x) =$ sin_tab[index]。

查表所得结果的精度随表的大小而变化,表越大,精度越高,但存储量也越大。当系统的存储量有限而精度要求较高时,查表法就不太适合。查表结合少量运算来计算函数的混合法能够在适当增加运算量的情况下提高函数运算的精度,适用于在输入变量的范围内函数呈单调变化的情形。

混合法在查表的基础上通过计算的方法提高输入值处于表格两点之间时的精度。提高精度的一个简便方法是采用折线近似法,如图 7-1 所示。

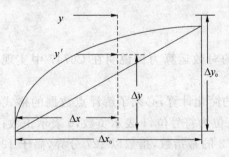

图 7-1　提高精度的折线近似法

以求 2 为底的对数为例。设输入值为 x,精确的对数值为 y,在表格值的两点之间作一直线,用 y' 作为 y 的近似值,则有 $y' = y_0 + \Delta y$,其中 y_0 由查表求得。因此只需在查表求得 y_0 的基础上增加 Δy 即可。Δy 的计算方法如下:

$$\Delta y = (\Delta x/\Delta x_0)\Delta y_0 = \Delta x(\Delta y_0/\Delta x_0)$$

式中 $\Delta y_0/\Delta x_0$ 在每一段是一个恒定值,可作一个表格直接查得。此外计算 Δx 时用到的每段横坐标的起始值也可作一个表格。这样共有 3 个大小均为 10 的表格,分别为存储每段起点对数值的表 logtab0、存储每段 $\Delta y_0/\Delta x_0$ 值的表 logtab1 和存储每段输入起始值 x_0 的表 logtab2。表 logtab1 和表 logtab2 可用下列两个数组表示：

```
int  logtab1[10] = {22529,20567,18920,17517,16308,15255,14330,13511,12780,12124};
int  logtab2[10] = {16384,18022,19660,21299,22938,24576,26214,27853,29491,31130};
```

综上所述，采用混合法计算对数值的方法可归纳如下：

(1) 根据输入值计算查表地址：index$=((x-16384)\times 20)>>15$。
(2) 查表得 $y_0=$logtab0[index]。
(3) 计算 $\Delta x=x-$logtab2[index]。
(4) 计算 $\Delta y=(\Delta x\times$logtab1[index]$)>>13$。
(5) 计算 $y=y_0+\Delta y$。

函数逼近法使用线性函数代替非线性函数，一般运用泰勒级数展开和最佳平方逼近等方法，使 x^n 的线性运算项逼近一个非线性函数运算。函数逼近法还可以根据余项确定误差。例如反余弦函数的泰勒展开式为：

$$\arccos x = \frac{\pi}{2} - x - \sum_{n=1}^{\infty} \frac{(2n-1)!!}{(2n+1)(2n)!!} x^{2n+1}$$

在 DSP 的汇编语言上实际所用的计算公式为：

$$\arccos x = \frac{\pi}{2} - x - \frac{1}{6}x^3 - \frac{3}{40}x^5 - \frac{5}{112}x^7 - \frac{245}{8064}x^9 - \frac{63}{2816}x^{11}$$

由于受到计算时间的限制，反余弦的计算公式不可能展开到更多项，因此不可避免地引入了截断误差，根据余项可以控制截断误差。实际编程中，x^5、x^7 和 x^9 等均可以使用前面的项乘上 x^2 来得到，每个指数运算实际上只需要一条指令。

7.1.2 软件实现

下面以求浮点数据的对数运算为例说明在 C6747 中实现函数运算的方法。程序使用混合编程方法实现。

为了实现浮点数据的简化计算，必须了解浮点数据的格式。DSP 的浮点数据使用 32 位数据表示，其中最高位为符号位，1 表示负数，0 表示正数；23～30 位的值为 8 位的指数位，指数位的指数是 2 的幂指数，指数以 127 分界，高于 127 表示整数，低于 127 表示纯小数；0～22 位的值为 23 位的小数位。

```
000000    E904     .float -1.0e25
000001    5951
```

该段指令定义的数据最高位为 1(E904 的最高位)，表示负数；23～30 位的值为 (110e1001900)=210(E904 的次高位之后的 8 位)，210-127=83(127 为必须减去的数值)，$2^{83}=9.6714e24$；0～22 位表示小数，为 $(0000_0 0100_4 0101_5 1001_9 0101_5 0001_1)=$ 0.33975720e24。其中小数部分的计算方法为：第 1 位为 0.5，其他各位依次减半，但其

指数仍然为 e25,所以 000001004 的第一个 1 为第 5 位,表示 2−5 e25＝0.03125 e25＝0.3125 e24,最终表示的数为 $(2^{-5}+2^{-9}+2^{-11}+2^{-12}+2^{-15}+2^{-17}+2^{-19}+2^{-23})$e25＝0.033 975 720 40。所以最终的结果为$(-1)×(1+0.033\ 975\ 720\ 40)×9.6714$e24＝−0.999 999 278 233 e25,接近于−1.0e25,存在百万分之一的误差。

IEEE 格式的浮点数表示方法如下,定义指数位数据为 e,小数位数据为 f,符号位为 s。

(1) 如果指数位 $0<e<255$,则该数据值为$(-1)^s×2^{(e-127)}×(1.f)$。

(2) 如果 $e=f=0$,则该数据值为 0。

(3) 如果 $e=0,f≠0$,则该数据值为$(-1)^s×(2^{-126})×(0.f)$。

(4) 如果 $e=255,f=0$,则该数据值为$(-1)^s×$inf(inf 表示无穷)。

(5) 如果 $e=255,f≠0$,则该数据值为 NaN(NaN 表示不是一个数据)。

由于浮点数据具有以上特点,所以计算对数时可以首先使用一次乘法计算出指数部分,如果计算对数是以 2 为底,则不需要乘法,如果计算对数以 10 为底,则需要乘以常数 log2(3.010 299 96)。对于浮点数的小数部分可以采用查表法完成。如果想达到比较高的精度,表格长度为 2 的 23 次方(8 388 608),但这个表格太大,实际中无法实现。为了降低表格大小,就只算小数的高 5 位,这样表格降低到 32,精度也降低到 log(1+2^(−5))(0.133 639 62)。也可以使用该表格实现对后面 5 位的运算,这需要将查表得到的结果和一个比例常数相乘。从而可以通过增加运算量来提高计算精度。

采用混合方法实现对数函数的代码如下,程序中的表格数据依次为 log(1)、log(1+2^(−5))、log(1+2^(−4))、log(1+2^(−4) +2^(−5))、……、log(1+2^(−1) +2^(−2) +2^(−3)+2^(−4) +2^(−5))。

```
#include <math.h>

float Log10Coeff[32] = {
    0,           0.13363962,  0.26328939,  0.38918066,  0.51152522,  0.63051746,
    0.74633618,  0.85914629,  0.96910013,  1.07633878,  1.18099312,  1.28318477,
    1.38302698,  1.48062535,  1.57607853,  1.6694788 ,  1.76091259,  1.85046102,
    1.93820026,  2.02420198,  2.10853365,  2.19125891,  2.27243782,  2.35212711,
    2.43038049,  2.50724877,  2.58278015,  2.65702033,  2.73001272,  2.80179857,
    2.87241711,  2.94190571};

float MyLog10(float x)
{
    float   result;
    int    *ptr,zs,index;
    ptr = (int *)&x;
    zs = (*ptr>>23) - 127;
    index = ((*ptr>>18) & 0x1f);
    result = zs * 3.01029996 + Log10Coeff[index];
```

```c
    return result;
}

void main(void)
{
    volatile float a,b,c;

    a = 18888.8;

    b = MyLog10(a);
    c = 10 * log10(a);

    a = b-c;

    while(1)
    {

    }
}
```

配置文件如下:

```
-l rts6700.lib

-c
-x


-stack 0x1F00   /* 设置堆栈:0x0E00 Bytes */
-heap  0x1800

MEMORY
{
    IRAM0    : origin = 0x00000000,  length = 0x00000400
    IRAM1    : origin = 0x00000400,  length = 0x00000200
    IRAM2    : origin = 0x00011000,  length = 0x0002FA00
}

SECTIONS
{
        bootload:   {}   > IRAM0
        .vectors:   {}   > IRAM1
        .boot:      {}   > IRAM2
        .data:      {}   > IRAM2
```

```
    .text:      {}  > IRAM2
    .switch:    {}  > IRAM2
    .cinit:     {}  > IRAM2
    .const:     {}  > IRAM2
    .cio:       {}  > IRAM2
    .bss:       {}  > IRAM2
    .far:       {}  > IRAM2
    .sysmem:    {}  > IRAM2
    .stack:     {}  > IRAM2
}
```

7.1.3 运行结果

程序的运行结果如图 7-2 所示,其中 b 为混合查表法的计算结果,c 为调用函数库的计算结果,真实结果为 $10*\log 1888.8=42.762\,043\,681\,954\,018\,735\,882\,892\,615\,972$。可以看出,调用函数库的计算结果和真实值误差很小,为 $3.681\mathrm{e}-6$,该精度主要受限于浮点数据的精度,而不是受限于函数运行精度。采用查表法的结果精度约为 0.1。图中 a 显示 b 和 c 的差。

Name	Value	Type	Radix
b	42.65572	float	float
c	42.76204	float	float
a	-0.1063194	float	float

图 7-2 对数函数运行结果

两种算法的计算时间如图 7-3 所示。其中从最上方断点运行到中间断点的时间为查表法的运行时间,为 40 个指令周期,从中间断点运行到最下方断点的时间为调用函数库的运行时间,为 880 个指令周期。比较两种方法的计算时间,可以明显看出,虽然查表法牺牲了计算精度,但节省了大量时间。

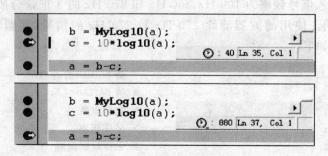

图 7-3 对数函数运行时间比较

程序的工程编译使用了最高等级优化，编译设置如图7-4所示。

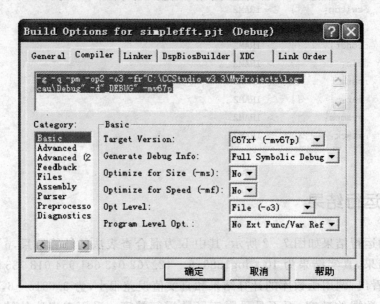

图7-4 对数函数工程编译选项设置

7.2 IIR 滤波

数字滤波器在语音信号处理、信号谱估计、信号去噪以及图像信号等很多方面具有广泛的应用。一般滤波器设计都采用MATLAB语言仿真得到滤波器参数，然后通过DSP编程实现。

7.2.1 设计原理

MATLAB设计产生一段模拟数据，使用FFT观察滤波前后的频谱变化，从而判断滤波是否达到预定的效果，并根据结果来改变滤波器参数。设定模拟信号的采样频率为600 Hz，输入信号频率为100 Hz、250 Hz和270 Hz的3正弦合成信号，3个正弦信号的幅值相同。使用滤波器滤除250 Hz和270 Hz的信号，保留100 Hz信号的MATLAB代码如下：

```
clear all;              % 清 MATLAB 寄存器值
clc ;                   % 清 MATLAB 显示
N = 2400;               % 数据点数
fs = 600;               % 采样频率
dt = 1/fs;              % 采样时间间隔

f1 = 250;               % 信号1频率
```

第7章 算法设计

```
    f2 = 100;                              % 信号2频率
    f3 = 270;                              % 信号3频率

    for k = 1:N;
        y(k) = sin(2 * pi * f1 * k * dt) + sin(2 * pi * f2 * k * dt) + sin(2 * pi * f3 * k * dt);
                                           % 产生合成信号
    end

    lp = 200;                              % 截止频率
    wn1 = 2 * lp/fs;                       % 函数的参数

    [z1,p1,k1] = CHEBY1(3,0.5,wn1);        % 滤波器的极零点表示
    [b1,a1] = CHEBY1(3,0.5,wn1);           % 滤波器的传递函数表示

    yy1 = filter(b1,a1,y);                 % 滤波

    y0 = 10 * log10(abs(fft(y)));          % 将原始信号做FFT变换
    y1 = 10 * log10(abs(fft(yy1)));        % 滤波后信号做FFT变换

    f =    (0:(N/2-1));                    % 定义画图时横坐标

    figure(1);
    plot(f, y0(1:N/2))                     % 画出原始信号的频谱图

    figure(2);
    plot(f, y1(1:N/2))                     % 画出滤波后信号的频谱图

    figure(3);
    plot(y(1:200));                        % 画出原始信号的时域波形

    figure(4);
    plot(yy1(1:200));                      % 画出滤波后信号的时域波形
```

程序设定采样点数为2 048个,采样频率为600 Hz,输入信号为100 Hz、250 Hz和270 Hz的合成信号,设定滤波器的截止频率为200 Hz,通过切比雪夫滤波器后保留100 Hz的信号,200 Hz以上的信号基本被滤掉。程序主要分为3部分:第1部分是使用for循环产生滤波前的3正弦合成信号;第2部分是生成Cheby滤波器,产生滤波器的极点和零点参数;第3部分是用filter函数进行滤波。

程序第1部分较为简单,使用MATLAB的sin函数就可以产生3正弦合成信号,其中使用变量定义信号的频率。

程序的第2部分使用Cheby1型函数,在MATLAB中输入如下指令"help cheby1"就会出现关于cheby的函数说明。指令"[b,a]= Cheby1(n,r,Wn)"的意义是设计一个n阶低通数字切比雪夫滤波器,其中b为滤波器函数的分子向量,对于3阶滤

波器 b=[b1,b2,b3,b4];a 为滤波器函数的分母向量,对于 3 阶滤波器 a=[a1,a2,a3,a4];Wn=2×截止频率/采样频率,Wn 必须在(0,1)之间,也就是截止频率必须小于采样频率的一半,这是由采样定理决定的,截止频率高于一半的采样频率在实际中没有意义;r 为滤波器通带的纹波系数,r 取正值,并且一般在 0.3 dB 以下。指令"[z,p,k]=Cheby1(n,r,Wn)"是极零点形式的设计滤波器函数,其中 z 为滤波器的零点向量,对于 3 阶滤波器 z=[z1,z2,z3];p 为滤波器的极点向量,对于 3 阶滤波器 p=[p1,p2,p3];k 为滤波器的增益。

程序的第 3 部分使用 filter 函数,在前面已获得滤波器的极点和零点后,直接将极点和零点代入 filter 函数中。指令"yy1=filter(b1,a1,y)"中的 yy1 表示滤波器的输出信号,y 为滤波器的输入信号。在 MATLAB 中输入"help filter"就会出现 filter 的函数说明。y=filter[a,b,x]是以 a,b 为系数对输入信号 x 进行滤波,以得到输出信号 y,执行滤波功能的表达式为"a(1)*y(n)=b(1)*x(n)+b(2)*x(n-1)+…+b(nb+1)*x(n-nb)-a(2)*y(n-1)-…-a(na+1)*y(n-na)"。filter 函数通过上面的数学运算达到了滤波效果,滤波器在数学上相当于解一个差分方程,其实质就是对输入信号进行乘加运算以得到输出信号。

滤波前信号时域如图 7-5 所示,图中横坐标为点数(个),纵坐标为幅度(V)。

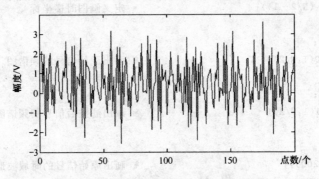

图 7-5 滤波前信号时域谱图

滤波前信号频谱如图 7-6 所示,图中横坐标为频率/4(Hz),纵坐标为对数幅度(dBV)。

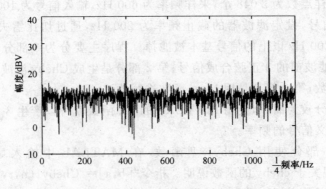

图 7-6 滤波前信号频谱图

滤波后信号时域如图7-7所示,图中横左边为点数(个),纵坐标为幅度(V)。

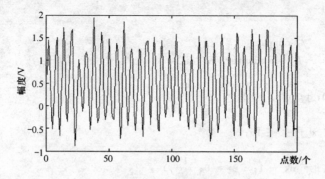

图7-7 滤波后信号时域谱图

滤波后信号频谱如图7-8所示,图中横左边为频率/4(Hz),纵坐标为对数幅度(dBV)。

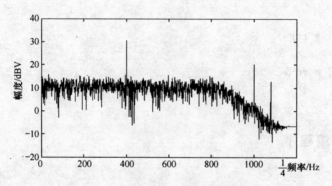

图7-8 滤波后前信号频谱图

比较滤波前后的频谱图:滤波前信号的频谱为3个峰值,分别代表100 Hz、250 Hz和270 Hz;而滤波后只有一个100 Hz的信号。所以从频谱上可以明显地看出滤波达到了去除高频信号的效果。

7.2.2 软件实现

下面给出TI公司提供的IIR滤波器的C语言代码和线性汇编代码。

1. C语言程序

```
void iirlat_c
(
    short        * x,              // 滤波器输入数据数组
    int          nx,               // 输入数组长度
    const short  * restrict k,     // 滤波器反馈系数
    int          nk,               // 反馈系数个数
    int          * restrict b,     // 滤波器延迟系数,延迟系数个数为 nk+1
```

```c
    short         *r                    // 滤波后输出数组
)
{
    int rt;        // output          //
    int i, j;      // loop counter    //

    for (j = 0; j<nx; j++)
    {
        rt = x[j] << 16;

        for (i = nk - 1; i >= 0; i--)
        {
            rt       = rt    - _smpyhl(b[i], k[i]);
            b[i + 1] = b[i] + _smpyhl(rt,   k[i]);
        }

        b[0] = rt;

        r[j] = rt >> 16;
    }
}
```

2. 线性汇编程序

```
        .global _iirlat_nsa

_iirlat_nsa: .cproc  A_xp, B_nx, A_kp, B_nk, A_bp, B_rp
             .no_mdep
;                    A4,   B4,   A6,   B6,   A8,   B8

        .reg A_rt, A_x, A_b, B_k, A_bk, B_rtk, A_i, B_b1, A_r, B_j
        .reg A_nk, B_b_, B_b__, B_b___, B_k_, B_bp

        .mptr   A_bp, x,     4
        .mptr   B_bp, x+4,   4
        .mptr   k_bp, y,     2

            MV          B_nx,       B_j
            MV          B_nk,       A_nk

loop_j:
            LDH         *A_xp++,    A_x              ; x[j]
            SHL         A_x,        16,    A_rt      ; rt = x[j]<<16
```

第7章 算法设计

```
            MV      B_nk,       A_i                 ; i = nk
            ADDAH   A_kp,       A_nk,   A_kp        ; &k[nk]
            ADDAW   A_bp,       A_nk,   A_bp        ; &b[nk]
            MV      A_bp,       B_bp

loop_i:
            LDW     *--A_bp,    A_b                 ; b[i]
            LDH     *--A_kp,    B_k                 ; k[i]
            SMPYHL  A_b,        VB_k,   A_bk        ; bk = b[i] * k[i]
            SUB     A_rt,       VA_bk,  A_rt        ; rt -= bk
            MPY     B_k,        1,      B_k
            SMPYHL  A_rt,       B_k_,   B_rtk       ; rtk = rt * k[i]
            MV      A_b,        B_b_
            MV      B_b_,       B_b__
            MV      B_b__,      B_b___
            ADD     B_b___,     B_rtk,  B_b1        ; b1 = b[i] + rtk
            STW     B_b1,       *B_bp--             ; b[i+1] = b1
[A_i]       SUB     A_i,        1,      A_i
[A_i]       B       loop_i

            STW     A_rt,       *B_bp               ; b[0] = rt
            SHR     A_rt,       16,     A_r         ; r = rt>>16
            STH     A_r,        *B_rp++             ; r[j] = r
[B_j]       SUB     B_j,        1,      B_j
[B_j]       B       loop_j

            .endproc
```

3. 主程序

```c
#include <stdio.h>

extern void iirlat_c();
extern void iirlat_nsa();

#pragma DATA_ALIGN(x, 8);
#pragma DATA_ALIGN(k, 8);
#pragma DATA_ALIGN(b_nsa, 8);
#pragma DATA_ALIGN(b_c  , 8);
#pragma DATA_ALIGN(r_nsa, 8);
#pragma DATA_ALIGN(r_c  , 8);

#define NK      (10)
#define NK1     (NK+1)
```

```c
#define NX      (20)
#define PAD     (16)

short  x[NX] =
{
        1411, -322, 603, 197, -1972, 2191, 738, -242, 308, 0,
        1411, -322, 603, 197, -1972, 2191, 738, -242, 308, 0
};

const short  k[NK] =
{
        -13839,    32437,    -27054,    19741,    -16792,
        -30550,   -25856,      6973,   -30991,    -13482
};

int  b_asm[NK1 + 2 * PAD] =
{
    -0x0D4BE70A,    0x3D94A3C8,    -0x32B750B6,    -0x14B18E70,
     0x1B6A2141,    0x7A1D60A5,     0x0D5B9079,     0x1D2C8E4A,
     0x55D8E598,   -0x54584FBD,     0x50306C5A,    -0x5CBCD286,
     0x01805A86,    0x059BBB8E,     0x4D9744AB,     0x49E3E311,

    0,0,0,0,0,0,0,0,0,0,

     0x1D549AF6,   -0x50B3F2DC,     0x62F5A0F4,    -0x75A6DAE5,
    -0x6AF90D15,    0x5D262B11,     0x3C1A2818,    -0x793C0BF9,
    -0x6492B0FC,    0x42822AC3,    -0x001F43C4,     0x1BE081AD,
     0x1A7F96E5,    0x621B8594,    -0x1C85CE7E,    -0x254D1655
};
int  b_nsa[NK1 + 2 * PAD];
int  b_c   [NK1 + 2 * PAD];

short  r_nsa[NX + 2 * PAD];
short  r_c   [NX + 2 * PAD];

int   * const ptr_b_nsa  =  b_nsa  + PAD;
int   * const ptr_b_c    =  b_c    + PAD;
short * const ptr_r_nsa  =  r_nsa  + PAD;
short * const ptr_r_c    =  r_c    + PAD;

int main()
{
    int fail = 0;
```

```
        memcpy(b_nsa, b_asm, sizeof(b_nsa));
        memcpy(b_c  , b_asm, sizeof(b_c  ));

        memset(r_nsa, 0xA5, sizeof(r_nsa));
        memset(r_c  , 0xA5, sizeof(r_c  ));

        iirlat_c(x, NX, k, NK, ptr_b_c, ptr_r_c);


        iirlat_nsa(x, NX, k, NK, ptr_b_nsa, ptr_r_nsa);

        if (memcmp(r_nsa, r_c, sizeof(r_c)))
        {
            fail = 1;
            printf("Result failure (nsa)\n");
        }

        return (fail);
}
```

4. 配置程序

```
-c
-heap  0x2000
-stack 0x4000

MEMORY
{
    SRAM:  o = 00000000h   l = 00010000h
    CE0:   o = 80000000h   l = 01000000h
}


SECTIONS
{
    .text     >      SRAM
    .stack    >      CE0
    .bss      >      SRAM
    .cinit    >      SRAM
    .cio      >      CE0
    .const    >      SRAM
    .data     >      SRAM
    .switch   >      SRAM
```

```
    .sysmem        >        CE0
    .far           >        SRAM
}
```

7.2.3 运行结果

C 程序运行结果如图 7-9 所示。

ptr r c

0x00008A58	0x0583	0x0584	0x02EB	0xF7CA	0xF00C
0x00008A62	0xFF62	0x1967	0x2402	0xFF14	0xD372
0x00008A6C	0xD6FF	0x15D3	0x4B1D	0x2CAC	0xCF24
0x00008A76	0xA6C5	0xF0DA	0x5E21	0x614D	0xEA79
0x00008A80	0xA5A5	0xA5A5	0xA5A5	0xA5A5	0xA5A5
0x00008A8A	0xA5A5	0xA5A5	0xA5A5	0xA5A5	0xA5A5
0x00008A94	0xA5A5	0xA5A5	0xA5A5	0xA5A5	0xA5A5
0x00008A9E	0xA5A5				

图 7-9 C 程序运行结果

线性汇编程序运行结果如图 7-10 所示。可以看出，线性汇编程序和 C 程序运行结果一致，都达到同样的滤波效果。

ptr r nsa

0x00008A58	0x0583	0x0584	0x02EB	0xF7CA	0xF00C
0x00008A62	0xFF62	0x1967	0x2402	0xFF14	0xD372
0x00008A6C	0xD6FF	0x15D3	0x4B1D	0x2CAC	0xCF24
0x00008A76	0xA6C5	0xF0DA	0x5E21	0x614D	0xEA79
0x00008A80	0xA5A5	0xA5A5	0xA5A5	0xA5A5	0xA5A5
0x00008A8A	0xA5A5	0xA5A5	0xA5A5	0xA5A5	0xA5A5
0x00008A94	0xA5A5	0xA5A5	0xA5A5	0xA5A5	0xA5A5
0x00008A9E	0xA5A5				

图 7-10 线性汇编程序运行结果

C 程序运行时间如图 7-11 所示，两个断点之间的运行指令个数为 7 923 个。

线性汇编程序运行时间如图 7-12 所示，两个断点之间的运行指令个数为 2 727 个。比较后可以看出，线性汇编执行速度提高了约 2.9 倍。

但线性汇编带来以下几个问题：

(1) 编写代码的难度和工作量增加；

(2) 线性汇编的可读性和移植性差；

(3) 线性汇编用到寄存器，如果该程序被其他程序中断，则必须对这些寄存器进行保护，导致增加额外的开销。

```
for (j=0; j<nx; j++)
{
    rt = x[j] << 16;
    for (i = nk - 1; i >= 0; i--)
    {
        rt       = rt       - _smpyhl(b[i], k[i]);
        b[i + 1] = b[i] + _smpyhl(rt,  k[i]);
    }
    b[0] = rt;
    r[j] = rt >> 16;
}
```
⊙ : 7,923 Ln 79, Col 1

图 7-11　C 程序运行时间

```
_iirlat_nsa: .cproc A_xp, B_nx, A_kp, B_nk,
             .no_mdep
                     A4,  B4,  A6,  B6,
=========================================

[B_j]    SUB      B_j,      1,       B_j
[B_j]    B        loop_j

         .endproc
```
⊙ : 2,727 Ln 129, Col 1

图 7-12　线性汇编程序运行时间

7.3　FFT 变换

快速傅里叶变换 FFT(Fast Fourier Transform)是离散傅里叶变换 DFT(Discrete Fourier Transformation)的快速算法，FFT 是数字信号处理中最为重要的算法之一，在声学、语音、电信和信号处理等各个领域都有广泛的应用，FFT 也成为 DSP 运算能力的一个考核因素。离散傅里叶变换的目的是把信号由时域变换到频域，从而可以在频域分析处理信息，得到的结果再由傅里叶逆变换到时域。

7.3.1　设计原理

对于有限长离散数字信号 $x(n), 0 \leqslant x \leqslant N-1$，它的离散频谱 $X(k)$ 可由离散傅里叶变换求得。DFT 定义如下：

$$X(k) = \sum_{n=0}^{N-1} x[n] \mathrm{e}^{-j(2\pi/N)nk} \quad k = 0,1,2,\cdots,N-1$$

也可以方便地写成如下形式：

$$X(k) = \sum_{n=0}^{N-1} x[n] W_N^{nk}$$

式中 W_N（有时简写为 W）代表 $e^{-j(2\pi/N)nk}$。不难看出，W^{nk} 是周期性的，且周期为 N，即

$$W_N^{(n+mN)(k+lN)} = W_N^{nk} \quad m, l = 0、\pm 1、\pm 2、\cdots$$

W^{nk} 的周期性是 DFT 的关键之一。常用表达式 W_N 取代 W 以便明确地给出 W^{nk} 的周期为 N。

由 DFT 的定义可以看出，在 $x(n)$ 为复数序列的情况下，直接运算 N 点 DFT 需要 $(N-1)^2$ 次复数乘法和 $N(N-1)$ 次复数加法。因此，对于一些相当大的 N 值（如 1 024 点）来说，直接计算其 DFT 的计算量是很大的。优化的实数 FFT 算法是组合以后的算法。原始的 $2N$ 个点的实输入序列组合成一个 N 点的复序列，然后对复序列进行 N 点的 FFT 运算，最后再由 N 点复数输出拆散成 $2N$ 点的复数序列，这 $2N$ 点的复数序列与原始的 $2N$ 点的实数输入序列的 DFT 输出一致。

FFT 的基本思想就是将原来的 N 点序列分成两个较短的序列，这些序列的 DFT 可以简单地组合起来得到原序列的 DFT。例如，若 N 为偶数，将原有的 N 点序列分成两个 $(N/2)$ 点序列，那么计算 N 点 DFT 将只需要 $2^*(N/2-1)^2 \approx (N-1)^2/2$ 次复数乘法，比直接计算少作一半乘法。上述处理方法可以反复使用，即 $(N/2)$ 点的 DFT 计算也可以化成两个 $(N/4)$ 点 DFT（假定 $N/2$ 为偶数），从而又少一半乘法。使用这种方法，在组合输入和拆散输出的操作中，FFT 的运算量将减半。因此利用实数 FFT 算法来计算实输入序列的 DFT 的速度几乎是一般 FFT 算法的两倍。

假定序列 $x(n)$ 的点数 N 是 2 的整数次幂，按上述处理方法定义两个分别为 $x(n)$ 的偶数项和奇数项的 $(N/2)$ 点序列 $x_1(n)$ 和 $x_2(n)$，即：

$$x_1(n) = x(2n), \quad n = 0、1、2、\cdots、N/2-1$$
$$x_2(n) = x(2n+1), \quad n = 0、1、2、\cdots、N/2-1$$

$x(n)$ 的 N 点 DFT 可写成：

$$X(k) = \sum_{n=0}^{N-1} x[n] W_N^{nk} (n\text{ 为偶数}) + \sum_{n=0}^{N-1} x[n] W_N^{nk} \quad (n \text{ 为奇数})$$

$$= \sum_{n=0}^{N/2-1} x[2n] W_N^{2nk} + \sum_{n=0}^{N/2-1} x[2n+1] W_N^{(2n+1)k}$$

因考虑到 W_N^k 可写成：

$$W_N^k = [e^{-j(2\pi)/N}]^2 = e^{-j(2\pi)/(N/2)} = W_{N/2}$$

故 $X(k)$ 可写为：

$$X(k) = \sum_{n=0}^{N/2-1} x_1[n] W_{N/2}^{nk} + W_N^k \sum_{n=0}^{N/2-1} x_2[n] W_{N/2}^{nk}$$

$$\doteq X_1(k) + W_N^k X_2(k)$$

式中 $X_1(k)$ 和 $X_2(k)$ 是 $x_1(n)$ 和 $x_2(n)$ 的 $(N/2)$ 点 DFT。上式表明，N 点 DFT X

(k) 可分解为两个 $(N/2)$ 点 DFT。如果直接计算 $(N/2)$ 点的 DFT,则计算 N 点 DFT 需要 $(N*2/2+N)$ 次复数乘法。在 N 值很大的情况下,这表示可以节约一半左右的计算时间。

下面用流程图来说明两个 4 点 DFT 变换计算 8 点 DFT 的处理方法,如图 7-13 所示。输入序列先进行位倒序成偶数项和奇数项,得到 $x_1(n)$ 和 $x_2(n)$,再分别对它们作变换得到 $X_1(k)$ 和 $X_2(k)$。图中实心圆规定为加法和减法器,和总是出现在上面,差总是出现在下面,箭头表示乘法。

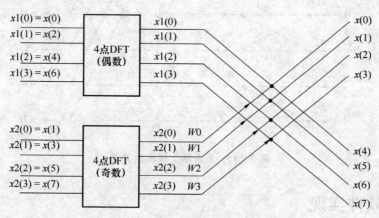

图 7-13 8 点 FFT 蝶形图

基于上述思想,可以将 64 点的 FFT 运算分为 32 个点,32 个点继续分为 16 个点,如此继续分下去,一直分到最基本的两点傅里叶变换,如图 7-14 所示。

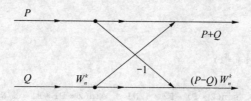

图 7-14 基 2 蝶形运算图

由此可得出 8 点基 2 FFT 的流程图,如图 7-15 所示。由此可推出任意 2 的整数次幂的 FFT 的流程图。

对于任何一个 2 的整数幂 $N=2^M$,总可以通过 M 次分解最后成为 2 点的 DFT 计算。这样的 M 次分解构成了从 $x(n)$ 到 $X(k)$ 的 M(即 $\log_2^N$)级迭代计算,每级由 $N/2$ 个蝶形计算组成。可以得到计算方程:

$$X_{m+1}(p) = X_m(p) + W_N^k X_m(q)$$
$$X_{m+1}(q) = X_m(p) - W_N^k X_m(q)$$

因为完成 $N=2^M$ 点的 DFT 计算需要 $\log_2^N$ 级迭代计算,那么计算 64 个点的 DFT 就要 6 级迭代运算。从程序中可以看到,首先进行的是 2.2 迭代,然后是 4.4 迭代、8.8 迭代、16.16 迭代以及 32.32 迭代。

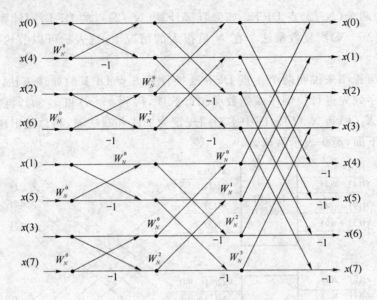

图 7-15 8 点基 2 蝶形运算图

7.3.2 软件实现

1. 仿真数据生成程序

```
void initialize(int F1, int F2)      // 初始化数据
{
    int i;

    for(i = 0; i < N; i += 1)
    {
        x[i * 2]  =  sin(2 * PI * F2 * i/N) + sin(2 * PI * F1 * i/N);
        x[i * 2 + 1] = 0;
    }

}
```

2. 产生旋转因子程序

```
void gen_w_r2(float * w, int n)     //  产生旋转因子
{
    int i;
    float pi = 4.0 * atan(1.0);
    float e = pi * 2.0 / n;

    for(i = 0; i < (n >> 1); i++)
```

```c
    {
        w[2 * i] = cos(i * e);
        w[2 * i + 1] = sin(i * e);
    }
}
```

3. 位倒序程序

```c
void bit_rev(float * x, int n)    // 对旋转因子进行位倒序
{
    int i, j, k;
    float rtemp, itemp;
    j = 0;

    for(i = 1; i < (n - 1); i++)
    {
        k = n >> 1;

        while(k <= j)
        {
            j -= k;
            k >>= 1;
        }

        j += k;

        if(i < j)
        {
            rtemp = x[j * 2];
            x[j * 2] = x[i * 2];
            x[i * 2] = rtemp;
            itemp = x[j * 2 + 1];
            x[j * 2 + 1] = x[i * 2 + 1];
            x[i * 2 + 1] = itemp;
        }
    }
}
```

4. FFT 程序

```c
void DSPF_sp_cfftr2_dit_cn(float * x, float * w, unsigned short n)    // FFT,基 2
{
    unsigned short n2, ie, ia, i, j, k, m;
    float rtemp, itemp, c, s;
```

```
        n2 = n;
        ie = 1;

        for(k = n; k > 1; k >>= 1)
        {
            n2 >>= 1;
            ia = 0;

            for(j = 0; j < ie; j++)
            {
                c = w[2*j];
                s = w[2*j+1];

                for(i = 0; i < n2; i++)
                {
                    m = ia + n2;
                    rtemp = c * x[2*m] + s * x[2*m+1];
                    itemp = c * x[2*m+1] - s * x[2*m];
                    x[2*m] = x[2*ia] - rtemp;
                    x[2*m+1] = x[2*ia+1] - itemp;
                    x[2*ia] = x[2*ia] + rtemp;
                    x[2*ia+1] = x[2*ia+1] + itemp;
                    ia++;
                }

                ia += n2;
            }
            ie <<= 1;
        }
    }
```

5. 窗函数数据

```
float   const FFT_Window_Data1_hamming[2048] =
{
0.080000000000000,   0.080000541476578,   0.080002165905036,   0.080004873281550,
0.080008663599747,   0.080013536850703,   0.080019493022945,   0.080026532102451,
0.080034654072650,   0.080043858914419,   0.080054146606089,   0.080065517123440,
0.080077970439703,   0.080091506525559,   0.080106125349142,   0.080121826876035,
0.080138611069273,   0.080156477889342,   0.080175427294178,   0.080195459239171,
0.080216573677160,   0.080238770558437,   0.080262049830745,   0.080286411439277,
0.080311855326683,   0.080338381433059,   0.080365989695958,   0.080394680050382,
0.080424452428787,   0.080455306761083,   0.080487242974629,   0.080520260994241,
0.080554360742186,   0.080589542138185,   0.080625805099412,   0.080663149540495,
```

0.080701575373516, 0.080741082508011, 0.080781670850972, 0.080823340306842,
0.080866090777522, 0.080909922162366, 0.080954834358185, 0.081000827259245,
0.081047900757266, 0.081096054741426, 0.081145289098359, 0.081195603712156,
0.081246998464362, 0.081299473233982, 0.081353027897478, 0.081407662328769,
0.081463376399232, 0.081520169977702, 0.081578042930474, 0.081636995121299,
0.081697026411391, 0.081758136659420, 0.081820325721518, 0.081883593451277,
0.081947939699750, 0.082013364315448, 0.082079867144347, 0.082147448029882,
0.082216106812951, 0.082285843331915, 0.082356657422597, 0.082428548918283,
0.082501517649723, 0.082575563445131, 0.082650686130183, 0.082726885528024,
0.082804161459261, 0.082882513741967, 0.082961942191682, 0.083042446621412,
0.083124026841629, 0.083206682660274, 0.083290413882755, 0.083375220311947,
0.083461101748196, 0.083548057989315, 0.083636088830588, 0.083725194064769,
0.083815373482081, 0.083906626870222, 0.083998954014357, 0.084092354697126,
0.084186828698641, 0.084282375796486, 0.084378995765721, 0.084476688378878,
0.084575453405964, 0.084675290614463, 0.084776199769333, 0.084878180633009,
0.084981232965403, 0.085085356523905, 0.085190551063382, 0.085296816336180,
0.085404152092125, 0.085512558078522, 0.085622034040156, 0.085732579719295,
0.995954479822904, 0.996047343763684, 0.996139134056834, 0.996229850486257,
0.996319492838384, 0.996408060902174, 0.996495554469118, 0.996581973333234,
0.996667317291069, 0.996751586141704, 0.996834779686749, 0.996916897730346,
0.996997940079169, 0.997077906542424, 0.997156796931851, 0.997234611061721,
0.997311348748842, 0.997387009812555, 0.997461594074733, 0.997535101359789,
0.997607531494666, 0.997678884308848, 0.997749159634352, 0.997818357305732,
0.997886477160081, 0.997953519037027, 0.998019482778737, 0.998084368229917,
0.998148175237810, 0.998210903652198, 0.998272553325405, 0.998333124112290,
0.998392615870256, 0.998451028459244, 0.998508361741737, 0.998564615582758,
0.998619789849871, 0.998673884413184, 0.998726899145343, 0.998778833921540,
0.998829688619507, 0.998879463119519, 0.998928157304396, 0.998975771059498,
0.999022304272732, 0.999067756834548, 0.999112128637937, 0.999155419578439,
0.999197629554135, 0.999238758465654, 0.999278806216167, 0.999317772711393,
0.999355657859594, 0.999392461571579, 0.999428183760704, 0.999462824342870,
0.999496383236525, 0.999528860362661, 0.999560255644821, 0.999590569009092,
0.999619800384109, 0.999647949701055, 0.999675016893657, 0.999701001898195,
0.999725904653492, 0.999749725100923, 0.999772463184406, 0.999794118850412,
0.999814692047957, 0.999834182728607, 0.999852590846477, 0.999869916358229,
0.999886159223075, 0.999901319402774, 0.999915396861636, 0.999928391566520,
0.999940303486832, 0.999951132594530, 0.999960878864118, 0.999969542272651,
0.999977122799734, 0.999983620427520, 0.999989035140713, 0.999993366926564,
0.999996615774875, 0.999998781677999, 0.999999864630836
};

6. 加窗程序

```
void FFT_Window(float data[])
{
    int i;

    for(i = 0; i<2048; i++)        // 加窗处理
    {
        if(i<512)
        {
            data[i<<1]       = data[i<<1]       * FFT_Window_Data1_hamming[i];
            data[(i<<1)+1]   = data[(i<<1)+1]   * FFT_Window_Data1_hamming[i];
        }
        else
        {
            data[i<<1]       = data[i<<1]       * FFT_Window_Data1_hamming[2048-i];
            data[(i<<1)+1]   = data[(i<<1)+1]   * FFT_Window_Data1_hamming[2048-i];
        }
    }
}
```

7. 主程序

```
#include <math.h>
#include <stdio.h>
#include <stdlib.h>

#define NN  4096
#define PI  3.141592654

#pragma DATA_SECTION (w4k, ".w_sect");
#pragma DATA_SECTION (x, ".x_sect");    //给 x 和 w4k 都独立分配空间,使其不会影响其他数据;


float x[2 * NN];                        //用于存放采样得来的数据;
float FFT_Result[NN];
float w4k[NN];

extern float   const FFT_Window_Data1_hamming[];

extern void initialize(int F1, int F2);
extern void DSPF_sp_cfftr2_dit_cn(float * x, float * w, unsigned short n);
extern void bit_rev(float * x, int n);
extern void gen_w_r2(float * w, int n);
extern void FFT_Window(float x[]);
```

```
/* ========================================================================*/
/* Main Programme                                                          */
/* ======================================================================= */
void main(void)
{
    int f1,f2,i;                          //设定信号频率 f1,f2

    f1 = 230;
    f2 = 140;

    initialize(f1,f2);                    //产生信号

    gen_w_r2(w4k,4096);
    bit_rev(w4k,2048);

    FFT_Window(x);

    DSPF_sp_cfftr2_dit_cn(x, w4k, 4096);

    bit_rev(x,4096);

    for(i = 0;i<2048;i++)
    {
        FFT_Result[i] =   x[2*i]*x[2*i] + x[2*i+1]*x[2*i+1];
    }

}
```

8. 配置程序

```
-l dsp67x.lib
-l rts6700.lib
-l fastrts67x.lib

-c   /*用来把 boot.obj 和其他用户程序的 *.obj 文件连接起来*/
-x

-stack 0x1F00   /*设置堆栈:0x0E00 Bytes*/
-heap  0x1800

MEMORY
{
   IRAM0       : origin = 0x00000000,   length = 0x00000400
   IRAM1       : origin = 0x00000400,   length = 0x00000200
   IRAM10      : origin = 0x00001000,   length = 0x00008000
```

```
    IRAM11      : origin = 0x00009000,   length = 0x00008000

    IRAM2       : origin = 0x00011000,   length = 0x0002FA00

    SDRAM: origin = 0x80000000,   length = 0x00800000   /* CE0 */

    FLASH: origin = 0x90000000,   length = 0x00080000   /* CE1 */

    FPGA : origin = 0xA0000000,   length = 0x01000000   /* CE2 */
}

SECTIONS
{
    bootload:         {}   > IRAM0
        .vectors:     {}   > IRAM1
        .w_sect:      {}   > IRAM10      /* FFT 运算用 */
        .x_sect:      {}   > IRAM11

        .boot:        {}   > IRAM2
        .data:        {}   > IRAM2
        .text:        {}   > IRAM2
        .switch:      {}   > IRAM2
        .cinit:       {}   > IRAM2
        .const:       {}   > IRAM2
        .cio:         {}   > IRAM2
        .bss:         {}   > IRAM2
        .far:         {}   > IRAM2
        .sysmem:      {}   > IRAM2
        .stack:       {}   > IRAM2
}
```

7.3.3 运行结果

原始信号时域如图 7-16 所示,图中画出前 200 个数据,横坐标为点数(个),纵坐标为幅值(V)。

原始信号频域如图 7-17 所示,图中频率做归一化处理,横坐标为归一化频率(Hz),纵坐标为幅值(dBV)。原始信号的频域图由 CCS 提供的 FFT 工具完成。

原始信号加窗后时域如图 7-18 所示,图中画出前 200 个数据,横坐标为点数(个),纵坐标为幅值(V)。加窗后信号的时域波形得到初步的整形。

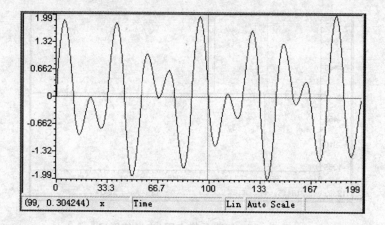

图 7-16 原始信号时域图

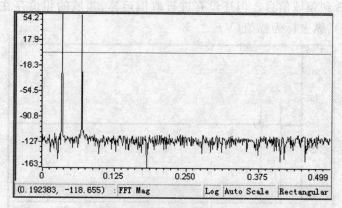

图 7-17 原始信号频域图(CCS 工具)

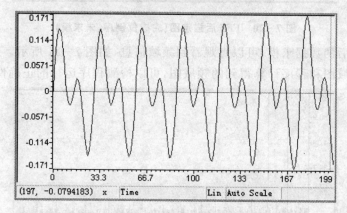

图 7-18 原始信号加窗后时域图

对加窗后信号进行 FFT 的描点波形如图 7-19 所示,因为未进行位倒序,还不能直观看到频域信息。横坐标为点数(个),纵坐标为幅值(V)。

对 FFT 后的数据进行位倒序后的描点波形如图 7-20 所示。因为完成了位倒序,

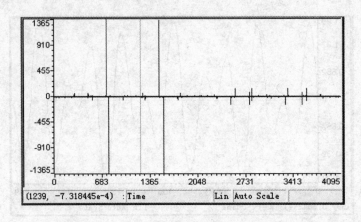

图 7-19 FFT 后描点图(未做位倒序)

所以可以直观看到频域信息。但还没有进行取模运算,频域的相位存在反转形象。横坐标为点数(个),纵坐标为幅值(V)。

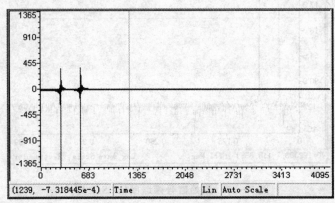

图 7-20 FFT 后描点图(完成位倒序,未求模)

对位倒序后的数据求模,可以直观看到频域信息,如图 7-21 所示。通过比较 CCS 工具画出的频域图和程序计算得到的频域图,可以检测程序运行的正确性。

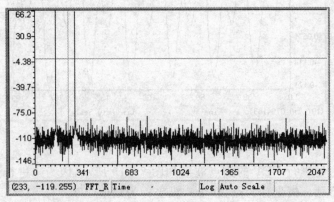

图 7-21 FFT 频谱图

7.4 Viterbi 译码

在通信系统中,信息传输的可靠性和有效性是相当重要的。信息在信道传输过程中会受到各种干扰,因此良好的纠错码可以有效降低信息的误码率。卷积码(Convolutional Code)是一种在实际中得到广泛应用并且性能很好的纠错码。卷积码的译码有维特比译码(Viterbi)、序列译码和门限译码等,其中维特比译码因为具有最佳性能而得到广泛应用。

7.4.1 设计原理

Viterbi 译码算法由 Viterbi 在 1967 年提出,实质是最大似然译码,但它利用了编码格形图的特殊结构,从而降低了计算的复杂性。与完全的比较译码相比,Viterbi 译码算法的优点是使得译码的复杂性和码字序列中所含码元无关。该算法包括计算格形图上在时刻 t 到达各个状态的路径和接收序列之间的相似度(measure of similarity),或者说距离(distance),从而考虑如何去掉不可能成为最大似然选择对象的格形图上的路径,即如果有两条路径到达同一个状态,则具有最佳度量的路径被选中,称为幸存路径(surviving path)。对所有状态都进行这样的选路操作,译码器不断在格形图上深入,通过去除可能性最小的路径实现判决。较早抛弃不可能的路径降低了译码器上实现的复杂度。Omura 在 1969 年证明了 Viterbi 译码算法其实就是最大似然算法,即选择最优路径可以表述为选择具有最大似然度量的码字,或者选择具有最小距离的码字。

1. RS 编码

RS 码是一种非分组的有记忆编码,因编码规则遵从卷积运算而得名,可记为 (n, k, m) 码,其中 k 表示输入信息的路数,n 表示码元输出的路数,m 表示编码器中寄存器的节数。输出码元 n 不仅与输入信息位 k 有关,而且与编码器中记忆的 m 位有关,通常称 $l = m + 1$ 为约束长度(记忆长度)。其译码既可采用传统的代数方法,也可采用概率方法,后者较常用。RS 码一般使用 (n, k) 表示,输入信号分成 $k \times m$ bit 一组,每组包括 k 个符号,每个符号由 m bit 组成。一个可以纠错 t 个符号的 RS 码具有如下参数:

码长: $n = 2m - 1$ 符号   或 $m(2m-1)$ bit
信息段: k 符号   或 km bit
监督段: $n - k = 2t$ 符号   或 $m(n-k)$ bit
最小码距: $d = 2t + 1$ 符号 或 $m(2t+1)$ bit

RS 码都是在伽罗华域 GF(Galois Field)中运算的,因此了解伽罗华域的数据运算是 RS 编码的前提。无线通信中的数据、地址以及校验码等都可以看成是属于 $GF(2^m) = GF(2^8)$ 中的元素或称符号。$GF(2^8)$ 表示域中有 256 个元素,除 0、1 之外的 254 个元素由本原多项式 $P(x)$ 生成。本原多项式 $P(x)$ 的特性是 $P(x)$ 得到的余式等于 0。无

线通信中用来构造 $GF(2^8)$ 域的 $P(x)=x^8+x^4+x^3+x^2+1$,而 $GF(2^8)$ 域中的本原元素为 $\alpha=(00000010)$。

下面以一个较简单的例子说明域的构造。构造 $GF(2^3)$ 域的本原多项式假定为 $P(x)=x^3+x+1$,α 定义为 $P(x)=0$ 的根,即 $\alpha^3+\alpha+1=0$ 和 $\alpha^3=\alpha+1$。$GF(2^3)$ 中的元素计算如表 7-1 所列。

表 7-1 $GF(2^3)$ 中的元素计算

GF 域数据元素	计算结果
0	$\mathrm{mod}(\alpha^3+\alpha+1)=0$
α^0	$\mathrm{mod}(\alpha^3+\alpha+1)=\alpha^0=1$
α^1	$\mathrm{mod}(\alpha^3+\alpha+1)=\alpha^1$
α^2	$\mathrm{mod}(\alpha^3+\alpha+1)=\alpha^2$
α^3	$\mathrm{mod}(\alpha^3+\alpha+1)=\alpha^1+1$
α^4	$\mathrm{mod}(\alpha^3+\alpha+1)=\alpha^2+\alpha^1$
α^5	$\mathrm{mod}(\alpha^3+\alpha+1)=\alpha^2+\alpha^1+1$
α^6	$\mathrm{mod}(\alpha^3+\alpha+1)=\alpha^2+1$
α^7	$\mathrm{mod}(\alpha^3+\alpha+1)=\alpha^0$
α^8	$\mathrm{mod}(\alpha^3+\alpha+1)=\alpha^1$
…	…

用二进制数表示域元素得到如表 7-2 所列的对照表。

表 7-2 二进制数表示域元素

GF 域数据元素	二进制对应代码
0	(000)
α^0	(001)
α^1	(010)
α^2	(100)
α^3	(011)
α^4	(110)
α^5	(111)
α^6	(101)

这样就建立了 $GF(2^3)$ 域中的元素与 3 位二进制数之间的一一对应关系。用同样的方法可建立 $GF(2^8)$ 域中的 256 个元素与 8 位二进制数之间的一一对应关系。在纠错编码运算过程中,加、减、乘和除的运算都是在伽罗华域中进行的。现仍以 $GF(2^3)$ 域中的运算为例。

第 7 章 算法设计

加法： $\alpha^0 + \alpha^3 = 001 + 011 = 010 = \alpha^1$

减法： 与加法相同

乘法： $\alpha^5 \cdot \alpha^4 = \alpha^{(5+4) \, mod \, 7} = \alpha^2$

除法： $\alpha^5 / \alpha^3 = \alpha^2$

$\alpha^3 / \alpha^5 = \alpha^{-2} = \alpha^{(-2+7)} = \alpha^5$

取对数： $\log(\alpha^5) = 5$

这些运算的结果仍然在 $GF(2^3)$ 域中。GF 域的加法和减法采用"异或"可以方便地实现，但 GF 域的乘法和除法计算则十分复杂。在 RS 码中 GF 域的除法使用较少，而乘法使用较多，以下详细介绍 GF 域的乘法运算。

在 C64x 序列 DSP 中有专门的 GF 域乘法指令，从而可以快速实现 GF 域的乘法。该指令为 GMPY4，可以一次实现 4 个 8 位 GF 域的乘法。如果条件满足，该指令执行如下运算，其中 src1 和 src2 为操作数，ubyte 表示无符号的字节数，dst 为目的单元。

```
if (cond) {
    (ubyte0 (src1) gmpy ubyte0(src2)→( ubyte0(dst)
    (ubyte1 (src1) gmpy ubyte1(src2)→( ubyte1(dst)
    (ubyte2 (src1) gmpy ubyte2(src2)→( ubyte2(dst)
    (ubyte3 (src1) gmpy ubyte3(src2)→( ubyte3(dst)
}
else nop
```

使用该指令的例子如图 7-22 所示。

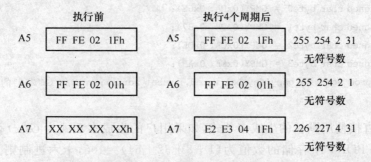

图 7-22 GMPY4 的运行结果

GMPY4 指令默认使用 GF(256) 域乘法，其生成多项式为 $G(x) = 1 + x^2 + x^3 + x^4 + x^8$。可以通过 GFPGFR 寄存器设置用户的生成多项式，GFPGFR 寄存器各位的定义如图 7-23 所示。

31~27	26~24	23~8	7~0
Reserved	SIZE	Reserved	POLY
R, +0	RW,+0x7	R,+0	RW, +0x1D

图 7-23 GFPGFR 寄存器各位的定义

各位的意义分别如下：
- 第 0~7 位：POLY 位，可读写位。复位值为 1Dh，存储生成多项式的系数。
- 第 8~23 位：预留，只读位。复位值 0。
- 第 24~26 位：SIZE 位，可读写位。复位值 07，该位值加 1 为 GF 域的位数。
- 第 27~31 位：预留，只读位。复位值 0。

默认的多项式为 $G(x)=1+x^2+x^3+x^4+x^8$，则 POLY 中存储的数值为 $(1+4+8+16)=29$，十六进制则为 0x1D。注意：其中 x^8 为默认带有 1，所以 POLY 的值虽然为 0x1D，但实际上表示生成多项式系数为 0x11D。

使用默认多项式做 GF(256) 的乘法的 C 程序如下，程序中使用 _GMPY4 函数的 DSP 的 C 编译器带有的内联函数。

```
inline int GMPY( int op1, int op2 )
{
    int t0 = exp_table2[log_table[op1] + log_table[op2]];
    if ((op1 == 0) || (op2 == 0))
            t0 = 0;
    return(t0);
}
void main()
{
    int symbol_word0 = 0xFFCADEBA;
    int symbol_word1 = 0xABDE876E;
    unsigned char byte0 = GMPY(0xBA, 0x6E);
    unsigned char byte1 = GMPY(0xDE, 0x87);
    unsigned char byte2 = GMPY(0xCA, 0xDE);
    unsigned char byte3 = GMPY(0xFF, 0xAB);
    int prod_word = _gmpy4(symbol_word0, symbol_word1);     /* GF(256)的乘法 */
}
```

以上为直接使用默认的生成多项式，如果用户的生成多项式为 $G(x)=1+x^3+x^5+x^6+x^8$，则 POLY 中存储的数值为 $(1+8+32+64)=105$，十六进制则为 0x69。注意：其中 x^8 默认带有 1，所以 POLY 的值为 0x69。设置新的 POLY 值并进行 GF(256) 的乘法程序如下：

```
#include <stdio.h>
#include <stdlib.h>
#include <c6x.h>
void main()
{
    unsigned int control_word = 0x7000069;       // 寄存器的控制字
    printf("Default GFPGFR is %x \n", GFPGFR);   // 输出复位后的寄存器控制字
    printf("2 GMPY 128 is %d \n", _gmpy4(2,128)); // 计算默认多项式的 GF(2,128)
```

```
GFPGFR = control_word;                          // 修改 GFPGFR 寄存器的控制字
printf("GFPGFR is %x \n", GFPGFR);              // 输出修改后的寄存器控制字
printf("2 GMPY 128 is %d \n", _gmpy4(2,128));   // 计算修改多项式后的 GF(2,128)
}
```

2. 译码原理

Viterbi 译码算法是应用最广泛的译码算法,是一种最大似然译码算法(Maximum Likelihood Decoding,MLD),它接收输入的信息序列后,寻找任何可能的路径值,而后找一条最佳路径值当作解码输出。为了描述 Viterbi 译码算法,常用网格图(Trellis Diagram,根据时间的增加将网格图扩充所得到的图形)来表示演算过程。网格图中的节点代表编码器中的各个状态,而其中的分支代表编码器所有可能的状态转移情况。图 7-24 显示(2,1,3)的网格图。

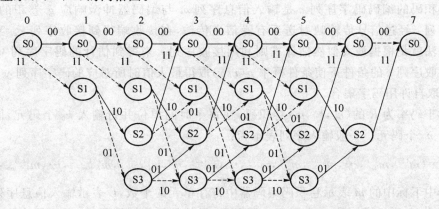

图 7-24 (2,1,3)网 $L=5$ 时的网格图

此图是 $L=5$ 时,(2,1,3)码的状态转移时间关系图,总共有 $L+m+1$ 个时间单位(节点),以 $0\sim L+m$ 标号,其中编码存储 $m=K-1$。若编码器从 $S_0(00)$ 状态开始,并且结束于 S_0 状态,则最先的 $m=2$ 个节点(0,1)相应于编码器由 S_0 状态出发往各个状态行进,而最后 $m=2$ 个节点(6,7)相应于编码器由各状态返回到 S_0 状态。因而,在开始和最后 m 个时间单位,编码器不可能处于任意状态中,而只能处于某些特定状态(S_0 或 S_1),仅仅在第 $m(2)\sim L(5)$ 节点编码器可以处于任何状态之中(即 4 个状态 S_0、S_1、S_2、S_3 中任一个)。编码器从全 0 的 S_0 状态出发,最后又回到 S_0 状态时所输出的码序列,称为结尾卷积码序列。因此,当送完 L 段信息序列后,还必须向编码器再送入 m 段全 0 序列,以迫使编码器回到 S_0 状态。

网格图中每一状态有两个输入和两个输出分支。在某一节点 i,离开每一状态的虚线分支(下面分支)表示输入编码器中的信息子组 $mi=1$;而实线分支(上面分支)表示此时输入至编码器的信息子组 $mi=0$;每一分支上的 $2(n0)$ 个数字,表示第 i 时刻编码器输出的子组 $ci=(ci(1),ci(2))$,因此网格图中的每一条路径都对应于不同输入的信息序列。由于所有可能输入的信息序列共有 2^{kl} 条不同的路径,相应于编码器输出的 2^{kl} 个码序列。

Viterbi 译码算法中有硬判决 Viterbi 译码和软判决 Viterbi 译码两种方式。由于对模拟信号的处理比较复杂，因此在软判决译码之前一般先要对接收序列进行量化。实际上，可以将硬判决译码看做软判决译码的特殊情况，即采用了 1 比特量化；而软判决采用的是多比特量化。在理想的软判决情况下，信道接收值直接用于译码器。相应地，卷积码的 Viterbi 译码也有硬判决 Viterbi 译码和软判决 Viterbi 译码两种译码方式。从仿真的结果来看，对于高斯信道来说，8 级量化比 2 级量化的信噪比提高了大约 2 dB，这说明为了获得相同的比特差错性能，8 级软判决需要的 E_b/N_0 比硬判决低 2 dB，模拟装置比 2 级量化的性能提高 2.2 dB。因此，8 级量化比无穷级量化的性能损失了仅 0.2 dB。由于这个原因，量化级超过 8 级时性能提高有限。因此，软判决 Viterbi 译码算法一般采用 3 比特量化，比硬判决 Viterbi 算法所要处理的数据量要多 3 倍。可见，软判决译码的代价是增大了译码器所需的存储量。

卷积码的编码码字序列 c 是输入信息序列 m 与编码器冲激响应 g 卷积的结果。码字序列 c 经过信号传输映射送至有噪信道传输，在接收端得到接收序列 r。Viterbi 译码算法就是根据最大似然估计准则利用接收序列 r 来得到估计的码字序列 y，即寻找在接收序列 r 的条件下使条件概率 $p(r/y)$ 取得最大值时所对应的码字序列 y。序列 y 必须取自许用码字集合。

对于码率为 R 的 (n_0, k_0, m) 卷积码，在每个时间单位并行输入 k_0 个码元，同时并行输出 n_0 个码元。一般输入序列表示为：

$$m = (m_0^{(1)}, m_0^{(2)}, \cdots, m_0^{(k0)}, m_1^{(1)}, m_1^{(2)}, \cdots, m_1^{(k0)}, \cdots, m_{L+m-1}^{(1)}, m_{L+m-1}^{(2)}, \cdots, m_{L+m-1}^{(k0)})$$

其中下标中的 m 表示卷积码编码器中寄存单元的个数，L 表示输入信息序列的长度。事实上，最后增加的 m 个码元为零码元，目的是得到结尾码字，也就是使编码器在编码结束时回到初始全零状态。相应的接收序列表示为：

$$c = (c_0^{(1)}, c_0^{(2)}, \cdots, c_0^{(n0)}, c_1^{(1)}, c_1^{(2)}, \cdots, c_1^{(n0)}, \cdots, c_{L+m-1}^{(1)}, c_{L+m-1}^{(2)}, \cdots, c_{L+m-1}^{(n0)})$$

类似地，接收序列 r 和估计序列 y 也有类似的表示形式：

$$r = (r_0^{(1)}, r_0^{(2)}, \cdots, r_0^{(n0)}, r_1^{(1)}, r_1^{(2)}, \cdots, r_1^{(n0)}, \cdots, r_{L+m-1}^{(1)}, r_{L+m-1}^{(2)}, \cdots, r_{L+m-1}^{(n0)})$$
$$y = (y_0^{(1)}, y_0^{(2)}, \cdots, y_0^{(n0)}, y_1^{(1)}, y_1^{(2)}, \cdots, y_1^{(n0)}, \cdots, y_{L+m-1}^{(1)}, y_{L+m-1}^{(2)}, \cdots, y_{L+m-1}^{(n0)})$$

对于最大似然译码，Viterbi 算法选择使 $p(r/y)$ 最大的 y 作为估计序列。假设信道是无记忆的，则噪声对每一位发送码元的影响都是独立(不相关)的，从而条件概率 $p(r/y)$ 就等于每个独立同分布接收码元条件概率的乘积，即

$$p(r/y) = \prod_{i=0}^{L+m-1} [p(r_i^{(1)}/y_i^{(1)}) \quad p(r_i^{(2)}/y_i^{(2)}) \cdots p(r_i^{(n0)}/y_i^{(n0)})] = \prod_{i=0}^{L+m-1} [\prod_{j=1}^{n0} p(r_i^{(j)}/y_i^{(j)})]$$

上式给定接收序列 r 的条件下序列 y 的似然函数。由于对数函数 lg 是一个单调递增函数，因此使 $p(r/y)$ 最大化就等价于最大化 lg $p(r/y)$。为降低似然函数的计算复杂性，常采用如下定义的对数似然函数：

$$p(r/y) = \sum_{i=0}^{L+m-1} \sum_{j=1}^{n0} \lg\left[p(r_i^{(j)}/y_i^{(j)})\right]$$

为简化上式中的对数函数求和运算,可以定义如下码元度量:

$$M(r_i^{(j)}/y_i^{(j)}) = a[\lg\ p(r_i^{(j)}/y_i^{(j)}) + b]$$

其中常数 a 和 b 的选取原则是使码元度量值是或者尽可能接近于某个小的正整数。在 BSC 信道或者采用硬判决译码时可以用不同的方式定义常数 a 和 b:

$$a = 1/[\lg(1-\xi) - \lg\xi], b = -\lg\xi$$

这样,码元度量为:

$$M(r_i^{(j)}/y_i^{(j)}) = \{1/[\lg(1-\xi) - \lg\xi]\}[\lg\ p(r_i^{(j)}/y_i^{(j)}) - \lg\xi]$$

在这种情况下,Viterbi 算法就是在编码格图上选择与接收序列 r 之间汉明距离最大的码字序列作为译码输出。对于一般的信道,可以按照误差最小化的原则选择常数 a 和 b 的值,从而获得可接受的码元度量。根据码元度量的定义可以定义格图路径度量:

$$M(r/y) = \sum_{i=0}^{L+m-1} \sum_{j=1}^{n0} M(r_i^{(j)}/y_i^{(j)})$$

这意味着在编码格图上译码估计码元序列 y 与接收码元序列 r 之间的总代价。对于 BSC 而言,也就是两个序列之间的汉明距离。

Viterbi 算法利用卷积码编码器的格形图来计算路径度量。算法首先给格图中的每个状态(结点)指定一个部分路径度量值,这个部分路径度量值由 $t=0$ 的 S_0 状态以及当前各个时刻的 S_0 状态决定。在每个状态,选择达到该状态的具有"最好"部分路径度量的分支。

最优的部分路径度量根据常数 a 和 b 的不同选择,可以是"最大"度量,也可以是"最小"度量。按照所采用的度量,选择满足条件的部分路径作为幸存路径,而将其他达到该状态的分支从格图上删除。Viterbi 算法就是在格形图上选择从起始时刻到终止时刻的唯一幸存路径作为最大似然路径。沿着最大似然路径从终止时刻回溯到开始时刻,所走过的路径对应的编码输出就是最大似然译码输出序列。

硬判决 Viterbi 算法可以按照如下步骤实现:

① 首先以 $S_{k,j}$ 代表编码器格图中第 t 时刻的状态 S_k。给格形图中的每个状态指定一个度量 $V(S_{k,j})$。

② 初始化。在时刻 $t=0$,$V(S_{0,0})=0$,其他时刻 $V(S_{k,j})$ 为无穷大。

③ $t+1 \to t$。计算 t 时刻到达 S_k 状态的所有路径的部分路径度量,即首先找到时刻 t 的分支度量,这可以通过计算汉明距离来完成;其次,计算 t 时刻的部分路径度量。

④ 将 $V(S_{k,j})$ 设置为 t 时刻到达 S_k 状态的"最好"部分路径度量。通常情况下,最优的部分路径度量是具有最小度量值的部分路径度量,如果有多个最优的部分路径度量,可以选择其中任意一个。

⑤ 存储最优的部分路径度量及其相应的幸存路径和状态路径。

⑥ 若 $t < L+m-1$,则返回③。

Viterbi 算法得到的最终幸存路径在格形图中是唯一的,也就是最大似然路径。

下面给出硬判决 Viterbi 算法实现卷积码译码的一个简单例子。考察 (2,1,3) 卷积码。若输入序列为 $m=(1011100)$,相应的码字序列为 $c=(11,10,00,01,10,01,11)$,则经过 BSC 信道传输后得到的接收硬判决序列为 $r=(10,10,00,01,11,01,11)$。其中两位出现了错误,下面考察通过 Viterbi 算法以最小汉明距离为准则实现译码,从而获得估计信息序列 m 和码字序列 c。

图 7-25 给出了在编码器格形图上根据接收序列进行 Viterbi 译码的过程。图中用粗线画出了每一时刻进入每一个状态的幸存路径。在 $t=2$ 时刻以前,进入每一个状态的分支只有一个,因此这些路径就是幸存路径;从 $t=2$ 时刻开始,进入每一个状态结点的路径有两条,按照最小距离准则选择一条幸存路径;在 $t=7$ 时刻,只剩下一条幸存路径,即最大似然路径,与这条似然路径相对应的码字就是译码输出。进入每个状态节点的幸存路径部分度量值如表 7-3 所列。显然,根据该输入序列的编码码字(11,10,00,01,10,01,11),可知相应的译码输出信息序列为(1011100)。

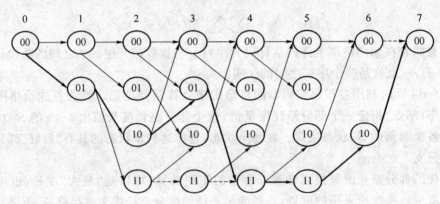

图 7-25 译码过程流程

表 7-3 进入每个状态节点的幸存路径的部分度量值

时刻 状态	$t=1$	$t=2$	$t=3$	$t=4$	$t=5$	$t=6$	$t=7$
0	1	2	2	3	3	3	2
1	1	2	3	3	—	—	—
2	—	1	3	3	3	2	—
3	—	2	3	3	1	2	—

通常,软判决 Viterbi 算法的实现是利用欧几里德距离度量代替硬判决时的汉明距离度量,接收码元采用多比特量化,接收机并不是将每个接收码元简单地判决为 0 或者 1,而是使用多比特量化或者直接使用未量化的模拟信号。理想情况下,接收序列 r 直接用于软判决 Viterbi 译码器。软判决 Viterbi 译码器的工作过程与硬判决 Viterbi 译码器的工作过程相似,唯一的区别是在度量中以欧几里德距离的平方代替汉明距离。

3. 实现方法

从实现方法来看,硬判决 Viterbi 译码算法和软判决 Viterbi 译码算法的区别主要是 ACS(Addition-Comparison-Selection)部件、BMG(Branch-Metric-Generation)部件以及度量储存模块或者寄存器模块不同。

Viterbi 译码流程主要包括 6 部分:
(1) 量化:将接收机接收的模拟信号转化成数字信号。
(2) 码同步:检测码元帧的边界以及码元标志。
(3) 分支度量计算:计算各个状态的接收码元和本地码元的汉明距离。
(4) 状态度量更新:用各个状态新的路径度量代替前一时刻的路径度量。
(5) 幸存路径存储:将 Viterbi 译码所需的网格图上所走过的路径记录下来。
(6) 输出判决:根据幸存路径存储的信息,产生译码序列的输出。

图 7-26 显示了 Viterbi 译码算法的流程。

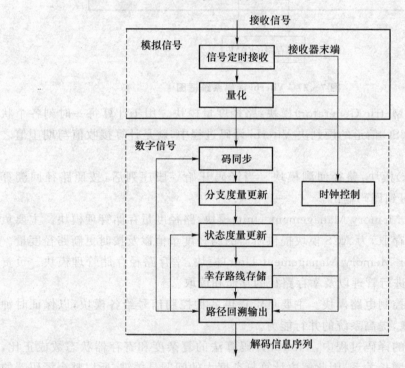

图 7-26 Viterbi 译码算法流程

整个译码器主要分成 7 个功能模块。系统框图如图 7-27 所示,包括 BMG(路径计算)模块、ACS(加比选)模块、MMU(状态路径存储管理)模块、TB(路径回溯)模块、SMU(路径存储)模块、输入输出模块以及控制电路模块。

各模块简单介绍如下。

输入输出模块:输入输出部分提供解码器与外部的接口。在无线通信中,接收端从信道中接收到信息序列,然后通过输入端传入解码器,经过解码,最后得到的解码序列从输出端送出,经过其他处理输出。

ACS(Add Compare Select)模块:"加比选"模块。它是 Viterbi 译码器中运算量最大的部分,大量的运算都是在这个模块完成的。ACS 接收原来的状态度量和当前的度量路径值,每一状态都有两条路径可以到达,对每一状态的两条路径的对应值相加,将得到的两个结果进行比较,从中选取较小的一条作为当前的状态度量。

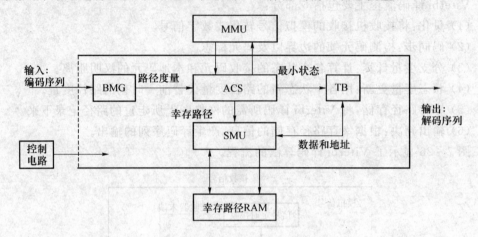

图 7-27　Viterbi 译码系统框图

BMG(Branch Metric Generator)模块:路径度量模块。用于计算每一时刻各个状态的路径度量,在 BSC 信道的硬判决 Viterbi 译码过程中,就是计算接收值与期望值之间的汉明距离。

TB(Traceback)模块:路径回溯模块。当译码开始一段序列后,按照路径回溯算法,历经各个状态得到译码输出。

MMU(Metric Memory Management Unit)模块:路径度量存储管理模块。主要负责管理路径度量的存取,为 ACS 模块提供所需的路径度量值以及按时更新路径度量。

SMU(Survivor Memory Management Unit)模块:幸存路径存储管理模块。负责对幸存路径 RAM 进行管理以及幸存路径的存储和读取。

Control 模块:控制电路模块。主要负责提供各种控制信号给各模块,以保证时钟同步,流水线不堵塞,提高系统的并行能力。

由于在卷积码的译码过程中,Viterbi 译码算法的复杂度和寄存器状态数成正比,与约束长度成指数增长关系,因此解决计算复杂度大的问题是关键,所以整个译码器的设计重点在 ACS 模块、MMU 模块、SMU 模块和 TB 模块上。

7.4.2　软件实现

```
#include "main.h"

char Diff[] =
```

```c
    { 0x00, 0x11, 0x23, 0x32, 0x11, 0x00, 0x32, 0x23, 0x22,
      0x33, 0x10, 0x01, 0x33, 0x22, 0x01, 0x10 };
// 延迟状态发送矩阵，用于回溯当前状态
char TMBackward[8][4] = {
    0, 3, 1, 2, 14
    4, 7, 6, 5, 15
    1, 2, 0, 3, 16
    5, 6, 7, 4, 17
    2, 1, 3, 0, 18
    7, 4, 5, 6, 19
    3, 0, 2, 1, 20
    6, 5, 4, 7, 21
    };


char Tdr, DelayState[16][8], PathState[16][2], DStCurr;
int AccDist[8];
                                                    // 初始化函数
void Init ()
{
    short i, j;
    DStCurr = 0;
    Tdr = 0;
    AccDist[0] = 0;
    for (i = 1; i < 8; i++)
        AccDist[i] = (1 << 10) / 2;
    for (j = 0; j < 16; j++)
        for (i = 0; i < 8; i++)
            DelayState[j][i] = 0;
    for (j = 0; j < 16; j++)
        for (i = 0; i < 2; i++)
            PathState[j][i] = 0;
}
                                                    // 译码
int Viterbi (int Xi, int Yi, int modd)
{
    short State[8], Xb, Yb, Nx, Ny, Qx, Qy, Ix, Iy, Id;
    short c, i, j, tmp1, tmp2, tmp3, tmp4, tt, ss, pp;
    int Distance[8], dist1, dist0, DataOut, Sht;
    Mod * Mcurr;


    Mcurr = (Mod *) modd;
    Sht = Mcurr->TSht;
                        // Xi 和 Yi 是输入，首先得到最小距离
```

```
for (c = 0; c < 8; c++)
{
    Xb = (Mcurr->TXs[c]) << 10;
    Yb = (Mcurr->TYs[c]) << 10;
    Nx = Mcurr->TNx[c];
    Ny = Mcurr->TNy[c];
    Qx = (Mcurr->TQx) << 10;
    Qy = (Mcurr->TQy) << 10;
    Iy = Ny;
    for (i = 0; i < Ny; i++)
    {
        if (Yi < Yb) { Iy = i; break; }
        Yb += Qy;
    }
    Ix = Nx;
    for (i = 0; i < Nx; i++)
    {
        if (Xi < Xb) { Ix = i; break; }
        Xb += Qx;
    }
    Id = Iy * (Nx + 1) + Ix;
    State[c] = *(Mcurr->St[c] + Id);
    tmp1 = *(Mcurr->Xc[c] + Id);
    tmp2 = *(Mcurr->Yc[c] + Id);
    if (State[c] != SS)
    {
        tmp3 = Xi - (tmp1 << 10);
        tmp4 = Yi - (tmp2 << 10);
        Distance[c] = (int)tmp3 * (int)tmp3 + (int)tmp4 * (int)tmp4;
    }
    else
    {
        tmp3 = Xi - (*(Mcurr->Xc[c] + tmp1) << 10);
        tmp4 = Yi - (*(Mcurr->Yc[c] + tmp1) << 10);
        dist1 = (int)tmp3 * (int)tmp3 + (int)tmp4 * (int)tmp4;
        tmp3 = Xi - (*(Mcurr->Xc[c] + tmp2) << 10);
        tmp4 = Yi - (*(Mcurr->Yc[c] + tmp2) << 10);
        Distance[c] = (int)tmp3 * (int)tmp3 + (int)tmp4 * (int)tmp4;
        State[c] = *(Mcurr->St[c] + tmp2);
        if (dist1 < Distance[c])
        {
            Distance[c] = dist1;
            State[c] = *(Mcurr->St[c] + tmp1);
```

```
        }
    }
}
// 在路径状态 0~7 中寻找最短距离
dist0 = 0x7FFFFFFF;
for (c = 0; c < 4; c++)
{
    if (Distance[c] < dist0)
    {
        dist0 = Distance[c];
        Id = c;
    }
}
DelayState[DStCurr][0] = TMBackward[0][Id];
DelayState[DStCurr][2] = TMBackward[2][Id];
DelayState[DStCurr][4] = TMBackward[4][Id];
DelayState[DStCurr][6] = TMBackward[6][Id];
PathState[DStCurr][0] = State[Id];

dist1 = 0x7FFFFFFF;
for (c = 4; c < 8; c++)
    {
        if (Distance[c] < dist1)
        {
            dist1 = Distance[c];
            Id = c;
        }
    }
DelayState[DStCurr][1] = TMBackward[1][Id-4];
DelayState[DStCurr][3] = TMBackward[3][Id-4];
DelayState[DStCurr][5] = TMBackward[5][Id-4];
DelayState[DStCurr][7] = TMBackward[7][Id-4];
PathState[DStCurr][1] = State[Id];
// 更新距离累加值
for (i = 0; i < 8; i++)
    Distance[i] = AccDist[i];
for (i = 0; i < 8; i++)
{
    Id = DelayState[DStCurr][i];
    AccDist[i] = Distance[Id] / 8 * 7;
}
for (i = 0; i < 8; i += 2)
    AccDist[i] += dist0 / 8;
```

```
    for (i = 1; i < 8; i += 2)
        AccDist[i] += dist1 / 8;


    dist0 = 0x7FFFFFFF;
    for (i = 0; i < 8; i++)
    {
        if (AccDist[i] < dist0)
        {
            dist0 = AccDist[i];
            Id = i;
        }
    }
    j = DStCurr;
    for (i = 0; i < 15; i++)
    {
        Id = DelayState[j][Id];
        j--; if (j < 0) j = 15;
    }
    tt = PathState[j][Id % 2];
    DStCurr++;
    if (DStCurr >= 16) DStCurr = 0;
        ss = tt & ((1 << Sht) - 1);
        tt = (tt >> Sht) & 0x03;
        pp = (tt << 2) | Tdr;
        Tdr = tt;
        DataOut = ((Diff[pp] & 0x03) << Sht) | ss;
        return (DataOut);
}
```

参考文献

[1] Texas Instruments Incorporated. ated. TMS320C6745，TMS320C6747 Fixed/Floating-point Digital Signal Processor,2010.

[2] Texas Instruments Incorporated. TMS320C674x DSP CPU and Instruction Set Reference Guide,2010.

[3] Texas Instruments Incorporated. TMS320C6745/C6747 DSP System Reference Guide,2010.

[4] Texas Instruments Incorporated. TMS320C674x DSP Cache User's Guide,2009.

[5] Texas Instruments Incorporated. TMS320C674x DSP Megamodule Reference Guide,2008.

[6] Texas Instruments Incorporated. TMS320C674x/OMAP-L1x Processor 64-Bit Timer Plus User's Guide,2009.

[7] Texas Instruments Incorporated. TMS320C6747/45/43 and OMAP-L137 Processor Enhanced Direct Memory Access (EDMA3) Controller User's Guide,2010.

[8] Texas Instruments Incorporated. TMS320C674x/OMAP-L1x Processor Ethernet Media Access Controller (EMAC)/Management Data Input/Output (MDIO) Module User's Guide,2009.

[9] Texas Instruments Incorporated. TMS320C674x/OMAP-L1x Processor External Memory Interface A (EMIFA) User's Guide,2010.

[10] Texas Instruments Incorporated. TMS320C674x/OMAP-L1x Processor External Memory Interface B (EMIFB) User's Guide,2010.

[11] Texas Instruments Incorporated. TMS320C674x/OMAP-L1x Processor General-Purpose Input/Output (GPIO) User's Guide,2009.

[12] Texas Instruments Incorporated. TMS320C674x/OMAP-L1x Processor Host Port Interface (HPI) User's Guide,2010.

[13] Texas Instruments Incorporated. TMS320C674x/OMAP-L1x Processor Inter-Integrated Circuit (I2C) Module User's Guide,2010.

[14] Texas Instruments Incorporated. TMS320C674x/OMAP-L1x Processor Multi-channel Audio Serial Port (McASP) User's Guide,2010.

[15] Texas Instruments Incorporated. TMS320C674x/OMAP-L1x Processor Serial Peripheral Interface (SPI) User's Guide,2010.

[16] Texas Instruments Incorporated. TMS320C674x/OMAP-L1x Processor Universal Asynchronous Receiver/Transmitter (UART) User's Guide,2010.

[17] Texas Instruments Incorporated. Using the D800K001 Bootloader,2009.

[18] Texas Instruments Incorporated:Code Composer Studio Getting Started Guide,2010.

[19] Texas Instruments Incorporated:Code Composer Studio IDE Quick Start,2010.

[20] Texas Instruments Incorporated:Code Composer Studio Online Documentation,2010.

[21] Texas Instruments Incorporated:Optimized DSP Library for C Programmers on the TMS320C6xxx,2010.

[22] Texas Instruments Incorporated:TMS320C6000 DSP/BIOS Application Programming Interface (API) Reference Guide,2010.

[23] Texas Instruments Incorporated:TMS320C6000 Optimizing Compiler v 7.3 User's Guide (Rev. T),2010.

[24] Texas Instruments Incorporated:TMS320C6000 Assembly Language Tools v 7.3 User's Guide (Rev. V),2010.

[25] Silicon Storage Technology Incorporated:SST29LE010 Datasheet,2000.

[26] Silicon Storage Technology Incorporated. :64 Mbit Multi-Purpose Flash Plus SST39VF6401B / SST39VF6402B Datasheet,2006.

[27] Winbond Electronics Incorporated:W25X16,W25X32,W25X64 Datasheet,2007.

[28] Texas Instruments Incorporated:TLV320AIC3106 Datasheet,2006.

[29] Micrel Incorporated:KSZ8001MQL/MBL Datasheet,2007.

[30] Integrated Silicon Solution Incorporated:IS42S32800B Datasheet,2008.

[31] CATALYSY ncorporated:24WC256 Datasheet,2009.

[32] 任丽香,马淑芬,等. Tms320C6000 系列 DSPs 的原理与应用[M]. 北京:电子工业出版社,2000.

[33] 汪安民,张松灿,常春藤. TMS320C6000 DSP 实用技术与开发案例[M]. 北京:人民邮电出版社,2008.

[34] 张雄伟. DSP 芯片的原理与开发应用[M]. 第二版. 北京:电子工业出版社,2000.

[35] 奥本海姆,谢弗著,黄建国. 离散时间信号处理[M]. 刘树棠,译. 北京:科学出版社,1998.

[36] 杨志涌,刘瑞桢. 掌握和精通MATLAB[M]. 北京:北京航空航天大学出版社,1997.

[37] 楼顺天,李博菡. 基于MATLAB的系统分析与设计——信号处理[M]. 西安:西安电子科大出版社,2000.

[38] 胡广书. 数字信号处理——理论、算法与实现[M]. 北京:清华大学出版社,2000.

参考文献

[29] 楼顺天,胡昌华,张伟.基于MATLAB的系统分析与设计.西安:西安电子科技大学出版社,1998.

[30] 飞思科技产品研发中心.MATLAB 6.5辅助优化计算与设计.北京:电子工业出版社,1997.

[31] 楼顺天,姚若玉,沈握文.基于MATLAB 7.0的系统分析与设计——模糊系统.西安:西安电子科技大学出版社,2000.

[32] 闻新,周露等编著.MATLAB模糊逻辑工具箱的分析与应用.北京:科学出版社,2000.